本书由人文在线出版基金资助出版

# 自然灾害社会学：理论与视角

■ 何志宁 著

中国言实出版社

**图书在版编目（CIP）数据**

自然灾害社会学：理论与视角 / 何志宁著. — 北京：中国言实出版社，2016.3
　　ISBN 978 - 7 - 5171 - 1786 - 5

　　Ⅰ.①自…　Ⅱ.①何…　Ⅲ.①自然灾害－社会学
Ⅳ.①X4－05

中国版本图书馆 CIP 数据核字(2016)第 038944 号

出 版 人：王昕朋
总 监 制：朱艳华
责任编辑：郭江妮


**出版发行**　中国言实出版社
　　　地　　址：北京市朝阳区北苑路 180 号加利大厦 5 号楼 105 室
　　　邮　　编：100101
　　　编辑部：北京市海淀区北太平庄路甲 1 号
　　　邮　　编：100088
　　　电　　话：64924853（总编室）64924716（发行部）
　　　网　　址：www.zgyscbs.cn
　　　E - mail：zgyscbs@263.net
经　　销　新华书店
印　　刷　北京天正元印务有限公司
版　　次　2017 年 3 月第 1 版　2017 年 3 月第 1 次印刷
规　　格　710 毫米×1000 毫米　1/16　24.75 印张
字　　数　485 千字
定　　价　68.00 元　ISBN 978 - 7 - 5171 - 1786 - 5

# 如何才是"社会"的"良"知

——何志宁博士《自然灾害社会学》序

　　大约两个多月前,何志宁博士嘱托为他的新作《自然灾害社会学》写一个序,并很体贴地说为不耽误我的时间,序可以短些。我素无写序的雅好,当然也稀有为他人大作装点的机会,为一个出身社会学世家且经过国外著名大学严格训练的学者的社会学著作写序,已经不是自不量力,而且是无知的狂妄。然而,我几乎没犹豫就接受了,因为我知道不是不能拒绝,而是无法拒绝。昨日一篇新作刚杀青,凌晨醒来,突然觉得在启动新的研究之前,应该先完成何博士的任务。念头闪过的一刹那,标题已在思维中横空而出:如何才是"社会"的"良"知?

　　几十年来,我一向珍惜清晨醒来眼睛尚未与尘俗邂逅前的那个片刻的直觉,因为它在任何意义都是一种真正的"觉悟"。夜晚刚刚脱下自己所有的外衣,包括那"应当如何生活"的道德外衣,"塞其兑,闭其门",睡梦中巡阅自己灵与肉的胴体,与世界、与宇宙合为一体,此时此刻最能直觉地了悟自己,也最能简捷地把玩这个大千世界。有时甚至有些荒唐地想像,先人之所以发明"觉悟"这个词,就是点拨我们夜晚在整个世界沉睡一"觉"之后"悟",这是一种最本真,也是让夜晚降临前被白日的尘俗和欲念"格式化"之后一切归零的那种赤子般的"悟",因为在夜晚的"卸装"或"去装"之后,每个人都是"赤子"。人的最后归宿是死亡,仁慈的上帝为了让人们接受这个无法接受的宿命,所以创造了万籁归寂的夜晚,让所有人不可选择地"睡觉",生命中日复一日短暂的"睡眠",其实都是为最后不再醒来的"长眠"反复做准备,做练习。清晨醒来,"觉"中有"悟",这种"悟",都是一次小小的浴火重生的涅磐,所以格外的珍贵。一旦双睑洞开,启蒙了,教化了,也就异化了,被尘俗遮蔽了,再次日复一日地披上"外衣"去"社会",去充当演员,在芸芸众生中显示自己的与众不同,从外衣的品牌到饱学的知识,直至那崇高内心的表达。披上外衣之前,趁着目光还未与尘世相遇,带着睡梦中的那种童贞,也许那一刻的直觉比任何教养和智慧都更坦诚和真诚,也更能与自己,与这个世界合一,因为它处于"觉(jiao)"与"觉(jue)"、"觉"与"不觉"之间,并且经过一晚的休眠,更能听到自己的心速,也更能听到宇宙的声音,于是不仅更可靠,也更富有智慧的高度与深度。

　　故弄玄虚地说这些,是为一闪念中那个标题作注。坦率说,自领受写序的任务后,这一"觉"之前,我并没有认真考虑过,因为我不仅是计划经济的产物,而且是"计划"的"动物",每天的研究和生活都被这个被称为"计划"的可恶家伙严格而机械地支配着。思维中书写的这一行字洞察到我要对何博士这部书所说的全部言语的主题。知识分子，尤其是专家学者，自认为也被认为要做"社会"的"良知"。然而，我总是反复思考一个问题，"良知"之中，最可贵的是什么？是"良"！知识分子的天职是"知"，但如果"知"而"不良"，甚至"知"而"无良"，灾难就不仅是知识分子本人，而是全社会了，因为他是社会的"'良'知"，整个社会都被其"去良"了。"良知"之中，"良"最可贵，问题在于，如何才是"良"？其实，"良"固可贵，但并非高远，用孟子的话语表述，"良"即"本然之善"也，"见父自然知孝，知兄自然知悌，见孺子入井自然知恻隐"，欲仁仁至，欲良良在，固守那片心田的天性，就是"良"。这就是我从这部书，尤其这部书的作者身上获得的最大的"觉悟"。

在院长的岗位上不知老之将至，也不知天高地厚地"赖"了十五年，误人子弟，中途"觉悟"到社会学学科的重要，于是，从全世界著名大学的社会学系聘延年轻才俊，何志宁博士就是这一专项人才工程的第一人，从德国科隆大学引进，其父曾是我国中山大学社会学系在80年代初的复办人，中国早期的资深海归。回来不久，同仁们不断向我"启蒙"何博士的种种与众不同，这些不同，归纳起来无非有二：德国式的"较真"，海外赤子般的"天真"，"真"到极至，便与他的专业似乎不那么璧合，因为他不怎么"社会"，不谙"社会"，也不融于"社会"，甚至即便在这个文人聚集，高度多元也高度自由的人文学院有点不见溶于"社会"。为此，我曾写过一篇短文"一位海归的择善固执与文化冲突"为他辩护，其实更多是由此而引发的我的思考。不过，就当时思想水平，主要也是作为院长考虑如何在海归毕至的背景下保护这些"洋宝贝"，以免我们这些土著以"平庸大多数"欺负沐浴欧风美雨的"杰出少数"。然而，后来的观察和思考，却引导我不断在反思和追问："社会"到底是什么？我们如何在社会中"存'良'"，以让我们自己"良"，也让社会"良"？我感到，当思考这些问题时，自己与社会学的学术距离拉近了些，开始将我研究的伦理学与社会学融通。在这个意义上，可以说，是何博士推动了我的思考。

随手捡来，一远一近两件事对我的反思推动很大。

远一点的是汶川大地震。记得2008年5月12日的傍晚，我从人文学院五楼的专家室走到二楼，院办同仁告诉我汶川大地震，可能死伤了很多人，我心里一怔，久久很是伤悲。过了两天，有同仁告诉我，何博士因为地震伤亡惨重而落泪。再过一段时间，当地震平息时，他向我请假，说要带几位学生去汶川灾区调研。我当时有点为难。一方面，就当时汶川条件而言，仍有不少困难甚至危险；另一方面，带学生到这样危险的地区，事实上我没权利批准。但我无法拒绝，不是制度上无法拒绝，而是良知无法拒绝，只是嘱咐他注意安全尤其保证学生的安全。在此以前，曾建议他做关于自然灾害社会学的研究，在我们的社会学研究中专门开辟一个研究方向，没想到他这么快就付诸实施，今天就将一本厚厚的专著呈现到我的面前。细细想来，当时我对汶川地震的反映只是"怔"，而他却是"泪"。我们都是一种伦理反映,但可能我是儒家式的"己所不欲,勿施于人"的"仁爱"伦理反映,也是在自然力面前对命运的某种恐惧感,而何博士的"泪"很可能是墨家式"兼爱"和"体爱"的伦理反映,因而既亲赴现场调研,又完成了一个学术上的大工程。也许因为这种不同,我上周才借一个机会去汶川地震博物馆参观。虽然那里焕然一新的街道和喧闹的市场已经将当年的伤痕冲刷很多很多,虽然在大地震中失去八位亲人的导游以讲故事的方式向我们叙说着当年的"世界末日",然而,汶川中学那狼藉般倒坍的一幢幢楼房,还有那楼房下不忍心打扰的怨魂,分明在向我哭泣,直戳心胸,让泪珠在自己的双脸中久久地徘徊。

近一点的事与老太太有关。有一天同仁告诉我,何博士被派出所传唤了,经验告诉我,这肯定与他"多管闲事"的"不识时务"有关。果然,因为他要求在学校后门路边非法停靠的"宝马"车离开而与"宝马"车主人争执,争执中"宝马"车主人老母因帮儿子而被小何羁绊而摔倒,被送医院后诊断为骨折。为此,何博士被要求赔偿两万多元。当我问及为何愿承担这笔费用时,他说,不仅我有过错,即便没过错,但我觉得老太太像我母亲,我应当这么做,天真得让我们简直无话可说。三天前我也碰到类似的事。中午用餐后回办公室,十多米外一位老太太一脚踩空倒在路边,她本能地伸手求援,但我欲行又至,"知"提醒我最近老人"讹人"事件很多,得待有他人在场才上。就这片刻,学院文学所一位副所长不知从哪里冲上去将她扶起,这个时间差让我"良"发现,很是愧疚,立即打电话请司机送老人回家。但至今想来,虽有善意善举,但仍为杂念所扰,尘俗所困,它让我想到良知的脆弱,所谓"脆弱的良知"是也。

讲这两个故事,是想说明,生活于"社会","良知"到底是什么? 如何才是"良"? 追究了这些问题,才真正懂得"社会学"。"社会"是现实的,是人类建构共同生活的方式,因而一定是尘世的,甚至是最尘世的,所以社会学特别强调事实的呈现。不少学者认为,社会学的"事实"取向,与人文科学的"价值"取向或人文理想主义有矛盾,其实,任何真正的学问准确地说任何真正的学者都是"以身体道",不能"体道",学问便只是谋生的手段,甚至是追逐功名利禄的工具。追求事实的社会学者如果不能体道,如果失去了人文理想主义,就是一个地地道道的俗人,在这个意义上,社会学者最应当成为"社会"的"知"己,这正是何志宁博士和他的这部作品最给我们启发的方面。正如王阳明所说,良知的本质是"知行合一",知与行合于良知,是良知的两种形态,只知不"行"就是黑格尔所说的"优美灵魂"或"伦理意境",最终会化作一缕青烟消逝得无影无踪。判断真正的"知"就是"行",说某人"知"孝,是因为他已经"行"孝。良知之"良"作为本然之善,不仅发乎人的本性,而且其表现也很本色和本真。知识分子要做社会的良知,社会学尤其要做社会的良知,"良知"对知识分子的基本要求,是要做一个"有良"的知识分子,即保持本然之善的知识分子,在纷纭尘世中保持赤子之心。

　　说这么多题外话，其实多多少少是为了掩盖我对这个领域和这本书的无知，但它绝不是要为何博士和他的作品贴金，我们这个世界说"这个小孩将来要发财"的人太多，当下的学界"序"太多，因为"序"往往是一件彰人显己的美差，充当吹鼓手已成流俗。如果以上文字可以被当作"序"，那它首先是我自己的"心序"。诗言志，序言心，诗抒情给别人欣赏，序言心让自己反思。坦诚地说，因为是海归，对国内学界的规则还不完全习惯，也因为其他原因，何博士的成果并不算丰厚，不像我们这些"土著"，凭着一大堆"成果"早就当上"长江"，还博得一顶顶"光环"，但光环之下是焦虑。我总是不断的追问：自己到底为"社会"贡献了什么？我那些被称为"成果"的玩意儿，到底是否可能有一丁点儿为未来的文明积累所接纳？每一个暑假，当炎夏中独自在整个办公大楼驰骋自己的思想时，从不觉得这是一种辛苦或孤独，相反每每感到一种奢侈，一份富享思想自由的奢侈。于是总有一份"觉悟"和警醒：这是一份特权，"社会"和百姓养育了我们，这份特权中包含着烈日下大街上捡垃圾的老太婆的股份，不说高远，我们所做的一切包括那些吓唬人的"学问"，必须对得起大街上捡垃圾的老太婆。也许，这算是"良知"觉醒吧。诚然，何博士的行为也确实不够"社会"，至少没有"充分社会"，不少方面可爱可敬但不可行，因而多少有点不合时宜，所以同仁们总是善意地向他的不谙世事提出劝告。然而，可贵之处也许就在于这种择善固执，在于他和"社会"之间的距离，因为这种距离，才不会流俗。所以，我总是提醒自己，在向"何博士们"善意劝告时，要特别小心，我们是否在进行"偷吃智慧果"般的启蒙，在"点化"中，要特别注意防止被"社会"所异化。

　　无论在何种意义上，这都不是"序"，毋宁说借助何博士这本书，逮着一个难得的"发声"机会，试图读懂"社会"，读懂"良知"，最后读懂"社会学者的良知"，因为这个作品本身就是"社会学者良知"的学术呈现。也许，这种呈现比作品本身更重要。我知道，何博士的这部书是在用"本心"和"初心"在倾听"自然"的脉动，向"社会"传递可能发生的"灾害"预警和对付灾害的"社会"之策，他努力做"社会"的"良知"——既是世俗社会中"有良"的知识分子，也是"社会"的"知"己。我们的世界、我们的"社会"太需要倾听，太需要对话，太需要理解；在倾听、对话、理解中，我们与世界、与"社会"共成长。

樊浩

东南大学"舌在谷"

二〇一五年九月二十日

# 目　录

## 第四部 自然灾害社会学的研究方法建构

# 绪　论

自然灾害指对人类社会造成潜在和现实威胁或破坏的自然现象。包括因自然现象超出人类可控制潜力和能力造成的灾害；也包括因人类行为引发的自然现象所造成的灾害。前者如暴雨洪水造成的水灾；后者如人类毁坝放水所造成的水灾。

## 一

本书是笔者《世纪之灾与人类社会：1900－2015 年重大自然灾害的历史与研究》一书的姊妹篇，是理论探索部分。

《世纪之灾与人类社会：1900－2015 年重大自然灾害的历史与研究》尝试以 1900 年至 2015 年以来人类社会发生的各次重大自然灾害为历史截面，在囊括主要自然灾害类型的基础上，从社会学等多学科角度，回顾、分析、总结了各次重大自然灾害及各类自然灾害的发生过程及其对人类社会所造成的影响。从防灾、救灾、赈灾和灾后重建四个主要阶段和角度，分析人类社会应对自然灾害的机制结构和社会行为。该书既是重要资料的汇集，也是必要的文献分析和实证研究。

本书是在提取了《世纪之灾与人类社会：1900－2015 年重大自然灾害的历史与研究》中的理论分析部分，在增加了三分之二以上研究内容的基础上撰写而成。该书试图完成的唯一任务是：建构自然灾害社会学的理论。社会学是人文社会科学的一级学科之一；应用社会学是二级学科，下设城市社会学、组织社会学、发展社会学等十多门应用社会学学科，但其中没有自然灾害社会学。其基本原因是该应用研究领域始终没有形成相对独立和有特点的理论体系。虽然美国和日本两国的社会学界长期以来对自然灾害的社会影响做过大量研究，但未能形成系统可靠的理论体系和研究框架。中国虽然是自然灾害受灾大国，但由于各种原因，中国社会学界对自然灾害的研究一直未能成为社会学界的学术主流，仅在 2008 年汶川地震后出现过昙花一现的兴起。据笔者了解，国内外还没有从社会学的学科角度研究自然灾害的较完整和独立的理论性著作。因此，笔者认为有必要对社会学领域中的这一研究空白予以重视并付出自己的劳动。

《自然灾害社会学：理论与视角》正是尝试建构自然灾害社会学的理论体系和研究框架，以凸显自然灾害社会学的现实意义和理论价值。

本书"第一部 自然灾害社会学的研究范畴"首先总结了国内外自然灾害社会学的研究历史，概述了自然灾害社会学研究领域中的相关学科，明确了自然灾害社会学研究的对象和任务。

"第二部 自然灾害的类型和社会学研究视角"以自然灾害的各主要类型为导入点，分别从社会学研究的视角，简析传统自然灾害类型和新型自然灾害的社会后果和社会学研究意义。

"第三部 自然灾害社会学的理论建构"是全书的主体部分。笔者尝试以传统社会学理论和学术体系为指导和基础，针对自然灾害之于人类社会影响的结构特点，有重点地建立自然灾害社会学的理论体系。尝试从人类社会和社会学基本理论中有关个人个体、社会群体、社会行为、社会组织、公共物品、社区建设、社会不平等、社会流动、越轨犯罪、社会整合、社会冲突、社会变迁和社会政策等相关范畴进行研究。所形成的理论体系属于中观理论和微观理论。但是，一些部分还不能称其为理论，只能是个人的某种视角和观点。该部分的许多理论、视角和观点还属于假设性判断，还未经过科学实证和检验，实难成为真正的理论。

"第四部 自然灾害社会学的研究方法建构"单列为研究方法的介绍。探讨了"自然灾害所造成的人口、社会、经济损失评估体系"，试图建立评估社会管理体系应对自然灾害的社会后效的三级指标体系。介绍了地理信息系统 GIS 和地球空间地理分析软件 GeoDa，以使有志于研究自然灾害社会学的同仁们在使用传统的社会学研究方法和 SPSS 统计分析软件的同时，了解地球地理信息学、城市规划学和交通学中常用的两个分析软件。这些软件对自然灾害社会学的研究具有一定的科学实证作用，可丰富传统社会学的研究手段和分析方法。本部分还提出了"解决问题的政策建议路径"，主要就自然灾害社会学的应用研究和政策建议提出自己的批判性观点。

最后的"余论 自然灾害社会学——社会学边缘学科或新社会学理论范式？"提出了自然灾害社会学是否可以发展为一种新的社会学理论范式的疑问，就自然灾害社会学在社会学中的地位和价值提出笔者的想法：可以是新的应用社会学学科或专业，但还不可能成为范式性的研究领域。

# 二

## 1. 研究的理论意义

"人类社会生活史，始终伴随着与自然灾害的斗争。人类社会生活史就是一个抵御和防治自然灾害的艰苦历程。人类文明史，就是人类与灾难持续抗争的历史。从古巴比伦的《季尔加米士史诗》，古希腊的《荷马史诗》，古印度洪水传说《摩奴传》，到《圣经旧约》，到中国的盘古开天地、女娲补天、精卫填海、后羿射日、大禹治水、炎帝尝百草、夸父追日、愚公移山。"① 概莫能外。

有专家估计，自进入人类社会以来，人类的生命、人类创造的财富，至少有一半耗损在各种自然灾害（Disaster）和社会灾害中。

尤其是进入 21 世纪以来，世界各地屡遭重大自然灾害。最近的一次重大自然灾害是发生在 2015 年 4 月 25 日的尼泊尔地震，截至 2015 年 5 月 10 日，死亡人数已达到 8019 人，受伤人数 17866 人，历史文物及国民财产损失难以统计。自然灾害已成为影响人类社会发展的不可回避的宿命。

自然灾害会对自然环境、人员财产和经济领域造成破坏，甚至导致社会、文化乃至政治在短期和中长期的剧烈变迁。所以，必须研究自然灾害在发生前、期间和之后所引发的社会结构变化、社会冲突和社会变迁，探索其影响规律和本质，建立起独立、动态和完整的自然灾害社会学理论体系。在此基础上，提出系统、客观、科学、实用的社会政策，为人类社会的防灾、救灾、赈灾和灾后重建事业服务。

世界各国都不同程度地受到自然灾害的威胁或破坏。由于特殊的地理环境，中国是一个自然灾害种类多、分布广、灾害频发的国家。图 0-1 仅 2007 年到 2008 年，汶川地震发生前约一年多的时间里，中国各类自然灾害就造成 4.3 亿人受灾，2000 多人死亡和失踪，直接经济损失 2517 亿元（见图 0-1）。

中国许多长年受灾地区的基础设施落后，资金、人才匮乏，使防灾、救灾、赈灾和灾后重建的工作繁重复杂，加上经济的落后、社会不平等和公众对自然灾害的社会心理承受力等因素，更使因自然灾害引发的社会问题尤显突出，急需从

---

① 曲彦斌：《自然灾害研究的人文社会科学探索视点，"灾难文化与人文关怀"专题，一组关于"人文社会科学应对自然灾害的视野与职责"的学术文章》，载《文化学刊》，2008 年第 4 期。

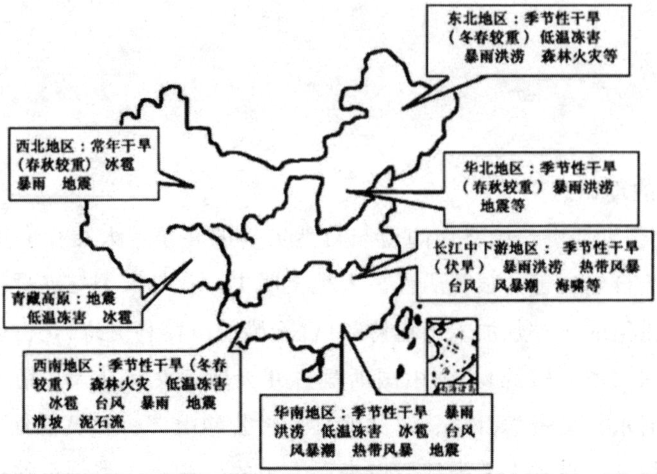

图 0—1　中国自然灾害分布地域

社会科学的角度展开研究和总结，而从社会学角度研究自然灾害具有不可替代的重要学科意义和社会意义。

过往相关研究的主要领域是地理学、气象学、海洋学、工程学、建筑学、农学、医学和心理学等，都是从其专业领域尤其是理工农医科的角度研究自然灾害问题。虽然同行们做出了非凡成就，但对于自然灾害所引发的或其中所隐含的社会、政治、文化、历史、经济问题的研究，还有不足，使自然灾害造成很多不必要的附加损失。为此，包括社会学者在内的社会科学工作者有义务和责任展开在相关领域和对应学科的系统的调查研究。美国、日本等国虽有一些研究成果，但毕竟不完全适合于他国国情，并有很多疏漏和偏差，它们的理论和观点也未能系统化。

本书的学术价值主要表现在：在中国第一次以社会学知识为重心，结合社会科学和自然科学中的相关学科，对自然灾害的社会属性进行全面研究。是一次对自然灾害社会问题进行学科交叉研究的尝试。通过对文献和数据资料的实证分析，探索科学性、客观性和创新性的结论，进而获取自然灾害之于人类社会影响的普遍性、规律性的研究成果。由此，以自然灾害为研究的对象和依归，尝试建构一个基于大自然、自然灾害背景下人类社会可持续发展的应用社会学理论架构。构思出创新性的概念、观点、论据、研究理论和研究方法，最终尝试确立作为社会学二级学科的应用社会学的一个三级分支学科或专业——自然灾害社会学的理论体系。

"一个学科分支的确立依赖于它能够具有其自身的规定性。社会学研究的方法都可以适用于自然灾害社会学，在方法上没有特殊性。关键是自然灾害社会学特殊的研究对象是什么？自然灾害发生后很多具体社会问题都可以被其他应用社会学分支承担研究，如家庭社会学、农村社会学、劳动社会学、政治社会学、犯罪社会学、社会政策学、宗教社会学及移民研究等，那么作为一个学科分支的自然灾害社会学的特殊研究对象是什么？也就是，要论证这一学科分支存在的必要性。

在汶川绵竹地震灾区的调查过程中，笔者发现灾害发生过程以及重建过程无不渗透着社会学的研究情境，如社会冲突、社会分层、劳动与就业、亚群体社会组织、宗教信仰变化、政治与意识形态的认同、地方政治和国家政治的博弈，等等。所以，自然灾害社会学是否可以以问题为导向，从这些角度来讨论这一学科分支在面临这些问题时的特殊性，即自然灾害对社会的介入性影响，并把它们整合进一个范式的框架。一个社会学的学科分支必然存在它经典的范式，如宗教社会学要考虑宗教的社会生成以及社会后果，那么自然灾害社会学的范式是什么？

在灾区调研的过程中，笔者发现自然灾害社会学和其他学科的紧密结合之处，如自然科学和社会科学中的地理学、气象学、政治学、城市规划、经济学等，人文科学中的人类学、民俗学、伦理学等，自然灾害社会学可以考虑整合这些学术资源。如宗教与非政府组织的介入与影响当然可以成为自然灾害社会学的研究对象，但是也可以成为研究的合作对象。自然灾害社会学要考虑国别的特殊性，如中国的特殊性，再如城乡二元差异、人情社会、威权体制等，以及政治力量在重建过程中以及一切事务上的巨大影响等。①

总之，本书研究的理论意义是尝试建构具有特殊学科地位的自然灾害社会学的理论体系，并探讨自然灾害社会学理论的范式性作用。

**2. 研究的应用意义**

面对国家、社会和人类的现实需要和全球变暖将引发更多自然灾害威胁，关于自然灾害的社会学研究也具有现实应用意义。这足以说明编撰此书的必要性和紧迫性。

自然灾害的社会学研究在解决社会需求上的作用重大，自然灾害社会学研究触及的问题领域广泛。从社会学的角度，笔者认为自然灾害社会学可触及的具体研究问题领域和视角很多，可供学界同仁深究，如：

　　* 自然灾害发生前的社会资源储备和民众防灾意识。

---

① 赵浩：绵竹调查报告（2010 年 3 月 26 日）。

\* 灾难发生初期和期间，各相关抗灾部门组织的社会网络结构和部门整合。

\* 应急机制和抗灾救灾体系社会效益的最大化及其绩效评估。

\* 抗灾救灾体系失灵引起的社会危机和社会动荡乃至国家危机。

\* 抗灾救灾体制中政府人员渎职、失职、腐败的研究和预防。

\* 灾难发生期间和之后的次生灾害和后续经济社会政治危机的研究。

\* 自然灾害所造成的人口结构变化和所引发的社会问题。

\* 灾后家庭解体和重构问题。

\* 因灾致贫和因灾返贫问题。

\* 灾民生活质量研究：居住、就业和收入。

\* 灾民社会质量研究：社会权力和社会参与。

\* 灾难期间的社会流动和移民、难民（灾民）的迁徙。

\* 灾后区域城镇体系重建规划中的问题。

\* 灾难期间和灾后重建过程中社会保障与社会保险体系的功能研究。

\* 社会经济规划中自然灾害因素和自然资源因素的研究。

\* 国家各级防灾减灾和灾后重建部门等公共资源之间的互动关系。

\* 中央政府与灾区地方政府的政治互动。

\* 灾民和救灾者、赈灾者、重建者之间的社会互动。

\* 灾难期间地方政府部门与灾民和救灾者、赈灾者、重建者的社会互动和社会整合。

\* 常规救灾、减灾和灾后重建部门与其他非专业的强力支援部门（如军队）之间的协调与合作。

\* 政府组织与非政府组织和个体个人之间的协调与合作。

\* 灾区和非灾区之间在物资、资金、资源、技术和人员及社会情感上的融通与互助。

\* 大众传媒、公共舆论与政府部门及公众受众的互动关系。

\* 非主流、非典型媒体系统的运作和影响。

\* 专业化的防灾减灾体系与非专业化的临时强力支援部门（如军队、警察）间的关系及配置问题。

\* 强力支援部门如军队、警察等应对自然灾害的专业训练。

\* 从中央政府到地方政府建立机动性的、针对自然灾害和各种突发灾难和事件的应急体系的资源整合意义和行动效率意义。

\* 国家和地区减灾专项基金和物资技术储备的作用。

* 民政系统和其他相关部门的执行力量、执行能力和执行效益。
* 国家应对自然灾害的技术装备和相关职能部门的社会效益。
* 预测部门对自然灾害预测预报的效益分析。
* 各有关社会群体、非正式社会组织和亚社会系统的预警演练和组织准备。
* 灾区新社区的社会重建和社会整合。
* 灾民接收地中外来社会群体、自然灾害移民等与当地居民和文化的整合。
* 短中长期的社会保障与保险体系的完善。
* 有针对性的相关社会政策制度的建设和修正。
* 灾区自循环的生产生活链中生产自救，自给自足的经济社会效果评估。
* 重要基础设施重建和可持续发展的城镇体系研究。
* 灾民再就业和创业问题研究。
* 自然灾害和减灾及灾后重建的新学科建设等。

这些领域和视角都是基于社会学理论和社会实践基础上，自然灾害社会学可以研究和解决的问题域，也是为国家社会提出政策建议的部分角度。通过对以上领域的研究，通过交叉学科的整合，可以发展出新的自然灾害社会学研究理论和研究方法。

自然现象和自然灾害已是影响人类社会生存发展最现实、最巨大、最持久和难以避免的因素之一。因此，为应对日益严重的自然灾害，维护人类社会的生存和发展，必须对自然现象、自然灾害尤其是重大自然灾害对人类社会的影响做认真深入的研究。这既是本书的观点之一，也是研究的意义所在。

观点二：自然灾害在和平时期是除武装冲突和战争外对人类社会最大的威胁，其影响不仅关系到公众的生命财产，也关系到相关地区的经济社会稳定乃至国家的生存。自然灾害是影响国家和人类文明发展进程的一个长期的重要因素，现在必须正视。要将自然界、自然现象和自然灾害作为影响乃至决定国家和人类社会发展进程的重大因素加以考量。将其列为除经济、政治、科学、教育、文化外的第六大社会发展影响力。

观点三：必须改变长期以来的"人类中心主义"，重新提倡"自然中心主义"。即强调自然灾害对于人类社会的重要意义，这是人类在摆脱了奴隶社会的压迫、封建社会的愚昧、资本主义社会的扩张战争后赖以生存的新的基本准则。就可持续发展战略而言，对世界各国从国家政策制定到国民意识来说也都至关重要。

观点四：自然灾害是一个社会问题。本书依据现有的社会学、政治学、经济学和历史学等社会科学知识，首次对自然灾害作为社会问题展开理论性的科学分析，并由此创新出新的观点和论据。将提出并验证如自然灾害区位、灾后五天动乱法则、灾民社会网络、自然灾害与经济－政治危机循环、灾区宗教功能、地震的可预测性与人类感知、灾后惯溺行为、灾区区域形象论和契机论、国际救灾中的主权丧失论等创新观点。

# 第一部

## 自然灾害社会学的研究范畴

# 第一章　国内外自然灾害社会学研究概览

## 第一节　美国对自然灾害社会学的开拓性研究

世界上研究自然灾害社会学最具代表性的国家是美国和日本。本节将重点梳理美国的相关研究成果。日本的研究成果将散见于"第三部 自然灾害社会学的理论建构"里的各有关章节中。

19世纪初期，美国洪水、地震灾害频繁，美国学者马里安纳等开始注意自然灾害带来的社会问题。1923年美国社会学会、经济学会、心理学会等学术团体的部分学者集会商讨如何资助社会科学研究人员研究自然灾害的社会经济问题。在美国社会科学研究理事会的支持下，设立"美国自然灾害及其社会科学研究"课题，与自然科学家合作编辑了美国的洪水、飓风、地震等灾害目录，总结了美国历史上自然灾害造成的社会经济影响。从此，美国对自然灾害社会经济问题的研究得以起步。其中以对地震灾害的研究最早。美国关于地震的研究从研究进程和时间序列看，包括自然科学的研究和社会科学的研究。

人类知识分为自然科学、人文科学和社会科学知识三个部分。人文科学意指人类价值和精神表现的学科，其学科范畴包括语言学、文学、历史学、哲学、美学、神学、宗教学、考古学、法学、艺术史与理论以及具有人文主义内容和运用人文主义方法的其他社会科学。社会科学研究的课题是人类在经济、国体、管理、社会、法规和文化等方面的结构、机制和行为，包括经济学、政治学、管理学、社会学、社会和文化人类学、社会心理学、法律学、经济地理学、社会地理学、教育学、新闻学等各领域。由于社会科学研究的是人类在经济、政治和社会结构等方面的结构、机制和行为，所以又称为行为科学。这两个词语是同义词，可以同用，但也有区别。行为科学表示一种研究动向，它比社会科学更富有实验性、更富活力。自然灾害的社会科学研究具有跨自然科学、社会科学的特点，又具有行为科学和系统科学的特点和综合性特点。以斯坦福大学行为科学研究中心、哈佛大学、芝加哥大学和北卡罗莱纳大学的社会学研究所，以及特拉华大学灾害研究中心为主的社会科学研究力量，强调自然灾害研究中的理论与实践的原则与方法，把行为科学研究从人类学、心理学和社会学推广到经济学、政治学、精神病学、教育学、地理学等学科，推动了美国自然灾害社会学的研究与进步。

美国地球科学家普瑞斯说过：无论何时何地发生破坏性大地震，美国整个社会和经济组织都能感受到巨大冲击。面对这种损失巨大、影响面广且时间很长的地震灾害，美国政府在其减灾计划中，强调了必须采取强力措施，加强对国民进行地震及其危险性教育，以减轻地震对家庭、社会和国家的影响。地震是自然灾害中最具破坏性的一种。美国所有 50 个州都面临着某种强度的地震危险，加利福尼亚州和西部一些州发生破坏性大地震的概率最高，中部和东部一些州也经历过大地震的破坏。美国领土的地震区划粗略表明，其领土面积的一半属于高地震活动区，30％的面积是中等地震活动水平，16％是低地震活动区，[①] 见表 1－1。

表 1－1　美国地震区区划与人口社会空间分布区划

| 地震区划 | 总人口（亿人） | 总面积（万 km²） | 人口比例（％） | 面积比例（％） |
|---|---|---|---|---|
| 全美 | 2.03 | 890 | 100.0 | 100.0 |
| 高地震活动区（19 个州） | 0.86 | 480 | 42.3 | 54.0 |
| 中等地震活动区（19 个州） | 0.74 | 267 | 36.4 | 30.0 |
| 低地震活动区（12 个州） | 0.43 | 143 | 21.3 | 16.0 |

来源：《地震安全与土地利用计划》，USGS，1987；《地震危险性区划》，1994；《美国地震活动性和地震》，1998 等；《美国城市与发展》。

据表 1－1，我们可以设计出以下的研究中国地震区划和影响范围的表格框架，分析自然灾害与人类社会的关系。因缺乏客观科学的资料，仅以空表列出。见表 1－2，表 1－3，表 1－4，表 1－5，表 1－6。

表 1－2　中国地震区区划与人口社会空间分布区划

| 地震区划 | 总人口（亿人） | 总面积（万 km²） | 人口比例（％） | 面积比例（％） |
|---|---|---|---|---|
| 中国 | | | | |
| 高地震活动区（个省） | | | | |
| 中等地震活动区（个省） | | | | |
| 低地震活动区（个省） | | | | |

---

① 陈英方、陈长林、崔秋文：《美国自然灾害的社会学研究》，载《防灾博览》，2006 年第 4 期。

表 1－3　中国地震区区划与农村人口、城市人口空间分布区划

| 地震区划 | 农村人口（亿人） | 城市人口（亿人） | 农村人口比例（%） | 城市人口比例（%） |
|---|---|---|---|---|
| 中国 | | | | |
| 高地震活动区（个省） | | | | |
| 中等地震活动区（个省） | | | | |
| 低地震活动区（个省） | | | | |

表 1－4　中国地震区区划与区域生产总值、人均产值空间分布区划

| 地震区划 | 生产总值（美元） | 人均产值（美元） | 比例（%） |
|---|---|---|---|
| 中国 | | | |
| 高地震活动区（个省） | | | |
| 中等地震活动区（个省） | | | |
| 低地震活动区（个省） | | | |

表 1－5　中国地震区区划与铁路里程、公路里程空间分布区划

| 地震区划 | 铁路里程（km） | 高速公路里程（km） | 铁路里程比例（%） | 高速公路里程比例（%） |
|---|---|---|---|---|
| 中国 | | | | |
| 高地震活动区（个省） | | | | |
| 中等地震活动区（个省） | | | | |
| 低地震活动区（个省） | | | | |

表 1－6　中国地震区区划与城市化程度空间分布区划

| 地震区划 | 城市化程度（万人） | 100 万人以上城市数 | 城市化程度比例（%） | 100 万人以上城市数比例（%） |
|---|---|---|---|---|
| 中国 | | | | |
| 高地震活动区（个省） | | | | |
| 中等地震活动区（个省） | | | | |
| 低地震活动区（个省） | | | | |

　　20 世纪 20 至 30 年代是美国社会学迅速发展的阶段，最多关注由于工业进步和经济发展所带来的政治、社会、经济、法律、道德诸问题，课题有社会传统与

道德、社会组织与程序、都市犯罪、社会变迁等。尽管自然灾害时有发生，会产生社会、经济、法律等问题，但与最多关注的社会问题相比，显得不那么重要。因此，这一年代的自然灾害研究不太兴盛，直到50年代初。

20世纪50至60年代，美国发生了一系列地震等自然灾害（加州克恩地震、旧金山地震、海柏根湖地震、阿拉斯加地震等），自然灾害社会科学的研究受到政府的重视和期待。阿拉斯加大地震以前，把地震作为研究客体是不可能的。1964年阿拉斯加地震显示出巨大破坏力之后，美国开始注意减轻地震灾害后果的问题，特别是对加州和美国西部高速发展地区更加关注。美国科学院和国家科学研究委员会的《美国固体地球物理学报告》（1964年固体地球问题特别研究小组向国会呈交的报告）第一次将地震预报作为科学研究目标列入了地震研究计划。

这一阶段，美国国防部开始了监视地下核爆炸计划，提高了人们对地震问题的研究兴趣和政治需要，出现了新的科学思想。此时，美国地球物理学科迅速发展，在固体物理、海洋物理和空间物理方面取得了成果，研究水平普遍提高，这为地震学、地磁学、重力学和勘探学打下了扎实的理论应用基础。

20世纪50至60年代初期，配合地震预报的自然科学研究，社会科学方面的研究也表现出浓厚的兴趣和需求，首先是提高公众的自然灾害意识问题。自然灾害严重冲击着社会经济发展，造成重大伤亡和财产损失，必须进行减灾、预防和准备，需要政府采取措施应对灾害。其次政府制定的减灾计划，形成的预防方案，应有相应的法律给予保证。再就是灾害发生后，政府应急反应方案的实施和效益。因此，灾前、灾时和灾后的防灾减灾战略的判定，就成为政府管理自然灾害的重要任务。在制定防震减灾措施方面，政府组织自然科学和社会科学研究，工业经济和政府管理职能部门的科学家很快完成了地震灾害减轻、预防、准备、应急反应、恢复重建战略规划的制定工作。社会科学家完成了一批防灾（防震）减灾的社会科学研究成果，如巴顿的《灾害中的社团》（1969年），卡雷的《灾害的社会价值》（1960年），达西的《灾害经济学》（1969年），多尔的《灾害的公共政策》（1968年），戴恩斯的《灾害的组织行为》（1968年），斯塔林斯的《灾害警报系统》（1967年），希克斯的《灾害安全》（1958年），德拉的《灾害调查经验》（1968年）[①]，艾里的《美国地震和海啸灾害》（1966和1975），卡特的《灾害的公共政策：地震》（1968年，1979年），以及美国社会学杂志登载的有关

---

① 《灾害调查经验》总结了1906年旧金山地震、1964年阿拉加斯地震有关社会现象和社会问题的调查方法及社会问题解决方案。

地震（自然灾害）的社会、经济、法律、心理、行为、社区、团体、家庭、犯罪、历史等方面的文章。

20世纪70至80年代，地震灾害的社会科学研究有了新的发展，其特点是，跨学科性、决策性、行为科学和系统科学性，数据分析成为研究的必要方法。在这一阶段，防震减灾战略的各个环节都展开了社会科学方面的研究，在美国国内自然灾害社会学研究掀起了一个高潮，获得了一系列科研成果，对政府作出防灾救灾决策、对社会有效应对自然灾害起到了很大作用。

这一时期，自然灾害的社会一经济学研究取得了丰硕成果。其中地震预报和地震灾后减灾研究方面有：美国白宫科学政策办公室的《地震预报：10年研究计划的建议》（1965年），联邦政府科技委员会的《国家减轻地震灾害10年研究计划的建议》（1968年），地震工程研究委员会的《减灾工程》（1969年），阿拉斯加地震委员会的《地震预报和减灾计划》（1969年），地震安全联合委员会的《地震安全动议》（1974年），地震预报的公共政策专门小组的《地震预报与公共政策》（1975年）等。总统科学顾问H·G·斯梯夫一纽马克小组的《地震预报与减轻地震灾害》（1976）作为美国地质勘探局（United States Geological Survey，简称USGS）[①]和美国国家卫生基金会（（National Sanitation Foundation，简称NSF）的研究计划，成为政府决策减灾规划和制定减灾法案的主要依据。1977年秋美国国会通过了《美国地震灾害减轻法律》。

除了上述政府部门组织跨学科跨部门专家制定地震预报和减灾计划和报告外，美国科技专家与社会科学家合作，撰写了数量众多的关于地震灾害和自然灾害对社会经济影响的著作和论文。贝克尔的《灾害区的土地利用管理和规制》（1975年），阿什的《社会对灾害反应的能力和局限》（1979年），哈斯的《地震预报对政府、工商业和团体的社会经济影响》（1976年），哈斯和米利蒂的《国家科学基金会关于地震预报的社会经济和政治后果的报告》（1977年），琼斯的《科学的地震预报：关于可能的社会影响的一些初步想法》（1975年），克里普斯的《灾害理论与研究》（1977年），孔泽尔的《地震灾害的保险政策》（1978年），地震学委员会地震预报小组的《地震预报的科技评估和用于社会的评估》（1976

---

① 美国地质勘探局（United States Geological Survey，简称USGS），又译美国地质调查局，是美国内政部所属的科学研究机构。负责对自然灾害、地质、矿产资源、地理与环境、野生动植物信息等方面的科研、监测、收集、分析；对自然资源进行全国范围的长期监测和评估。为决策部门和公众提供广泛、高质量、及时的科学信息。美国没有地震局，因此该局也承担了地震监测和预报的任务。

年，1981 年），应急计划顾问委员会地震预报应用公共政策小组的《地震预报与公共政策》（1975 年），《地震预报现实与社会价值的评估》（1988），赖恩的《地震预报可信性和疑点：政策研究》（1977 年），地震灾害减轻工作组的《地震灾害减轻计划的编制：实施与应用方面存在的问题与对策》（1978 年），福勒的《大地震危机的对策》（1986 年），米利蒂的《大地震灾害后果：消除后果的社会学研究》（1984 年），哈斯－米利蒂的《地震预报可能性与不确定性的讨论》（1984 年）。

"1972 年，科罗拉多大学博尔德行为科学研究院承担了国家科学基金资助项目：'第一次国家自然灾害评估'。这一重要研究由地理学家吉尔伯特·F. 怀特（Gilbert F. White）主持。研究从社会学的角度评估自然灾害和自然灾害发生的背景，并提出修正国家相关政策和开辟灾害研究的新方向。

但是，20 世纪 90 年代以前，无论是联邦机构还是学术界，只有少数人认识到社会应该具有应对自然灾害的社会保障功能，即社会遭遇灾害时的应急和灾后恢复功能。1992 年夏，来自美国各地的 60 多位灾害和风险研究专家聚集科罗拉多州的埃斯特帕克市（Estes park，Colorado），在全面反省 20 年来美国自然灾害状况后，得出结论：灾害社会学研究应该继续发展。"[1]

20 世纪 80 至 90 年代，地震等自然灾害的社会科学研究又经历一次较大发展时期，其特点是研究工作的组织化、计划化、目标化和国际化。通过"国际减灾十年"有组织有计划的行动，要达到减轻 30% 自然灾害损失的目标，使各国政府都能建立适合本国的自然灾害危机管理机制，建立国际减灾战略。减灾成为人口、环境、资源、减灾四大可持续发展因素之一，使减灾可持续地进行下去。

"国际减轻自然灾害十年"即"国际减灾十年"是由原美国科学院院长弗兰克·普雷斯于 1984 年 7 月在第八届世界地震工程会议上提出的。该计划得到联合国和国际社会的广泛关注。联合国分别于 1987 年 12 月 11 日通过第 42 届联大 169 号决议、1988 年 12 月 20 日通过第 43 届联大 203 号决议，以及经济及社会理事会 1989 年的 99 号决议，都对开展国际减灾十年活动作了具体安排。1989 年 12 月，第 44 届联大通过了经社理事会关于国际减轻自然灾害十年的报告，决定从 1990 年至 1999 年开展"国际减轻自然灾害十年"活动，规定每年 10 月的第二个星期三为"国际减少自然灾害日"（International Day for Natural Disaster Reduction）。1990 年 10 月 10 日是第一个"国际减灾十年"日，联大还确认了

---

[1] 丹尼斯·S·米勒蒂，谭徐明译：《人为的灾害》，武汉：湖北长江出版集团，湖北人民出版社，2008 年。

"国际减轻自然灾害十年"的国际行动纲领。2001 年联大决定继续在每年 10 月的第二个星期三纪念国际减灾日，在全球倡导减少自然灾害的文化，包括灾害防止、减轻和备战。确立国际减灾十年和国际减灾日，其目的是唤起国际社会对防灾减灾工作的重视、敦促各地区和各国政府把减轻自然灾害作为工作计划的一部分、推动国家和国际社会采取措施减轻自然灾害的影响。

"国际减灾十年"的国际行动纲领确定了行动目的和目标。目的是：通过一致的国际行动，特别是在发展中国家，减轻由地震、风灾、海啸、水灾、土崩、火山爆发、森林大火、蚱蜢和蝗虫、旱灾和沙漠化以及其他自然灾害所造成的人命财产损失和社会经济失调。目标是：增进每一国家迅速有效地减轻自然灾害的影响的能力，特别注意帮助有此需要的发展中国家设立预警系统和抗灾结构；考虑到各国文化和经济情况不同，制订利用现有科技知识的适当方针和策略；鼓励各种科学和工艺技术致力于填补知识方面的重点空白；传播、评价、预测与减灾措施有关的现有技术资料和新技术资料；通过技术援助与技术转让、示范项目、教育和培训等方案来发展评价、预测和减轻自然灾害的措施，并评价这些方案和效力。

国际行动纲领要求所有国家政府做到：拟订国家减轻自然灾害方案，特别是发展中国家，将之纳入本国发展方案；在"国际减灾十年"期间参与国际减灾行动，同有关科技界合作，设立国家委员会；鼓励本国地方行政当局采取适当步骤为实现"国际减灾十年"的宗旨作贡献；采取措施使公众认识减灾的重要性，并通过教育、训练和其他办法，加强社区的备灾能力；注意自然灾害对保健工作的影响，注意减少医院和保健中心易受损失的活动，以及注意自然灾害对粮食储存设施、避难所和其他社会经济基础设施的影响；鼓励科学和技术机构、金融机构、工业界、基金会和其他有关的非政府组织，支持和充分参与国际社会，包括各国政府、国际组织和非政府组织拟订和执行的各种减灾方案和减灾活动。

"国际减灾十年"结束之际，由联合国组织的论坛于 1999 年 7 月 5 至 9 日在瑞士日内瓦召开。会议目的是总结世界各国开展活动的成就，为联合国经社理事会的召开提供减灾主题方面的支持，共同制定 21 世纪减灾行动计划，为下阶段的减灾工作提供检验和技术支持。

参加会议的有 90 多个国家和地区、50 多个国际组织和非政府组织的 700 多名代表。联合国秘书长安南在开幕式上指出：在国际减灾十年期间，国际社会在减灾方面取得了显著成就。但是，人类社会仍面临着各种灾害的严重挑战，特别是发展中国家的灾害形势更为严峻，贫困加剧了灾害的风险。灾害预防、预警及科学技术在减灾中的应用至关重要。联合国应在今后的减灾中继续发挥其核心作用。各成员国、非政府组织和国际机构要更加一致地开展减灾工作，在各个层次制定更明确的指导方针，把减灾工作更扎实地推向 21 世纪。他强调："无论如何，我们必须改变观念，要从灾后反应变为灾前防御。灾前防御不仅比救助更人道，而且也更经济。不要忘记，灾害防御是一项极其迫切的工作，它的重要性并不亚于降低战争风险。"

会议回顾了国际减灾十年活动所取得的成就，就面向 21 世纪的减灾行动、科学技术、教育与社会经济、环境与发展 4 个议题、共 41 个专题进行了交流与讨论，分析了当前全球面临的灾害形势，提出了 21 世纪的减灾战略。

会议原则通过了《日内瓦基本结论》、《日内瓦减灾战略》、《日内瓦减灾宣言》和《科学技术支持减轻自然灾害分论坛声明》4 个文件。

《日内瓦基本结论》从消除贫困、大城市与城市区、社区、宣传、预警、信息、教育与培训、合作伙伴、风险管理、健康、气候的不稳定性、环境与生态系统、科学研究、建筑规范与实践、核灾数据、框架共 16 个方面全面总结了减灾所涉及的主要问题。

《日内瓦减灾战略》指出，要从总体上改变现有的减灾观念，即要从灾后的反应转变为灾前防御。提出了 21 世纪减灾战略：提高人们对各种灾害风险的认识；确立政府在减灾和降低风险中的责任；通过建立各级减灾网络，提高社区抗御灾害的能力；减轻灾害的经济和社会损失。这一战略还特别强调各级政府的责任和发挥联合国的作用。

《日内瓦减灾宣言》的核心是：全世界正受到越来越严重的自然灾害威胁，必须采取果断行动，贯彻 1994 年的横滨战略和 1999 年的日内瓦减灾措施，达到降低脆弱性的目标；从各个层次加强减灾科学研究和技术应用，扩大各国在减灾科技领域的交流、合作，促进技术转移；加强各部门在减灾中的合作；财政要保证减灾规划的实施；建议国际减灾十年委员会在已有基础上，进一步加强减灾国际合作。

《科学技术支持减轻自然灾害分论坛声明》指出，在过去十年，科学技术在减灾工作中发挥了突出作用，下一步的重点是推动减灾领域的科技进步。[①]

---

① 国际减灾十年活动论坛情况的报告［R］，《中国减灾》，1999 年第 4 期。

表1-7　历届国际减灾日主题

| 年份 | 主题 | 英语 |
|---|---|---|
| 1991 | 减灾、发展、环境——为了一个目标 | |
| 1992 | 减轻自然灾害与持续发展 | |
| 1993 | 减轻自然灾害的损失，要特别注意学校和医院 | Stop Disasters；Focus on Schools and Hospitals |
| 1994 | 确定受灾害威胁的地区和易受灾害损失的地区——为了更加安全的21世纪 | Protection of Vulnerable Communicities from the Effects of Natural Disasters |
| 1995 | 妇女和儿童——预防的关键 | Women and Children — the Key to Prevention |
| 1996 | 城市化与灾害 | Cities at Risk |
| 1997 | 水：太多、太少——都会造成自然灾害 | Water：Too Much ⋯ Too Little ⋯ The Main Cause of Natural Disasters |
| 1998 | 防灾与媒体——防灾从信息开始 | Natural Disaster Prevention and the Media |
| 1999 | 减灾的效益——科学技术在灾害防御中保护生命和财产安全 | Prevention Pays |
| 2000 | 防灾、教育和青年——特别关注森林火灾 | Disaster Prevention，Education and Youth，with special focus on forest fires |
| 2001 | 抵御灾害，减轻易损性 | Countering Disasters，Targeting Vuherability |
| 2002 | 山区减灾与可持续发展 | Disaster Reduction for Sustainable Mountain Development |
| 2003 | 面对灾害，更加关注可持续发展 | |
| 2004 | 减轻未来灾害，核心是如何"学习" | |
| 2005 | 利用小额信贷和安全网络，提高抗灾能力 | |
| 2006 | 减灾始于学校 | |
| 2007 | 防灾、教育和青年 | |
| 2008 | 减少灾害风险，确保医院安全 | Hospitals Safe from Disasters |
| 2009 | 让灾害远离医院 | |

　　在"国际减灾十年"这一重大社会实践的基础上，自然灾害社会学的理论研究也取得了新的成果。

这一时期，由于政府实行的干预政策，吸引了学者着手研究政府的减灾公共政策，它涉及的领域有所扩大，包括灾害的金融财政、社会经济的可持续发展、政府职能和政府运行机制、城市规划建设、政府危机管理、生活质量、公共安全与国家安全及环境等方面的政策，也涉及到减灾的国际关系和军事政策。减灾的公共政策研究侧重于政策的科学研究，通过对政策的来源、制定过程和效果分析，了解社会整体应对自然灾害的能力和行动效果。减灾公共政策研究既为政府决策提供理论依据，也对政府减灾政策实施和效果进行监督和预测分析。加州大学伯克利公共政策研究所、密歇根大学公共政策研究所、兰德研究院、杜克大学政策科学和公共事业研究所都设立了减灾公共政策研究室，计有奈尔格的《减灾政策研究和社会科学》（1998 年），林德布洛姆的《减灾需求与市场》、《决定的策略：减灾评估是一个社会过程》（1997 年）和华莱士的《地震灾害和人的心理与行为》（1999 年）等研究成果。在"国际减灾十年"结束时，《美国减灾法制》总结了美国 20 世纪下半叶经历的灾害减轻过程、政府、社会、社团等组织的重大行动、重要成果和经验教训。

美国地震灾害（自然灾害）社会科学研究发展的趋势，是沿着学科分化和高度综合的相互统一方向发展。自然灾害跨学科研究的机制会持续发展下去。跨学科是指两个或两个以上的不同学科之间紧密或明显的相互作用，包括从简单的交换学术思想，直到全面交流学术观点、方法、程序、认识、经验、术语以及各种资料的学科组合研究（伯杰，1995）。[1]

1994 年 10 月，科罗拉多大学在博尔德市再次集合了来自自然科学和社会科学的专家建立起"第二次国家自然灾害评估"项目工作组。联邦相关的决策机构如白宫自然灾害与风险委员会（The Subcommittees on Natural Hazards and Risk Analysis in the White House）、联邦应急管理局（FEMA）的决策层也从工作中注意到了灾害与社会之间的关联。1972 年以来有关自然灾害评估的工作和研究成果均被纳入研究。

参与"第二次国家自然灾害评估"的专家们从各自不同学科或工程领域开展工作，即从不同角度去评估灾害的自然成因和其中不当工程技术行为的危害程度。评估工作立足于坚实的科学技术基石之上，所有阐述充满逻辑哲理。"第二次国家自然灾害评估"的意义在于它研究了国民、社区、企业和政府等不同社会群体和社会组织在自然环境中的角色，以及如何以各自行为影响自然环境。评估

---

[1]　陈英方，陈长林，崔秋文：美国自然灾害的社会学研究，《防灾博览》，2006 年第 4 期。

结论明确指出：要扭转自然灾害损失螺旋上升的趋势，整个国家的文化观念必须转变，即让"减灾观念"深入到国民意识之中。

研究不局限于对 1972 年以后 20 年间自然灾害问题研究的归纳，而是基于美国自然灾害与不当的工程行为之间相关关系的多学科研究，阐述今后自然灾害研究的方向和应有的政策取向。[1]

## 第二节　中国学界对于自然灾害社会学的认识

中国社会科学界对自然灾害的研究开始得虽晚，但也有丰硕的典型研究成果。如 1999 年出版的《中国灾害研究丛书》，包括以下专著：

"《灾害学导论》总体阐述了中国灾害科学发展的简况，论述了现代灾害的特征、属性、分类及减灾工程、灾害管理等问题，对灾害与环境，减灾与社会可持续发展、灾害科学发展与人类的历史历程等重要关系进行了展望。

"《灾害经济学》系统研究了灾害与经济的内在关系及相互影响，阐述了灾害的不可避免、不断发展、人灾互制、区域组合等四大规律和灾害经济起因、经济后果和减灾投入及成果，从宏观与微观两个层面寻求灾害损失最小化和人类可持续发展的路径与方法。[2]

"《灾害管理学》以美、日、意、澳等国的灾害宏观管理为背景，系统论述了减灾系统工程与管理系统、城市与农村减灾指挥管理系统、灾害管理体制以及灾害管理理论和实践问题，从理论上设计了中国东部、中部、西部地区和城市、乡村的灾害管理模式。

---

[1] 丹尼斯 . S. 米勒蒂：《人为的灾害》，武汉：湖北长江出版集团，湖北人民出版社，2008年。

[2] 其中有关自然灾害损失评估指标的研究是一个关键领域。

"自然灾害损失是从社会财富积累和社会生产积累中支出的或负增长的部分。它除了包括自然灾害的直接损失和间接损失外，还包括灾害事件发生后的救灾和灾区恢复的投入部分，这是在以往的灾害损失分类或计算中忽略了的一项十分重要的内容。灾度和灾损率分别是自然灾害损失绝对量和相对量的评估指标。马宗晋等人建立的以人口的直接死亡数和社会财产损失值作为双因子判定分级标准的灾度概念，其重要意义在于给出了描述自然灾害损失等级划分的定量化标准。所建立的灾损率的概念，反映了自然灾害损失占灾区经济生活和社会生产总量的比率。其在灾害管理学和灾害经济学中有关灾害等级划分、灾害救援以及灾害保险方面独具有十分明显的重要意义。灾损率中的分项描述，如直接灾损率、国民生产总值灾损率等，不仅为自然灾害损失评估的统计方法分类提供参照指标，而且也为灾害管理学和灾害经济学建立了自然灾害损失程度的判定指标。"

"《灾害社会学》从阐述灾害社会学的基本原理入手，论述了灾害与人、灾害与社会、灾害文化与灾害观念、灾害心理与灾害道德等基本理论范畴，提出了灾害的社会对策，并对自然及人为灾害的趋势进行了研究。

"《灾害统计学》采取自然科学与社会科学相结合的方法，论述了包括数理统计学、统计物理学、信息论、灾变预测理论等在内的灾害统计基础理论，构建了灾害统计体系，阐述了灾困统计、灾情统计、灾害损失评估统计、减灾统计、灾害补偿统计等内容。

"《灾害保障学》从宏观角度系统研究了灾害保障理论与实践的发展问题，提出了新的灾害保障体系，并具体阐述了政府救灾、灾害商业保险、灾害社会保险、灾害互相保障、灾害社会援助等内容。

"《灾害医学》在阐述灾害医学形成与发展的基础上，探讨了灾害与人类健康的关系，具体灾害及灾害的一般急救方法，气象灾害、地质灾害、生物灾害、环境污染灾害、交通事故及其他人为性灾害的医疗急救对策。

"《灾害历史学》从史学角度论述了灾害与灾害思想、政策的发展问题，分时代地研究了采猎与农业时代的灾害问题与减灾救灾思想和实践、工业化时代的灾害与减灾思想和实践，并对新中国成立以来的灾害与减灾救灾等进行了论述。

"《中国气象洪涝海洋灾害》系统研究并阐述了各种气象灾害、洪涝灾害、海洋灾害的分类、特点、形成原因、时空分布及其危害，论述防洪工程等具体对策。

"《中国地质地震灾害》系统地研究了地质地震等地质灾害与人类社会发展的关系，分析了人类的灾害观念和地质灾害的历史演进、诱因等问题，对地震预报、地震减灾及地质灾害的未来发展等问题进行了专章论述。

"《中国的交通灾害》从总体上阐述了中国交通灾害的概况，分章阐述了中国的道路交通事故、铁路交通事故、水上交通事故和民用航空事故等主要灾种，论述了交通灾害的预警管理机制和系统减灾方法，对重要案例进行了剖析。

"《中国矿山灾害》从矿山作为受灾体的角度，在分析矿山灾害的一般原理和矿山安全法等的基础上，系统阐述了矿山放射性灾害、矿山地压灾害、矿山爆炸、矿山水灾、矿山火灾、矿区环境灾害及其处理、抢救等问题。"[1]

其中《灾害社会学》包括以下研究范畴：灾害与人（人的生存条件与灾害，人的生存能力与灾害和灾害对人的伤害等），灾害与社会（社会在灾害中的双重

---

[1] 马宗晋，郑功成主编：《中国灾害研究丛书》内容简介，《光明日报》，1999 年 4 月 5 日。

地位，灾害对社会机体的破坏，灾害与社会功能和社会对自然的适应能力等），灾害文化与灾害观念（灾害观念是灾害文化的核心，灾害文化的存在形态，灾害文化的社会功能和灾害文化资源的开发等），灾害心理与灾害道德（灾害心理的发生，灾害心理结构，灾害谣传的心理机制，灾民意识与精神救灾和灾时道德心理与道德行为等），灾害的社会对策（抗御灾害的过程及要素，灾害的社会综合防御战略，强化人及社会的抗灾能力和救灾与灾民自救等），自然及人为灾害的趋势研究（灾害种类及灾害的历史，自然变故的两重性及自然灾害和人为事故灾害的特征等）。

参与丛书撰写的曲彦斌认为，防灾减灾赈灾抗御自然灾害是自然科学家和人文社会科学家的共同使命。面对自然灾害，人文社会科学始终在探索如何把握自身在抵御和防治自然灾害中应有的科学职责定位，形成了较系统的符合各个科学领域科学探索视点的科学谱系。这些各自领域的分支学科的整合，合而构建了围绕灾害学的人文社会科学视点谱系——一个灾害学研究不可或缺的、由灾害学研究需要所催生的交叉学科新体系，人类抵御自然灾害的一个同样非常重要的科学体系。人文社会科学对自然灾害的综合性、基础性探索，主要体现为灾害政治学、灾害社会学、灾害伦理学、灾害人类学、灾害文化学、灾害历史学、灾害民俗学和灾害法学等有关防灾赈灾的理论探索。也阐述了灾害行政学、灾害经济学、灾害心理学、灾害管理学、灾害保障学、灾害旅游学、灾害区划学、灾害犯罪学等人文社会科学对防灾赈灾的应用性探索。①

郑积源认为，自然灾害社会学有广义和狭义之分。从自然灾害发生的时间和地区出发，它是研究自然灾害的社会性质、社会影响、灾害社会心理、社会危害、社会救灾等为内容的一门交叉学科。社会学研究的各种理论和方法适用于自然灾害的研究。狭义的自然灾害社会学要研究受灾体、灾害载体、灾害源的社会因素，受灾区的个人与群体的关系，人为失误与灾害，社会救灾赈灾，抗灾精神与灾后重建的社会援助与生产自救问题等。广义的自然灾害社会学要研究包括减害法规、灾害伦理等诸多问题。必须把自然变异作用于社会并超过其抗御能力时所导致的社会各领域的破损列为主线，论述社会团体、群体与自然灾害的关系的行为规范。②

赵延东在谈到"灾害的社会属性与灾害社会学"时指出："人们对自然灾害的认识有一个逐步深化的过程。一部分灾害研究者比较侧重灾害的自然物理属

---

① 曲彦斌：自然灾害研究的人文社会科学探索视点，《文化学刊》，2008 年第 4 期。

② 郑积源主编：《科技新知词典》，北京：京华出版社，2001 年。

性，把自然灾害等同于一种'自然的或技术的危险'或'极端环境事件'，在研究中特别关注灾难带来的物质后果和经济损失（Burton et al.，1978）。但越来越多的研究者开始意识到，灾害不仅会对人类的生命财产安全及环境带来物质上的损害，更会造成严重的社会后果，妨碍着社会功能的正常运行。他们开始把自然灾害对社会正常实施功能带来的影响列为重要的研究议题，引入各种社会科学研究视角分析自然灾害的社会后果。社会学家对自然灾害尤感兴趣，这种兴趣不仅在于回答'灾害的社会后果为何'以及'如何减轻这些后果'之类的实际问题，由于在自然灾害中常规社会环境受到不同程度的破坏，这正好为社会学家们提供了一个理解和研究社会结构和社会互动变化过程的'自然实验室'，为他们深入理解社会运行、发展社会理论提供了良机。自然灾害的社会学研究也因此成为灾害研究中一个成果颇丰的领域（Quarantelli & Dynes，1977）。"①

陆益龙有关自然灾害社会学的概念总结（其论断中称"灾害社会学"）具有一定的全面性和科学性。他认为："灾害是指给人类社会带来生命和财产损失的自然变异现象和特殊社会行为，具有自然和社会双重属性。人类社会在自然历史过程中一直都在探索如何预防灾害、减轻灾害带来的损失。但在不同时期，人类认识的重点有所不同。古代社会，由于人们认为灾害是超自然力作用的结果，所以人类社会把防灾和减灾寄托在对超自然力的崇拜或迷信上。随着近代自然科学的发展，人类对自然运动规律的认识越来越广泛和深入，逐渐把握了一些自然灾害现象的形成规律，并能对有些现象加以预测。于是，人们把对防灾和减灾的重点放在自然灾害预测、控制和救援技术的研究上，也就是注重自然灾害的自然科学研究。如今，自然灾害的自然和社会双重属性越来越清楚地被人们所认识，因此在防灾减灾中人们也越来越注重把对自然灾害的自然科学研究与社会科学研究有机结合起来，强调技术防减灾知识与社会防减灾知识的综合运用。

有中国学者对自然灾害社会学的研究内容进行了以下的概括。

自然灾害社会学正是对自然灾害的各种社会属性加以考察、探讨和研究的社会科学学科之一。具体来说，自然灾害社会学的研究内容主要包括：自然灾害的社会学原理研究，从自然与社会互动的视角，探讨、拓展和深化对自然灾害的社会属性的认识，形成关于灾害及防灾减灾的社会学理念；自然灾害对社会系统的影响研究，探讨社会运行过程中主要自然灾害对政治经济可能产生的影响，以及对这些影响进行社会评估的方法；防灾减灾的社会体系研究，从法律、制度、政

---

① 赵延东：社会资本与灾后恢复——一项自然灾害的社会学研究，《社会学研究》，2007 年第 5 期。

策和组织等方面，探寻如何在社会发展规划、社会设置、社区建设中不断建立和完善防减灾社会体系；赈灾救灾的社会机制研究，主要从社会救助、社会保障、社会保险、社会政策、社会组织、政府等方面，探究建立稳定、可持续和高效的赈灾救灾社会机制；灾后重建体制的社会学研究，着重从文化、社会网络、系统功能的视角思考灾区社会重建的原则、策略和社会经济途径；自然灾害社会史的研究，梳理和总结本国和外国自然灾害社会影响的历史规律，以及历史上人类在灾害预防、减灾、抗灾救灾和灾后重建方面的成功经验和失败教训；自然灾害次生社会问题的应用研究，主要考察不同自然灾害所次生出的各种具体社会问题，如心理问题、救助救济问题、生活秩序恢复问题等，分析和探讨不同自然灾害社会问题的形成机制和社会影响，以及解决这些问题的社会策略。

防灾减灾的社会意识不是自然形成的，而是要在多种社会实践中构建起来的。加强自然灾害社会学研究，正是要通过对自然灾害的社会属性和社会调节机制的考察和研究，促进社会防减灾意识的构建。自然灾害社会学研究将在以下几个方面推动社会防灾减灾意识的建构。

首先，通过对自然与人、自然与社会、自然灾害与社会互动关系的审视和反思，自然灾害社会学将有助于人们树立全面的、科学的保护自然生态和应对灾害的基本理念和策略。虽然自然灾害社会学研究并不直接提供对付自然灾害的工具和技术，但是它在自然灾害社会史、防灾预警机制建立、减灾社会性战略、抗灾救灾社会体制以及灾后重建社会机制等方面所取得的理论认识，不仅对人类防灾减灾的社会行为具有宏观指导意义，而且还将揭示人类在与自然灾害抗争的具体实践中，如何运用政治的、经济的、文化的、组织的和社区的力量，把社会成员动员和联合起来应对自然灾害。这些经验既是一种社会记忆，同时对指导各种抗灾救灾实践也具有应用价值。

其次，自然灾害社会学研究通过探索社会适应和调节机制在防灾减灾中的作用，有助于社会防减灾意识从技术防减灾转向技术、社会防减灾并重。现代防减灾意识的建构，不能只关注于对自然物质运动中的风险防范，而且要强调对社会活动中的风险加以防范。所以，建构现代防减灾意识就需要从社会机制体制着手，即审视和反思各种社会设置在遇到特殊自然现象时会存在哪些风险。

再次，自然灾害社会学关于抗灾救灾和灾后重建的应用性研究，对防减灾实践具有指导和启发意义。如探索怎样发挥机构、组织和社区在自然灾害发生时的应急和自我救助功能；怎样利用社会合力来救济受灾群体；怎样运用社会心理学和社会工作方法在精神上抚慰受灾者；怎样评估受灾的社会损失以及帮助受灾群体修复社会网络和恢复正常生活；如何建立高效的抗灾救灾社会机制，增强人们应付自然灾害的能力；如何通过制度建设，保证受灾者的生活恢复和灾后重建有序进行，等等。可以从这些研究中获得关于应付自然灾害的社会文化策略方面的知识，增进减灾意识。当人们面对危机时，这些意识会指导他们做出合理的行动，引导他们自救、救助他人、团结和合作，帮助他们在较大程度上减轻或降低灾害的破坏和影响。

最后，自然灾害社会学将为构建地方性的防减灾意识提供知识支持。在现代社会中，随着流动性的加大，在一定程度上冲淡和削弱了传统的、地方性的防减灾意识和知识体系。因为人们的意识和认知结构与所生活的生态环境有着密切关系，比如在水灾、旱灾、地震多发地区，当地人有着与这些自然灾害相抗争的悠久历史，因而也积累了丰富经验，形成较强的防范相关自然灾害的意识。由于社会流动频率的加快，普遍性的、统一模式的知识体系和价值占据主导地位，而传统地方性的知识和价值走向边缘化。与此同时，一些从灾难经验中积淀的防减灾知识和意识逐渐遭到削弱。加强自然灾害社会学的经验研究，有助于人们重构地方性防减灾意识，把传统与现代减灾知识有机结合起来，增强各地区公众的防灾减灾意识。①

## 第三节 21 世纪以来自然灾害社会学研究的主要成果

当今世界的每次自然灾害都给人类社会带来巨大的痛苦和损失；但人类的抗灾努力有的较为成功，有的却流于失败。这显示着：自然灾害并不仅仅是"自然"的，而具有重要的人文的和社会的属性。为应对自然灾害，不仅需要自然科学、工程科学的技术知识，还需要社会科学的洞见。21 世纪伊始，从印度洋海啸到全球变暖，从人文角度和社会科学层面审视自然灾害的意义越来越重要。自2005 年美国"卡特琳娜"飓风袭击以及美国政府救灾失败以来，西方社会科学界对自然灾害的研究有了新的繁荣和发展。美国社会学家查尔斯·佩罗 2007 年的《下一次灾难：减少我们在自然、工业和恐怖主义灾害面前的脆弱性》总结吸收了新一轮学术创造的最新成果。佩罗是组织社会学方面的理论家，他曾提出"正态意外事件"概念，认为高风险技术的失效事件可提供社会学角度的解释。佩罗在其著作中发展了他原有的理论，为了解西方社会科学研究自然灾害的基本

---

① 陆益龙：灾害社会学建设与防减灾意识构建，《光明日报》，2008 年 10 月 22 日。

框架提供了一个机会。

大自然本身是中立的，风险和危害来自社会的薄弱环节，并没有真正意义上的"自然灾害"，一切灾害都有着人为的因素，这已成为西方社会科学视角下研究自然灾害的共识。该共识体现在自然灾害社会科学研究中的三个关键概念，即：脆弱性、有备程度和组织失效，这也是贯穿在《下一次灾难》一书中的三个主要概念。

"脆弱性"或"社会脆弱性"（social vulnerability）是一个贯通自然科学、工程科学和社会科学的概念，它通常指一个系统、一个体制的薄弱环节。在社会维度上指的是：特定的社会群体、组织或国家，当暴露在自然灾害冲击之下，易于受到伤害并蒙受重大损失。这种面对自然灾害时的脆弱性，是由于特定的社会结构、社会地位或其他体制性力量导致的。

"脆弱性"概念产生自英国学者奥基夫等人于1976年发表在《自然》杂志上一篇题为《揭开自然灾害的"自然"面纱》的论文中。文中提出：不利的社会经济条件是人类社会在自然灾害面前具有脆弱性的原因。"脆弱性"概念的提出，是自然灾害研究的人文转向，科学家们意识到：自然灾害从来都不是"自然"的产物，而是人类社会制度中的脆弱环节所致。"脆弱性"成为自然灾害的跨学科研究的一个基本范式；1990年代以来，美国南卡罗来纳大学设立了风险和脆弱性研究所（Hazards & Vulnerability Research Institute），从事"脆弱性指数"研究；联合国大学环境与人类安全研究所（UNU-EHS）从2006年起每年在慕尼黑举行以"社会脆弱性"为题的夏季年度讲学，2008年的主题就是"环境变化、社会脆弱性和移民"。美国"9·11"事件、印度洋海啸、"卡特琳娜"飓风等一系列灾难性事件，进一步激发了社会科学角度的自然灾害研究，这些研究都揭示了"社会脆弱性"在自然灾害造成的损失中所扮演的重要角色。美国学者卡特对"卡特琳娜"飓风灾害中社会脆弱性的地理分布进行了研究，发现飓风袭击下的新奥尔良市，灾民面对灾害的脆弱程度是和阶级、种族高度相关的。班柯夫发现：印度洋海啸中，印度尼西亚一些地区当地不会游泳的女性在遇难者中占较高的比例，是社会脆弱性较高的一个特定群体。班柯夫等主编的《绘制脆弱性：灾害、发展和人》对"脆弱性"概念在自然灾害研究中的应用作了批判性回顾。

佩罗在《下一次灾难》中强调了"脆弱性"的一种特定情形，即：风险的高度集中。"风险集中"既包括有害物质（hazmats）的集中、基础设施（如互联网、电网）薄弱环节的集中，也包括高风险地区人口的集中，还包括经济和政治权力的过度集中。佩罗以"卡特琳娜"飓风（2005年）、"安德鲁"飓风（1992

年）、密西西比河水灾（1993 年）、加州电力危机（2000 至 2001 年）等为例说明了"风险集中"所造成的"脆弱性"，及其在自然灾害中的致命后果。

"脆弱性"概念实际上提示着：阶级社会中人们的生存机遇存在着巨大的不平等，自然灾害将这种不平等揭示出来。每次自然灾害的最多数、最深重的受害者，都是各种社会弱势群体：穷人、妇女、老人、儿童、少数民族等。

如果说，"脆弱性"是和社会结构、政治制度、基础设施等长期稳定的宏观因素有关，那么，佩罗在《下一次灾难》中所使用的另一个概念——"有备程度"（preparedness），则是中观和微观层次的范畴，它是具有能动性的人在自然灾害到来时避险、应对和重建的能力。"有备无患"是人们在日常生活中应对风险的基本经验；提高"有备程度"则是管理学所说的"应急管理"和"灾害管理"中的重要环节。一般来说，应急管理的四个基本步骤是：预防、有备、反应和恢复重建；而提高"有备程度"是其中的关键步骤。提高"有备程度"的工作包括：制定应急预案，信息系统、指挥系统和多部门协调运作的演练和维护，自然灾害预报、紧急避难所和疏散方案，应急物资的储备和维护，伤亡预测等。佩罗对美国"有备程度"的各方面进行了批判性考察，如指出：为提高在自然灾害面前的"有备程度"，美国的建筑条例包括有对结构的要求、对有害物质的防范和紧急情况下的疏散方案；然而，政府部门对有关条例执行不严，疏散方案通常不切实际而无法执行、有害物质未予登记、对泄洪区和湿地放任管理等，造成了"卡特琳娜"风灾期间"有备程度"的严重下降。

"脆弱性"和"有备程度"共同决定着自然灾害对社会的影响。研究发现：经济欠发达的第三世界国家在自然灾害中，通常要蒙受比发达国家更多的生命和财产损失；而提高"有备程度"则能够在一定范围内克服经济发展水平低下的不利条件，减少自然灾害带来的损失。如物质技术条件远落后于美国的古巴，于2004 年 8 月遭受了和"卡特琳娜"飓风同样为五级的"伊万"飓风的袭击，然而，由于古巴在"有备程度"上作了努力，在飓风到来之前实施了安全疏散，虽然飓风摧毁了大量房屋，却没有一例生命损失。

"组织失效"（organizational failure）是佩罗所使用的第三个概念，也是《下一次灾难》一书的主题。"组织失效"原是经济管理文献中一个备受重视的议题，它关注 M. 韦伯意义下的有目的、有计划、有协调的现代理性组织，如何在外部环境压力和内部管理的异化或失误下，其初始目的和功能被颠覆，甚至在管理和运作上陷入矛盾和混乱。任何现代理性组织，其结构和管理上的漏洞和疏忽都会在自然灾害和紧急事件中暴露出来；"组织失效"通常是应急救灾失误的主要原因，"组织失效"成为自然灾害社会科学研究中的一个关键概念。佩罗将"组织失效"分为私有性质组织（即商业性大公司）的失效和公共性质组织（即政府部门）的失效这两种情形。佩罗认为：无论是私有性质还是公共性质的组织，都有可能被用来假公济私——这个"私"，指的是和该组织原初的、公开宣称的目的所不同的目标。因此，为防止私有公司被滥用，必须有市场的调控；为防止政府组织被滥用，必须有民选的、向下负责的治理结构。从某种意义上说，市场的调控和治理结构的民主监督，都是对权力过度集中的制衡，同时也是对风险过度集中的反拨。在权力过于集中的、金字塔式的组织结构中，组织失效所造成的危害较大，而在电网、互联网等网络型的组织结构中，权力分布较为分散，网络具有自我修复、调整的功能，组织失效所带来的危害也较小。佩罗以美国联邦应急管理局（FEMA）和国土安全部（Department of Homeland Security）为例，展示了政府部门组织失效的情形。佩罗的研究发现：美国国土安全部是组织失效的典型案例；美国联邦应急管理局原是一个高效部门，但在总统 W. 布什为"反恐"而建立国土安全部后，被并入国土安全部内，其救灾预算被消减，指挥权、人员也被大规模削弱。从管理学的角度看，联邦应急管理局变成了"永久失效组织"的一例：该组织不能被撤销，但受累于人为失误、经费不足、目的和设计不符，以及被不合理规定所束缚。对于私有部门的"组织失效"，佩罗则列举了在政府监管无力的情况下，大公司为私人利润而埋下的隐患在"卡特琳娜"飓风期间给公众带来的各种人为危害。

揭开自然灾害的"自然"面纱，看到的是阶级社会里避险和逃生机遇的高度不平等、把利润放在生命之上的社会制度的短视、脆弱和失效，以及不受公众制约的权力在紧急情况下对生命的漠视和否定。这是西方社会科学对自然灾害研究的批判。佩罗的研究典型地代表了这种批判。[①]

综上所述，自然灾害既有其自然属性，更有其社会属性。自然灾害从其灾变到成灾，是自然变异作用于人类社会的"自然——社会——人"的过程。"自然"是大环境场域，"社会"是宏观范畴，"人"是微观范畴。

"自然灾害的社会属性问题已引起越来越多人的注意，一些学者开始探索自然灾害社会学的问题。然而，迄今这方面的研究还很肤浅，涉及的内容基本上局限于人类生产活动对自然灾害作用的表层研究，对于如何从更高层次研究自然灾害与人类社会的关系基本上属于空白。因此，自然灾害社会学尚处于孕育之中。

---

① 童小溪，战洋：脆弱性、有备程度和组织失效：灾害的社会科学研究，《国外理论动态》，2008 年第 12 期。

　　促使孕育中的自然灾害社会学诞生并健康发展，是自然灾害社会学研究的重要使命。自然灾害社会学的基本任务和目的是分析自然灾害的社会属性特征，阐明自然灾害社会学的基本理论，分析自然灾害社会经济历史与基本规律，研究防灾、抗灾、救灾的社会学原理与社会行为，为减灾提供社会学理论与技术方法支持。由于自然灾害涉及政治、经济、法律、文化、教育等众多领域，所以自然灾害社会学的内容十分广泛。

　　这些内容可以概括为理论研究与应用研究两大方面：第一，自然灾害社会学原理——主要包括自然灾害社会属性特征；自然灾害与社会经济互馈机制；自然灾害社会发展史研究；可持续发展理论与现代减灾观；自然灾害形成的社会学原理；自然灾害防治的社会学原理；自然灾害经济学原理；自然灾害法律学原理；自然灾害哲学原理；自然灾害心理学原理等。（原文如此，笔者提示）第二，自然灾害社会学应用——主要包括自然灾害社会经济变化规律与趋势分析；自然灾害活动的社会因素与灾害预测预报；自然灾害经济分析与损失评估；社会功能与减灾能力评估；社会经济系统与减灾系统工程；社会发展方向与减灾政策；社会经济协调发展与减灾规划；减灾与脱贫及社会建设；减灾法规体系；减灾社会组织系统；减灾宣传教育；巨灾防范与经济发展、社会稳定、国家安全；突发公共事件与灾害应急系统；区域可持续发展与区域减灾；城市化与城市减灾；现代化农业与农业减灾；减灾社会化与减灾产业化；经济全球化与国际减灾等。自然灾害社会学属于自然科学与社会科学相互交叉的边缘学科。"①

　　自然灾害实在论是从自然科学、自然地理学、地质学、科学社会学、知识社会学的角度分析自然现象和自然灾害的形成、过程和后果。强调自然现象和自然过程本身是造成自然灾害的本质和关键。如砍伐植被造成泥石流灾害。

　　自然灾害建构论是从经济、政治、社会、文化、社会行为和人口结构等角度分析自然现象和自然灾害的形成、过程和后果。强调从人文社会科学的角度和理论视角分析自然灾害形成的人为原因及其之于人类社会的后效。如城市发展、人口聚集使泥石流灾害的后果更严重。

　　自然灾害是人类社会的宿命。"环境与灾害均具有自然与社会双重属性：环境与灾害的形成与地球的运动与变化有关。地球自从诞生之日起，就是在'渐变'与'突变'交替过程中发展演化。在漫长的地质历史进程中，曾出现多次比

---

① 　张业成，张春山，张立海：自然变异与灾害过程的社会学研究，《地学前缘》，2003 年 8
　　月第 10 卷特刊。

现代自然灾害规模与程度大得多的巨灾，但当时没有人类，尚不能称为灾害，只能称为'灾变'。而在灾变事件之间地球及其各个圈层的缓慢的渐变现象，则常视为地球环境的变化。这是环境与灾害的自然属性。另一方面，环境与灾害影响了人类社会的安全与发展，许多环境与灾害问题则是由人类社会活动诱发或加重的，环境与灾害都具有社会属性。

还有学者认为，自然变异及自然灾害与人类社会有互馈关系，探讨了社会条件控制下自然灾害的阶段性特点，提出了开展灾害社会学研究的使命。认为自然变异及自然灾害破坏人类社会的健康发展，但人类社会并不是完全被动地应付自然变异和自然灾害，而是对自然变异及自然灾害作出双向反应。一方面，采取科学的社会行为，积极抑制灾害活动，减轻自然灾害破坏损失；另一方面因政治腐败，纲纪松弛，经济衰退，社会混乱，或违背自然规律，盲目的社会经济活动，导致天灾与人祸并行，不仅加剧自然灾害，甚至导致许多全球性重大环境问题，对人类社会造成广泛而深远的影响。自然灾害不仅受自然条件控制，而且受人类社会的强烈影响，因此自然灾害除伴随自然条件发生复杂的周期性变化外，还伴随社会条件发生阶段性变化。自然灾害是一种自然社会现象，而且随着人类社会的持续发展，自然灾害的社会性越来越强烈。因此，在进一步加强灾害的自然科学研究的同时，开展社会学研究，对于发展灾害理论以及促进减灾事业的发展是十分必要的。

自然变异是指自然界的异常变化。主要包括地球岩石圈、水圈、气圈以及宇宙其他星球的异常物质运动、异常能量交换、异常环境变化等。自然灾害是指自然动力活动或自然环境变化对人类的危害。自然灾害形成的根本原因是自然动力活动或自然环境变化。由于人类对自然动力和自然环境变化有一定的适应或抗御能力，所以只有那些超出人类适应程度和抗御能力的比较强烈的自然动力活动和自然环境变化才会形成灾害；而这些比较强烈的自然动力活动和自然环境变化则均属于自然界的异常变化，即自然变异。自然变异与自然灾害既具有密切联系又有显著区别。自然变异是自然灾害形成的基础，它决定了自然灾害能否形成，而且在很大程度上控制了自然灾害的规模和程度。自然变异与自然灾害的显著差异是，自然变异基本上属于自然现象和自然过程，而自然灾害则不是单纯的自然现象和自然过程，而是一种自然社会现象或过程。因此，自然灾害能否发生以及自然灾害的轻重，除取决于自然变异活动因素外，还与人及其社会经济条件密切相关。通常情况下，社会功能越完善，经济和科学技术越发达，社会抗灾能力越强，自然变异所造成的灾害越轻微；相反，自然变异所造成的灾害越强烈。"[①]

自然灾害对人类的破坏是多方面、多层次的。它除了造成人类生命、财产损失外，还破坏社会功能，影响社会秩序和政治稳定，阻碍经济发展，加剧贫困，甚至激化社会矛盾，引起社会动荡或政权更迭。此外，自然灾害还破坏资源和生态环境，阻碍人类可持续发展。

在较长的历史时间尺度上，社会经济条件控制下的自然灾害主要发生阶段性、趋势性变化。这种变化主要是由于不同社会经济条件下，因政治、经济、科学技术的差异，对自然灾害的防范能力以及对自然变异的干预方式和程度不同而造成的。如据自然灾害历史记录统计，自公元 25 年（东汉初年）至公元 2000 年的长达 1976 年中，中国自然灾害共造成 3657 万人死亡，平均每年死亡 1.85 万人。不同历史时期平均每年死亡人口有很大差异：中华民国时期平均每年死亡人口最多，新中国成立以来最少，见表 1-8。

表 1-8　公元 25 年至 2000 年不同历史时期自然灾害死亡人口统计

| 历史时期 | | 主要自然灾害 | 合计死亡人数（万人） | 平均每年死亡人数 | 占同期中国人口比（1/10000） |
|---|---|---|---|---|---|
| 封建社会 | 东汉、三国、南北朝、隋（25 至 618 年） | 旱灾，洪水 | 31.44 | 527 | 0.11 |
| | 唐、五代、宋、元（619 至 1368 年） | 旱灾、地震、洪水、台风、风暴潮。 | 1064.40 | 14192 | 1.77 |
| | 明、清（1369 至 1911 年） | 旱灾、地震、洪水、台风、风暴潮、风暴。 | 2050.76 | 37767 | 1.88 |
| 半封建半殖民地社会——中华民国（1912 至 1948 年） | | 旱灾、洪水、地震 | 446.89 | 117603 | 3.92 |
| 社会主义社会——中华人民共和国（1949 至 2000 年） | | 地震、洪水、风暴潮。 | 63.21 | 12156 | 0.13 |

来源：张业成，张春山，张立海：自然变异与灾害过程的社会学研究，《地学前缘》，2003 年 8 月第 10 卷特刊

注：（1）据张振兴（1989）补充修改；（2）隋前灾情资料遗缺较多，仅供参考。

---

[①]　张业成，张春山，张立海：自然变异与灾害过程的社会学研究，《地学前缘》，2003 年 8 月第 10 卷特刊。

新中国成立以来的半个多世纪中，伴随人口的持续增长和社会经济的不断发展，自然灾害的破坏方式和损失程度也发生较明显的阶段性变化。其趋势性特点是：自然灾害的种类越来越多；自然灾害受灾面积不断扩大，受灾人口数量不断增加，但死亡人口数量有所减少；自然灾害造成的经济损失呈不断上升趋势，但相对经济损失（与国内生产总值比率及与财政收入比率）呈下降趋势，见表1—9。

有学者划分灾年等级，其意义在于国家经济计划的平衡、稳定。国家计划不是只计算工农业总产值、增长值，还要计入灾害的减产值，若按平均估算，中国年灾害直接损失大体相当国家财政收入的1/6。

表1—9 1949至2000年不同年代自然灾害破坏损失程度对比

| 年代 | 总计死亡人数（人） | 平均每年死亡人数（人） | 占同期中国人口比（1/万） | 平均每年直接经济损失（亿元） | 占同期国内生产总值比（%） | 占同期财政收入比（%） | 主要自然灾害 |
|---|---|---|---|---|---|---|---|
| 1949至1960 | 101161 | 8430 | 0.14 | 376 | 17.0 | 56.8 | 水灾、旱灾、台风、风暴潮。 |
| 1961至1970 | 78413 | 7841 | 0.11 | 423 | 15.5 | 56.3 | 旱灾、水灾、地震、风暴潮。 |
| 1971至1980 | 320928 | 32093 | 0.35 | 458 | 7.0 | 24.7 | 地震、旱灾、水灾。 |
| 1981至1990 | 68987 | 6899 | 0.07 | 565 | 4.2 | 20.3 | 旱灾、水灾、台风、风暴潮。 |
| 1991至2000 | 62604 | 6260 | 0.05 | 1164 | 3.4 | 26.4 | 水灾、旱灾、台风、风暴潮、风雹。 |

来源：张业成，张春山，张立海：自然变异与灾害过程的社会学研究，《地学前缘》，2003年8月第10卷特刊

注：直接经济损失按1990年可比价核算。

从灾害的分类，灾害可分为自然灾害和人为灾害两大类。

第一，自然灾害，主要包括气象灾害、洪涝灾害、海洋灾害、地震灾害、地质灾害、农业灾害、森林灾害七大类及人为自然灾害，它们主要是由地球各个圈层的运动异常与物质异常变化造成的，但人类社会活动的影响也是显而易见的，见表1—10。

因此，"自然灾害指给人类生存带来危害或损害人类生活环境的自然现象，包括洪涝、干旱灾害，台风、冰雹、雪、沙尘暴等气象灾害，火山、地震灾害，山体崩塌、滑坡、泥石流等地质灾害，风暴潮、海啸等海洋灾害，森林草原火灾

和重大生物灾害等自然灾害。

"灾情指自然灾害造成的损失情况，包括人员伤亡和财产损失等。

"灾情预警指根据气象、水文、海洋、地震、国土等部门的灾害预警、预报信息，结合人口、自然和社会经济背景数据库，对灾害可能影响的地区和人口数量等损失情况作出分析、评估和预警。"①

世界两大自然灾害带、世界各大洲自然灾害的特点见表1－11、1－12。

表1－10　七大类自然灾害

| | | | |
|---|---|---|---|
| 1. 气象灾害 | 暴雨 | 2. 海洋灾害 | 风暴潮 |
| | 雨涝 | | 海啸 |
| | 干旱 | | 海浪 |
| | 干热风（干旱风、焚风） | | 潮灾 |
| | 高温、热浪 | | 赤潮 |
| | 热带气旋和热带风暴 | | 海岸带灾害 |
| | 冷害 | | 海冰 |
| | 冻害 | | 海水入侵 |
| | 冻雨 | | 海平面上升 |
| | 结冰 | | 厄尔尼诺的危害 |
| | 暴风雪 | 4. 地质灾害 | 崩塌 |
| | 雹害 | | 滑坡 |
| | 风害 | | 泥石流 |
| | 龙卷风 | | 地裂缝 |
| | 雷电 | | 塌陷 |
| | 连阴雨 | | 火山爆发 |
| | 浓雾 | | 矿井突水突瓦斯 |
| | 低空风切变 | | 冻融 |
| | 酸雨 | | 地面沉降 |
| | 寒潮 | | 土地沙漠化 |
| | 冷害 | | 水土流失 |
| | 霜冻 | | 土地盐碱化 |

---

① 国家自然灾害救助应急预案，《中华人民共和国国务院公报》，2011年第32期。

（续表）

| 3. 洪水灾害 | 暴雨洪水 | 6. 农作物生物灾害 | 农作物病害 |
|---|---|---|---|
| | 山洪 | | 农作物虫害 |
| | 融雪洪水 | | 农作物草害 |
| | 冰凌洪水 | | 鼠害 |
| | 溃坝洪水 | | 蝗灾 |
| | 泥石流与水泥流洪水 | | 农作物物种变异 |
| 5. 地震灾害 | 构造地震 | 7. 森林生物灾害 | 森林病害 |
| | 陷落地震 | | 森林虫害 |
| | 矿山地震 | | 森林火灾 |
| | 水库地震 | | 工业酸雨造成的森林死亡 |

来源：沈金瑞，《自然灾害学》，长春：吉林大学出版社，2009 年。

表 1—11　世界两大自然灾害带

| 灾害带 | 主要的自然灾害 | 致灾因子 | 受灾体特性 |
|---|---|---|---|
| 环太平洋沿岸几百至几千米宽的自然灾害带。 | 火山、地震、台风、海啸、风暴潮。 | 板块交界处→多火山、地震→多海啸；热带、副热带海域→台风→风暴潮。 | 人口集中、城市化程度高、经济发达地区。 |
| 北纬 20°至 50°之间的环球自然灾害带。 | 水旱、风暴潮、台风、山地地质灾害。 | 不同气候带的边缘→水旱灾害；近热带、副热带海洋→台风→风暴潮；地势高差大，地形复杂→山地地质灾害。 | 位于中低纬度地带，人口稠密，经济密度大。 |

表 1—12　世界各大洲自然灾害的特点

| 大洲名称 | 自然灾害特点 |
|---|---|
| 亚洲 | 自然灾害类型齐全，主要有地震、干旱、洪涝、台风、热浪、寒潮、沙漠化、水土流失等。灾害分布广泛，灾害损失巨大。其中中国、日本、印度、孟加拉国、印度尼西亚等国灾害频繁。 |
| 欧洲 | 自然灾害类型较少，低温灾害特别是雪灾比较严重。 |
| 非洲 | 自然灾害类型较少但严重，以旱灾为主，旱灾引发蝗虫灾害。由于人口压力过大，引起严重的土地退化、沙漠化现象。旱灾主要分布于热带草原地区。 |

（续表）

| | |
|---|---|
| 北美洲 | 自然灾害类型齐全，地震、龙卷风、飓风、洪涝灾害突出，损失严重。西海岸主要为地震、火山灾害；东、南部龙卷风、飓风灾害突出；中、南部洪涝灾害严重。 |
| 南美洲 | 自然灾害类型较少，以地震、火山喷发、泥石流灾害、飓风为主，集中分布在太平洋沿岸的智利、哥伦比亚、秘鲁等国。 |
| 大洋洲 | 大陆内部气象灾害较多如干旱和沙尘暴，岛屿多火山、地震灾害。 |

　　第二，人为灾害，主要有火灾、爆炸、污染、交通事故等，它们的发生是由人类经济社会活动导致的，但也受着自然条件的影响和制约。如中国处于环太平洋构造带与欧亚构造带的交汇部位和大陆气候与海洋气候交界地带，地壳活动性强，地形地貌复杂，气候多变，因此使中国成为世界上自然灾害最严重的国家之一，灾害强度大、频率高、损失重、时空分布不均。新中国成立以来，七大自然灾害造成的直接经济损失，在 20 世纪 50 至 60 年代年均 400 至 500 亿元，70 至 80 年代年均 500 至 600 亿元，80 年代末增至 600 亿元以上，90 年代达到 1000 至 2000 多亿元。平均每年有数万人死于自然灾害。在七大类自然灾害中经济损失最重的是洪涝灾害。洪涝灾害主要发生在七大江河流域中下游。1950 年以来，年均受灾面积 667 万公顷，成灾面积 470 万公顷，死亡约 5000 人，倒塌房屋 200 余万间。影响面最广的是气象灾害。其中干旱最严重，1950 年以来，年均受旱农田面积约 2000 万公顷，成灾面积 670 万公顷，是导致粮食减产的最主要的灾害。伤亡人员最多、造成社会恐灾心理最严重的是地震灾害。中国是世界上大陆地震最多的国家，1950 年以来死于地震的人数已达 28 万人，倒塌房屋 700 余万间。目前中国基本烈度Ⅶ度及以上地区占中国国土面积的 32.5%，有 46% 的城市和许多重大工业设施、矿区、水利工程都面临地震的严重威胁。经济损失增长最快的是海洋灾害。据统计 20 世纪 50 至 60 年代，年均损失仅数亿元，而在 90 年代已达 100 亿元以上。人为致灾作用最严重的是地质灾害。据统计，崩塌、滑坡、泥石流、地面沉降、地面塌陷、地裂缝、矿井灾害等地质灾害中有 2/3 以上与不合理的人类社会活动有关。严重危害农业生产的是农作物生物灾害。严重的生物灾害有 1648 种。20 世纪 90 年代后，估计每年因生物灾害损失粮食 200 亿公斤，棉花 400 万担（1 担＝50 公斤），且严重降低水果、蔬菜、油料及其它经济作物的产量和品质。对林业生产和生态环境危害最严重的是森林灾害。中国主要的森林虫害 5020 种，病害 2918 种，鼠类 160 余种，每年致灾面积在 700 万公顷以上。森林火灾平均每年发生 1.43 万次，面积 82.2 万公顷，森林灾害除直接危

害林业发展外，是破坏生态环境最严重的灾害。①

最后，有学者提出了"自然灾害灾害链"的概念。认为"地球上的自然变异，包括人类活动诱发的自然变异，无时无地不在发生，当这种变异给人类社会带来危害时，即构成自然灾害。因为它给人类的生产和生活带来了不同程度的损害，包括以劳动为媒介的人与自然之间，以及与之相关的人与人之间的关系。自然灾害都是消极的或破坏的作用。所以，自然灾害是人与自然矛盾的一种表现形式，具有自然和社会两重属性，许多自然灾害，特别是等级高、强度大的自然灾害发生以后，常常诱发出一连串的其他灾害接连发生，这种现象叫灾害链。

"灾害链中最早发生起作用的灾害称为原生灾害；而由原生灾害诱导出来的灾害则称为次生灾害。自然灾害发生之后，破坏了人类生存的和谐条件，由此还可以导生出一系列其它灾害，这些灾害泛称为衍生灾害。如大旱之后，地表与浅部淡水极度匮乏，迫使人们饮用深层含氟量较高的地下水，从而导致了氟病，这些都称为衍生灾害。"②

但现实是，所有的学者们从未对自然灾害社会学的学科地位进行过明确的定位，这也使得自然灾害社会学的研究虽取得了丰硕成果，但始终不被学界认可。

---

① 高庆华，马宗晋，苏桂武：《环境、灾害与地学》，《地学前缘》，2001 年 3 月，第 8 卷第 1 期。
② 沈金瑞：《自然灾害学》，长春：吉林大学出版社，2009 年。

# 第二章 自然灾害社会学研究领域中的相关学科

迄今，自然灾害社会学的学科地位仍不明确，这一基础性问题仍未解决。

为此，笔者试图对自然灾害社会学在人类学科知识体系中的位置先做一个定位，见表1—13。

笔者认为，在 U. 贝克"风险社会"的大场域下，从理论建构和现实需要出发，可以、应该也有必要把自然灾害社会学确立为独立的社会学的第三级学科。

自然灾害社会学在社会学学科结构中的位置，可从以下三个角度，通过三个维度表1—14，表1—15，表1—16加以阐释。即与自然灾害社会学有直接相关性的社会学基本范畴、社会学分支学科和主要社会学理论流派。

表1—13 自然灾害社会学在学科知识体系中的定位

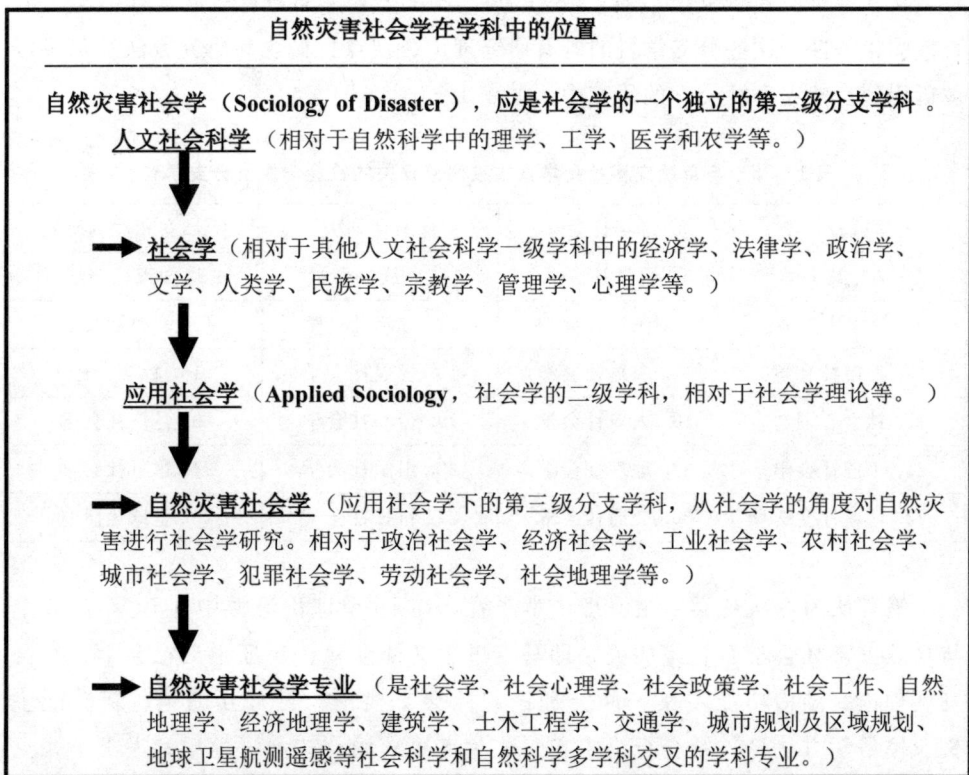

---

**自然灾害社会学在学科中的位置**

---

**自然灾害社会学（Sociology of Disaster），应是社会学的一个独立的第三级分支学科。**

**人文社会科学**（相对于自然科学中的理学、工学、医学和农学等。）

↓

→ **社会学**（相对于其他人文社会科学一级学科中的经济学、法律学、政治学、文学、人类学、民族学、宗教学、管理学、心理学等。）

↓

**应用社会学**（Applied Sociology，社会学的二级学科，相对于社会学理论等。）

↓

→ **自然灾害社会学**（应用社会学下的第三级分支学科，从社会学的角度对自然灾害进行社会学研究。相对于政治社会学、经济社会学、工业社会学、农村社会学、城市社会学、犯罪社会学、劳动社会学、社会地理学等。）

↓

→ **自然灾害社会学专业**（是社会学、社会心理学、社会政策学、社会工作、自然地理学、经济地理学、建筑学、土木工程学、交通学、城市规划及区域规划、地球卫星航测遥感等社会科学和自然科学多学科交叉的学科专业。）

---

笔者认为，从社会学的基本范畴看，36 个基本范畴都与自然灾害社会学相关，自然灾害社会学都可以以此为视角和切入点进行研究，见表 1—14。

表 1—14　社会学的 36 个基本范畴都与自然灾害社会学相关

| 1. 社会 | 2. 文化 | 3. 亚文化 | 4. 社会化 |
|---|---|---|---|
| 5. 社会规范 | 6. 社会地位 | 7. 社会角色 | 8. 社会人格 |
| 9. 社会互动 | 10. 合作 | 11. 顺应 | 12. 同化 |
| 13. 竞争 | 14. 冲突 | 15. 社会结构 | 16. 社会群体 |
| 17. 初级群体 | 18. 家庭 | 19. 社会组织 | 20. 科层制 |
| 21. 社会分层 | 22. 社会流动 | 23. 社会制度 | 24. 制度化 |
| 25. 社会变迁 | 26. 社会现代化 | 27. 社会问题 | 28. 社会解组 |
| 29. 越轨行为 | 30. 社会控制 | 31. 社会整合 | 32. 社会安全阀 |
| 33. 社会态度 | 34. 社会秩序 | 35. 社区 | 36. 城市化 |

从社会学主要分支学科看，28 个社会学分支学科都与自然灾害社会学有着直接的相关性，这些分支学科的既有研究理论、观点、概念和研究方法等都可以被运用到自然灾害社会学的研究中，见表 1—15。

表 1—15　与自然灾害社会学直接或间接相关的社会学主要分支学科

| 1. 家庭社会学 | 2. 老年社会学 | 3. 青年研究 | 4. 妇女和性别研究 |
|---|---|---|---|
| 5. 文化社会学 | 6. 科学社会学 | 7. 民族社会学 | 8. 知识社会学 |
| 9. 教育社会学 | 10. 法律社会学 | 11. 政治社会学 | 12. 宗教社会学 |
| 13. 都市社会学 | 14. 农村社会学 | 15. 发展社会学 | 16. 社会工作 |
| 17. 社会心理学 | 18. 人口社会学 | 19. 劳动社会学 | 20. 经济社会学 |
| 21. 工业社会学 | 22. 地理社会学 | 23. 组织社会学 | 24. 军事社会学 |
| 25. 环境社会学 | 26. 交通社会学 | 27. 科技社会学 | 28. 全球化研究 |

笔者认为，从社会学主流理论学派看，在 16 个理论流派中，至少有 13 个与自然灾害社会学有直接相关，即马克思主义社会学、实证主义社会学、社会发展理论、结构功能主义、冲突理论、社会交换论、符号互动论、新功能主义、民俗学方法论、社会行为主义、法兰克福学派、芝加哥学派和人类学，见表 1—16。

表1—16 与自然灾害社会学直接相关的社会学主流理论学派

| 1. 马克思主义社会学 | 2. 实证主义社会学 | 3. 反实证主义社会学 | 4. 社会发展理论 |
|---|---|---|---|
| 5. 结构功能主义 | 6. 冲突理论 | 7. 社会交换论 | 8. 符号互动论 |
| 9. 新功能主义 | 10. 民俗学方法论 | 11. 社会行为主义 | 12. 现象学社会学 |
| 13. 法兰克福学派 | 14. 形式社会学 | 15. 芝加哥学派 | 16. 人类学 |

在自然灾害社会学研究中，还常会涉及社会网络理论、结构功能理论、社会组织理论、人口学理论、社会分层和流动理论、社会整合与冲突理论、城镇功能体系理论、社会政策理论、风险社会理论、经济社会地理学及新社会学研究方法等研究领域。

# 第三章　自然灾害社会学研究的对象和任务

　　自然灾害社会学作为社会学中二级学科的应用社会学中的一个三级社会学学科，其要研究的本质性对象是：在自然灾害背景或影响下人类社会的社会结构及所引发的社会变迁的特点和规律。具体研究对象是：自然灾害背景或影响下的个体个人、家庭单位、社会群体、社会结构、社会组织、社会制度、社会价值、社会关系、社会文化和社会发展等。所有的社会学宏观理论和部分中观理论都可以成为研究自然灾害社会学的理论溯源，有着完全的解释效力；而自然灾害社会学通过实证和检验证明了的概念、理念、观点、理论和范式，也可以对社会学宏观理论体系进行补充甚至修正。

　　自然灾害社会学研究的任务是：依靠社会学宏观理论和社会学二级学科中各应用社会学学科的相关中观理论和观点视角，对自然灾害背景或影响下的社会结构及其变迁特点和规律进行实证研究，归纳完善其理论体系和研究方法，并恰当地提出理念性、概念性和可行性的宏观思想建议。它和其他社会学二级学科和与之同级的各三级应用社会学分支学科最大的不同是，除军事社会学或战争社会学外，那些学科和专业都是研究常态化下人类社会各特殊或特定领域的社会结构及其变化。而自然灾害社会学是研究人类社会在面临、遭受自然灾害后的社会结构及其所发生的结构性突变、变异和各种的非常态化，并探寻其特点和规律；需要整体全面地研究自然灾害背景或影响下人类社会的各个领域。

# 第二部

# 自然灾害的类型和社会学研究视角

# 第一章　传统自然灾害类型

## 第一节　水灾

水灾是一种沿着江河湖等大面积水体发生的带面状的气候性、季节性和阶段性自然灾害，它对人类社会的影响面积范围较为广泛，尤其是在江河中下游的低洼地区。水灾有很强的季节性，一般发生在夏季或雨季，持续时间多为三个月或半年。水灾还可能带来水土流失、塌方、泥石流、蝗灾、瘟疫等次生和衍生灾害，从而间接地扩大水灾的影响地域和持续时间，造成更大的破坏。

水灾对农村地区的农牧业生产和人员生命可造成灾难性的影响，对城市社区则会造成极大的不便和危害。

人类应对水灾的经验技术的积累已有三千多年的历史，主要是堵截和疏导两种方式，其中筑坝是人类对水患的最常见的应对手段，因为此方法比疏导具有更多的功能性意义，如灌溉、通航和发电等。但正是这种堵截的方法，较之于疏导的方法，会存在更多的灾害隐患，甚至造成更无法预测的人为的因人工环境造成的水灾，如决堤、溃堤、漫堤、管涌等。

水灾灾区的灾后重建工作一般是在水位下降后在灾区本地的重建，异地重建的需要不大。因此，灾后重建一般不会造成原有社区社会关系、社会网络和社会组织的解构。但由于水灾的涉灾面积大、持续时间长、次生衍生灾害多，受害灾民广，使其对整体的社会稳定会产生难以预测的影响，会引发局部乃至整体性的社会动荡和社会革命，这在中外历史上多有记载。

## 第二节　干旱

干旱和水灾是同样性质的面状的气候性自然灾害，与水灾如同一个铜板的不同版本的两面，是气象现象之于人类的一种不可避免的区域性的自然灾害。干旱也是一种季节性的自然现象，但其影响的区域面积比水灾更不可预测，或说更广阔，其造成的灾害影响也是难以估计的。但干旱相较于水灾，是一种可控的气候性自然灾害，可采取调水、供水、开闸等方式缓解灾情。

但和水灾一样，这样的季节性的气候性自然灾害往往长年影响着一些地区，使这些地区的民众在长期的历史性自然灾害的重压下，最终放弃向大自然抗争的意志，而采取漠视、无奈和逃避的态度，如求助于神灵、逃荒、移民等消极的社会行动，甚至作为其经济社会落后的天然借口，从而导致社会管理的彻底失效，引发区域社会经济的崩溃甚至倒退，出现局部地区的人类社区的衰亡。

水灾和干旱同样会对地区的经济结构和产业发展等起到很大的限制作用，也不利于吸引外来投资。这成为地区经济社会长期结构性落后的自然原因。

## 第三节　台风和飓风

台风和飓风更是一种地区性、季节性的气象型自然灾害。它们往往对海洋沿岸的大陆地区形成条带状的灾害面，它们往往是水灾的成因性原生灾害。与旱灾、沙漠化、严寒、冰凌等蔓延性、可测性自然灾害不同的是，台风和飓风的生成和运行较为快速，运动路径和强度难以预测，使得预警和防范较为困难，而这也是其最大的致害点。

台风和飓风会带来大范围的降雨（有时候没有降雨）、风暴潮等相伴的自然现象，从而导致海潮、暴雨、水灾、泥石流、塌方、漫堤、城市内涝等次生衍生自然灾害，从而对人类社会造成更广泛、更复杂和更严重的负面影响。

台风和飓风是发生在不同洲际的同样性质的自然灾害。两种自然灾害的影响区域大都集中在经济社会较为发达或人口密度较高的世界各地沿海城市地区，灾后的重建基本上可以或只能在当地进行，大规模的灾害移民或异地重建是不可能的。其影响时间或持续时间较短，也使得人类对这种间歇式、如期而至的自然灾害会处之泰然。

## 第四节　地震

地震是所有自然灾害中最广泛、最致命、最难以预测的自然灾害。属于点面状分布的自然灾害，地震中心向外形成圈面辐射状的破坏区域。地震在世界上涉及的区域广泛，对人类社会造成的损失最为严重，且目前乃至将来的人类社会的任何科技力量都难以对其进行有效的监测和预报。

地震会次生出火灾、海啸、山体滑坡、泥石流、崩塌、溃坝、堰塞湖、瘟疫等更多的灾害，造成更大范围和更严重的破坏。发生在城市中的直下型大地震是致命性的地震，曾整体性地摧毁过东京、唐山、神户等很多城市。地震灾害的突发性和不可预测性，使之成为所有自然灾害类型中几乎最为诡异莫测和惊悚恐惧的灾难，对社会心理产生持续性的影响。其对家庭和社会结构所造成的破坏也是其他自然灾害类型所望其项背的。

地震破坏的严重程度足以摧毁整个乡村和城市，往往使灾后的原地重建几成不可能。因此，灾后经常采行的异地重建措施就会产生诸如整体移民、社会适应、社区重建、文化传承等社会问题。

## 第五节　水土流失

水土流失是与降雨气象特点、地质地形特点和植被覆盖特点密切相关的气象——地质——生物自然现象。即主要发生在降雨量集中、土质酥松或颗粒碎石状土质和植被林木稀少的丘陵地区。其危害的主要是农牧业地区的经济，尤其是造成优质土壤的流失和土壤质量的退化，使农牧业经济的重要生产资料——肥沃耕地和繁茂牧地消失。耕地和牧地的消失导致的是农牧业经济生产能力的丧失，最终会引发灾区因水土流失灾害造成的经济贫困、社会落后和自然灾害移民，从而瓦解社会结构。长期水土流失地区会陷入砍伐植被——水土流失——耕地牧地失效——经济贫困——社会衰败——人口流失的恶性循环中。

水土流失的唯一物理性治理手段就是固化土质和建设导流槽，但最根本的措施是在水土流失的地域种植适合的植被和树木以涵养水土。水土流失的一个重要社会原因是人类因经济和生活需要对植被林木的砍伐。因此，对人类乱砍滥伐行为的阻止和植被林木的再生是最终阻止水土流失的人类自觉的社会和经济行为。

## 第六节　严寒

严寒是地域性特点很强的自然气象现象。在一般情况下，发生于北半球高纬度的严寒由于大部分在国家经济社会较为发达的地区，因此不会引发为严重的自然灾害。但因"厄尔尼诺"或"拉尼娜"等特殊自然现象造成或加剧的严寒，在超乎人类的常态抵御能力时，则会给人类社会带来意想不到的灾难。

而严寒一旦像在 2008 年的中国南方那样发生在地球的温带和亚热带低纬度地区或中近东地区，那么这种"黑天鹅事件"般的严寒就会成为难以预测的突发性自然现象，在人类有备程度极低的情况下，定会形成为自然灾害。因为，地球低纬度地区的人类社区是缺乏应对严寒天气的物质资源和组织准备的。这些地区没有暖气供应、没有防冻管道、没有铲雪车、没有防滑沙盐、没有防冻油、没有防寒高压线、没有相关应对部门和机制，等等。严寒对这些地区中的无家可归者、老人、病患、残疾人、婴幼儿是致命性的威胁。

和任何自然灾害一样，假若自然灾害的持续时间过长、范围过大，其灾难性影响就更大。而严寒是具备长时间和大范围持续存在的特点的。

## 第七节　沙漠化

沙漠化是地域性的以气象气候因素和地质地形因素综合形成的一种自然现象。其本身并没有直接的危害，但一旦出现沙漠地带向人类社区的扩展，并挤占人类的生存空间，这样的沙漠化就是具有危害性的自然现象。

灾害性的沙漠化可以侵占、退化农牧业的经济生产环境，剥夺、挤压农牧民乃至城镇居民的生存空间，压缩人类有限的可供利用的地域，侵蚀可用土地，恶化空气质量，降低生活水准，引发自然灾害移民，甚至因争夺湿润土地和水源绿洲爆发冲突和战争。

沙漠化的一个附带危害是沙尘暴，沙尘暴虽然主要集中在北半球的春夏季，但其影响范围更为广阔，是洲际性的自然灾害，会同时侵袭多个国家，甚至越洋飘移。沙尘暴是更为直接和严重的一种沙漠化，可以吞噬人类社会赖以生存的整个社区和地域，彻底破坏其生产生存环境，造成难以逆转的非宜居性后果。跨越国界的沙尘暴也会引发意想不到的国际争端。

## 第八节　沙尘暴

沙尘暴是沙漠化的一种升级和强化，其瞬间产生的危害还可涉及航空、交通、农牧业和人们的生产生活。其最大的特点是将沙漠化从平面化、静态化转变为立体化、动态化了。沙尘暴可以伴随大风将沙漠戈壁中的黄沙吹拂飘移到难以预计方向和距离的远方，乃至造成国际性的生态环境危害。

沙尘暴的一个重要危害是对人类健康的影响，沙尘暴中夹带的有毒有害和带菌物质被人类吸入后会造成对身体健康的伤害。这自然会引起医疗成本的上升。

更显著的危害是对航空器和航空业的危害，以及由此引发的国际人流和物流危机，最终可能导致国际产业链的中断。

## 第九节　海啸

环太平洋地震带，同时也是环太平洋海啸带，海啸是带状分布的自然现象。2004 年和 2011 年环太平洋的两次因地震引发的海啸造成了令世界震惊的巨大灾难。海啸危及的是沿海岸地区，而沿海岸地区往往是集中着密集人口和大规模经济生产以及悠久的历史文明。因此，对这些地域的破坏将对一个国家乃至一个地区产生全局性的影响。

海啸对灾民造成的一个心理上的严重创伤是，一些死难者的遗体恐因漂进和沉入海洋而难以找到。这对亚太一些国家文化中有入殓死者整尸观念的民众来说，是难以忍受的精神痛苦。

通过对海洋中地震的预测，其所引发的海啸是可以被预警的自然现象。但 21 世纪初的上述两次海啸都未能被有效预测预警。除技术限制外，就是从发出海啸预警的时间到海啸到达时间之间的逃生撤离时间非常有限。如 2011 年 3 月 11 日，日本当地时间 14 时 46 分，东日本海地震发生后，日本气象厅（JMA）在地震 5 分钟后发出了海啸预警，应该说是非常迅速的。但海啸以每小时 700 至 800 公里的速度从震中处推进到 130 公里外的日本海岸只需要约 10 分钟时间。即 JMA 在地震发生 5 分钟后发出预警，而公众从接到预警到海啸抵达前可以用于撤离的时间只有 5 分钟。这意味着，撤离时间是远远不够的，尤其是对老人、孩子和残疾人来说。因此，这次海啸造成的人员损失中，老年人居多。如果在其中再加上有关组织部门发出预警的时间被延误，其可用于逃离的时间就更短。

海啸会因沿海海洋生态的破坏而增强其来袭时的危害程度，如珊瑚礁被破坏、海边红树林被砍伐等，这些都是减缓阻滞海啸浪潮的天然屏障。但码头、航道、工厂、浴场、酒店、耕地不断聚集的沿海岸地区，密集的人工环境必然对自然环境产生很强的功能破坏作用，从而叠加海啸到来时的灾难程度。

## 第十节　冰凌

冰凌主要发生在严寒期间的海岸线一带和江河湖水面。发生在沿海岸线的冰凌的主要灾害性作用是对渔业生产、鱼排养殖业和港口运作及航运的影响。发生在江河湖水面的冰凌危害除了危及渔业生产和内河航运外，还会因冰凌积聚提高水位形成漫堤，从而引发洪涝水灾威胁。因此，其引发的次生衍生灾害不可小觑。严寒是冰凌的原生灾害，冰凌又是漫堤水灾的原生灾害。

## 第十一节　龙卷风

龙卷风是除了地震、海啸和火山喷发外最为诡异神秘的自然现象。其从形成、延伸到终结，都极具偶然性和随意性，它会随时随地生成，行动轨迹变幻莫测。因此和台风、飓风一样难以有效掌握其运行方向、强度及其所可能对沿途造成的损害。因此，就自然现象发生的原点范围而言，龙卷风与地震、火山爆发、泥石流、滑坡等点状自然现象和干旱、水灾、沙漠化等面状自然现象及海啸、台风等带状自然现象不同的是，龙卷风是运动着的垂直点线状自然现象。

龙卷风对人类生产生活最为显著的破坏是对建筑物和地表设施设备的摧毁。因此，灾后重建中对建筑质量、建筑设计、外部管线的要求都应是高标准的。

## 第十二节　泥石流与滑坡

泥石流与滑坡一般属于次生或衍生性自然现象，主要发生在大暴雨后的山区和丘陵。从这一自然地理和气象特征看，主要的受灾地域是位于山区的乡村和靠近山地的城镇，发生时间多在雨季、台风季和夏季。

泥石流与滑坡作为自然灾害的最主要后果是对农牧业生产区地表经济社会价值资源的覆盖性破坏，可以摧毁耕地、牧场、林地、建筑、交通和危害人畜生命；对城镇的破坏是损毁覆盖房屋财产、道路设施、阻断通讯和夺取民众生命。

灾后重建中最大的问题是排障清淤工作。这一工作往往成为政府的一项公共服务，这一工作的完成之日，便是受灾地区恢复正常生产、工作、生活秩序之时。因此，排障清淤工作的时效和质量尤显重要，在灾后重建中具有指标性意义。

泥石流与滑坡所造成的危害是一种隐蔽性的突发性的自然灾害。为减少对人类可能造成的威胁，主要是在此两类自然现象发生前和发生后的灾前预防和灾后控制工作。灾前预防的主要任务是根据地理地势和气象降雨特点，对可能发生泥石流与滑坡的相关区域进行尽可能的排查，找出隐患点，并设置监控体系，如监控探头的设置或人力巡防。灾后控制指对发生泥石流与滑坡灾害的发生点进行固化和清排工作，以减少下次灾害来临时可能造成的新破坏。

## 第十三节　火山爆发

火山爆发就其发生原点来说，和地震一样属于点状自然灾害，但其喷发的岩石、流淌的熔浆和漂浮蔓延的火山灰，则可以形成带状和面状的自然灾害。火山熔岩和熔浆由于运行较为缓慢，一般不会危及人类的生命，但会摧毁所到之处的人工环境，其高密度火山灰可能使人窒息死亡，火山喷发时抛射出来的熔岩和碎石也可以对近距离的民众造成伤害。而飘浮蔓延到高空的火山灰云则通过对航空发动机的侵蚀而威胁到航空运输的安全，从而大范围地影响到航空业的运营及其相关的经济领域。

## 第十四节　城市内涝

城市内涝从形成的原因机制看，与其说是自然灾害，倒不如说是人为灾害。这是由于城市作为人类最具典型意义的人工环境或人造环境，如果其建设理念、建设规划、建设技术和建设质量违背了大自然规律，人类必将因人为的错误而受到大自然的惩罚。自然环境和人工环境之间的辩证逻辑关系和因果关系的割裂与相悖，科学与自然的不比对，人与环境的不融合，最终都是以自然对人类社会的惩罚性矫正告终。

人类在建设城市这一最大、最复杂、最长远的人工栖息环境时，却没有以对大自然和周边环境最科学、最敬畏、最顺应的理念去审慎进行：城市中，大面积不透水的硬质铺面，狭窄不畅的下水道，淤塞的沙井，被填埋的城中湖泊池塘，忽视低洼地的建筑施工，遭砍伐的植被林木，被占用的绿地公园，倒灌入城的海水，失控的水土流失，路面堆积的垃圾淤泥，等等，这些阻滞疏导、排泄城市降雨降水的系统在如此的功能运行状态下，出现季节性的城市内涝就不足为奇了。城市内涝是人与自然不和谐，自然现象被人为地演变为自然灾害和管理问题的典型例子。因此，自然灾害的形成可以是人类管理能力和管理经验缺失直接造成的，自然灾害问题成为了社会管理问题。城市规划师们设计的"海绵城市"或许可以解决城市内涝的难题。

## 第十五节 生物性自然灾害

像蓝藻、水葫芦污染这样典型的生物异常也是人类行为所造成的自然现象和自然灾害。这更是人为灾害而不全是自然灾害。其克服的办法只能是对人的行为进行更严厉的惩罚和控制。因此，大自然可以就此向人类追究法律责任。大自然是被代表的起诉方，自然生态是拟人的受害方，被告则是人类本身。

下表是中国常见的生物异常物种及相关危害介绍，见表2—1。

表2—1 中国常见的生物异常物种及相关危害介绍

| 物种 | 图例 | 分布 | 特点 | 危害 |
|---|---|---|---|---|
| 蓝藻 | | 江苏、浙江、安徽、云南、广东等地。 | 原核生物、单细胞生物、无性生殖。 | 危害稻田、农田，传播疾病。 |
| 紫茎泽兰 | | 云南、贵州、广西、四川、重庆等地。 | 可进行有性繁殖和无性繁殖，对环境的适应性极强。 | 危害农、林、畜牧业，使生态系统单一化。 |
| 豚草 | | 湖南、湖北、四川、重庆、福建等地。 | 果实的生命力极其顽强，这些果实有勾刺，可附在人的衣服或者包装麻袋上，四处传播。 | 破坏农业生产，影响生态平衡、人类健康。 |
| 水葫芦 | | 浙江、福建、台湾、云南、广东、广西等地。 | 生于河水、池塘、池沼、水田或小溪流中，繁殖能力极强。 | 堵塞河道，单一成片，降低生物多样性。衰败后污染水体，危害水生物 |

（续表）

| 物种 | 图例 | 分布 | 特点 | 危害 |
|---|---|---|---|---|
| 空心莲子草 | | 湖南、湖北、四川、重庆、福建等地。 | 多生长于池沼和水沟内，危害性极大。 | 堵塞河道，影响排涝泄洪，降低作物产量，传播家畜疾病。 |
| 互花米草 | | 除海南、台湾外的全部沿海省份。 | 在潮滩湿地环境中有超强的繁殖力，威胁着全球的海滨湿地。 | 破坏海洋生态系统、水产养殖。 |
| 薇甘菊 | | 广东、云南、海南、香港、澳门等地。 | 多年生藤本植物，阻碍附主植物的光合作用。 | 危害天然次生林、人工林等。 |
| 一枝黄花 | | 河南、辽宁、四川、重庆、湖南等地。 | 喜生长于凉爽湿润的气候，耐寒。 | 使物种单一化，侵入农田，影响植被的自然恢复过程。 |

在生物种群生存的生物链中，一种种群的过度繁衍，在超过一个临界多数点时，会打破生物界的生态平衡，从而对自然生态环境形成灾害。

在中国，蝗灾自古以来就与旱灾、水灾并称为三大自然灾害。近期，由于全球性气候变化、水热季节性分配失调，旱涝灾害频繁交替发生，人类活动加剧，生态条件与环境严重破坏，为蝗虫灾害的发生创造了有利条件，加重了蝗灾的发生频率及危害程度。

在很多人的概念里觉得蝗灾是遥远的过去，蝗灾的治理已经不成问题。然而，由于近几年全球气候变暖以及旱涝灾害的交替发生，加上草地的不断退化，生态环境的破坏，蝗灾的发生越发频繁，不但老蝗区反复，新蝗区更是不断出现，并且由于蝗灾本身的爆发性、移动性，蝗灾仍然是一大问题。最新的一次蝗灾发生在 2015 年 8 月的俄国南方地区。

虽然蝗灾的发生有一部分是自然原因，但是人为的因素也很大，气候变暖，异常的旱涝灾害，水库、河流、湖泊水位下降，都与人类活动有着密切联系，若在一个山清水秀的地方，蝗虫没有产卵区，就没有蝗灾。

蝗灾的影响不像地震或洪水那样，会造成很大的人员伤亡，在发达国家已经不会因为蝗灾而造成大的饥荒，然而在一些贫困地区，仍然会因为突发的蝗灾造成粮食减产，引发饥荒。

## 第十六节　生态和自然环境变化引发的自然灾害

生态和自然环境变化引发的自然灾害泛指：自然灾害的发生是由大自然内部的自然现象动能性的结构变化引发的，是源自大自然自身的动力和源泉。但这里特指的"生态和自然环境变化引发的自然灾害"，其引发的原因不是自然本身，而是因为人类社会活动对自然、自然环境和自然生态产生的负面影响，这些具有危害性的人类动能对自然造成从量变到质变的作用，最终在超过各种自然载体的承受限值即自然本底值时，就会发生崩溃性的自然现象，并可能导致自然灾害。这可称之为人为引发的自然灾害。所有的环境污染和生态破坏所造成的自然环境和自然生态的恶性变异都是人造的自然现象，其所引发的对人类社会的破坏性影响就是人为的自然灾害，即人为造成的生态和自然环境变化引发的自然灾害。这是一种负反馈作用。

一个非典型的案例是：2003 年夏天，受全球变暖趋势的影响，欧洲气温骤升，造成热浪。欧洲的一些植物甚至不再能吸收二氧化碳，而是吸收氧气，放出二氧化碳。法国巴黎的建筑物早年建设的金属屋顶是为抵御冬季严寒的，但在高温下被照射得灼热，巴黎在温度最高的一天有 2500 到 3000 人死亡，全法国死亡人数达到 14000 人，全欧洲死亡人数高达 30000 人。在这里，因人类废气排放造成的臭氧层稀薄和建筑物屋顶的金属顶罩共同造成了人为的生态和自然环境的变化，引发超乎寻常的自然灾害。

## 第十七节　外星体攻击

外星体攻击是最具有戏剧性的一种自然灾害。它的最大特点是难以预测、难以控制、难以评估、甚至难以确认。其所造成的灾难可以是 1908 年 6 月 30 日凌晨西伯利亚通古斯陨石坠落那样的破坏力，相当于 500 枚原子弹或几枚氢弹的威力，也可以是对地球和人类一次创世纪的毁灭性的摧毁。这可能是一种可以一次性彻底毁灭人类社会文明的最具终结性意义的自然现象。

困扰人类的是，我们目前还不能有效监控和预测陨石或其他外星体到来的时间和地点，尤其是其破坏力以及是否会坠落于人口稠密的都市区域。最致命的是，目前人类还没有绝对可靠的力量阻止巨型陨石或其他外星体对地球的攻击。

## 第十八节　复合自然灾害

自然灾害的重叠性即复合自然灾害有三种基本的情形。

两种以上的原生性自然灾害同时发生。如地震、火山爆发同时同地发生。

一种自然灾害发生后，引发次生性自然灾害。如水灾伴生引发泥石流、山体滑坡。

最为严重的第三种情形是，两种以上的原生性自然灾害发生的同时，并引起次生性自然灾害和衍生性自然灾害。如地震、火山共同爆发的同时，造成海啸、泥石流、水灾，并引发火灾、核泄漏等。

这三种复合自然灾害都对人类的生命和财产具极大的威胁，是人类现有能力难以直接抗拒的。

但应指出的是，自然现象有灾害性的一面，也有积极的一面。至今，我们对各种自然现象积极一面的重视、理解和利用是不足的。这一方面是我们的科技能力有限，但更重要的可能是人类对于自然现象先入为主的偏见和误导。每个自然现象都可能有其积极性方面，也许在此时此地是负面的、破坏的，但在彼时彼地和其他领域则是正面的、有益的。笔者认为各种自然现象对自然和人类主要的积极方面如表2-2。当然，这些积极方面最好是建立在没有对人类社会同时造成重大破坏的前提下为最佳。

如静态中的活火山或死火山对于人类社会的发展具有有利的一面：肥沃的火山灰沉积的土壤成为农业耕地的最佳资源，吸引人们的聚居和农耕。这样的情况常发生在以农业经济为主、耕地稀缺而人口密度大的地区。如位于印度尼西亚中爪哇省的默拉皮火山（Mount Merapi）地区。印尼的默拉皮火山位于印度尼西亚的中爪哇省，高2968米，是印尼129座活火山中最活跃的一座。但数千人被此地肥沃的火山土壤吸引，生活在默拉皮火山上或附近。在默拉皮火山山坡上的乡村周围是一片绿色植被。

表 2-2　各种主要自然现象的有益方面

| 自然现象类型 | 积极一面 | 例证 |
|---|---|---|
| 地震 | 有利于人类对灾区进行升级性的重建，包括基础设施更新、产业升级和重建所带来的新经济增长和就业。 | 如汶川地震后对羌族文化的发掘和复兴。异地重建后新城镇体系的兴起。 |
| 干旱 | 会迫使农牧业生产业态和经营手段乃至发展方式的转变。 | 如美国内华达沙漠区拉斯维加斯文化娱乐旅游城市的建设。 |
| 水灾 | 水灾的另一个褒义词是蓄水。只要有系统和充足的蓄水体系，水灾期间大量宝贵的水资源可得以存储，以利旱季的使用。有利于地表水体和地下水体的补充储存，有利于水产业的水资源补充，也有利于农田体系的自然调整。 | 如拦洪大坝的重要功能就是蓄水抗旱、灌溉发电、发展水产业、养殖经营和水上交通及水上旅游业等。 |
| 泥石流 | 发生在山谷河溪中的泥石流有可能为在缺电缺水的山区建构新的水坝构筑第一道自然堤坝。或形成一个适合鱼类等水中生物植物栖息的环流区，甚至形成新的自然景观。 | 如汶川地震时形成的唐家山堰塞湖已成为地质旅游景观地。 |
| 火山爆发 | 火山灰具有丰厚的矿物质，有利于农作物的生长。 | 印尼默拉皮火山的山腰上已布满农田和村落。 |
| 台风 | 台风可以给干旱地区带来及时的大面积强降雨，有利于土地墒情改善，有利于水源积蓄，有利于夏季湿润降温。 | 如登陆广东雷州半岛干旱区的台风可给当地带来宝贵的降雨。 |
| 海啸 | 有可能在海啸经过地区留下水洼地，形成新的内陆水体。 | |
| 沙尘暴 | 运载有机土壤，降低酸雨水的酸性。 | 夏威夷肥沃土壤里的有机沉积物就是靠从东亚大陆吹来的沙尘暴带来的。 |
| 森林火灾 | 对森林的生物链进行彻底的重组，添加草木灰肥料。 | 美国加州森林火灾有些是有意而为之的。 |

　　此外，自然现象在没有形成或产生自然灾害时，都可以以大自然"演员"的角色，成为作为观众的人类的欣赏品。诸如火山喷发、龙卷风、海啸、台风、涌潮、沙尘暴、暴雪、暴雨等自然现象在其生成、实现和消退的三个过程，都是相对短暂却壮美的大自然奇观，是无与伦比的旅游景观。这些恢弘壮丽的自然现象甚至成为摄影师和绘画艺术家们临摹的样本，成为文学家和音乐家们创作的灵感，更会成为普通人与大自然沟通、豁达身心的文化情愫资源。

　　因此，大自然现象之于人类的这种艺术性的强大吸引力和隐喻能力除了其存在形式的短暂和异样性的符号化特点外，很重要的是自然现象也有和人类一样的"性格"特征，如宏大、激愤、勇猛、浩瀚、庞大、清丽等，而这恰恰是现代城市化了的人类最稀缺、最需要重获的人格力量和性情特质。

　　自然现象与人类在"性格"上的这种同质性和人类对自然现象的始终存在的神一般的崇拜使人类中的一些人群，在内心里实质是在冥冥中期待着宏大自然现象的出现的。火山喷发能让其满足对稀缺自然现象的窥视欲、海潮能掀起人类心中的激情、龙卷风能让心灵获得死亡前的愉悦、暴风雪能让人类重获清丽的纯真心灵……自然现象是人类某些内在性情及人格的自然符号化身，是人类心理在大自然这一巨大幕墙上的折射反映。这是大自然和自然现象赋予我们的美感。

# 第二章　全球变暖条件下的新型自然灾害

## 第一节　全球变暖与海平面升高

2005年"卡特琳娜"袭击美国新奥尔良后，美国华盛顿城市土地研究院亚洲中心高级研究主任迈克尔·鲍鲁奇维兹分析道：密西西比河的三角洲地区，规划图上有被标示出白线的地区为缓冲地带，可以抵御像"卡特琳娜"这样的飓风，即"白线缓冲区"。但白线地区一直被忽视，遭毁坏。自然系统也因此纳入保护城市的体系中。随着新奥尔良的发展，城市变得完全依靠技术和工程力量而存在。

事实上，路易斯安那州立大学在2003年的研究就表明，环绕新奥尔良的560公里防洪堤难以抵挡三级以上飓风引发的海浪，过去200年这座城市没有被洪水淹没纯属侥幸。但政府并没有听取这一意见，反而削减了在建的防浪堤预算。违反自然法则，滥用土地，政府管理失当，这注定了新奥尔良难逃一劫。[①]

类似的威胁不只限于新奥尔良。"基于卫星图像的新发现显示，在世界最大的33个三角洲地区，有85％在近十年来遭受了严重的洪涝灾害。受影响面积达到26万平方公里。

研究预测，如果海平面继续如预计的那样在气候变暖过程中上升，21世纪易受严重洪涝灾害侵袭的三角洲陆地可能会增加50％。

研究说，受打击最严重的将是亚洲，除澳大利亚和南极洲之外，每个大洲上人口稠密和农耕发达的三角洲都处于危险之中。

在五个级别的评价系统中，处于最危险级别的11个三角洲中有3个在中国：北方的黄河三角洲、上海附近的长江三角洲和广东的珠江三角洲。

埃及的尼罗河三角洲、泰国的湄南河三角洲和法国的罗纳河三角洲也位于最危险的等级中。危险性稍低的另外几个人口稠密的三角洲，包括孟加拉国的恒河三角洲、缅甸的伊洛瓦底江三角洲、越南的湄公河三角洲和美国的密西西比河三角洲。发表在《自然地学》上的该研究指出，这些易遭受水灾的平原和其他三角

---

① 新奥尔良不死：城市会变得更小却发展得更好，《东方早报》，2008年6月2日，第B02版。

洲都面临着双重威胁。

一方面，人类活动（尤其近半个世纪内的活动）造成很多三角洲地区下沉。如果没有人类的干预，三角洲会在河流经过的时候自动积聚沉积物。但是上游修建的水坝和分水渠阻碍了本来通常会积聚起来的土层的形成。

密集的地下采矿也大大加深了问题的严重性。这项研究是由科罗拉多大学的研究人员詹姆斯·西维特斯基领导的。研究显示，石油和天然气开采活动的确在很多最易受影响的三角洲导致了'加速压缩'。该研究首次对十年来全球每天的卫星图像进行了分析。另一个威胁是由全球变暖带来的海平面升高。"[1]

飓风、台风和热带风暴等造成严重的人员伤亡和物质财产损失，是与近现代以来由于工业、贸易和金融业的发展，人口大量向陆地的沿海岸地区聚集有关。

"近几十年来，世界各地的人都开始大规模向沿海大城市迁移。上世纪 30 年代飓风盛行的时候，佛罗里达的迈阿密－戴德县人口大约为 15 万。而现在，当地的人口已经增长到了 240 万。

"也就是说，如果没有人口的大量迁移，同样强度的飓风所造成的破坏就不会像现在这样严重。如果说气候变化对暴风雨的强度产生了影响，那么从历史上的气候数据看这个影响并不明显。而且它所造成的影响比起沿海地区发展所造成的影响要小得多。假如比较一下 1900 年到 2005 年期间所有的暴风雨，并假设沿海的人口一直像今天这么多，那么最后的结论可能是，1926 年的飓风才是破坏性最大的。如果那场灾难发生在今天，所导致的损失将是 1400 亿到 1570 亿美元。科罗拉多大学环境学教授罗杰·皮尔克说，自 1900 年以来，暴风雨的数量和强度并没有猛增的趋势，暴风雨本身没有发生变化。发生变化的是我们放在暴风雨面前的人数。在沿海城市聚居使我们处在了危险之中。"[2]

海平面的升高正加剧这种危险。多数大城市在向沿海地带发展。全球约 3000 多个城市和近四亿人居住在高出海平面不足十米的低海拔沿海地区，对于这些面临威胁的居民来说，不仅应当考虑气候变化问题，而且还应考虑发展模式和生活方式问题。有三个决定性的因素造成了人口、经济和其他财富、资源向沿海地区的集聚：一是每个国家都将海岸线作为国家最便利的发展经济和海外贸易的重要区位；二是滨海地区适宜的气温、湿度、地形、植被和自然风光吸引着人们定居；三是许多沿海地区也是世界各地的游客们重要的旅游目的地和永久定居地。

---

① 陆沉海升威胁三角洲，《科学大众：中学生》，2009 年第 12 期。
② 阿曼达·里普利：《为什么灾难越来越严重?》，《时代》，2008 年 9 月 5 日。

## 第二节　全球变暖对经济社会的影响

全球变暖条件下的新型自然灾害主要表现在海平面上升引发海水侵蚀及沿海陆地沉降、干旱和由此引起的物种变迁和更广泛的人类社会生产生活的变化。

2013 年，英国记者马克·林纳斯撰写了《六度的变化》，据此惊世之作改编拍摄成了科学探索纪录片《改变世界面貌的 6℃》。笔者引用其中的文字，来分享全球气温升高六度对人类社会可能带来的影响。

从 2000 年起的未来 100 年，到 2100 年，全球平均气温可能上升六度。以下数据和想象是马克·林纳斯用了一年的时间，在哈佛大学的图书馆查阅资料，分析得出的虽不太科学但有足够警示作用的预言。

在气温上升一摄氏度时，北极圈半年不结冰，北极圈内的轮船可以自由航行，的确，北极圈周边的俄罗斯、美国、丹麦（拥有格陵兰岛）、挪威、瑞典、加拿大等国家已经因北极圈冰层融化所带来的地缘战略问题展开激烈博弈；孟加拉湾数万的民宅将被淹没；飓风将不断肆虐南大西洋；美国西部会发生严重干旱，导致全球粮食和肉类市场货源短缺。

气温上升二摄氏度时，历经 15 万年才形成的格陵兰岛的冰盖将全部融化，海平面会上升 7 米，淹没全球各地的所有沿海城市，包括伦敦、曼谷等。这个气象——生态的恶性循环是：海平面的升温加快两极冰川的融化，冰川的消失加速温度的上升，而融化的冰水和冰盖会吸收更多的阳光，进一步加速冰层的融解和气温的上升。

气温上升三摄氏度时，地球达到自身能承受的极限点。北极的夏天不再结冰；南美亚马逊的森林将逐渐干枯，变成热带草原和灌木丛；阿尔卑斯山的雪线完全消失；"厄尔尼诺"极端天气现象变得更普遍，天气更加暴虐异常，会出现超级风暴；地中海和欧洲部分地区在灼热的阳光下一片干旱。亚马逊雨林枯萎后会把数亿吨的被储存的碳释放到空气中，从而引发气温的再度上升。海洋生态系统也被瓦解，二氧化碳会增加海水中的酸性，从而腐蚀海洋生物的生存环境。

这样的情况已经有过一次"预演"。2005 年，高温中的亚马逊干涸后，2500 平方公里的雨林被大火焚毁。而 800 万平方公里的亚马逊承担了全球 1/10 的光合作用，拥有最多样化的生物资源，亚马逊 50% 的降雨是源自茂密的植被雨林。如果亚马逊雨林彻底消失，其后果对于地球和全人类都是毁灭性的灾难。

气温上升四摄氏度时，海水上涨，淹没地球上人口稠密的三角洲地区，10 亿人将无家可归，有的国家将消失，大批城市沉入水中；冰川消失，10 亿人失去淡水来源；加拿大冰雪覆盖的北部将成为富饶的农产品生产区；寒冷的斯堪的纳维亚半岛的海滩将成为迷人的度假胜地；南极西部大冰盖也消失，使海平面进一步上升；恒河会毁灭，冰川融雪从高山流入印度洋的入海口会消失；喜马拉雅冰川是除两极外最大的淡水储存地，但此地冰川的融化速度比其他地方都要快。

气温上升五摄氏度时，世界上两大最不适合居住的地区将延伸至南北半球的温带地区；供养洛杉矶、开罗、利马和孟买的积雪和地下储水层都会干涸；气候难民人数达数亿人。

气温上升六摄氏度时，海洋看似一片蔚蓝，但已是毫无生息的海洋荒原；沙漠在全世界蔓延；一些城市继续成为水乡泽国；自然灾害频发；一些物种开始灭亡，而人类也走到了生死存亡的境地。

以上的预测不是完全没有根据的。作为权威机构的联合国政府间气候变化专门委员会曾在 2001 年发布数据显示，到 2100 年，全球气温将上升 1.4 到 5.8 摄氏度。虽然此后该数据有所调整，但全球变暖的趋势是不变的。[①]

以下文字则是最新的科学预测。

2015 年 7 月，美国气象学会（AMS）发布了 2014 年度全球气候报告，报告显示，2014 年平均气温创 135 年来新高，白天和夜晚气温极端化加剧，海平面高度打破纪录，冰川融化加速，2015 年更将成为气候变化最极端的年份。美国国家海洋和大气管理局（NOAA）收集了来自全球 413 位科学家手中的数据，撰写了 288 页的研究报告。以下图表或许能够直接显示地球已经是危如累卵。

2014 年是近 135 年使用现代方法记录温度以来最热的一年，这张地图显示出全球有多少地方的温度偏离了常态，北美地区的东部已经成为地球上为数不多的凉爽地带，见图 2—1。

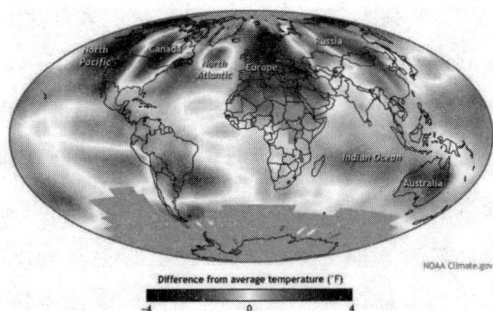

**图 2—1　2014 年全球气温创下新纪录**

来源：美国气象学会（AMS），2015 年。

---

① 科学探索记录片《改变世界面貌的 6℃》。

全球平均海平面持续升高，在过去 20 年中，以每年平均 3.2 毫米的趋势在上涨。由此带来的气候影响就是具有破坏力的潮汐。世界 10 个最大城市中，有 8 个都靠近海岸，40％的美国人口居住在沿海地区，这意味着洪水的侵蚀在不断威胁着这些地区和那里的居民，如图 2—2。

**图 2—2 2014 年海平面创下新纪录**

来源：美国气象学会（AMS），2015 年。

来自 36 个高山冰川的数据显示 2014 年全球冰川持续减少，这也被认为是全球变暖的标志之一。冰川消失的速度在不断加快，见图 2—3。

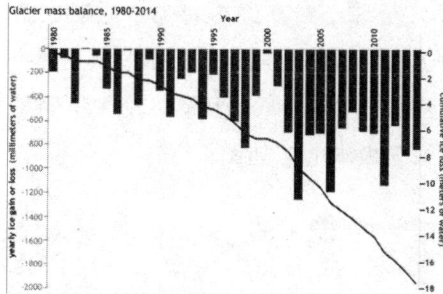

**图 2—3 2014 年冰川连续第 31 年减少**

来源：美国气象学会（AMS），2015 年。

气候变化不但使平均温度增加，还加剧了气温的极端化。图表显示出白天的最高气温超过 90％的时段和夜晚的最低气温低于 10％的时段，如图 2—4。

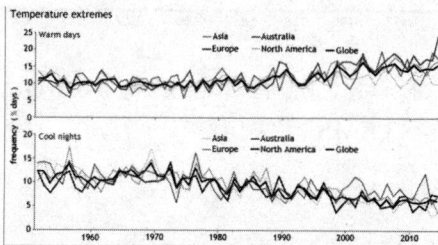

**图 2—4 2014 年更热的白天和更冷的夜晚**

来源：美国气象学会（AMS），2015 年。

工业革命以来，因为化石燃料的燃烧，人类促使大气中的二氧化碳浓度提高了40%。二氧化碳作为最重要的温室气体，浓度在2013年5月首次达到四百万分之一，也就是每1升的大气中含有400毫克的二氧化碳。不过，在此之后，二氧化碳浓度有所下降，如图2—5。

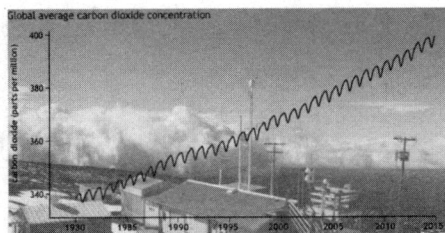

**图2—5　2014年大气层中充斥着温室气体**
来源：美国气象学会（AMS），2015年。

海洋在大规模地贮存和释放热量。短短数十年来，海洋温度因为"厄尔尼诺"现象和太平洋年代迹震荡而发生波动。长期来看，海洋正在吸收越来越多比地球表面还要高温的热量，这更加导致了海平面上升、冰川融化、珊瑚礁濒死、鱼类种群灭绝。2015年，全球已经在经历着强"厄尔尼诺"现象。"厄尔尼诺"把大量在海洋中贮存的热量释放到大气中，造成世界各地不寻常的气候变化。然而，"厄尔尼诺"现象还没有达到顶峰。但是，较往年同期相比，2014年的气候变化已经是有记录以来最为极端的，如图2—6。

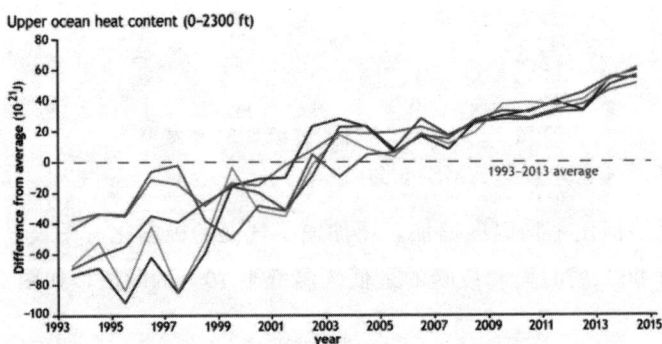

**图2—6　2014年海洋在疯狂地吸收热量**
来源：美国气象学会（AMS），2015年

# 第三部

## 自然灾害社会学的理论建构

# 第一章　自然灾害预报机制及其社会影响

对自然现象的预测预警主要为了研究掌握自然现象的发展规律，遏制其转变为自然灾害及其带来的损失。对周期性、季节性、蔓延性、渐进性的自然现象如干旱、洪水、沙漠化的预测预警较好把握。但大多数自然现象具有突发剧烈、难辨区位、后果难料的特点，尤以地震、海啸、火山爆发、龙卷风、台风、泥石流、山体滑坡和外星体坠落等为甚。

2006 年 0608 号台风"桑美"从在海上生成到登陆消亡时的路径参见下图。（图 3－1，图 3－2 和图 3－3）

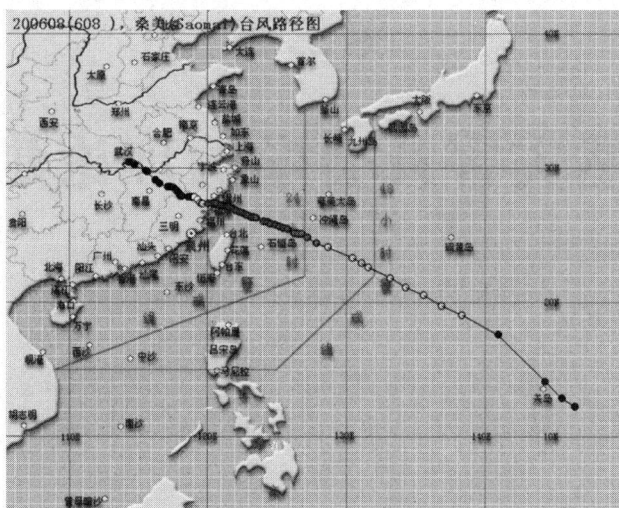

图 3－1　2006 年超强台风"桑美"路径图

从 2006 年台风"桑美"的路径图可看出，台风从生成到消亡经历了三个阶段：第一个阶段，形成到登陆阶段，"桑美"在地图上画出一条几乎笔直的斜线，直向闽北浙南而来，速度先快后慢；第二个阶段，登陆后从超强台风到台风阶段大约 6 个多小时，为西移路径；第三个阶段，热带风暴阶段，先是西北偏西路径再转为西北路径，移速明显加快，然后缓慢向西北方向移动。据关于台风的历史资料分析，登陆后台风的路径摆动是较为常见的。但在台风预报业务中，这种摆动对制作台风路径图和登陆点预报干扰较大。因为较难实时准确判断这种摆动是短时现象还是台风路径已经开始发生变化和是否将继续维持摆动后的路径。

图 3-2 8月9日，处于巅峰强度的超强台风"桑美"

来源：百度百科：桑美，http：//baike. baidu. com/link? url＝3V＿0RndwjEvGWdb RZMBqWyhiVc9DcnLbeHS7VZ6Xm－GG－＿HJy＿i4DaeWic＿edBOV，上传于 2013 年 12 月 27 日，下载于 2014 年 1 月 2 日。

图 3-3 8月10日，超强台风"桑美"正在闽浙边界附近登陆

来源：百度百科：桑美，http：//baike. baidu. com/link? url ＝ 3V＿ 0RndwjEvGWdbRZMBqWyhiVc9DcnLbeHS7VZ6Xm－GG－＿HJy＿i4DaeWic ＿edBOV，上传于 2013 年 12 月 27 日，下载于 2014 年 1 月 2 日

这就出现了受灾地区地域范围判断的困难，为预报带来了严重困扰。

笔者将这一困扰的出现归结为一个概念范畴，即自然灾害区位或称灾害中心地。这里指的是各种自然灾害所造成的破坏性影响范围的地理区位测量。这有利于预测自然灾害的大致影响范围。测量方法主要是以自然灾害发生的中心点为圆点做半径划分、自然灾害的纵向性线状分布、自然灾害的横向性线状分布和面状分布为四个基本的区位测量依据。

以自然灾害发生的中心点为圆点做半径划分的方法，主要适用于地震、火山爆发和龙卷风等点状的具有中心爆发特征的自然灾害。以震中、火山口和龙卷风风眼为自然灾害的中心，地震波波及的范围、火山岩浆流淌和火山灰飘移的范围、龙卷风风眼墙和所穿越的路径，都是自然灾害影响所及的半径区位，在这些区位里，自然环境和人类环境均会受到破坏，从而形成自然灾害区位或灾害中心地。

以自然灾害的纵向性线状分布做灾害范围划分的方法，主要适用于河流洪水造成的水灾、泥石流、水土流失和台风（飓风、热带风暴）四类六种以纵深延长为主要特征的自然灾害。这四类自然灾害会顺应地形地势和气象特点，成线状地延伸扩展并最终形成很大的扇面或两翼，最终形成长条形的面状灾害区位，形成灾害中心地区。

以自然灾害的横向性线状分布作灾害划分的方法，主要适用于地震引发海啸造成的对海岸线的呈 90 度直角的轴向冲击，并越过海岸线呈放射状、散布状和扇面状袭击更广阔的沿海内陆。此外，沙尘暴也属于横向性线状分布结构。海啸和沙尘暴对入侵对象和被害物所形成的直角立体状的侵袭的最终后果是大面积灾害区位的形成，从而最终形成灾害中心地。

以自然灾害的面状分布为特征的自然灾害的划分办法，主要是自然灾害同时在难以预测和限定的大范围里同时出现和展开。主要适用于大面积的旱灾、沙漠化、大范围低温降雪、大范围暴雨、城市内涝、蝗灾、水体生物性破坏（如蓝藻）等大面积、多中心、无界限的自然灾害类型。确定其灾害区位的形成较缓慢且界线不清，但据其影响范围，仍可以测量出其破坏面积，从而形成灾害中心地。

这是笔者提出的四类自然灾害区位或称灾害中心地特征。该分析试图说明不同自然灾害形成的自身区位特点和范围特征。据此可以让有关领域的专家对自然灾害的影响做具体的范围审定，有助于对自然灾害的预测。

最难预测预警的自然灾害当属地震。历史上关于地震预测失败的悲剧，莫过于日本地震学者对 1923 年关东大地震的失败预测。唐山地震更应是一个范例——震前，许多专业监测人员曾作出了非常准确的预测，1976 年唐山大地震的重大损失和伤亡原本是可以避免的。对 2008 年汶川地震的预测则失之交臂。人类成功地预测过一些地震，1975 年中国辽宁的海城地震就是一个典范。但世界历史上成功的地震预测为数不多。

# 第二章 自然灾害的灾后处置

自然灾害的灾后处置包括灾后即时处置、灾后短期处置、灾后中期处置和灾后长期处置四个阶段。

## 第一节 自然灾害的灾后即时处置

自然灾害发生后，最紧迫的即时处置是逃生和救生。逃生是灾区民众逃避自然灾害的本能行为，救生是灾区救援者救助灾民逃生的主动行为。在两者的行为中，应根据不同的自然灾害类型和强度采取不同特征的行动。这也是一种特殊情况下的社会行为，是不同于日常生活中的社会行为的特殊的灾后社会行为。以下仅以地震灾害发生后灾民和救援者应遵循的基本行为准则为例。

有人提出过发生地震和震后初期灾民逃避的十项守则，这可为地震时人类行动的基本准则，见表3-1。

表3-1 发生地震和震后初期灾民逃避的十项守则

| |
|---|
| 1. 保护自身和家人的生命安全。地震时的剧烈摇动约1分钟。应躲在结实的桌、台、凳子下面藏身，保护头部。 |
| 2. 发生地震时应立即关闭火源。如果起火应马上灭火。关闭火源能防止灾害扩大。应养成习惯，即使是小地震也要立刻关闭火源。 |
| 3. 不要慌乱地跑到室外。胡乱地跑到室外非常危险。认真确认周围情况以后，再从容行动。 |
| 4. 打开门以确保出口。混凝土建的公寓等，有时会因为地震的摇动而使房门歪斜而打不开。 |
| 5. 在室外时应保护头部，躲开危险的物体。在室外遇到地震时，应注意围墙倒塌，窗户玻璃或招牌等落下。 |
| 6. 在百货店、剧场等地应按照工作人员指示采取冷静行动。 |
| 7. 汽车靠左停车，在管制区域内禁止行车。 |
| 8. 注意山崩、崖塌、海啸。 |
| 9. 应徒步避难，携带品控制在最小程度。 |
| 10. 不要相信流言，按正确信息行动。 |

而在救援过程中，最早展开的是自救阶段，一位唐山地震的幸存者也提出了初期救援和自救阶段的实用手段，这也是灾后救援者应遵循的一系列行为准则，见表3—2。

表3—2　地震灾后救援者应遵循的行为准则①

| 地震灾后救助者应遵循的行为准则 |
| --- |
| 第一，救援队工具配备一定要合理。战士只带了简单的锹镐工具很不合理，会给救援工作带来很大困难。要合理配带多种简单机械，尤其是千斤顶、倒链、滑轮、大力钳等。千斤顶可以顶起楼板，而且力量均匀，没有回劲，既可以节省人力，又可以使压在楼板下的人免受二次挤压，还可以防止楼体进一步垮塌，压伤下面人员；千斤顶还可以将挡路巨石移开，快速打通道路；倒链可以一端固定，吊起或拉动楼板，一个倒链运用得好可以胜过百人；滑轮可以改变力的方向，还可以省力，大力钳是断钢筋铁丝的应手工具。要收集简单机械给抢险队配备（千斤顶在机动车上一般都有），在大型吊车等现代化工具无法开进的情况下更加重要，会使抢险工作效率更高。 |
| 第二，疏通排水通道，以免积水灌入地震废墟，给废墟下的生命造成威胁。唐山大地震时，很多压在低洼地带的人都是被积水呛死的。 |
| 第三，用人力打通救灾通道。救灾通道被堵死，不能坐等专业修路队，要多派人手，利用现有的交通工具和简单机械打通道路：千斤顶完全可以将巨石移开，卡车也可以用推和拉的方法移开障碍。 |
| 第四，采取多种方法，搜寻地震废墟下的生命迹象。在先进科学仪器无法运达或无法使用的情况下，可以用铁皮等物品围成大喇叭形，小口放在耳朵上，大口对准废墟，这样可以将废墟下微弱的求救声放大几十倍，对寻找生命会很有效（尤其夜间效果会更好）。 |
| 第五，建议灾民勿大规模外撤，这样只会使灾区人心浮动、心理崩溃、人手更缺、道路更挤、灾上添乱。地震不比洪水和战争等灾害，灾民可以就地安置获得安全。一方面人们被埋在废墟下等待救援，外面救援人员无法进入，另一方面却有很多灾民（尤其是青壮年）外撤，很多灾民占用部队冲锋舟往外跑，很不合理。建议让灾民就地安置，展开自救，给废墟下的生命增加抢救力度，给伤员让开外运通道。 |
| 第六，充分利用灾区现有的人力、物力和自然资源，组织灾区民众充分自救。可以把幸存者就地组织成救灾队，也可以组织轻灾区救援队赶赴重灾区，可以带领群众挖野菜补充粮食不足，采草药解决药品短缺。形成青壮年抢救废墟下生命，老人给救灾队出主意、做饭的局面。这对救援人员无法及时赶到的情况下更是必要。 |

① 何志宁：lili5688，上传于2008年5月16日，下载于2010年5月4日。

（续表）

| 地震灾后救助者应遵循的行为准则 |
| --- |
| 第七，印制大量慰问宣传材料，给灾民送去国内外民众的关怀、增添抗震救灾的信心、平息灾民恐慌浮躁的心理、增强灾民战胜灾害的勇气、增加防灾、减灾的知识……尤其在通讯中断的情况下，更是重要。 |
| 第八，开办广泛收集抗震救灾建议的专门网站，收集大量好的建言建议，集广大民众的智慧来解决抗震救灾的种种难题。 |

以上的特殊社会行为看似简单，但在灾后复杂、混乱、危急的社会环境和心理条件下是否能有效进行，既是期待，也是疑问。

自然灾害的灾后即时处置首先是对灾区生命的抢救。为此，笔者先对影响伤亡大小的灾难发生的时间因素进行分析。

1923年关东大地震发生在做午饭的时间，引发了城市火灾。1976年唐山地震发生在凌晨人们还在熟睡的时候。2008年汶川地震发生在有午睡习惯的中国城乡。2011年的玉树地震发生在西部边民仍在清晨梦乡中时。这些地震无一例外地都造成了惨重的伤亡。

但新西兰2010年9月的强震创造了零死亡的奇迹。这次地震虽然发生在凌晨4点，但正值周末，大多数人在城郊较低矮结实的住宅度周末，震害较大的城市中心地区很少有人。地震发生时大部分居民都在自己在乡村的家中，当地居民住宅普遍以低矮、轻型木结构为主，低矮建筑让人们震时能迅速逃生。而2011年2月的第二次地震是在中午12时51分，正值工作时间，城市中心地区人数较多。地震发生时大部分人都在城区较高的办公楼内上班，人们迅速逃生难度增大。此次地震造成146人遇难。

2004年"印度洋大海啸摧毁的区域正是一些旅游胜地、集市、渔村等人口密集地，幸亏海啸发生在早晨，大多数游客、商贩等还未来到海滩上而幸免于难，否则伤亡人数还会大大增加"[①]。

因此，自然灾害发生时间与人们生活作息时间的关系差是影响伤亡人数的重要因素之一。笔者认为，地震引发的的伤亡与发生地震的时间相关，有三个不同的时间段对应相应的伤亡比重。

第一，在地震发生时，晚上22点到早上7点之间是伤亡的高峰期。原因是：人类处于毫无警惕和防备的深睡眠时间，对外界和自然界的变化毫无感应。如唐

---

① 平凡：从印度洋大海啸谈起，《民防苑》，2005年第2期。

山地震发生在凌晨 3 点 42 分，玉树地震发生在北京时间的 7 点 49 分（地址西北的玉树还有一定的时差）。

第二，早上 8 点到下午 17 点之间的伤亡也较高。原因是：大部分的人们正在室内，包括在高层建筑物内工作或学习，是精神特别专注的时段，而不会过多关注自然界的变化。如 2011 年的新西兰地震发生在中午 12 点过后，且大部分人在高层的楼房工作和学习，造成的伤亡较大。而 2008 年 5 月的汶川地震发生在中午 2 点 28 分，在中国、亚洲和南欧一些国家，还是午睡的时间。

第三，但 18 点到 21 点和周末休假的两天中，伤亡人数相对较低。原因是：工作后的人们处于放松和相对较为关注自我和周围环境变化的时段。如 2010 年 9 月的新西兰地震就发生在周末。且大部分人在郊外低矮的住宅休闲，造成的伤亡极小。

从自然灾害发生地的自然地理特征和人工环境特征看，不同类型的自然灾害发生在具有不同自然地理特征和人工环境特征的区域，其所产生的灾难损失后果也是不一样的。如发生在人口密集的大中型城市的直下型大地震所造成的人员和经济损失一般要大于发生在乡村自然环境和人工环境的地震。发生在海洋或小海岛上的地震损失值有时几乎为零。

因此，在自然灾害发生时，可以通过自然灾害的类型、强度、广度、时间和持续度以及发生地的自然环境及人工环境，初步预估和测算灾害可能造成的人员和经济损失。

从宏观上看，必须对自然灾害发生地的自然地理环境及其可能引发的次生和衍生灾害进行调研和评估，为救灾赈灾工作提供预期准备。

要对灾区的人口结构、人文社会环境、经济结构等作出迅速研判，为开展救灾赈灾工作提供信息参考。救灾赈灾行动是对特定灾区中特定人群所实施的紧急救助行为，必须对救灾对象的基本情况有所了解。在人口结构方面包括种族民族、年龄结构、性别比例、家庭结构和人口流动（如是否有外地游客和外来经商人员，外出务工者情况等）等相关要素。人文社会环境包括语言、宗教、民俗、政治结构、意识形态、生活方式等社会文化特征。经济结构包括是否有主干产业、产业链是什么、产业在灾区的区位分布、生产结构中的就业结构以及能源、交通、通讯等基础设施的相关情况。

从微观角度看，灾后即时处置的最紧迫任务是对人员的救助。在当今，这已是一个关系到家庭完整、社会延续乃至政治稳定的社会性任务。一个人在灾难中瞬间死亡或伤残，意味着他对一个或一个以上的相关家庭的责任和义务的终结，其原有的在感情依托、亲情抚养、经济支持和传宗接代等方面的个人社会价值功能意义非正常性地迅速消失。这些缺失，意味着一个或一个以上的相关家庭结构的永远缺失，这种因肉体消亡或残疾而造成的家庭在情感和经济上的缺失是任何社会福利救助都无法完全弥补的。我们经常会看到，家庭成员会用至亲的死者"出远门了"、"出差了"或"出国了"等长期性的理由来回避孩子们天真的疑问："妈妈哪去了？""爸爸哪去了？""弟弟哪去了？"或搪塞老人们的牵挂。或找到其他替代的办法。作为一个社会性的人，其消失也是对公共集体社会功能或大或小的损失。一个在职者在灾难中的突发死亡或伤残，会依据其工作的岗位、性质、经验、能力和资质等对其所在工作部门造成不同程度和不同时间长短的影响，尤其是其工作在一定时期内无人可替代的情况下，凸显其社会功能。因此，在自然灾害中，在职的死者和伤者的社会价值是随着其受教育程度、工作岗位的位置、工作技术的难易度、工作的不可替代度、工作经验的积累、工作能力和职业品德等个人资本要素的增加而提升的。在灾后，应尽可能地减少人员损失所带来的智力损失、经验损失和能力损失，就是竭力减少社会功能结构损失的过程。必须有这样的社会功能意识。

但自然出现了一个问题，在灾后即时处置阶段，救人时哪些人优先的困扰。就像在社会政策学里所遇到的救助对象优先选择的问题一样，可能会有两种矛盾性的分歧：在救援资源有限、72小时黄金救援时间限制的情况下，是先救有价值的人，还是一视同仁地施救？先救有社会价值的人，是在救援资源有限，求救人数众多的困境下的被迫选择：诺亚方舟太小，只能把人类中的精英和动植物中的良种保护起来；地下核地堡只能卖给社会中的"财富精英"们；等等。一视同仁地施救，同样是在救援资源有限、时间紧迫的情况下的一种价值选择。这意味着，在救灾时，无论城市乡村、无论种族宗教、无论性别年龄、无论职业地位、无论国人外人、无论敌人友人，在救灾优先权面前人人平等，机会均等。但这种理想化的救援价值无涉论，在实际的救灾工作中，是不易操作的。

这就进一步出现了一个选择性问题：对自然灾害中的各种社会弱势群体施救时的价值判断。这些社会弱势群体在自然灾害中的弱势性更显突出，其社会价值和社会地位也因各自的特点而难以用统一的社会标准进行衡量。他们包括：儿童、少年、孤儿、鳏寡老人、独居老人、妇女（包括孕妇）、术后病人、卧床病人、瘫痪者、残疾人、精神病人、服刑人员、流浪乞讨者、外国人等。这些弱势群体，在生理、心理和文化上都或有负担，或有残缺，或未成熟，对灾害的危险茫然不知，缺乏规避的意识；要么行动不便，难以自行逃避灾难；要么意识缺失，不能感知灾害；要么身陷囹圄，不能自由摆脱灾难；要么对灾情或发生灾害的所在国国情知之甚少，被主流社会忽略从而在灾难中不知所措，等等。总之，他们对自然灾害的应对承受力极为脆弱，需要家人、社会和政府的帮助。在中国、日本这样的老龄社会，独居老人增多、空巢老人增多、子女社会流动性大的情况下，对自然灾害中无助的老年人的保护日益重要。

在灾后面临的要即时处置的另一个社会问题是在一定地域空间上短时间内全地域、全天候和全时日的大规模人口流动。灾后人口流动包括六类：救援人员进入灾区，灾民的避险逃亡，伤病员的转运、寻亲人员、死者遗体的处置和失踪者。救援人员的进入方式可能是有目的、有秩序和规模限制的，如救援专业队伍、救灾部队、医疗群体、警察团队和消防力量等。但基本上呈反向流动的幸存灾民逃亡群体虽目标明确——逃往安全、可生存的地带，但规模和流向不可控，往往是周边未被灾害殃及的区域，他们会在短时间里在一定的地域空间上形成较高密度的聚集，如在高地、空旷地和有救援物资的地方。伤病员们主要被迅速地集中到救护站和医院，也可能因伤势和病情被再次分流。寻亲者是这些流动人群中最为焦虑无助的，他们在不能确认灾区中亲友的位置时，其流动具有盲目性，一旦定位成功，则会出现果决而不可逆转的流动，直至寻找到亲友。死者遗体的处置也是一种人体或死亡人口的流动，仍带有社会属性和血缘归依的死者的流动，他们一般会被集中在空地、医院太平间和火葬场入殓房等处，甚至在万人坑边或集体火葬场上，进行 DNA 取样鉴定和等待亲人最后的送别。而失踪者则是一种无人知晓其行踪却最让人揪心的隐性人口存在或人口流动形态。此外，流浪孤儿也是最为脆弱的流动群体。

而这所有六种的灾后人口流动，都意味着骨肉亲情或社会关系的短暂、长期或永久的割断和分离，社会网络和社会关系因此变得支离破碎。在一定程度上，每个人的社会网络会在一定程度和时段上被瓦解，变成孤独的个体。如任何一个与亲友失去联系的伤病员、独自逃难的人、废墟中受困的人、失去消息的失踪者、无人认领的尸体等都是孤独的、暂无个人社会关系的个体。在这一刻，集体性的社会实体下的职业群体会代替个人社会关系对他们施加救援并建立临时性的社会关系，如救助他们的医护人员、协助寻亲的警察、学校教师、搜寻失踪者的消防队员、救援者、法医、入殓师等。在这里，个人的社会关系被以国家和社会为基础的职业功能体系和社会网络所覆盖和支持，即便是临时性的、替代性的和非情感性的。

在灾后的即时处置中，一个关键性的问题是社会稳定的维持。社会组织、社会设施、社会秩序和社会道德是维持社会稳定的四大基本要素体系，是社会体系完整性和合法性的组成部分。而自然灾害则会在短时间内造成这四个体系的部分或全部瓦解。

社会组织指从国家到地方的政府管理机构等正式的社会管理组织，包括政府各部门及其管理者们。在自然灾害发生后，因政府管理者伤亡、不到位、畏惧逃逸、沟通不畅和政府部门设施损毁等原因，会造成管理功能的缺失和丧失。在突发的巨大自然灾害面前，一个缺乏领导和管理的国家社稷，无论在民主国家还是集权国家，无论在公民社会还是在威权社会，都难以以自身的固有特征或自主能力去进行持续性的自我管理。

社会设施指公共服务设施和民用基础设施等。自然灾害可以对这些设施造成去功能化的破坏，引发社会生活运转的失灵。当供水供电中断、电话网络遮断、地铁高铁停运、银行自动取款机失灵、路政设施不畅、医疗设施损毁等常用急用的公共服务设施和民用基础设施在灾后全部或部分地失去使用功能后，同样会引发社会的混乱和民众的不便、不满甚至恐慌。而且，这些设施也是灾后救灾、赈灾和灾后重建三大环节所必要的物质基础和技术支持。

社会秩序指维护社会运行规则和社会理性行为的各种法规及其执行机构和人力资源。诚如法律规则、司法人员和执法人员在巨灾发生后，可能因其暂时的缺位和缺失而引发法律和秩序真空，从而诱发各种社会越轨和犯罪行为；或在越轨和犯罪行为发生时没有足够的司法执法力量予以阻止和遏制。

社会道德指公民正确的社会行为的心理内化，是自我社会人格和社会行为的自律。社会道德涵盖了人与人、人与社会、人与自然之间的人文伦理关系。在现代社会，公共生活领域不断扩大，社会道德具有维护公众利益和公共秩序、保持社会稳定的作用。但自然灾害发生后，生存基础的坍塌、社会结构的瓦解、社会秩序的解体，会激活人类社会中一些个体和社会群体内心深处的本能甚至兽性。在他律体系即社会控制力量如警察、法律、制裁等因灾缺失后，为了灾后的生存和欲望满足，会使一些人人类两面性中兽性的一面暴露无遗，从而导致社会越轨行为和犯罪行为。

因此，在灾后必须迅速地研判维护社会稳定的四个体系的实际状况，采取行动。即对这四个体系缺失、缺位、缺损的部分进行尽可能快的重建和重构，为此，应采取各种类型的非常态措施，以暂时替代或弥补以上缺失、缺位、缺损的四个体系，迅速有效地恢复灾区社会稳定。这些非常态措施包括：上级领导视察，实施紧急状态，各种时段的宵禁，调拨紧急物资，支付紧急拨款，建立临时法庭、社区安民宣传等。灾民们具体看到的会是临时救灾赈灾指挥部建立、军队警察执勤、紧急分发救灾物资、抢修基础设施、街头宣传鼓动和临时安置点设置等既有实际效果、又有符号意义的公共安全和公共服务行动。这些制度、设施、人员和行动，都是灾区社会稳定恢复和维持的必要手段。

灾后需要即时处置的公共服务还有赈灾救灾物资的发放。在经济社会落后的地区如农村和偏远地区，主要是满足基本生活的物资资料的发放，因为这些地区在常态下就缺乏生活用品，这些落后的地区乃至国家甚至需要外援来满足需求。在经济社会发达地区如城市社区，主要是临时性的部分特殊生活急需品的满足，包括婴儿奶粉、尿不湿、老人药品等。

## 第二节　自然灾害的灾后短期处置

这一阶段的首要工作是灾后废墟处理。灾后废墟可以归纳为 6 大类：
* 房屋建筑废墟：如倒塌或焚毁的房屋。
* 城市基础设施废墟：如坍塌的医院和车站。
* 工业生产设施废墟：如倒塌的厂房。
* 生活用品废墟：如居民使用的被损毁的汽车、家具和电器。
* 交通运输系统废墟：如垮塌的桥梁和高架路。
* 来自其他人工环境的废墟。

这些废墟的构成特点是：巨大的数量和规模、参杂混合的组成、覆盖面积的广阔和去功能化的存在。

在救灾进程中，就死亡人数而言，有三类数字：可统计确认的死亡人数，受伤后可能死亡的人数，以及难有生还希望的失踪者。三类数字中以第三类数字最复杂，最具争议性。而这些名曰失踪实则大多已经死亡的人员的遗体往往就被掩埋、夹杂、粉碎或熔化在上述的废墟里，使得这些废墟具有生命和灵魂的意义。

同时，废墟中还有大量的灾民财物，包括很多具有家庭和个人纪念意义和情感寄托的物品如照片、画册、礼物、DVD 和电脑内存卡等。这使废墟具有了人文意义和社会属性。

为指导地震灾区依法、有序、快速清理废墟，对废物进行环境无害化处理，给灾害废墟管理提供更多的参考，中国环境保护部污染防治司编写了《灾害废墟管理——各国灾害废墟管理指南与实践》。汇集了国际组织及世界主要发达国家灾害废墟管理的规划、经验、管理法规和制度。同时也编入了中国环境保护部在四川汶川地震灾害发生后发布的灾后废墟清理及废物管理指南。[①]

　　灾后重建人工环境的首个问题是废墟处理问题，尤其是在进行原地重建时。废墟中的可用物品还存在物权问题。而可清除的废墟面临的最具体和最大的问题是废墟如何处置。

　　废墟的处置在灾后重建的初期阶段具有特殊的社会意义。对废墟的清理和消除，通过对周边视觉环境的正常化，可以帮助灾民逐步淡忘自然灾害的社会心理阴影，以恢复到灾前状态。在重建中，该项工作是为灾后城镇乡村空间的再生产提供必要的使用空间保障。废墟和杂物无序地占用着原来有各种功能性使用价值的空间，成为成片的没有任何经济、社会和文化价值的"失用地"，[②]灾后因大量有价值的地理空间的损毁消失，使得用地空间的需求更高。因此，灾后废墟清理工作是将原来因灾异化和失用化了的土地使用价值和使用潜力重新整顿挖掘的过程。在清理废墟的过程中，可以利用当地灾民实施这项劳动力密集型的工作，这既符合灾民的经济利益，也减少无业游民的数量，是灾后最初级、最便捷、最有效的劳动就业形式。灾后废墟是自然灾害对人类正常生活和文明社会破坏的最显性的符号性标志，对其处置只有两种途径：彻底清除和保留遗址。彻底清除是对灾害之于人的个体记忆和历史记忆的彻底清除；而保留遗址是对灾害之于人的集体记忆和历史回顾的彻底保留。两者的作用暨截然相反，又相互联系。

　　由于短期内灾区自身生产经营和商业供给功能的部分缺失，包括基本生活资料和生活用品在内的资源缺乏，需要外界的特殊供应来维持，这就是赈灾中的救灾物资供给。这些供给主要是为满足人类的基本生存需求：吃喝住宿和健康保障。物资包括方便食品、清洁饮水、帐篷被褥、药品器材等。这些赈灾物资属于只有使用价值而没有商品价值的公共物品，其投放应是不计成本的按需分配。这样的福利性的公共物品只能通过政府的集体供给和社会的慈善捐赠获取。但由于公共物品的非排他性和非竞争性，使得在发放时灾民因生存欲望的刺激而发生各种规模的群体性哄抢和掠夺——每位灾民都认为这是自己应得的一份，而且可以没有数量上限，因为没有人知道灾后的物质紧缺问题会有多严重、持续多久。引发这样的行为也是赈灾物资本身的公共物品属性特征所决定的。

　　同样是由于赈灾物资的公共物品属性，这些公物的持有者——代表社会和公

① 环境保护部污染防治司，巴塞尔公约亚太地区协调中心编：《灾害废墟管理——各国灾害废墟管理指南与实践》，北京：化学工业出版社，2009 年。
② 何志宁："城市失用地"的概念、类型及其社会阻隔效应，《南京社会科学》，2013 年第 4 期。

众发放它们的管理者们自然就出现了赈灾物资所有权和使用权的误区：管理者会误判所有权和使用权都属于全体灾民和最急需者这一基本原则。由于无论来自政府还是捐助的赈灾物品都不属于私人所有，从而在一旦落入临时管理者手中时就缺乏了外界对其所有权和使用权的监管监督。在此条件下，面对庞大的、无监管的、但具有使用价值甚至商业价值、投资价值的赈灾物资，临时管理者们就有将其私有化和私用化的可能，如对公共赈灾物资贪污囤积、少发不发、倒卖变卖等，将公共物品变为私人牟利的商品。在这里，介于上级赈灾机构、捐赠者和灾民之间的灾区地方政府乃至个别管理者的伦理道德和行为准则，最终决定了赈灾物资的发放形式、发放数量甚至是否发放。而其道德和行为，如上所述，往往是缺乏监管监督的，因为他们本身担任着行为执行者和监管者的双重功能身份。分发赈灾物资中的监守自盗犯罪就不足为怪了。这也因此使捐赠者和公众社会对赈灾物资是否能公平透明地发放到最需要的灾民手中存在质疑，以至捐赠组织和个人不通过政府组织如红十字会、地方政府等中间环节，而要求直接将赈灾物资和赈灾款发放到灾民手中。

## 第三节 自然灾害的灾后中期处置

灾后军人的抵达、救灾物资的发放和"地摊市场"、"帐篷市场"、"帐篷小学"、"帐篷医院"的出现，都是救灾、赈灾和灾后重建这一中期处置阶段显著和重要的社会象征符号。灾后积极正面的社会象征性符号有着巨大的社会心理作用。灾后，在正常秩序被毁，社会经济瓦解，生存面临挑战，灾民无望无助，社会秩序混乱，社会心理恐慌等灾后"综合症"作用下。首先要做的是社会人心的稳定。在政治、经济、军事等场域投入救灾很重要，灾民也需要看到希望的重现，这就召唤显性的社会象征性符号的出现。

救灾阶段有以下层次的社会象征性符号：

* 救灾直升机的出现，这是突破灾害封锁建立对外联系和科技能力的表现；

* 着制服的救援军队、消防队的出现，这是制度、秩序有效恢复的标志；

* 领导人的在场和发表具象征意义的讲话，这是国家组织存在和"守夜人"在场的象征；

* 医院建立和运作，这是安全和生命拯救的象征；

* 死者遗体被妥善处理，这是对死者家属最基本的心理抚慰；

* 食品、饮水的出现，这是生存和维持的可靠指标；

\* 纯符号化的如国徽、军徽、党徽、红十字标志、红新月标志、十字架、法事等，这些是意志的表现，是相关社会组织存在的表征。

赈灾阶段有以下层次的社会象征性符号：

\* 废墟的清理，大型工程车辆的出现；

\* 安置点的建立和第一批安置用品的出现；

\* 灾民分到第一笔救助款项；

\* 基本交通恢复正常，灾民出行便利；

\* 住进安置房或回归自家原住房；

\* 临时性公共基础设施的建立；

\* 通水、通电、通邮、通话、通网络等；

\* 中小学重新开学；

\* 救灾队伍撤离。

重建阶段有以下层次的社会象征性符号：

\* 灾区重建规划的公示；

\* 灾区工厂企业恢复生产、重新招工；

\* 更多服务设施的重建和服务部门的正常运行；

\* 商业市场和消费娱乐设施恢复经营；

\* 学校完全恢复正常教学工作；

\* 社区社会组织如居委会、物业公司等重新恢复运作；

\* 工资收入恢复到灾前水平；

\* 住进有产权证的永久性住房。

其中，政府在政策和资金上采取措施扶持灾区商业活动的主要目的是通过市场调控和利益引导，促进灾区日用必需品的供给恢复，使灾民可以尽快回归灾前的生活状态和生活质量，创造创业机会和就业岗位，防止灾后流民和财产犯罪行为的发生，为稳定灾区社会秩序和建立灾后重建环境打下物质基础。是以国家资本的投入刺激市场经济的发展，用凯恩斯主义推动灾后自由市场经济的恢复和再发展。因此，每次自然灾害过后，计划经济、国家干预、凯恩斯主义总是在灾后重建的初期起着最主导和积极的作用。其财政干预的参与者有三类：国家财政拨款和津贴、国际金融组织如世界银行、欧洲银行、亚洲银行等世界和地区金融组织的捐助性融资；社会各界的捐赠和慈善投入。这在一段时间内会刺激灾区经济社会的重建，但其投入的效果，最终取决于灾区对援助的承受能力和发挥能力，取决于区内的发展潜力和发展内驱力。

中国在指导灾后重建时遵循着四个原则，而这四个原则都可以从社会学的角度加以诠释。四个原则及其社会学诠释是：

第一、尊重民族习惯，鼓励自救和自力更生，采取分散与集中安置原则。①

首先，中国 2008 年和 2010 年的两次大地震都发生在少数民族聚居区，以汉人文化为主体的救灾制度和救灾行动必须尊重和顺应灾区的民族文化和宗教特点。虽然在大灾面前，民族矛盾和宗教冲突成为次要矛盾，但若处理不当会在灾区社会解组的环境下引发更大的动乱。作为外来强势的救灾体系一般代表了一种主流优势文化，但面对灾区的非主流的区域文化，也只是暂时介入当地的外来亚文化，必须尊重和顺应当地的相对强势的占主导地位的少数民族主流文化。这样的文化尊重同样表现在国际势力对灾区的救援工作中，如日本救援队在汶川灾区面对被挖出的中国遇难者的遗体默哀悼念，在中日关系紧张时期赢得了中国人民的赞扬。

其次，分散与集中的安置原则似乎成为每次救灾的固定和有效的安置模式。分散安置的好处是：灾难发生后，会出现两个相向矛盾的要素，一是由于日常必要的基础设施被损毁、住房被破环、服务体系崩溃、食品和饮用水短缺、医疗卫生系统和社会控制系统的缺失，从而造成社区功能的大量丧失，使"社区消失"，成为不宜人居的地区；但另一方面，却是人群更大的积聚，这样的人群集聚由三股人口流动源构成，一是大量原住灾民，他们因失去住房和基本服务保障以及对遇难受伤亲人暨家园的眷恋而留在受灾地域，集中在一些特殊的区位，如城市广场、体育场、学校、医院等；二是相当数量的亲属会从外地赶往受灾地域寻找、救助和探望灾区中的亲人；三是迅速密集赶至的各地救援人员。因此，在这样的矛盾冲突下，需要对部分灾民进行必要的和迅速的疏散，进行分散安置，否则会造成灾区资源更加紧缺。在汶川救灾和玉树救灾中，对前往灾区的志愿者进行限制和甄选也是源于这一问题。

而集中则是分散后的结果。集中安置有以下好处：一是便于对灾民进行集中管理和服务，形成新的临时社区；二是使有限的救灾物资和基础设施集中使用，发挥最大的社会效益；三是可间接彰显国家和社会的运作功能，凸显政府对灾后局势的掌控能力，有助于灾民恢复重建的信心和期望。

在分散与集中的过程中，有两个不同的基本流动路径，一个是从灾区向外的

---

① 民政部：受灾群众得到妥善安置，救灾物资发放规范有序，http：//jzs.mca.gov.cn/article/zhjz/gzdt/201004/20100400072453.shtml，上传于 2010 年 4 月 22 日，下载于 2010 年 5 月 26 日。

流动，主要是死者、伤病员和需要疏散的灾民，另一个就是进入灾区的救援人员、亲属、技术装备和物资。

第二、科学规划安置点，尽快实行社区化管理。[1]

实行社区化管理就是重新建立功能健全的社区，使灾区逐步融入到整体社会的运行中。重灾区会出现局部的管理真空、社会失控和各种社会功能的缺失，从而成为隔绝于整体国家社会的一个"塌陷地"，若不及时"填补"，这样的塌陷效应会蔓延到其他受灾较轻的地区乃至灾区以外地域，会造成不可预测的社会后果。因此，重建社区并首先在灾区的新安置点重建社区功能体系极为重要。

第三、尽快恢复生活常态。尤其是与人民生活密切相关的一些市场供应要尽快恢复正常。[2]

这是社区功能重建中基于灾区的社会特点最基本的一环。市场供应的恢复可以起到保障供需平衡和安定社会的重要作用，也是社会政策和社会福利的一个重要议题

第四、维护安置点的秩序和安全，主要是做好防灾、防火以及社会治安等工作。[3]

灾后集中建立的新安置点是人口差异性、流动性很大的新社区，各种社会阶层、各种文化和宗教信仰的人会"被迫"迁移集中于安置点，相对狭窄的空间、短缺的资源和密集的异质人群以及人群在灾后所具有的特殊负面心理与人格特征如攻击性、末日心态、犯罪意识乃至精神分裂等都会诱发各种越轨行为和社会犯罪。因此，安置点的秩序和安全保障乃至外在的他律制度是整合各种亚文化和异质人口的要件。

---

[1] 民政部：受灾群众得到妥善安置，救灾物资发放规范有序，http://jzs.mca.gov.cn/article/zhjz/gzdt/201004/20100400072453.shtml，上传于 2010 年 4 月 22 日，下载于 2010 年 5 月 26 日。

[2] 民政部：受灾群众得到妥善安置，救灾物资发放规范有序，http://jzs.mca.gov.cn/article/zhjz/gzdt/201004/20100400072453.shtml，上传于 2010 年 4 月 22 日，下载于 2010 年 5 月 26 日。

[3] 民政部：受灾群众得到妥善安置，救灾物资发放规范有序，http://jzs.mca.gov.cn/article/zhjz/gzdt/201004/20100400072453.shtml，上传于 2010 年 4 月 22 日，下载于 2010 年 5 月 26 日。

## 第四节 自然灾害的灾后长期处置

自然灾害的灾后长期处置主要解决的问题是三个方面：灾民的居住、就业和灾区的再发展。为此，笔者根据汶川灾后重建的经验性研究，提出了长期处置中的初级、中级和高级的三方案、六阶段解决模式。

**初级解决方案**

为解决灾区灾民早期的居住问题，安置点可采用可移动的钢板地基，而不铺设水泥地。或在每个帐篷下架起钢板、泡沫板或直接建设高脚架板房；或铺设日后可以清理的碎石地面。参见美军在阿富汗巴格拉姆空军基地的做法，如图3－4。

**图 3－4 美军巴格拉姆空军基地**

来源：百度网：美国巴格拉姆空军基地 http://www.zglqbj.com/bbs/viewthread.php? tid=10916，上传于 2010 年 7 月 11 日，下载于 2010 年 10 月 16 日

这样的临时性铺设达到六个效果：使用钢板成本不高（可回收循环使用）；便于快速铺设铆接；便于日后拆除退还为耕地、林地，恢复原生态，以保护生态环境；可以使支援灾民安置的原住民和失地农民日后重新获得土地使用权和使用价值；便于雨水的渗透，防止安置点内涝和补充地下水；钢板比水泥更能抵抗潮湿和地气对安置点内居民健康的负面影响。这种环保、经济和廉价的方案也有利于灾区以后的长期重建。

**中级解决方案**

建设可移动安置点的位置在考虑灾民安全便利的同时，要考虑到社区的长期发展，考虑到灾后住宅和城镇基础设施的重建时间需要一到三年。因此，必须在安置点设立适合大规模人口聚居、适应异质性人口结构（灾后的安置点因条件所限会集聚着来自不同社区和地域的不同性别、年龄、受教育程度和不同社会阶层、生活方式、文化特征和民族宗教传统的人群）和追求基本生活质量的社会服务设施，以满足灾后基础设施功能缺失后的巨大功能需要。建议就近在安置点附近建设永久性的住房和新城镇。或采取片段分批建设的办法，在拆除了钢板地面的安置点上就地建设永久性住房和城镇。

**高级解决方案**

应在建设永久性住房和城镇后或同时，对可帮助恢复灾区经济、创造就业和提高社会生活质量及稳定政局的经济类型尤其是社会型企业的投入予以支持，即建设新的经济产业体系，形成一定规模的产业集聚效应，恢复企业生产甚至实现产业转型。新的行业企业应靠近新居民点，遵循《雅典宪章》和《马丘比丘宣言》中关于城市建设的基本原则，促进商业盈利与社会效益相结合，有利于长期驻扎形成产业链和产业集群。这样才能使灾区摆脱灾难造成的经济社会损失，使灾区的零价值区和负增长区成为可持续的正增长区，建设宜居易业的新城市。

根据以上初、中、高级三阶段的解决方案，结合居住、再就业和城镇建设既社区发展三个基本要素，笔者设计了以下的灾区重建模式。

该模式的意义在于：提供一种较为实用、有效和可行的灾后重建——就业——城镇化路径作为灾后重建的参考。以下表概括这一重建模式，并认为在以后的自然灾害中，可以因地制宜地部分运用这种低成本、高效益的灾区重建模式，见表3－3。

表3－3　灾区重建、就业与新城镇建设模式（对中国中西部发展的普遍意义）

| 阶段 | 具体任务 | 现实意义 | 对中国中西部发展的普遍意义 |
|---|---|---|---|
| 第一阶段 | 调查在安置点的灾民是否愿意在就近地区长期定居。 | * 确定安置点灾民的长期居住意愿 | 了解中西部农民的乡土情节和土地情节。 |
| 第二阶段 | 如愿意，当地灾民可在安置点附近就近建设自己的永久居民点。灾民本身是自己住房的建造者。 | * 灾民自建房可保证灾民住房的质量<br>* 在灾区就地创造就业岗位<br>* 使灾民在建房劳动中提高工业技能<br>* 初始个人的城市社会化进程 | * 为在西部健全建立功能集约化的新中小城镇积累社会资本和人力资本<br>* 创造大量低端就业岗位 |

（续表）

| 阶段 | 具体任务 | 现实意义 | 对中国中西部发展的普遍意义 |
|---|---|---|---|
| 第三阶段 | 在永久居民点附近建设企业、基础设施或工业园区。 | * 灾民进工厂和其他基础设施当职工<br>* 使灾民在建厂劳动中继续提高技能<br>* 初始个人的就业技能和对现代工业生产方式的适应 | * 进行职业培训和就业准备<br>* 为成为工人和现代人再社会化<br>* 构建第二产业产业链<br>* 借此继续创造就业岗位 |
| 第四阶段 | 灾民在自己建好的工厂、基础设施或工业园里就近直接就业，新小城镇同时建设。 | * 实现长期本地就业<br>* 创造第二产业、第三产业的就业岗位<br>* 新产业集群建立 | * 实现由农民到工人的转变<br>* 实现中西部人口本地就业<br>* 构建第三产业体系 |
| 第五阶段 | 新建小城镇继续吸纳外来人口，包括返乡农民工和周边人口。人口规模和就业人口形成，继续刺激促进第三产业的发展。 | * 第三产业的发展促使新小城镇的发展和功能完善<br>* 创造高端第三产业的就业岗位<br>* 人口规模形成、消费市场形成 | * 产业体系形成<br>* 小城镇的发展成为可能<br>* 吸纳更多的就业人口 |
| 第六阶段 | 为灾民和返乡农民工的自主创业提供有利的经济社会环境（这些有利的经济社会环境是：小城镇里消费群体和消费能力的形成、基础设施的健全、城镇内市场的形成等），大学等教科文机构开始建立。 | * 吸纳灾民、返乡民工和周边农村人口<br>* 得以上缴的税收可推进市政建设<br>* 提高小城镇的城市化标准和水平<br>* 提高区域文化科学和教育水平 | * 实现中西部的内需市场建设<br>* 推动中西部小城镇体系建设<br>* 城市社会功能体系达到与发达地区同等水平 |

　　笔者概括这一模式的路径：

　　灾区（山区）→安置点（平原）→安置点附近建居民点→居民点附近建工业区→新城镇形成

　　在上表中，笔者提出的模式可以适用于其他灾后重建项目。

　　这一方案实际上有三个主要阶段。

第一阶段：在安置灾民的安置点上和安置点旁边建设新的长期居民点和生活基础设施，建设施工者就是灾民自身。

这一阶段，可以使灾民免去因灾难离乡背井、外出打工的困扰，灾民作为建筑工人就地得到就业安置。这一阶段也是农村地区灾民从农民向工人和城市人过渡的初期阶段，学会了集体劳动、工作纪律、基本的工业职业技术并积累初始的现代劳动经验和城市生活经验。

此后，灾民离开板房入住永久性居民点，这是灾民入住到自己的长期定居点，再次防止了灾民的大量无序外迁。

第二阶段：在长期定居点附近开始建设工业园区或工厂及第三产业等经济体系。而灾民继续承担起建设厂房和基础服务设施的工作。

这一阶段，具有初步建设经验的城乡灾民们（尤其是农村地区灾民）建设更现代化的厂房和基础服务设施，使灾民继续在本地就业。这一阶段也是城乡灾民向工人和城市人过渡的中期阶段，学会了现代生产技术、现代劳动经验及管理，了解现代法律文明以及现代城市人的生活方式及行为方式。

第三阶段，灾民们在自己建设好的工业园或工厂里成为产业工人和各种服务设施的管理者和工作者。同时，继续建设和完善居民区的各类城市基础设施（交通、服务、教育、水电、邮政、运输、文化、休闲、体育等领域）。

这一阶段使灾民最终实现了稳定的就业，从而完成了从灾民到工人、管理者和职员的过渡。逐步掌握先进的生产技能和工作技能。初步完成了市民化的过程。

这样，在自己建成的居民区和工业区工作的灾民就自然地完成了三个转变，即由灾民向自立公民的转变，由传统农民或落后地区民众向现代工人或职员的转变，由农村和乡镇居民向城市居民的转变。

整个过程原则上是劳动力本地安置就业和农转非本地转移，不需要移民到大城市，也不需要大城市派大量施工人员支援。

这一研究是有根据的，因为，据笔者于 2008 年 9 月底在四川绵竹地区的调查，大部分的灾民都不愿意外出谋生。而且，通过计划中的三年的在安置点的生活，灾民们将自然而逐步地适应新区的自然环境和社会环境，形成新的社会网络，而不愿离开。而且，在安置点就地建设居民点和工业区还有三个好处：一是可以在已经水泥化的安置点上就地建房建厂而不占用更多的耕地；二是安置点所在区域是平原，已经适合人类居住；三是已经形成新的社会网络，社会文化的整合融入较为顺畅。

但绵竹当地政府当时安置灾区失业者的方式是两种：一是东部发达地区来灾区招工，二是引入外来投资创造就业。第一种方法迫使灾民离乡背井，绕了个大弯，放弃建设家园于不顾，跑到千里之外的东部省份打工。这一是灾民不愿意，二是效果也不好（有很多灾民要么不能适应东部企业岗位的技术要求，要么难以适应东部城市的生活）。第二种方法见效并不大，鲜有企业愿意在灾区长期投资设厂。

因此，笔者试图通过这一灾后重建模式，实现居住功能重建、重新就业、产业升级和新城镇建设这四项功能性任务的完成，从而达成灾后重建短中长期不同的基本目标。其特点是利用灾区当地已有资源和潜力，实现灾区的自救、自建和自主发展，即低成本、内生性、长期性、可持续的灾后重建。同时延伸出对中国中西部农村农民本地就业和小城镇发展的借鉴意义。

应注意的是，在重建中，新城镇大都选址在平原地区，但这里忽视了居住者对原来居住地自然地理环境的的眷恋情节和对新定居点自然地理环境的心理适应性。而"安置在深圳某军事基地的灾区孩子在新安置地找到了家的感觉，因为孩子们在基地里能看到远处的山。"[①]这对新移民很重要，即类似的地貌环境和人工环境可以积极地影响人们在迁移后的社会整合心理。

对灾区社区重建进行科学合理的规划和布局，是对灾区重建及长期发展的重要科学研究。原有城镇、被毁城镇和新兴城镇和移民城镇之间功能体系的合理规划有利于整合区域内的自然、经济、人力、管理、交通和基础设施资源，完善从物流运输到生活设施等方面的城镇区间居民点、社会服务网络和生产体系的布局。

## 第五节　自然灾害的社会历史意义

笔者以汶川地震为例从微观层面说明自然灾害的社会历史意义。

汶川地震受灾范围广泛，从震中汶川波及大半个中国及亚洲多个国家和地区，对自然、经济和政治社会的震撼无疑是巨大的，对中国的发展历史产生了深远的影响。巨大的自然与社会突变形成了事件，即"5·12汶川大地震"，并作为中国乃至世界重要的集体记忆铭刻在人类历史上。

在2008年中国南方雪灾中，政府各部门积累了从应急到赈灾、救灾和灾后

---

① 菲奥娜·谭：深圳军事基地让孩子们远离喧嚣，得以休息，《南华早报》，2008年月12日。

重建各阶段的社会与政治经验，从专业知识到物质储备和动员力上都有了必要的积累和准备，从而有效地降低了汶川地震重大灾难的损失。

汶川地震激发了中国国民的民族意识，激发了民众的公民意识和社会参与潜力，形成了政府、经济、非政府组织和公民个人对国家事务的整合参与，尤其是非政府组织的作用和意义得到彰显。非政府组织对中国社会经济的发展具有重大的影响作用。此次灾难中，政府以人为本的开明度（如在 5 月 19 日举行的第一次以悼念普通民众为目的的中国国家哀悼日）、媒体报道的客观真实性以及志愿者充满活力的多元广泛参与，成为中国建设"平安中国"的一个契机。

本次地震为国家发展尤其是边远落后地区的发展创造了许多可供借鉴的模式。如对口支援模式、跨越发展模式、自然灾害移民和新城镇的异地建设等。因此，每次重大自然灾害都为人类总结发展经验，研究发展路径提供了机会。恩格斯说过："没有哪一次巨大的历史灾难，不是以历史的进步为补偿的。""一个聪明的民族，从灾难和错误中学到的东西比平时多得多。"此次自然灾害促使中国乃至世界在 21 世纪初叶，开始考虑一个重要的问题：即人与自然的共生共存关系。与人类对全球变暖暨气候变化问题的探索同步的是，自然灾害在新地理条件下频发多发及其剧烈性对人类社会发展进程的必然影响和人类的应对，这促进了自然科学和人文社会科学等广泛学科领域的研究。

从中观层面上看，自然灾害的社会历史意义在于一次巨大的自然灾害可以改变一个国家乃至人类的历史发展进程。以下笔者以 17 世纪中期旱灾对中国明朝的冲击，火山爆发对清朝的影响，1941 年末苏联卫国战争期间的莫斯科保卫战等典型历史事件予以论证。

**旱灾对中国明朝的冲击**

中国古代历史上的朝代更替许多是由于水旱灾害导致民众起义，国家崩溃所致。从秦末陈胜吴广起义到明末李自成起义，天灾屡屡成为王朝灭亡的导火索。

秦、汉、唐、宋、元诸朝大规模农民起义和王朝灭亡与重大自然灾害都有一定关系，最典型的莫过于明朝末期崇祯年间（公元 1628 至 1644 年）的自然灾害与明王朝覆灭。

明朝末年（明神宗万历二十八年至明思宗崇祯十六年，即 1600 至 1642 年），中国进入历史上第 5 个小冰河期。

《陕西通志》写道："熹宗天启二年至思宗崇祯二年，八年皆大旱不雨；崇祯六年西安旱灾，米脂大旱，斗米千钱，人相食。"崇祯四年，夏天大雨连旬，山崩地溃，禾稻淹没，谷价腾贵，民多饥死。"榆林连旱四年，延安饥民甚众，西安大旱。""延庆地恒数千里，土瘠民穷，连岁旱荒，盗贼拥起。"陕西地区大旱、流贼涌起，并且于此年冬"延安庆阳大雪，民饥，盗贼亦炽"[①]。于是，陕西人民无法生存，只好加入流贼行列。"流贼"或者"流寇"用现在的话说就是"生态难民"、"经济难民"或"灾民饥民"。人们因为当地旱灾歉收到其他地方去讨饭。如果别人不给，那么已经饿红眼的人们，必然会去偷、去抢。

明王朝已严重衰落，政治腐败，社会矛盾尖锐。在这种社会政治背景下，自1627年，首先在陕甘地区发生旱灾，此后持续发展到黄河流域和江淮流域，范围达15个省，持续近20年。伴随旱灾，发生严重蝗灾和瘟疫。面对严重灾荒，政府官吏横征暴敛，天灾人祸，民不聊生，致使陕西饥民王二首先率众起义，而后爆发了李自成、张献忠等领导的大规模农民起义，直至1644年3月李自成率军攻入北京，崇祯帝煤山自尽，明朝灭亡。[②]

**坦博拉火山爆发对中国清朝的影响**

在人类近代史上，1815年印尼坦博拉火山爆发无疑是对气候影响最为恶劣的一次，它甚至影响到中国云南、黄海沿岸等地的气候和农业、渔业，加速了中国社会的动荡与清朝的衰败。欧洲、北美洲也出现灾情——夏天出现罕见的低温。

坦博拉火山地处印度尼西亚松巴哇岛北部。位于东经118度，南纬8.25度，海拔2851米，火山口宽11.2公里。

1815年4月15日荷属东印度（今印尼）松巴哇岛上的坦博拉火山爆发，成为人类历史上最大规模的火山爆发之一。这场火山爆发的威力为火山爆发指数VEI7，所喷出的火山灰总体积多达150立方公里。

火山爆发造成当地至少71000人死亡，其中约11000至12000人直接死于火山爆发；大部分研究估计有92000人死亡[③]，但也有人指出，这一数字估计过高。大多数死亡者是死于火山爆发之后的灾荒与疾病。

火山爆发摧毁了岛上包括农作物在内的所有植物，火焰与隆隆声直到四年之

---

① 百度文库，徐胜一：历史上因旱灾引发的危机（1994年），http：//wenku.baidu.com/link? url＝l1YjSZDVX＿OycrXEP7JwtShIr2EaLXCkTNCqtyjFEAR＿KSi4oc3k＿RdGSS-WXNXmB5XgIDq＿VxdQIxtsSwvJKbnPaBeb1lBYUWZCO9DA＿kF3，下载于2012年12月1日。

② 张业成，张春山，张立海：自然变异与灾害过程的社会学研究，《地学前缘》，2003年8月第10卷特刊。

③ 英文维基百科：词条Mount Tambora，http：//en.wikipedia.org/wiki/Mount＿Tambora，上传于2011年5月29日，下载于2011年5月30日。

后的 1819 年还可以被观测到。

岛上的社会结构也在灾难中几乎被完全摧毁，地表上是厚厚的、掩埋了一切的火山爆发的灰烬。

坦博拉火山爆发对之后几年的世界气候造成了深刻影响，对人类社会带来了深重灾难。

"美国东北及加拿大所受影响最为严重。美国东北部晚春及初夏温度通常相当稳定，平均 20℃至 25℃，甚少低于 5℃。但 1816 年 5 月，美国东北出现霜冻，大部分农作物被冻死。6 月，加拿大及美国新英格兰出现两次大风雪，许多地方有人冻死。到了 7 月及 8 月，南至宾夕法尼亚州仍可见河水结冰。部分地方温度时而高达 35℃，然后又突然数小时内下降至接近 0℃。新英格兰农作物大量失收，各种谷物价格急升，如燕麦价格由 1815 年的每桶 12 美分暴涨至 92 美分。"[①]

突如其来的天气反常也在欧洲引起严重的农业歉收与粮食短缺。在英国，大量家畜在 1816 年冬天死亡，威尔士、爱尔兰等地农作物失收，出现普遍饥荒。欧洲多条主要河流在夏天泛滥，普鲁士等地在 8 月出现霜冻。据估计欧洲约有 20 万人死于这次天气反常。[②]

从学者的有关研究中可以发现 1815 年坦博拉火山爆发对当时中国自然和社会的巨大影响。

据地方志的记载，清朝道光三年、十三年（1823、1833 年），松江府遭到了前所未有的大水灾。朝廷累次下令大赈饥民，本地官民也多次捐资赈济。

1823 年的松江，大雨从阴历二月开始下，一直下到九月，其间仅在 6 月和 8 月略有间歇。大雨引起严重水灾，导致当年当地水稻绝收。这次大水还使农田被水浸泡数月，导致土地肥力严重受损。直到 1834 年姜皋写《浦泖农咨》时，肥力依然未恢复。[③]

1815 至 1817 年，云南地区发生大面积灾荒，被称为嘉庆大饥荒。这是云南近代有记载的规模最大、最严重的一次饥荒。据云南《邓川县志》记载，嘉庆二十一年（1816 年）"是岁大饥，路死枕藉。"有些饥民被迫卖儿卖女以求活命，昆明诗人李于阳在《卖儿叹》中写道："三百钱买一升粟，一升粟饱三日腹。穷

---

① 劳拔·伊文作，魏明编译：无夏之年，《大自然探索》，2003 年第 3 期。
② 劳拔·伊文作，魏明编译：无夏之年，《大自然探索》，2003 年第 3 期。
③ 李伯重："道光萧条"与"癸未大水"——经济衰退、气候剧变及 19 世纪的危机在松江，《社会科学》，2006 年第 6 期。

民赤手钱何来，携男提女街头鬻。明知卖儿难救饥，忍被鬼伯同时录。"①

由此看来，这次灾难的全球性可能是人类历史上所有自然灾害中最广泛的。

中国气候学家利用历史气候资料等诸种方法，得出了大体一致的结论。

1816 年中国发生了气候突变，这次突变具有全球的一致性，北半球普遍降温，突变后约 15 年气候不稳定，一直到 1830 年气候才处于较稳定的冷湿状态，最冷期为 1870 至 1880 年，其冬季温度较 20 世纪低约 2℃。

1815 至 1885 年旱涝在时间的分布上明显可以分成四个阶段。1818 至 1853 年是气候极度寒冷的一段时间，这一时期以涝灾为主，降水量增多。1854 至 1861 年以干旱为主，降水量急剧减少。1862 至 1875 年降水量较前一时期有所增加；但到了 1875 至 1877 年间，出现了清代最为严重的旱荒，史称"丁戊奇荒"。从鲱鱼及其物候和生态学指标看，1816 至 1853 年是明初以来六百多年间最为寒冷的一个时期，在明末清初没有鲱鱼鱼群分布的滦河口地区，道光初年后竟也出现旺发。嘉道时期不仅寒冷，而且多雨。从 1854 年开始，海水温度开始上升，1875 年上升更加剧烈，造成光绪初年的特大旱灾。也正是在这一时期，海水温度持续上升，鲱鱼在分布区域上开始减少。随着海水温度的继续上升，1884 年黄海鲱鱼在中国海区消失。这种海水温度总的变化趋势与南太平洋亚热带海区的海水表面温度大体一致。1816 年开始的气候突变持续了 60 年。其原因都很可能是 1815 年坦博拉火山爆发造成的。②

1876 至 1879 年（光绪二年至五年），华北、西北 5 省 317 个县发生严重旱灾。此时，清政府进一步衰败，尽管赤地千里、饿殍遍野，但统治者依旧穷奢极欲，慈禧六十大寿花费几千万两白银，天灾人祸造成约 1300 万人死亡，进而加速了清王朝的灭亡。③

清朝期间的整个 19 世纪，黄河下游连年遭灾，清政府却依旧禁关。成千上万的破产农民不顾禁令，冒着被惩罚危险，"闯"入东北，此为"闯关东"来历。人口压力、天灾人祸、清政府的政策导向等构成了山东人闯关东的外因。山东人闯关东实质上是贫苦农民在死亡线上自发的不可遏止的谋求生存的运动。日本人小越平隆 1899 年在《满洲旅行记》中记载了当年真实的历史画面："由奉天入兴

---

① 李伯重："道光萧条"与"癸未大水"——经济衰退、气候剧变及 19 世纪的危机在松江，《社会科学》，2006 年第 6 期。

② 李伯重："道光萧条"与"癸未大水"——经济衰退、气候剧变及 19 世纪的危机在松江，《社会科学》，2006 年第 6 期。

③ 张业成，张春山，张立海：自然变异与灾害过程的社会学研究，《地学前缘》，2003 年 8 月第 10 卷特刊。

京，道上见夫拥独轮车者，妇女坐其上，有小儿哭者眠者，夫从后推，弟自前挽，老媪拄杖，少女相依，踉跄道上，丈夫骂其少妇，老母唤其子女。队队总进通化、怀仁、海龙城、朝阳镇，前后相望也。由奉天至吉林之日，旅途所共寝者皆山东移民……"另外，走西口、下南洋、移居新疆等，都是因为当地人口过多，生态难以承载，人们生活困苦，最后通过"生态难民"的方式进行移民的过程。这样动荡的人口流动造成了不稳定的经济结构和社会结构，为清朝的积贫积弱和最终覆灭积奠定了社会基础，也是中国由盛而衰的开始。

坦博拉火山爆发的灾难对当地的毁灭性打击与"无夏之年"的全球性效应都是不可忽视的。其中受损最严重的是农业，火山爆发通过对人类社会生产的基础产业——农业的严重破坏冲击了人类社会，酿出了惨重的悲剧。

从曹树基于 2009 年发表的《坦博拉火山爆发与中国社会历史》一文可以看出，学术界对于历史发展的偶然性与必然性还存在许多争议。就坦博拉火山的爆发来说，其对中国气候的恶劣影响确实在客观上极大冲击了清朝社会，加速了清朝的衰落与灭亡。这也是历史发展的必然性与偶然性的耦合作用。

但是，并不能因此就认为自然灾害会造成人类历史或国家历史间歇性的偶然发展。因为应对自然灾害的是人类社会自己的力量，如果某一社会的发展正处在生机勃勃、清明奋发的阶段，就能较成功地应对自然灾害对社会的冲击。如果社会本身就危机四伏，自然灾害就会成为"压死骆驼的最后一根稻草"，成为冲击国家社会的重大因素。社会本身有其必然的运行规律，自然灾害会起到对规律运行的波动和刺激作用。

在现代社会，自然灾害引发的间断性社会动荡指以下方面：人口的流出，正常的生产和生活方式被打破，社会不稳定，政府需要调拨大量非生产性的物资和救援款。随着资源枯竭，大量人口还会成为持续性的生态难民。

如干旱和水资源枯竭问题。中国的人口基数庞大，如果达到水资源枯竭的临界点，那么大多数人都会陷入极大的困境。如果华北地区干旱缺水的状况持续，并继续掠夺稀缺的水资源，整个地区将走入"山穷水尽"的境地。没有水，就意味着什么都没有，地区冲突会更加频繁。2008 年伊始，山西与河北就已经因为山西修筑水坝，截留原来流到河北的水源，引发双方的争论。人们会考虑离开缺水的地区。但现况是，其他地区也难以接受来自华北的生态难民。西北地区本身就面临着荒漠化的压力，自己也在产生生态难民，而东北、华东、华南也已非常拥挤。这意味着，华北的大量人口将面临系统性的生存危机。华北本身是中国粮仓之一，如果水资源枯竭，人们只能保证基本生活用水，灌溉水源无法得到满足，这就面临着粮食大量减产的问题。当地农民长期得不到有效的知识教育和技术支持，一直用传统的浪费水的灌溉模式，缺乏像以色列使用的先进的滴灌技术和设备投入；但如果采用节水灌溉方法，需要进行技术和设备投入，这对于农民又是一笔巨大的开支。于 2014 年完成的南水北调工程可以部分地缓解这一困局，这一工程对挽救饥渴的中国北方地区，具有战略性意义。

联合国教科文组织的《世界水资源开发报告》预测：未来相当长一段时间内，一些干旱和半干旱地区的水资源缺乏会对人口流动产生重大影响，特别是在非洲撒哈拉沙漠区域，这一现象将尤为严重。该组织预计将有 2400 万到 7 亿人会因缺水而背井离乡。[①]其后果是国家内战和地区的武装冲突。

自然灾害可以影响到一个国家社会的发展进程，在人类历史上，因自然灾害改变国家历史进程的事件比比皆是，在和平时期可以对一个国家发生颠覆性的作用。而有些自然灾害在战争时期可以成为扭转战局和世界历史发展进程的拐点。

下文讨论在 20 世纪一次对扭转战局和世界历史发展进程起着拐点作用的自然灾害：1941 年末苏联卫国战争期间莫斯科保卫战中的严寒。

### 1941 年冬苏联莫斯科保卫战

第二次世界大战中的 1941 年冬季，苏德战场。德军在兵临莫斯科城下时，因冬季作战准备不足而在苏联首都大门前裹足不前，难以动弹，最后被擅长严寒地区作战的苏军击溃，德军不可战胜的神话被打破。苏军稳定了苏德战场乃至欧洲战场的局势，极大地提升了世界反法西斯力量的信心，苏联成为抗击轴心国集团的中坚力量。正是严寒，让德军的装甲部队陷于泥泞，技术装备因缺乏防冻准备而失灵，德军因缺乏保暖冬装造成的冻伤减员率还高于作战战损率。

《朱可夫回忆录》里关于 1941 年冬季的气温描述和德国版《第二次世界大战史》（主编蒂佩尔斯基尔赫将军当时就在莫斯科前线）是一致的。以下气温数据出自苏联元帅朱可夫战后的一篇报告，给出了莫斯科当地气象局记录的数据。

1941 年 11 月中至 12 月初莫斯科附近的气温逐渐下降（气温测量时间为早上 7 点，考虑到莫斯科地区纬度较高，当时又是冬天，这个气温比较接近全日最低气温）。到 1941 年 12 月 5 日，气温下降至摄氏－25℃，是俄国 140 年来最冷寒冬的开始。而此刻，苏军也发起了历史性的大反攻。

二战莫斯科保卫战战场地域气温变化与苏德两军战略态势变化见下表 3－4。

---

① 施秀芬：全球用水九大难题——解读联合国教科文组织《世界水资源开发报告》 [R]，《科学生活》，2006 年第 4 期。

表 3—4　二战莫斯科保卫战战场地域气温变化与苏德两军战略态势变化

| 时间 | 气温 | 战争进程 |
|---|---|---|
| 1941 年 11 月 15 日 | −7℃ | "苏联最高统帅部的部队都集结在比较危急的接近地，特别是在沃洛科拉姆斯克、克林和伊斯特腊方向上，预料德国装甲兵团的主要打击将在这个方向上。士兵已发给了暖和的冬衣——大衣、毡靴、厚棉上衣和护耳帽。（这时衣衫单薄的德军已经被'严寒将军'折磨得越来越瘦了。）" |
| 11 月 16 日 | −6℃ | "德军突破了第 30 集团军的防线，开始向克林方向展开进攻，这里没有苏军预备队来抵抗他们。他们还从沃洛科拉姆斯克地区向伊斯特腊发起进攻，使用了四百辆中型和重型坦克；苏方的装甲兵力只有一百五十辆轻型和中型坦克。" |
| 11 月 17 日 | −8℃ | "罗科索夫斯基的部队在一系列几乎没有间断的战斗和交火中，在人员和装备上都遭受了严重的损失。而且剩下的人都疲惫不堪。" |
| 11 月 18 日 | −11℃ | "德军开始对第 16 集团军的左翼施加更大压力，最后迫使苏军向东撤退，并抢渡了伊斯特腊河。在伏尔加水库以南他们突破了第 30 集团军的防线，他们用坦克及摩托化部队迅速向前推进，扩大突破口。与此同时他们向索尔奇诺果尔斯克方向进攻，从北面包抄伊斯特腊水库。德军投入六个师（三个坦克师，两个步兵师和一个摩托化师）对第 30 集团军的摩托化步枪第 107 师和第 16 集团军的步兵第 126 |
| 11 月 19 日 | −9℃ | 师、骑兵第 17 师、坦克第 58 师和坦克第 25 旅发起了进攻。罗科索夫斯基写道：'所有这些部队都很虚弱，兵员也不足额。摩托化步枪第 107 师大约只有三百人，我们的坦克第 58 师根本没有坦克，坦克第 25 旅只有十二辆坦克，其中 T—34 型只有四辆，光这几点就足以说明问题了。'" |
| 11 月 20 日 | −7℃ | "德军方面，尽管在向前推进，军官们对能否取胜却越来越担心。许多不详的征兆出现了，最令人不安的是供应不足，特别是冬衣和在严寒中用来保养装备的物品。酷冷的天气使坦克上的光学窥镜基本上失去作用，发动机在发动前必须先加热（德国人的办法是在下面生火）。" |
| 11 月 21 日 | −3℃ | |

（续表）

| 时间 | 气温 | 战争进程 |
|---|---|---|
| 11月22日 | −4℃ | "当德军在几个单独地段逼近到离莫斯科二十英里以内时，朱可夫的西方方面军形势急剧恶化。住在城西北的莫斯科居民可以清楚听到炮声。到11月22日几个师突入莫斯科以北的克林，到达了西边的伊斯特腊。伊斯特腊离莫斯科约十五英里，是德军所到达的离莫斯科最近的地点。很可能就是从这里后来他们回忆说可以用一副好的战地望远镜望到莫斯科。" |
| 11月23日 | −4℃ | "古德里安会见了中央集团军群司令冯·柏克元帅，请求推迟进攻，因为部队极度疲乏，缺少冬衣，供应系统失灵，坦克和大炮不足。冯·柏克打电话给陆军总司令布劳希奇，布劳希奇断然拒绝了古德里安关于转入防御，到下年春天再发动进攻的建议。古德里安得出的结论是'从陆军总司令和陆军总参谋长拒绝我的请求的态度来看，就必须假定不仅是希特勒，而且连他们也是主张继续进攻的'。" |
| 11月24日 | −9℃ | 莫斯科战线上的苏军和德军双方都已极度的疲惫，双方处于战略僵持状态。但苏军从西伯利亚抽调来的援军正在刚来，而德军缺乏后援和御寒准备。 |
| 11月25日 | −11℃ | |
| 11月26日 | −9℃ | 根据哈德尔的日记，"截止到1941年11月26日，自1941年6月22日以来，德国东方集团军共计有24658名军官和718454名士官和士兵被打死、打伤和失踪。东方集团军缺员34万人，步兵失去了一半的兵力。作战连只有50至60人。" |
| 11月27日 | −8℃ | "朱可夫开始在莫斯科附近集聚用于反突击的预备队。""在步兵和坦克部队的增援下，他向德军装甲第2集团军发起反突击，把他们打退到卡希拉以南18英里。" |

| 11月28日 | −6℃ | "红军近卫步枪第9师在离莫斯科很近的小镇迭多夫斯克打退了德军的猛烈进攻。" |
|---|---|---|
| 11月29日 | −1℃ | "红军收复了南方的罗斯托夫，德军指挥部急忙开始从战线的其他地段抽调几个师到齐赫文和罗斯托夫。这正是对莫斯科的进攻达到最危急时发生的。苏军在齐赫文和罗斯托夫附近发起的反突击，由于减轻了对俄国首都施加的压力而配合了在莫斯科周围发动大规模反攻的计划。古德里安在他的回忆录中写道：'我们的不幸从罗斯托夫开始，这是墙上写字，最清楚不过的了。'"<br>"一部分第1突击集团军发起反突击，在雅赫罗马附近渡过莫斯科－伏尔加运河。"<br>11月29日夜晚，"朱可夫接到通知，最高统帅部已决定把两个集团军和组成第20集团军的所有各师都转给西方方面军，命令他上报这些集团军的部置计划。" |
| 11月30日 | −1℃ | "朱可夫向最高统帅部汇报了他的反攻作战计划。斯大林未加变动就批准了计划，然后朱可夫给部队布置了任务。" |
| 12月1日 | −8℃ | 第1突击集团军已将德军打退到莫斯科－伏尔加运河对岸。"以这种快速反突击，俄国人在莫斯科南北两方阻止了希特勒的攻势，使他的部队没法在俄国首都以东合围。" |
| 12月2日 | −11℃ | "尽管受到挫折，德军指挥部并不认为进攻已经失败。冯·柏克元帅在12月2日发出的几道命令中写道：'敌人为了缓和局势，从战线上受到威胁较少地段向受威胁较大地段调来若干整师和某些师的部分部队。只发现在一个地段有新的数量不大的增援部队……敌人的防御处于危机的边缘。'" |

（续表）

| 时间 | 气温 | 战争进程 |
|------|------|----------|
| 12月3日 | −7℃ | "12月初德军投入第4集团军的几个师，作最后拼死的努力，打算从纳罗－佛敏斯克向莫斯科突破。他们在阿朴烈列夫方向上突破防线纵深12至15英里，但在12月3日至5日的战斗中被戈鲁别夫的第43集团军全歼。" |
| 12月4日 | −18℃ | 古德里安自12月3日保卫军火工业古城土拉和切断它与莫斯科之间的铁路和公路联系的计划被粉碎。"古德里安后来把失败归咎于部队的疲惫不堪、酷寒的天气、缺乏燃料以及朱可夫的西伯利亚预备队及时赶到。" |
| 12月5日 | −25℃ | 俄国140年来最冷的冬季严寒开始降临。有一位德国军医写道：在野外，苏军可以用两只空油桶生火取暖，而德军只能站在篝火旁，燃烧着宝贵的汽油。<br>"到了12月5日，西方方面军对面各个地段的德军都已精疲力尽，开始转入防御，而苏军现在则已做好准备，将对疲惫不堪冻得半死的德军发起强大的反攻。" |
| 12月6日 | −26℃ | 在1941年最寒冷的"12月5－6日时，伟大的莫斯科反击战真正成为现实了。"12月6日，在进行了集中的空袭和炮击之后，朱可夫的西方方面军的部队开始在莫斯科南北两方运动。随着战斗的发展，士气高昂的俄国人开始掌握主动。加里宁方面军的部队早一天发起攻击，到这时已经楔入加里宁以南的敌军防线。" |
| 12月7日 | −29℃ | 红军在三个新调集的集团军的增援下，从莫斯科的北翼和南翼对德军的中央集团军群展开攻击，正面苏军采取牵制性战略，阻止德军的自由调动。朱可夫的这一战略取得了成功。 |
| 12月8日 | −15℃ | |
| 12月9日 | −4℃ | |
| 12月10日 | 0℃ | |
| 12月11日 | −6℃ | |
| 12月12日 | −2℃ | "德军最高统帅部总参谋长哈尔德上将和陆军元帅冯·柏克在电话中讨论了这一天的事件。之后哈尔德沮丧地写道：'局势已进入极其危急的阶段。第134和第45师已处于无法进行战斗的状态。从土拉到库尔斯克之间这个地段的指挥部已经垮了。'""他写道，在北边严重的积雪封住了铁路线，使运送给养和部队都发生困难。" |

（续表）

| 时间 | 气温 | 战争进程 |
|---|---|---|
| 12 月 13 日 | −22℃ | "克林和索耳涅奇诺果尔斯克一带的（德军）抵抗被粉碎，德军扔下大炮和车辆向后撤退。苏联飞行员轰炸了沿着白雪覆盖的道路向西撤退的德军纵队，使他们遭受重大损失。"<br>"苏联情报局宣布德军包围俄国首都的企图破产了。苏联报纸刊登了取得莫斯科战役胜利的红军将领的照片。" |
| 12 月 14 日 | −19℃ | 苏军继续从莫斯科的南北两翼对德军发动反攻。 |
| 12 月 15 日 | −27℃ | |
| 12 月 19 日 | 缺记录 | "希特勒宣布亲自担任陆军总司令，代替被解职的陆军元帅冯·布劳希奇。" |
| 12 月 20 日 | 缺记录 | "古德里安在东普鲁士和希特勒讨论前线局势时抱怨说冬衣还没有发，这使希特勒大发雷霆，否认有这样的事。军需部长给叫了来，他不得不承认古德里安说的是事实。古德里安说：'严寒给我们造成的伤亡比俄国人的炮火造成的伤亡多一倍。'" |

来源：奥·普·钱尼：《朱可夫》［M］，北京：生活·读书·新知三联出版社，1976 年

　　朱可夫元帅对德军差不多就在莫斯科大门口却被阻住作了如下的解释。在阐述了起主要作用的军事战略原因后，朱可夫写道："（德军）在兵力上遭受重大损失、没有在冬季条件下作战的准备、以及苏军的顽强抵抗，这些都大大影响了敌人的作战能力。……敌人没能突破我们的防线，一个师也没有能包围住，没能对莫斯科发一发炮弹。到 12 月初他们已经筋疲力尽，预备队也没有了，而这时西方方面军却得到两个新编的集团军，并从最高统帅部得到一些部队，编成了第三个集团军——第 20 集团军。这就使苏军指挥部有可能组织反攻。"[1]

　　通过德国人自己的历史记载，也证实寒冬对莫斯科战役的转折性影响。

　　德国史学者迪特尔·拉夫在《德意志史：从古老帝国到第二共和国》里

---

[1]　奥·普·钱尼：《朱可夫》，北京：生活·读书·新知三联出版社，1976 年 5 月，207－208。

描述道："德军进攻的目标是列宁格勒－莫斯科－伏尔加河下游一线，征服这个地区希特勒就会得到乌克兰的粮食、高加索的石油以及对波罗的海和黑海的控制。但是，泥泞的季节和早在10月中旬就已开始的俄罗斯的寒冬阻止了德军向前推进，因此他们既不能攻克莫斯科，也不能占领列宁格勒。冰雪使德军的车辆和坦克动弹不得，使没有冬季装备的东路军队遭到重大的伤亡。"[①]

至于是役在战略上造成的影响，德国人自己的评价再客观不过了。"在莫斯科战斗期间担任第4集团军参谋长的根宝·布卢曼特里特在回忆时仍怀有痛切的心情：莫斯科战役是第二次世界大战期间德国在陆地上的第一次大失败。它标志着闪电战术的破产，希特勒和他的国防军曾利用这个战术在波兰、法国和巴尔干赢得了惊人的胜利。正是在俄国我们做出了第一个致命的决定。……东方战场的转折点来到了：我们打算在1941年把俄国打垮的想法在最后一刻落空了。"[②]这既是德军和纳粹德国走向衰亡的第一步，也是苏联红军和同盟国逆转战局的第一步。严冬下的莫斯科保卫战既扭转了苏联和德国的国运，也改写了人类历史的发展方向。

1943年至1944年冬季的斯大林格勒保卫战，德军在严寒中重蹈覆辙，世界反法西斯战争发生了根本性的逆转，人类从此开始摆脱法西斯主义的蹂躏，走向自由和平的历史发展方向。

### 1938年中国花园口事件

黄河花园口决堤造成人为的黄河决堤改道，形成大片的黄泛区。这虽然不是严格意义上的自然灾害，但也是人类行为下引发的自然灾害。

1938年5月19日，侵华日军攻陷徐州，并沿陇海线西犯，郑州危急，武汉撼动。

1938年6月9日凌晨，为阻止日军西进，蒋介石催促采取"以水代兵"的办法。驻守在黄河附近的新八师经两天两夜的挖掘，在距郑州30公里的中牟失守的同时，郑州市北郊17公里处的黄河南岸的渡口花园口也被挖开。花园口决口后，黄河水顺着贾鲁河迅速下泄。第二天，黄河中上游普降暴雨，黄河水量猛增，花园口决口处被冲大，被淤塞的赵口也被冲开。

---

① 迪特尔·拉夫：《德意志史：从古老帝国到第二共和国》，慕尼黑：Max Hueber出版社，1985年。

② 奥·普·钱尼：《朱可夫》，北京：生活·读书·新知三联出版社，1976年5月，233—235。

　　花园口和赵口两股黄河洪水汇合一起，卷起滔天巨浪，历时 4 天 4 夜，由西向东奔泄的河水冲断了陇海铁路，向豫东南流去。整个黄泛区由西北至东南，长达 400 余公里，流经豫、皖、苏 3 省 44 个县 30 多万平方公里，造成无法估量的损失。据不完全统计，河南民宅被冲毁 140 万余家，淹没耕地 800 余万亩，河南、安徽、江苏耕地被淹没 1200 余万亩，倾家荡产者达 480 万人。河南省档案馆记载 89 余万老百姓溺毙，390 万人流离失所，受灾人口达 1200 万人，形成了此后连年灾害的黄泛区。豫东平原的万顷良田沃土变成了沙滩，黄泛区很多不愿做亡国奴的人民，大批流向国统区，加重了国统区的粮食负担。

　　根据韩启桐、南钟万于 1948 年出版的《黄泛区的损害与善后救济》提供的数字显示，从花园口决堤到 1947 年堵口，九年间黄泛区河南死亡人数 325598 人，江苏死亡人数 160200 人，由于安徽没有统计数据，所以书中根据河南与江苏的灾区人口死亡比例推算出安徽死亡人数在 40 万左右，因此得出共有 89 万人死于黄泛的结论。根据 1945 年 12 月国民政府对豫皖苏泛区的灾情调查："河南黄泛 20 个县截止到 1944 年底，共淹毙人口 325037 人，逃亡人口约 631070 人。"可见韩启桐、南钟万二人所引河南与江苏的死亡人数比较准确。而 1938 年当年因黄河决堤造成的直接死亡人数，由于当时调查环境所限无法查实。

　　这次决口直接造成了 1941 年至 1943 年连续两年的大规模旱灾，并引发河南大饥荒，数千万人沦为难民，仅河南一地就有 300 万农民死于饥饿。导致国民政府既无力征用当地钱粮，还要耗费国库赈济灾民，甚至有中国灾民为生存转而支持日军的窘境。

　　这次黄泛灾难对国民政府统治的影响更为深远：第一"以水代兵"并未阻止日军的进攻，到 1938 年 10 月，花园口决堤后第 4 个月，武汉依然陷落。大半个中国沦陷。第二虽然在开始时国民政府通过宣传掩盖了其开挖花园口的真相，阻滞了日军的进攻并引发了全国的抗敌浪潮，但终究抵消不过黄泛区对百姓生命财产所造成的破坏性打击。第三这使中国国力在遭受战争破坏的同时，也经历着自然灾害持续性的损耗，元气大伤。抗战结束后，作为粮食生产大省和人口大省的河南、安徽及古都南京所在地的江苏，均陷于黄泛区内，对国民政府的施政和稳定极为不利，持续性的自然灾害消耗着国力，动摇着中华民国的社会经济根基，加之国民党政府的腐败堕落，使之最终在 1949 年末崩溃。

　　这其中，政府对自然灾害的赈济态度和行为，是决定灾后社会后效的决定性因素。

1942 年 10 月，冬季来临，黄泛区灾民开始逃亡，百姓的死亡率也迅速上升。对于国民政府来说，此时是实施救灾的关键时刻，还可以阻止灾情的蔓延。但事实却相反，10 月上旬，河南省赈济会代表到重庆，请求国民党中央免除灾区征粮数额，蒋介石不但不见，还不让他们在重庆公开活动。10 月 20 日，国民党中央政府派张继等到河南勘灾，也承认河南灾情很严重。10 月 29 日，豫籍国民参政员郭仲隗在重庆国民参政会上，也要求采取措施。然而，多方的呼吁，并没有引起蒋介石的重视，救灾延误。

在美国《时代》周刊驻重庆记者白修德的惨况记载、揭露和包括美国政府在内的外界对蒋介石的施压下，蒋才采取实际性的赈灾措施。事实说明，一旦政府采取措施，灾民的死亡便迅速减少。几个月后，白修德收到了一位一直在灾区的传教士的一封来信，信中感激地写道：你回去发了电报以后，突然从陕西运来了几列车粮食。在洛阳，他们简直来不及很快地把粮食卸下来。省政府忙了起来，在乡间各处设立了粥站。军队从大量余粮中拿出一部分，也帮了不少忙。全国的确在忙着为灾民募捐，现款源源不断地送往河南。但国统区仍有 300 万民众饿死，1942 年的河南大灾也结束了。

因此，"灾荒完全是人为的，如果当局愿意的话，他们随时都有能力对灾荒进行控制"。那位传教士从亲身经历中得出的结论，在半个多世纪后被经济学家阿马蒂亚·森（Amartya Sen）的理论研究作了史实上的证明，这也是森在 1998 年获得诺贝尔经济学奖的原因之一。他在《贫困与饥荒——论权利与剥夺》、《以自由看待发展》两书中指出，贫困不单纯是一种供给不足，而更多的是一种权利分配不均，即对人们权利的剥夺。由于格外注重权利，阿马蒂亚·森强调自己的经济学采用的是权利的分析方法，将贫困、饥荒问题与权利紧密相连，指出相当多的人的权利被剥夺才会导致大饥荒；从权利角度认识贫困、饥荒问题，把这看似单纯的经济学问题与社会、政治、价值观念等因素综合考虑，突破了传统经济学仅从经济看问题的角度；通过对饥荒与经济、社会机制的联系的分析，说明经济活动背后离不开社会伦理关系。这是他对经济学的最大贡献，他也因此被称为"经济学的良心"。1998 年诺贝尔经济学奖公告对其研究作出如此评价："阿马蒂亚·森在经济科学的中心领域做出一系列可贵的贡献，开拓了供后来好几代研究者进行研究的新领域。他结合经济学和哲学的工具，在重大经济学问题讨论中重建了伦理层面。"

阿马蒂亚·森以大量资料和经验研究为基础，证明现代以来虽然饥荒与自然灾害有密切关系，但客观因素往往只起引发或加剧作用，权利的不平等、信息的不透明、言论自由的缺乏、政治体制的不民主才是加剧贫困和饥饿、导致大规模死亡的饥荒发生的主因，在粮食问题的后面是权利关系和制度安排问题。因为只有在民主自由的框架中，信息才有可能公开，公众才有可能就政策制定进行公开讨论，大众才有可能参与公共政策制定，弱势群体的利益才能得到保障，政府的错误决策才有可能被迅速纠正而不是愈演愈烈。在没有重大灾害的承平时期，人们对民主的作用和意义并不在意；或许只有面对灾害的严重后果，人们才能意识到民主的重要。①因此，自然灾害不可能载舟，但绝对可以覆舟。

从宏观层面上看，自然灾害的社会历史意义更为重大。

人类社会对自然、自然现象和自然灾害的感知——认识——反馈行为可以分为三个历史时期。

第一时期是被动感受——承受——屈从期，简称屈从期。这个时期最漫长，长达几千年，可以从自有人类社会开始，包括整个原始社会、农业农耕社会、手工业社会一直到工业革命开始前。在中国是整个的奴隶社会和封建社会即直至清朝；在欧洲是原始社会、中世纪封建社会、城邦小手工业社会直至以英国工业革命为开端的近代工业社会前。当然，从科技文化发展及人类对自然的科学认知研究能力角度讲，可以上溯到意大利文艺复兴时期。在这一时期，由于人类对大自然、宗教和诸神的极度膜拜，由于人类缺乏基本的对抗和改造自然的技术能力和管理制度，更缺乏面对自然灾害的意志和信念，在直面自然现象和自然灾害时，表现出来的主要是顺应、逃避和屈服。

第二时期是认知——抗击——冲突期，简称冲突期。这个时期首先开端于人类社会的各大洲尤其是欧洲、北美洲和东亚进入初期工业革命和工业社会时，持续至上世纪的 70 年代。这一时期截止的三个最重要的标志是：1973 年第四次中东战争后开始的以石油危机为标志的全球能源危机，1979 年的美国三里岛核事故和作为人类现代史上迄今最惨重的 1976 年唐山大地震。三个带有自然资源、人造能源和自然灾害元素的重大历史事件分别对工业化的欧洲、美洲和亚洲地区乃至全人类造成了巨大影响。在人类战后工业化历史上打上了三个巨大的惊叹号。具有强大工业技术和自然认知能力的人类遭受了科技和自然给自身带来的巨大灾难。这一时期，人类中心主义的人类社会盲目凭借有限的科技和开放能力，试图挑战和征服自然，从火箭航天器、磁悬浮高速列车到深水核潜艇，从三维空

---

① 宋致新编著：《1942 河南大饥荒》，武汉：湖北人民出版社，2012 年。

间、从核实验到贯通英吉利海峡隧道，从微观到宏观，无处不在挑战人类认知和抗击大自然的技术、能力和意志的极限。但最终结果是，人类对源自自然的科技和自然本身，仍不可能有完全的控制权和控制力。人类中心主义不断和更强悍的大自然碰撞、扭曲。

第三时期是承认——互动——共存期，简称共存期。这一时期自 1980 年代至今算，仅 30 多年的时间，但世界发生了结构性和制度性的变化。从技术角度看，是从工业制造业时代进入到高科技信息化时代；从经济体制角度看，是从计划经济和市场经济时代进入到社会（主义）市场经济时代；从管理制度角度看，是从政治——军事——经济精英管理时代进入到公民——传媒——知识精英管理时代；从自然环境意识角度看，是从污染型的工业时代转入到环保型的生态时代（自然中心主义）；从政治意识形态看，是从政治军事对峙的冷战时代进入到淡化意识形态的全球合作和后冷战时代；而从人类对待自然现象的态度看，是从对自然的所谓改造、战胜、不对等时代转变为人类对自然的理解、共存、平等时代。发生这一变化的重要原因之一是：随着美苏冷战结束，对人类最大威胁的战争与核战争阴影消失后，贫困落后、环境污染和自然灾害等置换为对人类的首要威胁。这样的威胁对人类社会的不同制度、文化、族群和宗教，都是平等的。其间，在经过了上世纪 80年代到 90 年代的相对平静后，在整个 21 世纪的头 15 年里，已发生过近十次极为惨烈的自然灾害，而臭氧层破裂、全球变暖及其引发的高原冰川－南北极冰层溶解、海平面上升、荒漠化、干旱等持续性自然现象问题则成为常态化的自然灾害议题。不可预测和巨大的自然灾害使人类必须承认其不可逆性，必须顺应并与之共存。

自然现象和自然灾害已经走到历史的前台，并在改写着人类历史。

## 第六节　灾后的"多米诺骨牌"效应

笔者以 2011 年的日本地震海啸阐释自然灾害在地理空间影响范围上的多米诺骨牌式的三级波浪形态连锁反应。

这三级连锁反应就如水中的涟漪，由内到外，由近到远、由窄到广地成波浪式地延伸出去。但和一般的水中涟漪不同，其每圈的能量和强度可能是一样的，其影响能量的衰减不以空间距离计量，而是以相关度测量，如图 3－5。

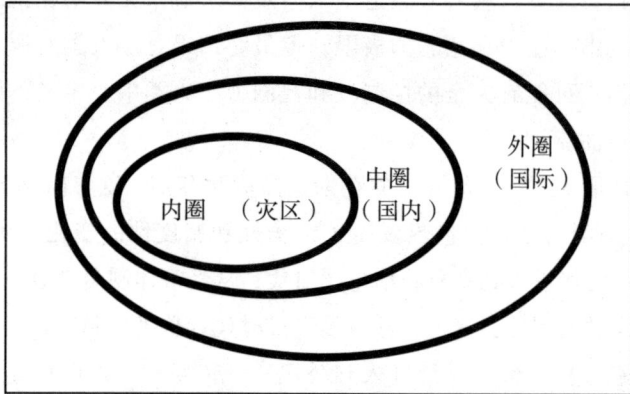

图3—5  自然灾害三级连锁反应涟漪圈

第一级连锁反应是原生性自然灾害所引发的在灾区区位（灾区地理空间）范围内的一系列的自然、社会和经济反应。如各种次生——衍生自然灾害、人员伤亡、各种社会、经济损失等。到2011年4月11日，日本还发生了两次里氏7级的余震，日本岛内的火山也频频活动，这是历史上余震和次生灾害延续时间较长的一次地震。这是连锁反应的内圈。

从3·11地震——海啸——核辐射这一连锁反应看，灾害链——次生灾害——衍生灾害对于人类，尤其是对灾区内城镇的破坏力特别大。即城镇在遭遇自然灾害时，更易引发人为性的次生灾难和衍生灾难。因为财富、人口和经济、技术、文化等社会资源都高度集中于城镇，所以自然灾害的连锁反应造成的风险更高。但这些风险在超越了一定的地理界限后，对灾区以外地区的影响就会减弱。这一影响的特点是连锁性紧密明显、连贯直接、冲击强烈、时间较短和范围有限。

3·11地震——海啸引发的第一级灾难链是：

地震→海啸→火山爆发→基础设施和公共建筑被毁→人员死伤和失踪→住房损毁和失业→灾区社会不稳定。

第二级连锁反应是灾区的破坏性作用延伸到灾区所在国的其他地区，对整个国家造成破坏性影响。如灾区主要自然灾害和次生——衍生自然灾害对国内更广阔自然环境造成的影响（如日本2011年地震海啸后农业耕地被海水和垃圾掩埋，估计要五到十年才能重新种植，渔业被毁）、核电站的核泄漏事故、主干产业对国内相关产业链和产业群的影响、灾区产值下降对总体国民经济的影响、由此产生的新增就业压力和社会稳定压力、国家为救灾投入的非生产性、救济性财政开支等。这一影响的特点是范围广泛、周期视国家重建的具体情况而定、可预测和较为直接和可控。这是连锁反应的中圈。

3·11 地震——海啸引发的第二级灾难链是：

核电站失控与核辐射→核扩散→蔬菜污染→奶制品污染→水污染→海洋污染和大气污染→渔业损失→农业损失→产业损失→国家的整体经济增长延缓→国家灾后重建的财政负担。

第三级连锁反应是一国的灾难所引发的国内经济灾难、社会灾难、政治灾难会影响到周边国家乃至世界上与该灾难发生国在经济、社会、政治上关系密切的国家和地区。这一影响的特点是范围广泛而不确定、不可预测、周期较长和较为间接和隐性。如日本国内外汽车产业链中断，而日本作为这些产业链的高端，其影响的范围更广、时间更长，对其下游产业链所在国家如中国、美国、泰国的相关企业会产生同样严重的影响，但对俄罗斯和朝鲜的影响极小。这是连锁反应的外圈。

"3·11"地震——海啸引发的第三级灾难链是：

日本的自然灾害外溢→包括中国、韩国等周边国家遭遇核辐射影响（如对东海的海水污染、对东亚区域大气的污染、从日本进口的食品污染）→对与日本有关的产品和产业链的影响（如中国、东盟等国的日本汽车产业链、芯片产业链）→对与日本经济相关度高的国家的股市行情的影响等。

三个不规则圈形涟漪意味着三级连锁反应对不同范围和影响方向的作用强度和持续性不一样。实际表现更可能是一种不规则状的涟漪圈，这取决于第一级对第二级、第三级在不同领域的作用强度，强度取决于相关度而非距离，如图 3—5。

自然，灾后"多米诺骨牌"效应也可以理解为自然灾害造成经济和社会危机，从而引发社会失序和社会解体，甚至导致政体崩溃和国家瓦解。

# 第三章　人类社区地理区位与自然灾害

## 第一节　人类聚居区与自然灾害分布

人类聚居的密度直接影响着自然灾害的影响程度。"灾害史表明，虽然集中发生在大都市的自然灾害不足1%，但其涉及面大、破坏力强，会造成现代人类灾害损失的70%以上。"[①]

单独研究地震烈度并不能科学反映灾害损失情况，灾害造成的人口伤亡和经济损失与当地人口与经济发展水平有密切联系。1920年宁夏海原8.5级地震死亡23万余人，释放的能量是1978唐山地震的11倍，前者发生在人口稀少的草原地区，后者发生在人口密集的工业城市。尽管无论建筑条件、救灾条件，唐山都要优于海原，但8.0级地震在市区90万人的高密度人口下仍造成24万2千余人死亡。地震伤亡与损失与震区人口密度和经济发展水平有直接关系。

再如，汶川总面积8820平方公里，无法居住的山地面积占80%。总人口12万人，以藏族、羌族为主，人口密度为13.3人每平方公里。震区居民密度与烈度分布区域的关系是：断裂带东南方向靠近四川盆地，人口密度明显高于西北方向高原山区。8.0级地震也造成了近7万人的死亡，如图3—6。

在全球范围，北半球中纬度地带是世界人口集中分布区，近80%的人口分布在北纬20°至60°之间，南半球人口只占世界人口的近12%。世界人口的垂直分布：55%以上的人口居住在海拔200米以下、不足陆地面积28%的低平地区。

由于经济向沿海地区集中的倾向不断发展，人口也随之向沿海地带集中。各大洲中距海岸200公里以内临海地区的人口比重增加，并且沿海地区人口增长的趋势还会继续发展。

---

① 金磊：中国城市灾害及其减灾对策，《烟台大学学报》（自然科学与工程版），1992年第1、2期。

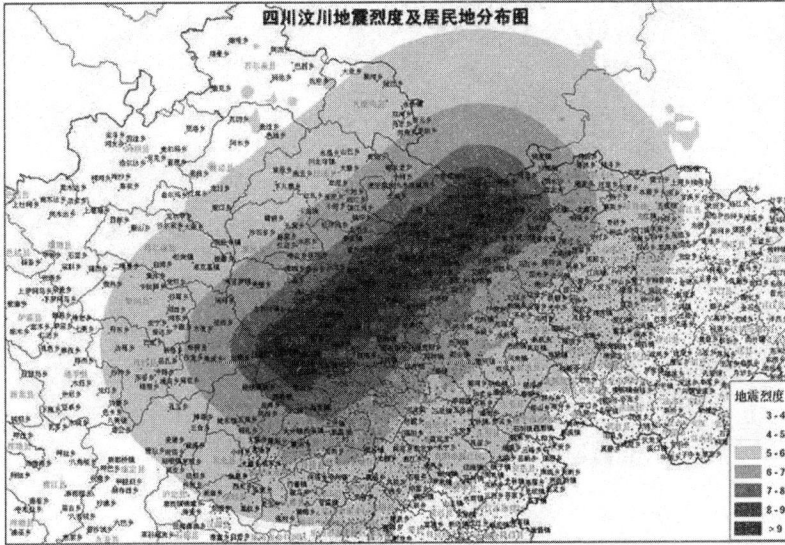

图 3—6 汶川地震烈度及居民地分布图

观察并比较全球人口密度分布与全球地震带分布，环太平洋地震带西侧邻接日本、中国华北、中国台湾，东侧与美国加州南部、墨西哥、秘鲁、智利相邻；喜马拉雅地震带则通过印度北部、伊朗、土耳其、地中海周围的人口高密度地带。这些地区若发生地震，将造成巨大损失，如图 3—7 和图 3—8。

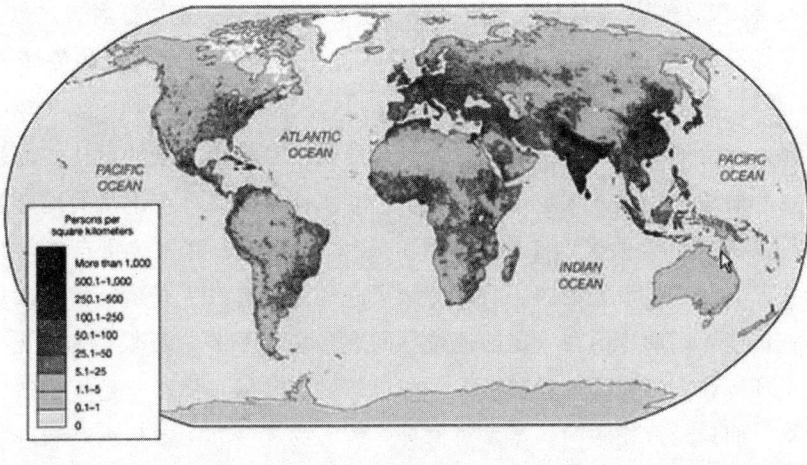

图 3—7 世界人口密度分布

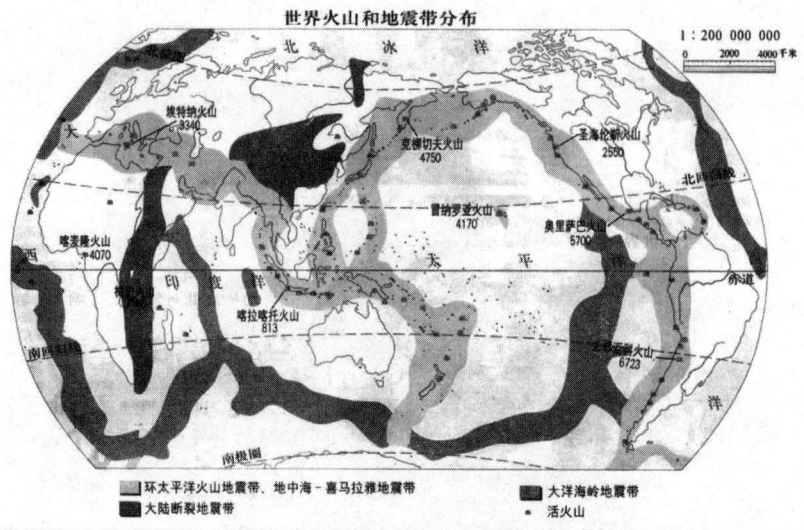

图 3-8　世界火山地震带分布

随着世界人口的增加，世界各国尤其是发展中国家的人口也将别无选择地抵近自然灾害潜在的地区工作和生活，加之防灾措施的滞后，自然灾害发生时所造成的损失将会更严重。

## 第二节　区域人口、经济、社会发展集聚与自然灾害

自人类历史发端、尤其是人类改变游牧生活方式，转为定居群居方式以来，人类总是寻找最安全、最湿润、最理想、最富饶、最便利的地理区位安置自己的家园。

在原始社会的采集和种植时代，人类为照顾生育繁衍下来的后代，逐步放弃了居无定所的游牧生活方式，选择在安全、靠水源且自然物产丰富的地方安顿自己的部落族群。[①]有限的生产能力和低下的技术工具使人尊重敬畏自然，并与自然和谐共存。洞穴是最天然的居所，清澈干净的水源提供了充足的饮水，从采集转变到种植使人们的生活在一定的地域空间逐步稳定下来。人类生活于几乎没有任何人工环境和人工建设的大自然中，与自然融为一体，仍然不是生物链中最高端的动物，而只是万物中的一员。对付自然灾害的唯一办法就是逃避和拜物教式

---

① 刘易斯·芒福德：《城市发展史——起源、演变和前景》，北京：中国建筑工业出版社，2005年。

的顶礼膜拜。

随着人口的增加，人类逐渐走出森林山涧，寻找既有丰富灌溉水源又有肥沃土地的地方，以大面积种植和饲养的方式为继后代的生存。人类伊甸园的首选就是河流经过的平原或绿洲。人类开始逐渐集聚在河流两岸和三角洲地区，人们既把河流作为防卫的天然屏障，更把它作为生存繁衍的源泉。因此，每个古老的民族都有自己的母亲河，从河流两岸到三角洲，世界上最早的人类聚居区开始形成，并逐步塑造出了城市文明乃至人类各族群的文化。这一时代，以农耕为生的人类仍只是利用大自然的馈赠，在对大自然稍加改造后（如农耕、火烧、伐木、筑堤、排灌等基本农业生产行为），就能满足其需求。这是早期的河流农耕文明。

但对河流的严重依赖也为水灾和旱灾埋下了隐患。因此，在中国、印度这样的文明古国，水旱灾害的历史与国家文明史一样漫长，并影响着国家的发展。

此后，战争防卫的需要和对更高物质生活的追求，使得人类开始建造人工环境和制造人工设施和设备。为此，人类的生产和生活聚集点部分地从河流区域转向了富含矿产的地区。城墙、城堡、城郭、工坊、酒坊、驿道等更大规模的人工环境出现了。以生产、贸易、交通为主要功能的古城市在欧洲、地中海沿岸和北非地区出现；以防卫、生活和生产为主要功能的古城郭在中东、中国和中亚出现。人口、经济资源和社会活动更高度地集中于城市。但这样的严重依赖于自然环境而建的城市社会更增添了因自然现象引发自然灾害的条件，人类文明在城市的高度集聚也陡增了灾害风险。

因此，自然现象要生成为自然灾害，人为因素可以成为重要原因。假设台风或飓风是掠过无人的荒岛，不可能造成灾害，掠过防灾水平较高的地区，造成的灾害也可能较小；但假设发生在防灾设施落后的人口稠密区，后果就不堪设想了。自然现象形成为自然灾害，不取决于自然现象的强度，而在于人工环境和人类社区的空间分布和结构性特征，如自然现象发生地的人口聚集度、经济密集度、风险承受度、科技水平度、防灾能力度、救灾赈灾度。我们可以对这六个度制定具体的衡量指标，来检验自然现象转变为自然灾害的可能性。

## 第三节　城乡区位与自然灾害

2008 年汶川大地震中，北川老县城的大量房屋是被周边山体大面积大体积的滑坡推倒的，沿山麓建造的房屋无一幸免。河谷中整个北川老城被彻底摧毁。北川原来只是个小山村，但随着经济的发展，人口的增加，在河谷中的村镇的人工设施必然向山麓拓展，从而更贴近有地质隐患的山麓山坡区域，为地震形成的大面积山体滑坡所造成的人为性悲剧埋下了伏笔。究其原因，除自然的破坏力外，显然有城镇发展中的规划失误。如图3—9，图3—10所示。

**图3—9**　2008年5月16日北川县城航空光学遥感图像，可见图左右两侧山体滑坡对房屋建筑的损毁。

来源：http：//www.sxkp.com/kpw/kjbnews/News _ View.asp？NewsID＝50387，上

**图3—10　灾后的北川县城**

传于2009年5月19日，下载于2013年10月11日。来源：百度，http：//image.baidu.com/，上传时间不详，下载于2013年9月4日。

　　通过对汶川地震、玉树地震、海地地震和印度洋海啸的研究，可以发现：在不同的地质条件和气候条件下，地震对周边区域和社区所引发的次生、衍生灾害是不一样的。在内陆尤其是内陆山区发生的地震会引起泥石流、山体滑坡、堰塞湖等巨大和难以预测的次生地质灾害，造成溃坝，隧道、矿井坍塌、道路桥梁断裂等基础设施的损毁。而发生在海岸和沿海的地震，则引发不同规模的海啸，对沿岸的渔业、海运、海上平台设施、海岸设施、旅游业和港口设施造成损毁。一般来说，前者造成的损失会更广更大更严重，也更不可预测。

　　在这样的情况下，地震所引发的次生灾难会成为影响灾区经济社会的更主要的原因。震后不同地理条件下不同的次生灾害会引发不同的经济社会后果，这点是经常被忽视的。

　　经过 2010 年两次全国性的排查，中国已查出的地质隐患地点达二万多处，而密集的人口集聚和城市化发展，使这些地质隐患成为定时炸弹。在今后的城镇规划中，针对有地质灾害和气候灾害隐患的地区，必须采取以下基本的措施。

　　第一，控制人口规模集聚和经济发展集聚，从而控制城镇的发展，尤其是避免向山麓山坡地带拓展城市。保持生态平衡和植被系统。

　　第二，在城市发展与地质隐患地带划出一个中间区域，既起到控制城市规模的作用，也是发生地质灾害时的缓冲区。

　　第三，对现有的对城镇已形成威胁的地质隐患，根据严重程度采行三个基本应对措施：设置 24 小时感应器和观测点，在特殊地理条件下对隐患点进行自动和人工检测；通过土木工程作业对地质隐患带做有效的固体稳定和植被绿化；对存在重大地质隐患，而居民人口和经济活动密集的地区实施地质灾害移民。

　　自然灾害对城乡社区的区位条件会造成三个重要影响：第一，自然灾害带来的直接经济和人员损伤，使区位处于危险的环境中。第二，自然灾害干扰了城乡经济和生活的正常运转，从而造成时间、金钱和价值的损失，使区位处于不利于宜居易业的环境中。第三，自然灾害多发地区不利于外来投资、人才和技术的进入，甚至有资金人才外流的可能，不利于当地的投资兴业和长期发展。这一点对于发展中国家来说尤其重要，这些国家如印度尼西亚、孟加拉国、智利、海地等自然灾害多发地区。

　　自然灾害发生后，重建工作分为应急、恢复与重建三个阶段。政府在救灾过程中需要注意的是，必须区分不同受灾群体所在灾区区位对于救援与重建的不同要求，对于有的灾民来说，恢复生命线是最重要的；而对于有的灾民来说，房屋重建是最重要的。这种情况在阪神大地震中给我们以启示，从接受救助的灾民的角度来看，对那些自家房屋破坏较轻且震后仍可居住的灾民来讲，他们很想回家去恢复正常生活，对他们而言，生命线的恢复是很重要的信息。而对于自家房屋损失惨重，外出避难的灾民来讲，最重要的是有关重建房屋的信息。可见，准确掌握每个灾民灾区区位性的需求，并按其轻重缓急实施救助，也是提高灾害救助效率和质量必不可少的信息。[①]

---

① 许汉泽，研究报告，2010 年。

# 第四章　人与自然灾害的人文社会关系

## 第一节　人的先赋性特征与自然灾害的关系

人的性别、种族、宗教、生理结构、家庭背景和国别都是个体的先赋性的在生理、文化和社会特征等方面的表现。这些先赋性的特征在面对自然灾害时，会影响到每个作为个体的人的命运。

首先是性别特征。女性对自然灾害的一般反应是恐惧、无助、被动和软弱。这是由女人的性格天性和心理定势所决定的。女性的生理特点也决定了她们在遭受自然灾害威胁时，在体力上是难以长期抵抗的。但妇女的体力、意志比男子有较长的忍耐力和承受力，甚至更冷静理智，不争强好胜。

女性的服饰、发式不适合在自然灾害中的自救脱逃，如裙子、高跟鞋、凉拖鞋和长发等都会阻碍迟滞其逃脱。2004 年印度洋海啸中，印度、孟加拉国等灾区的部分妇女就因纱丽拖拽、长发缠绕而在海浪中殒命。

此外，女性在怀孕和月经期时行动迟缓和心理阴郁脆弱。在这种特殊情况下，自然灾害所带来的影响和危害性是叠加的。

种族先赋性中的种族优越感和剥夺感在救灾过程中也会显见。在救灾过程中，世界各地灾区所处的地理位置大多数位于非白种人的国家和地区，这些灾区多为黄种人、黑种人、混血种族和特殊白种人（如印度人）。而相应的救援者往往是白种人和北半球高北纬地区的浅色黄种人。这些浅色人种对深色人种的保护援助——如通过联合国维和部队或维和警察——本身就是一种高高在上的种族优越感，是对有色人种独立权、社会参与权和民族自决权和自豪感的相对剥夺。

宗教信仰也作用到自然灾害中人们的先赋性。有宗教信仰的人往往较为内敛、宽容、博爱但自负。教徒的宗教先赋特征对灾后救援、赈灾和灾后重建有利。但宗教偏执狂者可能不会客观面对和分析自然灾害，产生过激的宿命论和虚无主义，不能积极应对，其社会行为在主流社会中会显得怪诞、异质和排他。

生理结构的个人先赋特征指个人在生理和精神上的非正常人的特性，如先天性生理残疾，包括肢体残障、失明、聋哑、小儿麻痹症和先天性弱智、脑瘫和精神病等。这些有先天和后天生理和精神障碍的人，在遇到自然灾害时的判断力、感知力、行动力与正常人相比，是较为脆弱和缺乏的。他们的生命安全受到显而易见的比常人大得多的威胁。但这种先天性的生理和神经结构的缺失所造成的不公平并不是剥夺他们生存权的理由或借口。作为人，他们有同等的生存权。

家庭背景特征可以反映一个人在遭遇自然灾害时所具有的个人先赋资本承受力。一般而言，出身于有较高社会地位、家产殷实、社会关系广泛的家庭的人，只要家庭关系稳定团结、个人仍属于家庭和家族一员的，就可以获得来自家庭的必要支持，在遭受自然灾害时更是如此，其对自然灾害在心理尤其在经济上的承受力较为坚韧，家庭中后代的个人努力付出较少。这样的人不但可以自保无恙，还可能借助家庭和家族的资源为灾后的公共事业谋福祉。

将国别特征作为个人的一种先赋特征，主要是指个人日常生活所在国家，即所生存的国土，而不是国籍或祖籍国的归属。个人的国别在面对自然灾害时，其国别特征中的地缘性表现在三个方面：一是个人所在国的自然环境和所遭受的自然灾害种类、强度，即个人因国别特征的不同，其所在地理地域特征的不同，所遭受的自然灾害种类或自然灾害威胁强度也不同，如印度人和巴基斯坦人在一生中总会遭遇高温、干旱和水灾威胁，日本人一定会遭受地震影响，美国中南部居民可能要面对龙卷风的侵袭等。二是在自然灾害发生后，个人所处国家的社会文化环境，包括生活质量中的物质条件和社会质量中的社会参与和公民社会的成熟度等。在公民社会、诚信社会或熟人社会中的个人，在自然灾害中会受到较可靠的社会救助。三是个人国别特征还体现在灾后个人所在国家的社会政策、社会福利和社会保险等国家制度的结构性影响。个人在完善的社会政策、充裕的社会福利和万全的社会保险保障下，可以较好地度过灾后的困境，恢复正常的就业和生活。

## 第二节  人类对自然灾害的感知

民众认知与承受自然灾害时具有社会群体性差异。

有学者对汶川灾后灾民对地震的感知做过调研，发现：

"第一，灾区民众认知和响应地震灾害的综合水平和能力不理想。不同的认知与响应地震灾害方面中，民众的地震灾害知识水平最差，减灾技能掌握程度次之，而震时和震后自救互救和情绪与信息传播两个响应方面较好。即在民众认知地震灾害程度不高的条件下，只要引导正确、宣传及时，民众仍能积极、合理地应对地震灾害的影响。

第二，从青少年到老年，认知和响应地震灾害的几个方面上的水平与能力均先逐渐增强后又逐渐减弱，认知程度和响应能力最好的是 19 至 25 岁的青年人，最差的恰是生理上最为脆弱的少年和老年人。在家庭和社会生活中承担关键角色的部分中壮年人群，其在地震灾害认知方面的水平明显没有预期的好，一些人群还较差。

第三，大众的受教育程度与其认知和响应地震灾害的水平与能力之间存在显著正相关，其中与地震灾害知识因素间的正相关最强，相关系数为 0.431，而与防震减灾技能、自救互救实况和震后情绪与信息传播三方面因素间的相关系数明显要小，分别为 0.262、0.171 和 0.202。这可能意味着：以往的各类各级正规教育中，有关地震灾害知识方面的教育，可能要多于有关防震减灾技能与实用方法方面的教育。本科及以上学历者与其它一些学历人群（如大专学历人群甚至是高中中专学历人群）相比，虽然他们的地震灾害知识越来越丰富，但他们的防震减灾实用技能掌握程度和对如何有效地应对地震灾害影响的认识，并不占明显优势，一些方面甚至还显现出明显的差距。通常，受过高等教育的人群在社会经济发展进程中的作用更大、或者说有更多机会发挥作用。

第四，女性的地震灾害认知程度和响应地震灾害的水平与能力不如男性，特别是在地震灾害知识掌握程度和震后情绪与信息传播特点两方面明显不如男性。

第五，民众的地震灾害知识水平和防震减灾技能掌握程度，两者均显著而深刻地影响着他们在震时及震后的响应行为和态度，且以后者的影响更为突出：民众的地震灾害认知程度好则响应行为与态度更加积极、合理，反之亦然。

第六，广播、电视、报纸特别是汶川地震发生后的各类官方传媒以及'当地政府和有关部门的针对性宣传'是研究大众获取防震减灾相关知识的两个主要途径，而通过学校正规教育来取得这些知识的方式，则未能如期取得可以显见的优势。研究民众在汶川地震后两个月时所拥有的地震灾害知识和防震减灾技能时，有相当大的数量恰是汶川地震发生后才刚刚获得的；地震发生前，他们的地震灾害认知程度难以令人乐观。普通民众和广大经济社会层面对地震灾害的认知/感知和响应/适应既是一个行为和（或）社会过程，同时又是一个涉及面广泛的科研领域，是一个有潜力的提高全社会综合防震减灾能力的研究方向。"[①]

巨大自然灾害对人的损害不仅表现在人员死亡上，对活下来的人也会造成极

---

① 苏桂武，马宗晋，王若嘉，王悦，代博洋，张书维，甯乾文，张少松：汶川地震灾区民众认知与响应地震灾害的特点及其减灾宣教意义——以四川省德阳市为例，《地震地质》，2008 年 12 月，第 30 卷第 4 期。

大伤害。地震对活着的人的伤害，包括对其生理的伤害和精神——心理的伤害。[①]

巨灾使人的生存空间突然压缩，在心理上丧失了空间归属感，感到一种无以名状的生存威胁，表现出极度的惶恐不安。人们在正常生活条件下所建造的心理世界突然被摧毁，正常的社会性生活瞬间中断。人们在平时向往和追求的事业成功、工作成就、家庭幸福、爱情友谊、生活情趣等突然停滞，心理上有巨大的失落感。这打乱了人们平时信奉的行为规范，模糊了角色意识，压缩了心理需要层次。丰富多彩的生活追求变成了简单的求生欲望。人们心理上所体验的生存空间的压缩，行为表现上需要层次的降低，使人的价值取向明显地趋于追求基本的生存活动，使人表现出更多的本能特征。这可以间接地解释为在巨大自然灾害后，社会越轨和犯罪行为尤其是财产犯罪行为在一定条件下急剧增加的原因。[②]

巨灾后人的心理异常导致的是社会行为异常。人们的生活常态被打破，处于一种灾害生活模式或灾害生活方式中。

自然灾害后，幸存者的生活方式和行为方式必须因社会环境的急剧变化而发生变化，这是一种瞬时性的社会化过程。这样的社会化不像常规的社会化过程，是通过从父母到学校、社区的教化过程缓慢地进行，而是一种在短暂时间里，在有限的空间中，在身边的日常生活、环境发生剧烈的破坏性、毁灭性和断裂性变化后，一种强迫性的突发社会化破点（而不是过程）。

如：一些灾民必须突然直面失去至亲的永久性痛苦，必须接受自己受重伤或成为残疾的突发而长久的命运，必须面对房屋等生存空间和物质财产顷刻荡然无存的现实，必须接受失去工作失去收入来源的窘迫局面。而这些发生在个人生命历程中的断裂性事件，虽然在过后可以通过社会政策、社会救助和社会工作等国家社会干预予以缓解。但现实是，更多的是依靠个人急速的再社会化即被迫性的社会再适应过程来承受的。孤儿必须接受失去父母的现实并提前独立，残废者必须考虑个人的就业和生存前景，无家可归者必须为重建家园而忧心，失业者必须自谋职业或重操就业以养家糊口。这一切都需要灾民从心理到行为上做出调适和应对，并以最小的成本（因为往往已经没有可再付出的资本），以个人理性的方式获取可以获得的有限资源。每个灾民和家庭都需要一段再社会化和再重组的过程。这个时间的长短取决于灾民人力资本、社会资本（社会网络）的潜力和国家公共社会资源的投入。最终，一些灾民可以在一段时间后恢复并发展，一些人可能仅恢复到灾前水平，更有

---

① 王子平，陈非比，王绍玉：《地震社会学初探》，北京：地震出版社，1989 年。

② 同①。

一部分人从此因灾致贫返贫，从此家境衰败，这是再社会化的失败。

因此，自然灾害只是造成人类贫困和落后的初始和前提条件，但不是最终和根本条件，只要个人处理得当，社会干预有效，灾民是可以摆脱灾害所带来的社会经济困境的。自然，在个人再社会化努力的基础上，国家和社会层面上的社会政策、社会救助和社会工作也起着推动性作用，人们对自然灾害的感知亦会发生积极的变化，所谓的"化悲痛为力量"。这也是社会学和社会政策学、社会工作专业所要研究的问题。

最后，关于人对自然灾害的感知，笔者再谈谈自然灾害意识和自然灾害社会行为。

自然灾害意识包括：人们思想中有关自然、自然现象、自然灾害以及自然灾害的防灾、救灾、赈灾、灾后重建的专业理论知识、理念、感知、价值观、道德传统、社会规范、社会经验、专业技能、国家政策、法律法规等。可归纳为三大范畴：有关的专业理论知识、伦理道德和政策法规。

意识的获取可以是通过社会教化，包括家庭、家长指导、大中小学教育、培训进修、科普阅读等获得；可以通过训诫，包括关于自然灾害的正面宣传、重大自然灾害的集体记忆、历史经验教训、法律法规惩戒等获得；可以通过所处地区有关自然灾害的文化环境、社会环境、宗教环境、种族环境、人文环境、人口环境、经济环境和自然环境的影响获得。

自然灾害意识有个体性意识和公共性意识。个体性意识是指人类个体或利益群体出于自身利益和本能反应所具有的较为狭隘和本我的自然灾害意识，如对自然灾害威胁危险的感知认知、本能的规避意识、各种求生自救的常识和个体性的经验积累等。

公共性意识是指涉及到社会整体利益、整体安全和整体意义和价值的有关的专业理论知识、价值观、道德规范、法律法规；或社会共同积累和传承的作为公共物品的自然灾害的知识体系；也指个人将个体性意识公共化，将个人的自然灾害意识传授给集体、"我们"、"他们"，和社会共享。

自然灾害社会行为是指人们对待自然现象、自然灾害和自然灾害引起的破坏性后果所作出的个人的和集体性的社会反应和社会行为。

自然灾害的社会行为有被动的社会行为和主动的社会行为。被动的自然灾害社会行为是人类在受到外界的（如自然灾害侵袭）或他律的作用下（如社会动员、社会规范、社会法律、社会惩罚、社会激励和社会诱惑等），非本能、非本意地受到影响和指导着的自然灾害社会行为反应。如逃难和灾害移民行为，对亲人的救助和寻找等。行为以利己为导向。

　　主动性的社会行为指具有自然灾害意识并内在于心的个人或群体在遭遇自然灾害时的主动、积极和主导性的社会行为反应。如国家重建支援和各种志愿者行动。行为以利他为导向。

　　由自然灾害意识转化为自然灾害社会行为尤其是主动性的社会行为需要有系统性的转换机制，从中也会有结构性的障碍。这种转换或障碍取决于政治、经济、社会、文化、宗教和科技等复杂因素的综合作用。

　　最后，人类的防灾感知意识存在着麻痹——警醒——警觉——侥幸——再麻痹的过程。即在没有发生自然灾害时，一般人对自然灾害的破坏和威胁处于麻痹的状态；一旦灾难降临到自己头上，就会猛然警醒，仓促应对；随后，灾区和非灾区的人们在一段时间里会对灾难保持较为敏感紧张的记忆性警觉状态；在过后的几次灾难都没有发生在自己所在地区后，作为局外人会逐渐产生侥幸心理；终于逐渐心安理得地恢复到麻痹状态。因此，全民性防灾意识一般可能维持在大灾后的一两年里，此后会随着时间的延长、距灾害地距离的遥远和记忆的淡漠而成反比地衰减。

## 第三节　自然灾害中的社会网络

　　自然灾害中的社会形成特殊的社会资本和社会网络。

　　如海地地震后，对灾民救助的社会资本和社会网络，有来自灾民自发的救灾行为，有海外侨民的汇款，有老殖民地宗主国美国的直接干涉，也有邻国多米尼加共和国和联合国等国际社会的援助。在自然灾害发生后，围绕着灾区和灾民，会形成一个由六个社会圈构成的社会关系网络，笔者借用费孝通的差序格局圈，制作下图。（图3—11）

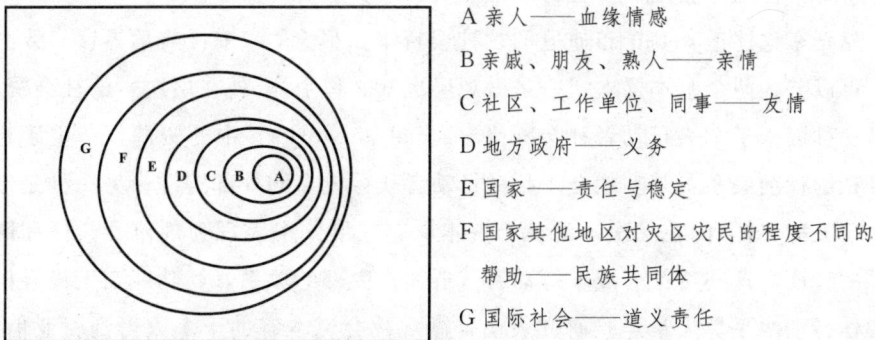

A 亲人——血缘情感
B 亲戚、朋友、熟人——亲情
C 社区、工作单位、同事——友情
D 地方政府——义务
E 国家——责任与稳定
F 国家其他地区对灾区灾民的程度不同的
　帮助——民族共同体
G 国际社会——道义责任

图3—11　自然灾害中灾民的社会网络圈

灾害发生后，灾民的亲人（A）就感情和地域接近度来说都是最接近、最早期和最关切的救灾者。其次是灾民的亲戚、朋友、熟人（B）。他们救助灾民的主观意念最强，最迫切，但缺乏的是救援的组织性和物质技术支持。这个社会圈子所关注的是它所熟悉的每个相关的个人而不是整体。

灾区灾民所在的社区、工作单位以及同事（C）会出于归属感、责任感和社会交往情感，在保证整体利益和力所能及的前提下，会积极关注相关个体即灾民的利益。

地方政府（D）投入对灾民的救助，基本上是基于道德义务和功能性责任。其关注的更多的是地区利益和整体效应。但这种对整体的关注最终是落实到对各个个体的关注上。这种非主动性决定了需要更高层级和公众舆论的推动和监督。最直接的利益攸关方和具体的"守夜人"，却可能出现最多的职能、效能失灵。

国家政府（E）对灾区和灾民的救助是出于对国家危机的本能反应，是国家公共社会功能的体现，其最终目的是稳定社会，维持统治，并回复到原有的状态。而其总体战略的落实体现在对灾区整体的应急、救灾、减灾和灾后重建上，最终眷顾到每个灾民个体。

国家其他地区（F）对灾区灾民的程度不同的帮助是出于一种民族、国家和社会共同体的意志表现，是基于民族国家情感的道德和责任的付出（爱国主义、民族主义和公民意识、人权意识）。如中国各地对以藏族为主的玉树灾区的援助就是国家共同体和民族团结的意志体现。

国际社会（G）的援助是一种道义责任的表现，其中有人类道德情感的融入，但也会有复杂的国际政治甚至经济利益争夺的表现，是最边缘即最带功利性的不可靠的外围因素。但是，不同性质和目的的国际援助的最终获益者可能还是灾区本身。但国际援助需要在持续性和实际落实上受到监督。

赵延东论述道：基于布迪厄的"社会资本"概念，"按目前学界较一致的看法，可以分为两个基本层次：一是微观层次（又称个体/外在层次）的社会资本，它是一种嵌入于个人行动者社会网络（social networks）中的资源，产生于行动者外在的社会关系，其功能在于帮助行动者获得更多的外部资源；另一种是宏观层次（又称集体/内在层次）的社会资本，它在群体中表现为规范、信任和网络联系的特征，这些特征形成于行动者（群体）内部的关系，其功能在于提升群体的集体行动水平。大量经验研究表明，微观社会资本有助于个人得到就业信息、社会资源、知识及社会支持，因而有助于人们获得更高的社会经济地位；而宏观社会资本则对提高社会的经济绩效、推动和维护民主化进程、消除贫困、保证社会的可持续发展等起着不可或缺的作用（Portes，1998；张文宏，2003；赵延东、罗家德，2005）。

在灾害的早期研究中，已有学者指出社会网络与社会联合体是对灾害做出反应的最基本社会单位之一（Drabek et al.，1981；Leik，1981）。在其后的研究中，研究者们越来越注意到社会资本在灾害中的重要价值。从微观社会资本的作用看，灾难的发生总会导致社会正式制度系统出现一定程度的混乱，在这种'制度空缺'的情况下，作为一种非正式制度的社会网络与社会关系正可以起到填补制度真空的作用。许多研究都发现受灾者在灾后会动用自己的亲属、朋友、邻居等社会网络关系来获得支持，这些支持对受灾者的灾后恢复起到了非常关键的作用（Drabek & Key，1984；Soloman，1986）。"①

"美国学者赫伯特等人较为系统地研究了受灾者的社会网络/微观社会资本与灾后社会支持之间的关系。她们首先发现，对受灾者而言，不同结构的社会网络所能传递的社会资源是不一样的。强关系多、密度高、同质性高的网络更易于传递非正式支持（来自社会网络成员的金钱、物质及非物质帮助），而特征相反的网络则更易于传递正式支持（来自政府或其他正式社会组织的援助）。其次，她们还研究了网络结构对人们灾后求助行动的影响，发现如果某一受灾者在灾前嵌入于规模较大、密度较高、男性成员较多、年青人和亲属所占比例较高的网络中，则他/她在灾后恢复期间更可能向自己的核心网络成员求助；反之，位于规模较小、密度较低、结构较松散的网络中的受灾者则更可能向核心网络之外的其他网络成员求助，或更多地依赖正式援助。最后，她们还发现网络结构还可能影响人们灾后向他人提供援助的行为（Beggs et al.，1996；Haines et al.，1996；Hurlbert et al.，2000）。赫伯特等人的研究表明不同网络结构可以提供不同社会资源，并影响灾民的求助和提供帮助的行动。

相对于微观社会资本而言，宏观社会资本与灾害的研究起步较晚。尽管弗里兹和巴顿等早就提出了'疗愈型社区（therapeutic community）'的概念来描述那些在灾后出现大量合作行为和利他主义行为、并自发地组织起来应对灾害的社区（Fritz，1961；Barton，1970），但只是在宏观社会资本的理论框架出现后，人们才开始重点分析受灾社区中的信任、社会规范以及由公民自愿参与形成的社会联合体（association）在灾害中的作用。中村等人对日本神户地震灾区和印度古遮拉地震灾区的研究表明：灾区内各种公民组织和非政府组织在灾害期间可以

---

① 赵延东：社会资本与灾后恢复——一项自然灾害的社会学研究，《社会学研究》，2007 年第 5 期。

有效地弥补政府减灾工作中无力顾及的各种问题，在受灾公众与政府之间起到沟通和桥梁的作用（Nakagawa & Shaw，2004）。宏观社会资本存量更丰富的社区更可能成为'疗愈型社区'，恢复速度更快。学者们还集中分析了灾害中信任、社会规范和社会组织的作用问题，认为更高水平的信任有助于加快灾后恢复速度、提高灾民的满意度；受灾社区和群体在灾后很可能出现'利他性'社会规范，有助于灾后恢复（Dynes，2005；Nakagawa & Shaw，2004）。"[1]

赵延东在 2007 年对中国中西部受灾家户的大规模研究表明："通过各自变量的回归系数可见，微观社会资本对居民在灾后是否获得援助起着重要的作用。如果受灾家庭网络成员中亲戚朋友（强关系）的比重较低、户口异质性较高，且网络中嵌入资源更丰富，则其获得正式援助的可能性更高。如果网络规模较小、网络中强关系的比重和户口异质性较高，且嵌入性资源更丰富，则受灾家庭更有可能得到非正式援助。

'网络构成'对获得非正式援助的回归系数为 0.357 且在 0.01 水平上显著，说明在获取非正式援助这一问题上，强关系所占比重越高的网络优势越明显：强关系比重每上升一个百分点，受灾户获得非正式援助的概率比（odds ratio）会增加 0.43 倍。而在获取正式援助的问题上则正好相反，回归系数为 -0.257 且有边际上的统计显著性，这意味着那些网络中强关系比重比较低的居民更可能得到正式援助。

宏观社会资本对获取援助亦有一定作用，社区'政治参与水平'在模型 1 和 2 中的回归系数分别为 0.036 和 0.020，且均在统计上显著，这意味着社区'政治参与水平'每提高一个单位，则居民获得正式和非正式援助的概率比分别会提高 0.04 倍和 0.02 倍。此外，社区的'制度性信任水平'和'一般社会参与水平'在模型 2 中的回归系数均达 0.05 显著度，说明所在社区制度性信任和一般社会参与水平较高的居民将更可能获得非正式援助。"[2]

"模型 4 的因变量是'过去一年中家庭经济状况变化'，这一指标应能更为直接地反映居民灾后恢复的动态变化情况。从统计结果看，微观社会资本变量中'网络规模'、'网络构成'与'网络资源分'的影响都比较显著：网络规模较大的受灾家庭恢复更快，网络成员中强关系所占比重更低的家庭恢复更快，网络中

① 赵延东：社会资本与灾后恢复——一项自然灾害的社会学研究，《社会学研究》，2007 年第 5 期。
② 赵延东：社会资本与灾后恢复——一项自然灾害的社会学研究，《社会学研究》，2007 年第 5 期。

嵌入性资源更丰富的家庭恢复情况更好。在反映宏观社会资本的诸变量中，社区的制度信任与陌生人信任水平都对家庭经济变动产生了积极的影响，但反映社区社会参与的变量却均起着反向的作用（一般社会参与和政治参与的回归系数分别为－0.008 和－0.014，且均在 0.001 水平上显著）。

有两个结果应引起重视：首先是微观社会资本中'网络构成'变量对灾后经济恢复有稳定的负影响（在模型 3 和 4 中的回归系数分别为－0.109 和－0.102，且在统计上显著），也就是说，网络成员中强关系更多的居民家庭灾后恢复的情况更差。其次，宏观社会资本中反映社会参与水平的变量均对灾后经济恢复产生了负向作用，越是社会参与程度高（特别是'政治参与'程度高）的社区，经济恢复的情况越差。

最后，在模型 4 中加入一个'网络构成'与'家庭人均收入'的交互项后形成模型 5，主要目的在于考察对于不同的社会群体来说，社会资本对灾后恢复的影响是否相同。从结果看，网络构成与收入仍然显著，而且新加入的交互项在统计上也是显著的，说明'网络构成'与'收入'之间存在较明显的交互作用。对交互效应的进一步分析表明，对于收入较低的人来说，网络构成中强关系比重对灾后恢复情况有积极的影响；而对于收入较高的人来说则恰恰相反，网络构成中弱关系比重越高，灾后恢复情况越好。"① 赵延东的研究结论如下。

"第一，关于微观社会资本对灾后恢复的积极作用。研究表明在微观层面上，个人的社会网络资本对灾后恢复的作用相当明显。这一点在直接代表嵌入于个人社会网络中资源情况的'网络资源分'的作用上表现得尤为清晰，它对受灾者灾后援助的获得和灾后恢复都有显著的积极影响。这一结果支持了社会资本理论中的'社会资源（social resource）'学说（Lin，1982）。在灾害发生后，个人可以通过自身的网络来调动各种正式的或非正式的嵌入性资源，为自己摆脱灾害的影响、恢复正常生活提供了条件。另外，社会网络规模的作用亦不可小视。社会网络规模较大的居民在灾后经济恢复问题上明显地占有优势。可见，在当前灾后正式援助制度处于转型期的情况下，社会资本在很大程度上起到了补充正式制度不足的作用。

但社会资本对灾后恢复的影响并非全是积极的，在考察网络规模对非正式支持获得的影响时，我们发现网络规模更小的居民更可能得到非正式支持。这一结果与以往的研究结果不太一致。另外还发现反映网络结构的两个指标——网络构

① 赵延东：社会资本与灾后恢复——一项自然灾害的社会学研究，《社会学研究》，2007 年第 5 期。

成与成员户口异质性——对灾后恢复似乎起着不同的作用。对这些问题的讨论，可能有助于深入理解微观社会资本对灾后恢复作用的机制。

第二，关于网络结构、社会资本与行动类型。研究发现社会网络的规模和结构对灾后恢复所起作用不完全一致：网络规模对灾后经济恢复起着积极作用，但对灾后是否取得非正式援助的作用是负向的。从网络构成看，强关系所占比重高的网络更有利于受灾者得到非正式援助，但却更不利于他们得到正式援助，也不利于其灾后的经济恢复。这一结果实际上呼应了以往研究者的一个观点，那就是同样的网络结构对于人们不同类型的行动产生的后果不尽相同。

林南曾区分过社会资本对于‘工具性行动’和‘表意性行动’的不同作用，认为紧密而封闭的网络有利于保持资源的表意性行动，而开放的网络则更有利于获取资源的工具性行动（林南，2005）。赫伯特等在社会资本与灾害的研究中进一步发展了这一理论，她们指出：个人的社会网络是人们行动的结构性背景，人们通过平时与社会网络成员的长期互动，会形成一种对资源可得性和资源获取方式的固定心理感知模式，在灾害发生后，这种感知和行为模式会形成一种影响人们资源获取行动的‘解释性框架’，决定着人们的求助行动及行动的后果（Bcggs et al.，1996；Hurlbert et al.，2000）。由此我们可以推论：规模小、强关系多、同质性高的核心网络会带来更强的归属感和规范共识，从而加强了成员的互动和社会交换，因此处于此类网络中的成员更可能在灾害中寻求并得到非正式支持。反之，规模较大、弱关系较多且异质性较强的网络虽然不利于非正式支持的获得，但它更便于信息和资源的流动，更有利于人们的工具性行动，因此拥有此类网络的受灾者更容易得到正式援助，且灾后恢复情况更好。可见，同样的网络结构对人们不同类型的行动所起的作用是不同的，甚至可能是彼此冲突的——有利于表意性行动的网络结构，可能会对人们的工具性行动产生不利的影响。

第三，关于社会资本的效用与局限。以上结果还促使我们进一步思考微观社会资本在灾害中的效用及其局限问题。如前所述，已有研究表明，在灾害中，一些弱势群体的脆弱性更强，更难恢复。那么社会资本能否对这些底层群体的灾后恢复起到帮助作用呢？本研究中对社会网络构成与经济收入的交互效应的分析表明：经济收入较低的人在灾后恢复过程中更依赖自己的强关系网络，而这会对其经济恢复产生更为不利的影响。我们将受灾者按家庭人均年收入五等分组后发现：与收入较高组相比，收入较低组的网络规模明显偏小、网络中强关系比重明显偏大、户口异质性偏低，且网络资源分偏低。从前面的讨论可知，这样的网络结构对于经济恢复显然是不利的。

第四，关于信任、公共参与和灾后恢复。目前有关宏观社会资本与灾后恢复的研究较少，且多为理论性探讨，较少有经验研究。本研究通过经验数据，将宏观社会资本操作化为信任和社会参与两个部分，具体分析了它们对居民灾后恢复的作用。

总体上说，宏观社会资本在受灾者灾后获得帮助这个问题上有一定的作用，主要表现为公共社会参与的水平对居民获得灾后支持的积极作用，这可能喻示着更积极的社会参与活动将有助于人们获得更多的资源。但信任水平无论对正式支持还是非正式支持的获得均无明显作用。研究信任的研究者一般强调的是更高的信任水平可以降低交易成本、促进人们的合作、帮助人们更好地解决'集体行动的逻辑'问题（Putnam，1993；福山，2001）。因此可以认为，在灾后重建问题上，信任的主要作用并不在于会给人们带来更多的资源，而在于帮助人们通过更有效的合作充分利用现有的资源，从而更好地应对灾害的打击，更快地恢复正常生活。

宏观社会资本对灾后经济恢复的影响更为直接。首先可以看到社区'制度信任'和'陌生人信任'水平都对居民家庭的经济恢复起着积极的影响，而'熟人信任'水平则几乎没有什么作用。学者们一般认为：信任的对象可以视为一个渐进的、扩展的同心圈，从最核心的家人信任，到熟人信任，再到更抽象的一般性他人和社会制度信任。韦伯将信任的两个极端分别称为'特殊信任'和'普遍信任'，核心部分的特殊信任是比较容易建立的，而越向外缘的普遍信任建立越困难（韦伯，1995）。福山特别指出，只有当社会的'信任半径'突破了家族和熟人信任的圈子，扩展到普遍信任时，社会才会有更好的经济发展（福山，2001；卢曼，2005；李伟民、梁玉成，2002；王绍光、刘欣，2002）。本研究的结果支持了这些论断：如果社区仅有高水平的熟人信任，则居民灾后恢复的情况不容乐观。只有当信任半径突破了'熟人'的范围，扩展到陌生人和制度的信任层次时，受灾者的灾后恢复才会得到保证。

但研究发现社区的社会参与水平与灾后经济恢复存在着负向相关关系，这一结果有些出人意料。帕特南一直主张公民社会参与程度是宏观社会资本的重要组成部分，一些经验研究不仅证明社会参与对经济社会发展起着积极作用，更直接证明了以公民自愿参与为基础形成的公民组织在灾后恢复中扮演着重要角色（Putnam，1993；达斯古普特、撒拉格尔丁，2005；Nakagawa & Shaw，2004）。为什么我们的研究却会出现相反的结果呢？

研究灾后冲突的学者注意到，如果灾后的社会资源分配依循不平等的'按相

— 119 —

对优势分配'原则，表现出明显的不公正时，就极可能引发利益矛盾与社会冲突（Ibanez et al.，2003）。在本研究中也发现，人们的制度性信任与政治参与之间存在着虽弱但显著的负相关关系。

据此考虑，政治参与和经济恢复的负相关结果是否意味着一种反向的因果关系——即是否正因为这些社区的灾后恢复情况较差或资源分配不公平，因此导致社区居民比其他居民更可能参与请愿、向政府提意见等社会活动？从以往研究的结果（陈健民、丘海雄，1999）以及本研究的统计结果都可以看到，中国公众的社会参与程度是比较低的。这些结果是否喻示着，正是由于平时对公民的社会参与和社会组织的重视不够，使得他们在利益受损时无法使用正常渠道表达自己的意愿，而只能使用一些极端的表达方式？本研究的数据尚无法回答这些假设。

第五、关于对灾害治理政策的启示。研究的结果对于灾害治理政策的制订亦有相当的参考意义。人们通常认为灾害治理是政府责任，因而考虑得更多的是以指令和控制为主的政府计划、基础设施建设和政府危机处理系统的建立等。但这种自上而下的治理体制并不是万能的，往往需要其他社会力量的补充和完善，而社会资本与社会网络正是这样一种重要的社会力量。本研究的结果表明，受灾居民原有的社会网络可以在一定程度上弥补正式制度的缺失，为灾民提供必要的社会支持。而受灾者在灾后积极的社会参与活动以及信任结构等都可以使受灾者更好地团结起来，共同抵御灾害的打击。这些都是制订灾害治理政策时不应忽略的重要资源。

尽管社会资本是一种非制度的因素，但政府在创建社会资本问题上并非完全无所作为。据中村等人的研究，在神户地震中，政府在许多受灾社区牵头成立了'城镇发展组织'，由于在组建时特别注意利用原有的社区自发组织基础，并强调了组织的自治性，这些组织在灾后重建中起到了很好的动员公众参与灾后重建的作用（Nakagawa & Shaw，2004）。这说明政府完全可以通过积极的政策来创建灾区的社会资本。因此，除了为灾民和灾区提供物质援助、重建当地的基础设施以外，政府还应该采取积极的措施重建当地的社会网络，充分利用当地既存的社会组织与社会规范，特别要重视非政府组织以及灾民自发组织在灾后重建中的作用，动员灾区人民更积极地参与到灾后重建中来。这样可以对政府灾后治理工作中可能存在的不足起到有益的补充，帮助受灾居民和受灾社区更快更好地恢复正常生活。

研究的结果同时告诉我们，社会资本这种非正式制度也有其局限性。例如，我们发现弱势群体在使用社会网络资本获得援助时会遇到更多的问题。这提示我们，在受灾地区的援助工作中必须以社会弱势群体为工作重点，因为他们无论在制度性资源还是非制度资源的获取上都处于不利的境地，而灾害的发生可能使这种劣势进一步被放大。只有对弱势群体做适度的政策倾斜，才能有效地保证受灾者经济恢复和受灾地区的和谐发展。

在研究中发现居民的政治参与活动与灾后恢复之间存在着负相关关系，这有可能是过去对社会资本投资不足导致的恶果。以往研究表明，社会资本是一种需要积累和培育的资本。只有那些在灾害前有较为丰富的自发组织与活动经验的社区，才能在灾害发生时更好地组织起来做出反应（Nakagawa & Shaw，2004；Dynes，2005）。本研究结果的政策含义是：对社会资本的重视和投资不能仅局限于灾害发生后的一种应急性措施，而应成为一项长期的、稳定的政策，这不仅是灾害治理政策中不可或缺的部分，也是保证社会和谐稳定发展的社会政策中不可或缺的部分。"①

可以假设，在发生重大自然灾害时，人类的共同体意识和社区归属感会骤然增强，有助于广泛的救灾赈灾社会网络的形成。归其原因和机制有以下三个方面。

一是自然灾害的超越人类个体和群体承受力的巨大破坏力和心理震撼力使人们意识到必须联合成命运共同体，才可能整合资源、意志和力量应对自然灾害。

二是从政府到媒体，均会通过广泛的宣传集结国家和社会的所有资源力量，获得暂时性的团结和凝聚；而面对灾难显得无助孱弱的民众，也需要"克里斯玛"式的人物和机制的号召而集结在统一的指挥下，所谓"团结就是力量"。

三是习惯于生活在集体单位（以职业单位为典型代表）中的社会性的人们，需要在灾后纷乱诡异的末日氛围中寻求必要的社会心理归宿和慰藉，从众意识下内心潜在的同类族群的亲和力会骤然提升，个体就成为编织社会网络的个个结点。

## 第四节　救灾中的公民社会参与

救灾重建中的参与者有两个基本范畴。

第一范畴的"参与者"是与自然灾害直接或间接相关的社会群体、社会组织和社会体系，即：灾民本身（遭受原生自然灾害和次生、衍生自然灾害的灾民），救灾者（政府部门，各专业和非专业的救灾部门、强力部门，非政府组织，专业

---

① 赵延东：社会资本与灾后恢复——一项自然灾害的社会学研究，《社会学研究》，2007 年第 5 期。

研究人员、自愿者）、传统媒体（政府的、主流的、公开的），非传统媒体（非政府的、非主流的、隐蔽的），社会受众等。

第二范畴的"参与者"涵盖了第一范畴的元素以及自然灾害本身的更宏观的体系，即自然地理条件，人口结构，基础设施，社会结构，政治体制，文化伦理，国际环境等。

第一范畴的"参与者"是本节关注的重点。

1976 年"唐山地震发生后数小时内，市区内有 20 至 30 万人从废墟中自救成功，成为救灾的第一梯队。地震发生后，在减少人员伤亡上，灾民自救起了巨大作用。据估算，唐山市区 90 万人中约 70％即 63 万人在震时被埋在废墟中。被埋压的这 63 万人中，当时便死去的仅 3 至 5 万人，约占 5％至 8％；不足一半即 20 至 30 万人因未受伤或受伤较轻，能靠自身力量从废墟中挣脱出来；另一半多约 30 至 40 万人，或因受伤，或因处境困难而不能自行脱身。这不足一半的 20 至 30 万自行脱险的人就成为后者的期望和依靠"①。

这些首先脱险的人在经历了最初的打击、恐惧和混乱后，首先想到的是拯救自己的亲人，但个体的力量、智慧和资源不足以克服自然灾害带来的巨大冲击，例如，一个人难以撬动一块倒塌的预制板去援救自己埋在废墟下的亲人。这就迫使大家不分彼此集中力量完成一件件具体的救援工作，这就需要可以召唤和集中分散力量的"克里斯玛"式领导人物，这就可以解释为什么灾民最初总是期盼着政府和军人等有组织力和有领导力的强制性力量的出现。而当正式领导力量同时被破坏或不能及时到位时，灾民自救群体中就需要出现一个或一群自发而有力的组织者和领导者（如灾民中的一位干部或党员；一位教师或一位神父；或一位有责任心和敢担当的普通人）。这种激情性的场景在民主公民社会、威权社会或公民受教育程度高的社会都会容易出现，但在无政府状态社会、强权社会或公民受教育程度低的社会则难以出现，或出现性质危险的"黑马"式人物。

从另一个意义上看，对公民灾后自救的训练和教育在当今自然灾害频发的时代极为重要，但这却是全人类都缺失的知识。人类的思维和行动方式，从一开始就是在和平稳定的社会环境下训导教化成的规范而统一的思维和行为方式——一种安然的文明的方式，诸如谦让、理性、克制、趋同、安静、高雅等惯习性的心理、气质和社会行为准则，但在巨大而突发性自然灾害后，需要的是每个公民的

---

① 新浪网：唐山大地震——8 小时自救互救 48 万人，http://redcross.jdnews.com.cn/dtxw/content/2012－05/14/content_5015558.htm，上传于 2012 年 5 月 14 日，下载于 2013 年 1 月 5 日。

主动、勇气、积极、参与、激扬和强悍等非常规化和非日常化的心理、气质和社会行为模式——一种超凡的抗争的方式。

在和平、稳定和自由竞争及市场经济的社会，公民被教化和进化成平庸、安逸、求稳但工于心计、个人主义和理性选择地追逐个人财富、地位和权力的利益动物，但在巨大而突发的自然灾害爆发后，需要的是每个公民的集体意识、公共意识、共同体责任和一定的奉献精神，更需要成为公共社会的、有着崇高人权意识和公平价值观念以及克服灾难的勇气的道德模范。最基本和最低的要求是：冷静、忍耐和参与。这是一种危机下的伦理和道德的境界，不同社会阶层的人、不同受教育程度的人和不同利益群体的人，其所达到的伦理和道德境界水平是不一样的，其社会参与度也不一样。我们常会看到，在巨灾面前，有的人成为了社会引领者、有的人成为了社会参与者、有的人成为了普罗大众、有的人成为了凡夫俗子、有的人成为了社会罪人。

也就是说，在自然灾害所剧烈重塑的社会形态面前，个人的公民意识、参与意识和社会行为必须进行恰当的改变，也应该做出改变，以适应灾后的社会环境所需要的人格标准，道德规范和公共伦理准则。这是一种即时性的但必要的社会化——自然灾害场域下的人的再社会化。

人类必须对自己在面对自然灾害时的行为的社会意义有一定的规范化标准，以完成其在特殊时刻之场域下的社会参与，实现其规范的社会人格，哪怕这样的社会参与是在灾难期间短期的特殊社会场域所需要的。具体的如中小学教师在地震时应如何首先保护未成年的学生。如果做到这样，也不会出现象 2008 年汶川地震时范美忠那样是非不辨的丑行了。[①]

关于灾民的社会参与，2011 年的日本人、新西兰人和 2008 年的中国人，都做得很好；但 2004 年的美国人和 2010 年的海地人，则是负面的样板。

灾民参与本地区的救灾活动是以自身平安为前提的。调查证实，大多数受灾者灾后的行动选择过程为：保全自身的生命安全➔保护居住在一起的亲属的安全

---

① 范美忠，男，四川隆昌人，1997 年毕业于北京大学历史系，曾在四川自贡蜀光中学当教师，后因课堂言论辞职，转至深圳、广州、重庆、北京、杭州、成都等城市从事教育或媒体工作。后供职于四川都江堰市光亚学校。2008 年 5 月 12 日汶川大地震发生时，正在课堂讲课的范美忠先于学生逃生，并因此被学校开除。5 月 22 日在天涯上发帖《那一刻地动山摇——"5·12"汶川地震亲历记》一文，细致地描述自己在地震时所做的一切以及过后的心路历程，掀起轩然大波，被网友讥讽为"范跑跑"，并引发了一场关于"师德"的讨论。资料来源：新华网教育频道专题，《中国拟将"保护学生安全"写入师德规范，缘何引发热议》。

→了解左邻右舍是否安全。

生存危机过去后的避难生活期需要较大范围的互助，这也是实现灾民社会参与的一个重要场合，在避难场所，邻里间互相帮助。倒塌的房屋下留存着大量的食物、服装和生活用品，即使外部救援物资抵达时间过迟，灾民利用灾区残存的宝贵物品，相互调剂，也能维持1周至10天。对于没有去避难所呆在家里的灾民来讲，日常传递信息的社区就成了发布行政消息、传递联络信息的组织。在这一时段，一些跨地区的团体也开始发挥作用。血缘关系和同事学友、业务伙伴、志趣相投者等社会网络和社会关系以及已有的联系渠道都可发挥作用。各方送来水和食物，提供临时住所，照看孩子，捐钱捐物等，救援者的社会参与可形成一股直接或间接支撑受灾者的强大社会网络。

重建社区的公共团体必须同心协力。但在遭受灾害失去住房的时候，奢谈恢复社区并不是那么容易理解。要想按共同的愿望进行重建，有时为顾全大局会使个人利益受到侵犯，如果个人不做出让步，就会影响社区重建工作。[1]

为此，笔者认为，按与自然灾害的空间距离和所受影响程度，可以分析个体与自然灾害的关系。在这种自然与人类的关系中，笔者将自然灾害的受众分为九种人，他们参与到灾后社区活动中的程度也因此有所差异。

第一种人，在一生中从未遇到过自然灾害，只是在媒体报道或传说中了解到有关自然灾害的情形，这是没有任何关于自然灾害感性认识的人。

第二种人，在一生中经历过或看到过轻微的自然灾害，但自身没有受到过任何来自自然灾害的实际性威胁，对自然灾害的认识只是停留于短暂和片刻的无害记忆中。

第三种人，在一生中亲历了起码一次重大自然灾害，并身临其中，但得以逃脱，并没有目击到周边的伤亡、房屋倒塌等严重损失，却记住了自然灾害的力量和存在。

第四种人，在一生中经历过一次或多次重大自然灾害，且看到过除自身受伤和财产损失外他人的生命财产损失，包括目击到他人的伤亡和财产损失等。虽多次亲历自然灾害的威胁乃至打击，但自身并无损失者。

第五种人，是在一次或多次重大自然灾害中自身受伤甚至致残，或自己的亲属、亲戚、同事、朋友等死伤；或自己的或上述亲友的物质财产遭到严重破坏损失的。自己或亲朋好友是自然灾害直接的受害者。

---

① 邓奕：灾后区域复兴的一种途径："社区营造"——访规划师小林郁雄，《国际城市规划》，2008年第4期。

第六种人，在他者遭受自然灾害时，是作为在事件发生场域外的"局外人"，通过捐款捐物、义演义卖等慈善活动间接地参与到应对自然灾害的社会行动中的个体。

第七种人，是作为新闻媒体工作者进入到自然灾害灾区的"介入者"，他们是自然灾害与社会公众之间客观、公正和"在场"的亲历者、目击者和传媒者。他们不直接参与救灾减灾，而是对"自然灾害事件"进行直接客观的报道。

第八种人，是直接和自然灾害有关的，但"不在场"的事件攸关者。他们虽然不一定在灾害发生现场，但通过技术手段关注、监视和预测自然现象和自然灾害的发生发展；或对抢险救灾进行观察、判断和决策。这些"不在场"的"局内人"是各类自然现象和自然灾害的监测、应急、预报人员和抢险救灾的指挥人员。

第九种人，是直接参与到抢险救灾工作中去的所有人员。他们在自然灾害发生后，即以最短的时间和最快的速度抵达灾难现象，展开抢险救灾工作。他们既有来自制度性组织的应急抢险救援队、军队、警察和消防部门，也有自愿者组织和自愿者个人等。他们是抗击自然灾害的实地"在场者"。

前五种人是从作为自然灾害的受众或受害者划分的，后四种人是作为应对自然灾害的社会参与者按照其参与时与自然灾害的"现场距离"划分的。

最后，谈谈灾区重建中的以工代赈问题，这是参与灾后重建的一种有效方式。

灾后重建作为一个经济问题也同样要考虑优化配置各种要素，提高资金使用效率，实现经济效益的最大化。鼓励受灾地区民众变被动地接受救助为积极地自救自建，通过以工代赈拓宽灾区群众安置渠道，解决受灾群众就业问题。

国内外的实践表明，单纯依靠政府救助和社会捐赠并不能从根本上解决灾后重建中的所有问题，反而可能诱发依赖心理，丧失地区经济发展活力。

以工代赈可以有效减缓财政压力和降低重建成本，提高资金使用效率，加快重建步伐。灾害中受损的道路、桥梁、通讯、水利、学校、医院等公共基础设施的重建施工周期长，劳动力需求大。以工代赈就地吸纳当地灾民，可以为灾后重建提供所需要的大量劳动力。吸纳当地劳动力参与重建不仅比使用外来人员更加经济，而且由于他们熟悉当地实际情况，更能有效满足这些工程的需要。

以工代赈可以拓宽受灾群众安置渠道，解决其就业问题，提高灾民家庭收入水平，直接改善其生活。以工代赈的过程实际上也是对受灾群众进行职业技能培训、就业服务和就业援助的过程，一些灾民可以逐渐学会一些专业技能，成为企业职工，从而解决部分灾民的未来长期就业问题。以工代赈可使受灾群众感觉更有尊严地获得相应的劳动所得，提高家庭收入，过上体面的生活。避免出现"灾后惯溺"行为。以工代赈可以营造"独立自强"的社会氛围，培养和激发灾民的社会参与意识和潜力。

## 第五节　自然灾害中的社会动员

救灾过程中救援者和灾民之间的信息对称和信息流通至关重要。2010年玉树灾后第三天，在聚集了五六千灾民的最大的居民安置点赛马场，灾民中出现了骚动。其重要原因之一是灾民无法得到急需的帐篷。自然灾害后，群众熟悉的当地政府组织因为政府设施的损毁和政府人员的死伤以及组织结构的破坏，加之灾后的混乱和无序，社会会处于无政府的状态。但这一时刻政府服务是灾区灾民最需要的公共物品。玉树在赛马场的做法是紧急建立帐篷支部，树立政府标志牌，以便灾民就近找到政府提出要求，政府满足其急需。[①]

因此，缺乏自觉社会动员的灾民会自然而然地寻找政府并要求提供救援，而政府的缺位或迟钝无能会使民众的恐慌和无助感加强，转而出现以下三种情形：恐慌蔓延和悲观气氛的扩散；对政府怨恨、指责和攻击；出现替代性的无政府组织和非法团伙（包括有组织的犯罪团伙）。针对政府功能缺失和社会失序，这里引出了关于灾后社会动员的讨论。

灾后社会动员过程是从上到下、从点到面、从个别到整体展开的。

不同经济、文化、社会背景下的社会组织对国家动员的反应是不一样的，如有组织性和纪律性的军队容易被动员，政府容易响应动员，专业人员容易响应动员、社会下层容易响应动员等。

在经历了2008年雪灾和2008年汶川地震后，中国的灾难应急动员响应机制已经建立，并在玉树地震中显示出了重要的功能作用。这些救灾和集结的动作之迅速与美国的"卡特琳娜"风灾形成了鲜明对比。这证明了一个问题，中央威权和国民民族认同感较强的国家的社会动员能力远远超过了所谓的民主多元化和多种族国家。中央威权的程度越强，其社会动员的能力也就越强。社会的组织结构影响了社会的行动方式。

在改革开放前、计划经济时代，中国的社会动员是从上而下的垂直路径，动员过程没有阻碍且高效率。

---

① 张寒：玉树州称灾民安置对本地人外地人一视同仁，《新京报》，2010年4月17日，第A01版。

在此，可以研究社会动员中各主要的参与角色：社会动员发动者如国家、被动员者如民众和社会动员的目标、社会动员的实施过程、社会动员的效果、社会动员的社会背景因素、社会动员的组织基础、社会动员的社会文化基础等。社会动员是集体与个人之间的一种非常规的互动形式，一种强制与自愿关系。社会制度与社会动员机制之间的关系也是一个研究课题。

首先要关注的是：自然灾害发生后，普通的政府日常管理机构如何迅速转变成应急机构，并展开社会动员——即广泛参与的救灾行动。

社会动员主体与社会动员客体间存在互动机制以及社会动员中存在客体需要。社会动员中存在强制性的社会动员和利益趋向性的社会动员，利益趋向性的社会动员在市场合理性体制下可能较为适用。强制性的社会动员是外在的社会动员，利益趋向的社会动员是内在的社会动员。强制和利益是社会动员的外力和内力，最合理和持久的社会动员需要的是整合的合力。

还有一种是基于社会政策或社会道义的政治性动员，如中央政府要求各省市对四川灾区的对口援建动员，以及各种捐助动员，这也许是市场体制和自由主义下一种指令性的社会公益动员。

自然灾害中政府的社会动员机制如何发挥调动资源的作用，也是值得研究的课题。这些资源有：物质资源、财政资源、行政资源、正式组织资源、非正式组织资源和人力资本资源等。通讯手段是社会动员的重要媒介物质支持，但过于现代化和个人化的通讯手段可能会弱化社会动员的权威作用，尤其是国家社会动员的作用，但可能有效推动非主流的社会动员行动，如民间网络空间社会的力量。许多自愿者就是通过网络迅速形成了自己的临时社会群体，成为临时的但具有活力和道德影响的救援力量。还应研究社会动员机制下的被服务对象如灾民对国家、非政府组织、个体自愿者等的感知和认同度。应研究社会动员的效果，如各社会组织被要求和动员的各项目标任务是否落实，即社会动员是否已起到了社会经济效益，即动员结果的社会绩效评估。在玉树地震后，众多志愿者和社会组织同时动员起来，他们的努力理性而有序。面对玉树灾区的特殊环境，志愿者们自发呼吁："理性施援，按照政府的统一指挥，做力所能及的工作。"国家力量和公民力量融合在了一起。有西方媒体认为，人们对普通中国人更有信心了，可以信任他们拥有建立一个更具美德的社会的能力和责任感——通过社会动员。

日本民众在应对自然灾害时的社会动员既有公民社会的特征，也有亚洲血缘社会网络的传统，更有邻里社区的社会网络作为社会动员的基础。这是日本进行灾后社会动员和公民社会参与的社会文化基础。

## 第六节　自然灾害中人的社会价值观与伦理重构

自然灾难下会产生本原人性与合理社会秩序的自发隐现。以中国为例，这表现在以下四个方面。

第一，中国人历来是缺乏公民意识和参与意识的，但基于求生和为他者求生的人性本能，会涌现以自愿者参与救灾这样的短时间出现的共同体意识和公众参与行为，并形成平时难以形成的全社会的凝聚力和高尚的社会价值观与道德伦理高峰。

第二，近二十年来，民众对社会问题的诸多不满已经显性化。但当政府在救灾中以人的价值和生命为依归时，当人民在政府的行动中感到其行动意志是为着人民的利益和体现了人民的价值时，民众就真正从内心支持政府，形成阶段性的高度国家认同感和社会凝聚力。

第三，在大灾中，不同社会群体之间、不同社会阶层之间甚至不同政治信仰之间可以达成共识并相互信任，造成社会关系的相对和谐。

第四，政府在应对灾难时焕发了其应有的潜能责任、高效、廉洁、透明、亲民、勤勉。但政府也会因本体利益而违反常规："如即使决策层意识到了地震降临，但体现这种意识的政策、法规的实施以及实际行动经常在既得利益面前打折扣。"[1]

每个社会群体、职业群体都有自己的社会行为准则和行为方式，以及相应的职业道德和职业责任。但在发生重大自然灾害时，人的自保本能和求生意识使自己忘却自己的职业身份和所担当的责任。因此从他律和自律两方面加强对不同职业群体的行为规范，制定如"船长最后一个离开轮船"一样的准则。这指的是除公安、消防、军队等强力组织外日常工作部门的工作人员尤其是公职人员在灾害发生时要自觉遵守的行为准则。这也是本原人性与合理社会秩序之间矛盾冲突的制度性后果。

自然灾害所引发的首先是对自然环境、生命财产和经济领域的破坏，但最终导致的是社会乃至政治、伦理价值观在短期和中长期的剧烈变化。所以，必须研究自然灾害在发生前、期间和之后所引发的社会结构变化、社会变迁和社会冲突以及在此基础上出现的人类伦理价值观乃至道德行为的变化；并据此提出系统、

---

[1]　郑永年：中国的灾难与重生，《联合早报》，2008 年 5 月 27 日。

客观、科学、实用的伦理道德指导，为社会的灾后伦理价值体系的重建服务。并尝试最终建立起适用于中国乃至世界的动态和深刻的自然灾害社会伦理学的理论体系。

由于特殊的地理环境和广阔的国土，中国是一个自然灾害种类繁多、频发和剧烈的国家。伴随着难以逆转的全球气候剧变，所导致的世界范围内自然灾害的变化、蔓延和加剧将更严重和深刻地影响着国家社会的发展进程。

而由于国家基础设施的相对落后，资金人才的缺乏，使救灾、赈灾和灾后重建工作繁重复杂，加上体制缺陷和人民对自然灾难的主观心理承受力等因素，更使因自然灾害所引发的社会伦理问题尤显突出，从而需要从社会伦理学和社会学的角度展开研究和总结。

必须指出的是，根据 21 世纪以来一段时期的观察，由于亚太地区、尤其是东亚、南亚和东南亚地区特殊的自然地理环境，使得这一区域成为全球自然灾害发生最集中的地区。这里可以找到目前人类所知的所有 18 种重大自然灾害类型，即：水灾、旱灾、台风、地震、火灾、严寒、沙漠化、海啸、冰凌、龙卷风、泥石流与山体滑坡、火山、雪崩、生物界异常引起的自然灾害、生态和自然环境变化引发的自然灾害、生物性自然灾害、外星体攻击、复合自然灾害。其中一些自然灾害在该地区又是在全球范围内最频繁和最严重的，如水灾、旱灾、地震、海啸等；而一些自然灾害又是独有的，如台风和热带风暴。

"联合国副秘书长、亚洲与太平洋经济社会委员会执行秘书诺伊琳·海泽于 2009 年 10 月 1 日在曼谷举行的联合国 2009 年第四次气候变化谈判上发表声明说：'过去一周提醒我们，亚太地区是全球灾害热点地区。全世界在 1998 年到 2008 年期间遭受的自然灾害中，有 42% 发生在亚太地区。亚太地区居民遭受自然灾害影响的几率是非洲居民的 4 倍，是欧洲和北美居民的 25 倍。'"[1]

而幅员广阔的中国正是在这一地区的中心并受到以上 18 种自然灾害的现实威胁。

另一方面，和世界其他大洲不同的是，亚洲尤其是东亚、南亚和东南亚地区的社会经济文化发展具有特殊性，使得自然灾害对这一地区的破坏性影响更显突出，这是社会伦理学和社会学要关注的。因为：

第一，亚太地区经济发展迅速，已经是全球经济增长的火车头之一，影响着

---

[1] 新华网：自然灾害频发凸显减缓气候变化紧迫性。http://news.xinhuanet.com/world/2009-10/02/content_12173481.htm.上传于 2009 年 10 月 2 日，下载于 2009 年 10 月 5 日。

全球经济的安全与发展。一旦如中国、日本和印度这样的经济大国遭受巨大自然灾害的打击，将对本国和全球经济社会造成冲击。但这些国家是否具备应对自然灾害的社会伦理道德基础？

第二，亚太地区是全球人口密度最高和城市化发展迅速的地区，而且很多民众就居住在剧烈自然灾害多发频发的地带。在自然灾害发生时发生后，其在人口稠密地区、城市带和城乡二元结构下所引起的社会、伦理和经济灾难和政治问题要比其他地区复杂、严重和持久得多。

第三，亚太地区的政治结构呈现出两大特征。一是该地区的政治体制复杂多样。这样复杂的国家制度类型及其所塑造的社会结构和社会伦理价值体系，在遭遇巨大自然灾害时，对其内部社会机制和社会伦理体系都将是巨大的挑战。社会价值和伦理体系异质化多元化的亚洲较难形成抗灾资源的整合。二是这里集中了世界上一些最重要的国家，从中国、美国、日本、印度到印尼、阿富汗等，他们相互之间存在着错综复杂的国际关系和利益结构。这样的关系和结构也会在自然灾害面前显得更加复杂和敏感。自然灾害引发的新国际关系或国际冲突会引起国内政局乃至社会结构及社会伦理的矛盾冲突。

第四，亚太各国的社会文化特征各异：其历史传统、宗教信仰、社会结构、教育制度、生活方式、伦理价值观都不尽相同。这些亚太社会文化特征有利于人们应对自然灾害，但也可能削弱人们对自然灾害的认识能力和抵御能力，甚至引发次生和衍生灾难。

第五，由于亚太各国碍于以上复杂的政治、社会、文化和经济结构，还没有形成像欧盟那样的区域性组织。因此，在面对人类的公敌自然灾害时，有其脆弱的一面，其相互的整合与协调就成为重要课题。社会伦理学者、历史学者和社会学者以及经济、国际法、政治专家必须在这样的条件下研究出实际有效的方法，以探寻人类应对自然灾害的社会价值观与伦理道德资源。

第六，亚太地区抵抗自然灾害的物质力量、公共资源和基础设施及技术相对贫乏落后或落差较大，在抵抗自然灾害时人们往往力不从心，从而造成更严重的灾难。因此，社会伦理学和社会学更要研究在这样的物质基础上抵御自然灾害的文化力量和社会精神，如合作精神，以达到救灾、赈灾和灾后重建的目标。

中国是一个亚洲和世界大国，本身受到所有自然灾害的威胁，具备了当今大多数亚洲国家的许多发展特点或弱点，如政治体制和经济制度的变革、社会的转型、发展中国家、民族宗教的多元性、历史的久远、社会文化及社会价值观的裂变、经济水平的地区差异、社会公平问题、教育发展不均衡等等。因此，研究中国社会和社会伦理如何直面日益严峻的自然灾害及其应对政策，就是对亚太地区、亚洲社会乃至世界应对当前和未来自然灾害的一个巨大贡献。

因此，自然灾害－中国－亚太地区－世界范畴是我们思考的路径。即以中国为出发点，研究自然灾害对这一世界大国的影响，从而为亚太地区乃至世界主要自然灾害地区从社会伦理学和社会学角度提供现实的应对政策。

社会伦理学对自然灾害引发的社会问题的研究重点应包含：

1. 对次生衍生自然灾难引发的人道主义危机的研究

2. 公民对自然灾害的感知和心理承受

3. 公民在自然灾害期间的特殊社会关系和伦理关系

4. 自然灾害中的个人意志、群体意识和不同社会群体的伦理观念

5. 自然灾害中的组织伦理和社会管理伦理

6. 自然灾害中人的社会价值观与伦理的解构与重构

7. 自然灾害－价值观－民族精神与国家信念

8. 自然灾害与青少年伦理价值观的构建

9. 社会伦理价值体系对自然灾害的承载力/承受力

10. 作为社会伦理学边缘学科的自然灾害社会伦理学等。

# 第五章　自然灾害对不同社区和社会群体的影响

## 第一节　从社区角度划分——城市社区和农村社区

城市社区是陌生人的法理社会，人群的社会构成异质性高，存在多元化的亚文化群体，社会行为遵循法律规则，人际关系以职业功能互动为主，社会交往以理性的金钱利益驱动为动力，复杂社会网络中的特殊群体性交往等为特点。在这样的社会结构下，面对巨大的自然灾害，城市社区中如农村社区那样的基于血缘、族群、宗亲和宗教、礼俗的社会结构是不存在的，这使其社会凝聚力和群体整合力脆弱，难以很快和自然地形成应对自然灾害和灾后重建的有效社会力量。

因此，在灾后协调和整合城市灾民的社会任务是复杂的拼接镶嵌万花筒一样的工作。其整合途径是诱导和强制相结合，如通过政府的宣传运动、强制措施等。在城市狭小的空间、庞大的人口和灾后物资相对紧缺的情况下，如何满足异质性的、多元化的、"理性主义"的城市灾民的生存需求，是攸关城市社会安全的第一要务。在许多国家，首先进入灾区的不是医疗队、消防队和救援队，而是武警、军队和警察，其作用就是稳定灾区秩序，为维持社会整合达成制度基础。

农村社区是熟人社会，可以有效地形成以家族、族群和村落为单位的有机的社会群体和社区组织。邻里间的关系较为熟悉和密切，可以自然地形成基于血缘和宗亲关系的应对自然灾害的社会资本和社会网络。这样的社会网络甚至可以因婚姻和近邻因素延伸到周边其他村落，形成更大范围的社会系统。但在落后的农村社区，建立在血缘和宗亲基础上的应对自然灾害的社会组织体系也是缺乏现代社会组织的各种重要元素的，如知识、专业、效率、纪律、利他和民主等。因此可能难以应对更重大的自然灾害。农村社区资金财力和技术手段的相对缺乏，也是其难以逾越的资源障碍。最后，落后农村社区中村民们较为落后闭塞的思想理念和生活方式也会给赈灾和灾后重建工作带来更多的文化冲突。

## 第二节　从地位群体划分——不同的社会阶层

依据 M·韦伯关于社会分层的传统古典理论，收入、地位和声望是决定个人社会分层的主要衡量指标。

社会阶层的确会因灾而发生瓦解、颠覆、逆转和重组。总体来说，在缺乏国家社会政策和福利体系强有力支持的情况下，灾后各阶层的向下流动是必然的。

在自然灾害的冲击下，人类所拥有的个人资本都不可能成为绝对化的自救工具。一位年收入过百万，拥有企业 CEO 权力，德高望重的企业家和一位年收入三万，才疏学浅的企业"屌丝"临时工在遭遇同样的自然灾害时，所面临的命运可能是一样的——死亡、受伤、残废、丧家、失业、流浪。

但人们所拥有的个人资本资源的差异显然会影响人们应对自然灾害和度过灾后恢复期的能力。拥有更高财富收入、更多权力和具有社会威望的人有可能凭借这些个人资本以及衍生而来的社会资本和社会网络，较顺利地得以从灾难中复苏。但这类阶层的个人承受力较低，适应力较差。

收入低微、没有权力和缺乏威望的人，一旦因自然灾害导致家破人亡，将较难恢复到灾前的生活水平，或恢复过程要付出更大的代价。但相较于社会上层，他们的个人适应潜力、忍耐力要强得多。

巨灾后会出现社会再分层和逆向流动。自然灾害造成了人们瞬时间地位的平等，无论是国王还是臣民都面临着灭顶之灾，每个人都有伤亡的可能，死神面前人人平等。灾后会造成社会贫富悬殊差距的"缩小"，出现社会各阶层普遍的低收入和普遍的失业以及生活水平的共同下降等。社会群体面临着一次集体性的"泰坦尼克号"式的整体垂直向下流动。

笔者认为，自然灾害的社会分层体系分析应从以下三个阶段来进行：灾前的分层体系应是常态的，发生灾害时瞬时间的社会平等，灾害后的社会再分层。

笔者关注的是第三阶段。灾后原来有地位声望的人较易实现分层地位的重建，因为他们拥有更多的人力资本、社会资本、社会关系和经济、人力资源，能较快地规避挽回灾难带来的损失，恢复到灾前的状态。对于只占有财富资源的人来说，灾害造成了他们的平民化——如大量中小企业主的平民化和流氓无产者化，因财富而产生的社会分层不如因地位与声望产生的分层稳固。自然灾害对于一般人尤其是社会下层则使他们的生活更困苦，使他们成为绝对的"无产者"和"流氓无产者"。

灾后，也会出现较大的社会流动，因出现社会分层结构较大的变化，出现社会分层结构的再生产，社会再分层和社会流动的张力也较大。如一些社会下层会急剧地上升为社会中上层，而原来的社会上层可能永远置身于社会底层。这样巨大的落差自然也会造成社会秩序的失衡和社会矛盾的出现。也可能看到，在灾后，人们的社会地位没有发生明显的变化，这可能是因为各阶层的整体地位的同步下降和相互间的扁平化关系。

## 第三节　从职业影响划分——不同的职业群体

不同的职业群体，对自然灾害的感知和受影响的程度是不同的。以与自然环境、自然现象和自然灾害的接触程度看，基本上可以分为五个职业层面。

第一层面是专事研究、预测和应对、处置自然灾害的专业职业人员，按其工作性质和职业功能，可以分为四大类别。一类是从事研究、预测自然灾害的包括自然科学和社会科学研究者在内的知识领域的从业人员，如气象局、地质局、地质勘探局、地震局、水利局、测绘局、航空航天局和相关大学研究单位等的科学家、知识分子和专业人员等。第二类是从事应对自然灾害的物质资料生产的企业研发者和职工，如安置房和帐篷生产商等。第三类是专业性的抢险救灾人员如国家抢险救灾队员、消防队员等。第四类是民政部门工作者如医疗救助人员、民政工作者、丧葬工作者、社会工作者等。他们的职业使命就是执行防灾、救灾、救护、赈灾和灾后重建任务。

第二层面是其职业性质和个人利益与自然环境和自然灾害密切相关和有很大依赖度的职业群体，其工作受到大自然的制约和限制。这主要是从事农耕业、畜牧业、林木业、养殖业、渔业和所有农业经济作物业的从业者和经营者。因此，涵盖范围主要是第一产业。涉及的是农牧民、农牧场主、农牧业工人和与之相关的产业链上的行业企业从业人员。

第三层面是其职业类型、职业特点和工作实施在一定程度上受自然环境和自然灾害影响的职业群体。他们的工作虽然不依赖于自然环境作为生产资料和生产资源，但其行业却极大地仰仗于自然环境，尤其是自然环境的平衡状态。这些职业有：建筑业中的建筑设计师和建筑工人、航海业中的海员、旅游业中的旅游从业者、水利枢纽中的水利工作者、航空业从业者、铁路公路交通运输业从业者等，这些与大自然有紧密接触的行业的工作在自然灾害发生时具有一定的高危性，如当泥石流、地震、海啸、台风、水灾、旱灾、沙尘暴、火山爆发等发生时。

第四层面主要是在人工环境中工作的职业，他们的工作与大自然没直接的接触，自然灾害发生时不会对其人身和财产安全产生即时威胁，所从事的行业主要是城市中各层次的服务业态，如金融服务、科技研发、经营管理、高端服务、网络信息、酒店餐饮、超市店铺等。只当重大自然灾害如城市直下型地震、城市内涝、泥石流等直接波及到城市中的这些业态时，才会对其工作和安全产生影响。

第五层面是自然灾害会对其行业职业产生间接影响的职业。这些职业与所发生的自然灾害不会产生直接的碰撞，自然灾害在地理空间上甚至永远不会直接触及到这些行业职业。但在经济全球化时代，这些行业职业会受到灾后的间接冲击，如证券交易、保险理赔、全球物流和所有的与所发生的自然灾害相关的产业链和就业链等。

综上所述，自然灾害对职业和就业的最大影响表现在三个方面：一是自然灾害对从业者本身的人身生命安全的威胁；二是对职业收益报酬的影响；三是对就业岗位的危及。

灾后再就业是牵涉个人、家庭、社会的重要因素。

笔者曾在 2008 年 9 月底 10 月初在汶川灾后的绵竹地区进行过灾后就业调研，根据获得的近 600 份问卷的统计结果，独立经营的个体从业者的失业率最高，其次是国营集体企业的临时工，再次是农民（许多农民因灾失去土地这一基本的生产资料，又难以转移就业，因此也算作失业者），失业率较低的是国营集体企业正式工，在灾后的半年里，在企业重建恢复生产后仍能回到原来的岗位工作。

失业率最低的是在城市里工作的公务员。提供公共服务的政府公务员和强力部门人员在灾后的失业率最低。因为自然灾害不可能全面动摇和摧毁国家的社会管理和行政管理体系，其功能在灾后不但会幸存，还会被加强。任何与救灾、赈灾和灾后重建有关的部门、行业、企业中的从业者也不可能因灾遭受失业的影响。诸如民政部门、救灾物资生产部门、交通运输部门等的职工非但不可能失业，还会在一些岗位出现人力短缺的可能。

提供公共产品的中产阶级置业群体的失业率也较低。因为无论是在日常社会运行还是灾后恢复中，像医疗、教育、邮电、供电、供水、网络等公共产品的产品功能需求是恒定的。这些领域的从业者不会因灾失业。即便其所在的工作岗位的硬件设施被毁，一旦重建后即可重新投入使用而重返岗位。

发生大范围、大规模灾后失业的职业群体应是雇用人数较多的劳动密集型的第二产业即工业制造业。若工厂企业因灾被毁、或产业链中的某个或几个环节发生断裂，造成停产停工，就会引发较广泛的短期或长期失业。但基于企业的经营压力，企业会尽快地恢复生产，从而使员工较早地返厂工作。但一部分员工可能被厂方借此不再雇用。

因气象、地质和生物等自然灾害的影响破坏，会造成农牧民和农村经济就业群体因失去土地、牲畜、工具等生产资料而导致因灾失业。作为靠天靠地吃饭的农牧民，其所受到的自然灾害的就业冲击是最频繁、最直接也是最早的。

受自然灾害影响而在就业领域受打击最大的是个体经营者、私营企业主和自由职业者等。他们自己雇用自己，并雇用员工。一旦这些工作提供者赖以经营生存的从业设施、从业设备、从业技术和从业资本等生产资料因自然灾害被彻底摧毁，血本无归，而一时又难以再投资或得到国家的重建补贴，将面临比普通员工更艰难的失业兼"丧业"的厄运。"丧业"主要指中小微型企业主因灾丧失了自己所经营的业态、资产和事业。

但自然灾害也会催生出新的业态、新的就业岗位甚至新的职业群体。

## 第四节 从经济结构划分——不同的经济阶层

经济结构相对于经济增减和经济转型在属性变化上是一个较为稳定的经济学范畴。现代经济结构基本上有计划经济结构、自由市场经济结构和凯恩斯主义经济结构三种基本的经济结构。这三者会随着国家宏观经济的调整和改革而出现相互的替代、契合或交替。各种利益集团和诉求群体会为着各自的经济社会利益而长期地坚守某一个经济结构体、或几个经济结构的综合体，以求经济社会的稳定。国家意识形态和党派政治也扮演着重要的甚至最重要的角色，这会使经济结构进一步固化。

在没有战争的和平时期，能够动摇相对稳定的经济结构的基本因素有六个：金融危机、经济危机、战争冲突、社会动乱、福利赤字和自然灾害。前五个因素是人为的，因此也是可以通过人为的手段予以遏制和克服的，一些因素甚至是保证经济结构的长期稳定所必须的，甚至具有阶段性的积极作用。但自然灾害则是不以人的意志为转移的最客观存在的破坏性因素。自然灾害是对经济结构稳定具破坏性的、不可逆转的外在力量。它的降临，会如同一枚炸弹，瞬间的爆炸对经济体产生巨大的结构性的裂变，可以表现在以下方面。

第一，经济资源被毁造成经济体系因部分结构的缺失或失衡导致经济体系的动摇甚至瓦解。

第二，产业结构被部分或彻底摧毁造成经济体系的动摇甚至瓦解。

第三，从业者因灾搬迁引起的就业—产业体系的变迁。

第四，灾后灾区经济体系重建中的经济结构变化。

第五，灾后重建中自然灾害经济实体的阶段性影响。自然灾害经济实体指包括救灾赈灾物资的生产、基础设施重建、房地产和生产资料重组等。

第六，升级重建的灾区经济结构水平发生提升，从而改变原有的经济体系。

而这一切经济结构变化的最终结果，是对相关经济阶层的影响。经济结构变化引起的产业结构的变化会促使从业结构或就业市场的变化，从而在五至十年形成新的就业结构，出现新的经济阶层。

但总体看，灾区的整体经济结构不可能有彻底的和长期的改变。因为，这些都是一种"机遇性"的经济变化，有临时性、机会性和外力强制性的特征。

## 第五节　从教育程度划分——不同的知识水平

受教育程度直接影响到人类对自然灾害的主观能动性。

虽然乡村的农牧民一生都与大自然打交道，依赖于大自然而生存。但由于受教育程度低，感悟力差，反应迟缓，是难以真正科学地意识到大自然的巨大制约作用和自然灾害的致命影响的。农牧民，尤其是受教育程度低的农牧民，只能依赖和受命于大自然。在最终丧失与自然灾害抗争的能力和勇气时，只能选择逃难。

社会中的部分民众受过初中级教育，在学校系统中他们得以部分地直接接受到有关自然灾害知识的教育，从而对自然灾害有所感悟和了解。

一部分人虽然没有受到过有关自然灾害知识的直接教育，但由于其受过基础性的教育和训练，在具备基本素质和学习能力的前提下，可以不通过学校，而是通过多元化的媒介如新闻、书籍、报刊和网络等自觉地或被动地了解和理解有关自然灾害的知识。

有少数研究、处置自然灾害的专业人员，其高度的专业分工和特定的职能使之掌握了多于常人的有关自然灾害的科学知识，但其知识的作用辐射范围是内敛的，较少发生知识外溢，即他们没有任何渠道将自己的专业知识传播给社会和公众。在中国，从小学到大学，当人们最终完成社会化，能够以一份职业独立的时候，许多人对于自然灾害的知识却还是空白的。

# 第六章　自然灾害与社会不平等

## 第一节　持续自然灾害对社会贫困和社会不平等的影响

有一个基本规律，即长期的自然灾害造成基础设施被持续破坏，而没有稳固有效的基础设施，国家的进一步建设投资和外来投资就不可能，投资的缺乏造成了经济发展的长期滞后，而经济发展的滞后则引起社会文化的衰退及一系列的问题。尤其是在灾后，在经济、社会领域会引发次生性经济社会危机。笔者以下图显示这一循环过程。（图 3—12）

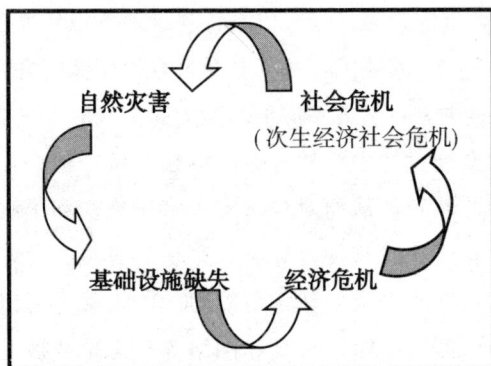

图 3—12　自然灾害→基础设施缺失→经济危机→
社会危机（次生经济社会危机）→自然灾害

这一恶性循环可以适用于对长期遭受持续性自然灾害、经济社会发展持续滞后的地区的解释。如长期遭受洪涝灾害的孟加拉国和遭受旱灾的非洲中南部及中国华北一些地区。

在自然灾害长期频发的落后贫困地区，出现了一种由持续恶劣的自然条件引起的恶性社会发展循环：自然灾害→经济困难→社会危机→人民贫困→意志放弃→依赖意识→持续贫困→自然灾害……。这甚至成为了灾区民众的一种宿命式的惯习（国民性）。这种因灾形成的惯习可以从历史上中国的河南、安徽、陕西等自然灾害严重地区出现规律性、季节性的乞丐群体得以证明，也可以从非洲乌干达、埃塞俄比亚、乍得、苏丹等国的自然灾害难民、移民悲剧中得到佐证。

地区和国家因长期持续的自然灾害，在制度落后、经济落后、技术落后、社会落后、文化落后、人才落后的艰难条件下，从此陷入灾难、贫困的恶性循环，这多发生在中非、南非、南亚、拉美和中东地区的发展中国家。如南亚地区一年四季、全区域范围内遭受着洪水、干旱、地震、热带风暴、严寒和雪崩的持续破坏。加之区域内人口密度高、城市集中、基础设施落后、社会福利缺乏、以农林牧业为主的国家经济结构深受自然环境的制约影响，使自然灾害之于这些国家的经济社会危害更甚于其他国家。南亚地区国家除长期深受民族分裂、宗教纷争、政治腐败、经济落后、边界冲突这五大不利人为因素的影响外，连绵的自然灾害也成为制约地区发展的一个决定性因素。这就是南亚大陆的宿命——因灾滞后。这不仅持续摧毁着国家的经济社会基础，耗费着宝贵的资源，也不断动摇着国家的政体稳定。

相反，中欧和北欧基本上不受严重持续性自然灾害的影响，其经济社会文化发展水平则较高。

自然灾害对国家发展变迁的影响是显著的，每次重大自然灾害或连续性的频繁自然灾害，无疑会对国家的发展进程产生巨大作用。有的国家在遭受自然灾害后，国家发展进程非但未受到严重的长期影响，反而能刺激国家经济社会的发展，这尤以日本最为显著。在每次自然灾害发生后，日本政府和社会都能凭借在制度、技术、经济和财政上的基础及优势，及时总结自然灾害的经验教训，制定出新的法规政策和制度体系，继续健全防灾、减灾和救灾、赈灾机制，催生出新的技术和产业，完善城市建筑和城市规划，为下一次灾害的发生做好准备。

但国家和社会的落后，自然灾害是影响性的作用，而不是决定性的作用，最根本的是制度体制和经济实力问题。如中国在上世纪 80 年代前，也是因灾而频陷落后贫困陷阱的发展中国家。改革开发以来，国家应对自然灾害的体制、物质、技术和人力条件都发生了革命性变化，自然灾害对国体的影响已被减少，国家的自恢复力增强，形成了完整的应对系统。自然灾害不会再轻易地改变国家的发展格局和发展路径，即自然灾害对国家历史进程的决定性影响相对减弱了。

## 第二节　自然灾害造成因灾致贫

在发展中国家，自然灾害发生后，会有一个独特的社会现象，即出现新的贫民窟，而贫民窟的前身往往就是最初建立的临时安置点如帐篷区和板房区，这是因灾致贫的社会符号标志。这种因灾致贫的社会现象不但发生在贫困落后的海地的帐篷区，也发生在发展中的中国汶川的板房区。

灾后的海地，"体育场、空地等临时安置点与这座城市不少贫民窟之间的界限逐渐变得模糊。今天的临时安置点，或许会是明天新的贫民窟。……国际移民组织估算，太子港大约有 37 万人栖身'简易住房'，缺水缺食"①。

这是由于灾后人工救灾环境的建设通过建筑和社区隔绝而形成的新的社会阶层的隔绝。

这样的聚集着弱势群体的无序的破败社区会成为犯罪行为攻击的目标。2011年 1 月 12 日，海地地震一年后，"超过 150 万人依然生活在帐篷中。大赦国际组织发表报告称，海地的暴力事件频发，尤其是入夜后受灾群众的临时帐篷经常遭到武装人员的洗劫，妇女和女童频频被强奸。"②

汶川灾后，笔者于 2008 年 9 月底在绵竹市景观大道板房区的调研中，发现这个可容纳上万人的板房区汇集了来自各社会阶层的绵竹人，有职员、干部、教师、工人、农民、个体户和普通市民。

但在 2010 年初的第二次回访中发现，绵竹市景观大道的板房区已空置了一半，板房区大量的居民已经搬入新购或重建后的新居。但有一部分还没有获得安全居住条件的居民仍居住在板房。景观大道板房区已成为一个在城市边缘上的新贫民窟：灾民居住人口锐减、缺水缺电、基础生活设施被偷盗破坏、肮脏污臭、治安恶化。经调查，当时仍逗留在该板房区的是那些没有足够资金修复永久住房的城镇中下层居民。由于居住条件的持续恶化，这些原来的城市市民已经因灾而开始在新贫民窟中沦为社会下层。

## 第三节　灾民对贫困的感知

灾区灾民对贫困的感知主要是通过与自己原来生活的比较和与其他社会群体的比较获得的。

首先是灾民与自己在灾前的生活的比较；其次是与自己周围灾民的比较；与外来者如进入灾区的国内外救援人员、志愿者和当地官员的比较；最后是与灾区域外社会群体的比较，如与发达富裕地区的比较。

---

① 杨舒怡：海地称已埋葬逾 15 万遇难者，《大连日报》，2010 年 1 月 26 日。
② 《参考消息》网：海地纪念大地震一周年，http://www.xxbei.com/article/13658.html，上传于 2011 年 1 月 13 日，下载于 2012 年 6 月 4 日。

　　比较的维度包括：经济收入高低的比较；职业变化的比较；住房质量的比较；自我分层的比较；幸福感的比较等。

　　对灾后贫困的感知的研究时间段有三段：一是灾后的三个月到半年时间内，这应是灾民最艰难的时期。二是灾后重建三年到五年后，这一般是灾后重建时期，灾民正经历社区重建、经济重建和社会重建的时期，人们的生活和工作逐渐恢复。三是灾后六年乃至十年后。这时灾民的生活质量已基本稳定、固化和常态化，或恢复到灾前水平，甚至有所提升，并养育着灾后的下一代人。也基本把自然灾害逐渐淡忘，仅成为回忆。

# 第七章　自然灾害对灾民和国家经济、文化的影响

## 第一节　自然灾害对灾民生活的影响

长期的自然灾害会因改变一个地区的自然地理环境而改变这一地区人们的生产和生活方式。

如长期旱灾会对水域生态和灾民生产生活方式产生影响。严重干旱和水库截留造成的湖泊水位下降和部分干枯，会带来难以预料的生态环境变化，从而影响到依赖于环境的生产产业和某些社会群体的存在与发展。其生态——经济——社会链如下述。

生态环境的变迁。如洞庭湖水位下降和干枯导致经济资源和生产原料的短缺，像鱼类的减少，这引发相关经济行业的衰败，如捕鱼业的式微，造成相关社会群体赖以生存的生产生活环境恶化，如渔民传统的生产和生活方式发生变化，捕鱼不再是传统的谋生手段，迫使新生产方式和生活方式建立，如将渔船被迫改造成水上餐馆甚至文化业态，形成新的就业结构和生活习惯。

来自湖南省华容县幸福乡的涂光新已经 52 岁，他十多岁起就在洞庭湖上打鱼。2009 年 10 月 16 日，记者登上他的渔船，他指着几条晾晒在船边的鱼无奈地说，歇业已经 10 多天了。但即使在半个月前，他们 10 条渔船一起组织围捕，一天也只能捕捞到 1000 斤左右的鱼。

每年 10 月，对于洞庭湖的渔民来说是捕捞作业的黄金季节。但 2009 年湖边却难觅渔民踪影，由于大片水域干涸，已有多艘渔船搁浅受困。涂光新说，去年这个时候，一天可捕捞近万斤鱼，最少也有七八千斤。近十天来，洞庭湖内几乎已无鱼可捕。迫于生计，他与家人只好将渔船泊在洞庭湖大桥下，将用于捕鱼的船变成了小餐馆，等候岳阳市民空闲时候到船上来吃鱼。

"'我打了 30 多年的鱼，从来没有想到会在捕鱼船上开小餐馆。'涂光新说这句话时，眼睛里满是落寞。岳阳市南岳坡曾经是洞庭湖渔船靠岸卖鱼的最佳地点。后来，随着岳阳市沿洞庭湖风光带的修建，这一带已经不允许渔船靠岸。记

者昨日来到这里时，这一带的湖边密密麻麻停满了渔船。来自湖北省监利县朱河镇的渔民张继华说，由于湖水太低，岳阳渔港码头已经干涸，满是烂泥的湖床向湖心延伸了几十米，渔船根本靠不了岸。'洞庭湖里已经没有鱼可捕了，'他面无表情地说，'看来，我们不得不考虑另谋生路了。'"①

"涂光新认为，除了湖水下降太快（前几年洞庭湖水位在 24 米至 25 米之间维持三个月左右，而今年不到一个月便降到了 22 米以下），造成无鱼可捕捞外，洞庭湖周围围挡捕鱼作业及对湖内螺蛳（是多种鱼类的食物）过度捕捞，也是造成洞庭湖无鱼可捕的重要原因。因此，严重干旱和水库截留造成的湖泊水位下降和部分干枯，会带来难以预料的生态环境变化，导致生态环境生物链的断裂。"②生态链断裂的后果必然是经济链和社会链的断裂。

"2009 年 10 月 18 日，世界自然基金会副总裁格·奥尔格先生亲临岳阳，考察了洞庭湖里江豚的生活状况。据东洞庭湖国家级自然保护区管理局副局长蒋勇介绍，当天下午，他们在长江入洞庭湖航道上共看到了 14 头江豚。'有一次，他们看到一头江豚在离停泊在航道中央的一大型货船只有约 50 米的地方游玩，感觉特别揪心。'

2008 年 10 月 19 日，城陵矶水位为 25.6 米，2009 年的低水位使得洞庭湖 132 头江豚全部挤到了狭窄的航道里。'航道里停泊了大量的货船不说，许多挖砂船趁低水位进行作业，严重干扰了江豚们正常的生活。'

世界自然基金会北京分会长沙项目办公室负责人张琛表示，目前，对洞庭湖江豚生活影响最大的原因有两个：一是过度捕捞，造成江豚食物短缺；二是挖砂船过多，严重破坏了江豚的生活环境。

据东洞庭湖国家级自然保护区管理局统计，目前生活在洞庭湖一带的鸟类约20000 只。洞庭湖水位长期过低将导致湿地退化。蒋勇说，候鸟迁徙的高峰期在每年的 11 月中上旬，洞庭湖洲滩只有经过较长时间的浸泡，水生植物才能生长，候鸟才有食源。'而现在大部分洲滩干涸开裂，即使候鸟来了，因为缺乏食物和

---

① 网易：渴，渴，洞庭湖 60 年来最渴，http://news.163.com/09/1020/08/5M29K3P5000120
GR.html，上传于 2009 年 10 月 20 日，下载于 2010 年 6 月 27 日。

② 新华网：城陵矶水位降至 21.64 米，为历史同期最低，来源：《长沙晚报》，http://
www.xinhuanet.com/chinanews/2009－10/20/content_17994572.htm，上传于 2009 年 10
月 20 日，下载于 2010 年 10 月 6 日。

栖息地，最终也只能选择离去。'"①

此外，自然灾害对灾后灾民的生活质量产生最直接的影响，对其进行检验的路径如下。

从宏观看，灾后灾民的生活质量要求有三个层面。生存和恢复，这是最基本的两个层面，其特点是国家和社会的紧急财政援助和物资救济。这是短期性的工作，任何自然灾害过后都有这个过程。这两个目标主要由外在力量对灾区的介入达成。第三个层面是发展，即生活质量的提高和进步。这不但需要持续的更大量的财政支持，更需要提高灾民的受教育水平、促进科技进步和灾区经济结构转变等。这一目标需要外在动力和灾区内部的主观意愿及内在潜力的结合与发掘完成。

从微观看，灾民个体的生活质量有三个阶段性的变化。第一阶段是灾民基本的生活乃至社会关系因灾处于解体或最低级状态；第二阶段是较为漫长的恢复期，如灾后应激反应综合症的治疗。灾民从心理健康、收入水平、劳动就业、社会地位、社会关系到社会心理，都需要进行"个人的灾后重建"，而这一重建过程是否顺利，不仅取决于每位灾民的性别、性格、价值观、家庭结构、受教育程度、人际关系网络等个人因变量，也取决于外部的救灾赈灾和灾后重建的投入力度及经济社会后效。作为社会最小细胞的个人和家庭的恢复和稳定，将决定着灾区社区的重建进程。第三个阶段是灾民重新成为普通的村民、市民和社会公民，过上平常人的生活，而灾难的经历只是一种模糊的偶发想起的记忆，已不对日常生活工作产生巨大的影响。

## 第二节　自然灾害对国民经济的影响

运用尼古拉斯·鲁曼系统论的思想，将自然灾害作为一个重大的环境变迁因素引入对社会系统的分析，考察这种巨大、剧烈变迁之后社会的行动能力和资源能否应付灾害，或者说，设置一种标准，可以暂且叫作"自然灾害后国家生存潜力指数"。地震灾害引起社会设置的再构成，这就是社会设置的重置。其中包括社会价值观、社会规范体系、权威和地位结构、社会管理制度、社会组织结构和经济运行系统等社会性范畴的重置或改变。

在和平时期，每个社会的存在和发展都是在一套既定的自然生态、政治体

---

① 新华网，李兰香：132 头江豚全部挤在狭窄的航道里，http：//www. hn. xinhuanet. com/photo/2009－10/20/content_ 17991825. htm，上传于 2009 年 10 月 20 日，下载于 2010 年 10 月 6 日。

制、经济体制、文化传统、意识形态和社会政策下较为稳定和循序渐进地运作的。而一旦发生巨大的突发性自然灾害，稳定的社会秩序和经济结构发生突变甚至瓦解，对社会经济系统的局部或全部发生不同程度的冲击和破坏。在此情况下，就如伤口的愈合一样，需要通过内在和外在的特殊政治、经济、文化和社会行为进行社会经济系统的重置，即对自然生态、政治体制、经济体制、文化传统、意识形态和社会政策等领域中的自然生态意识、社会价值观、社会规范体系、权威和地位结构、社会管理制度、社会组织结构和经济运行系统等社会性范畴进行重置或改变。

而标准化和定量化的"自然灾害后国家生存潜力指数"体系，可以对重置和改变的能力进行测量。可以借此判断重建的内生力和所需要的外部援助。

按国家的面对自然灾害的经济生存潜力和能力，可以将经济视域下的国家分为三类：富强型国家——具有强大的经济基础和经济再造能力；能力平衡型国家——具有一定的经济基础，但在灾害后的生存能力较弱，对国际社会有依赖性；弃儿型国家——经济基础薄弱，在发生灾害后极度依赖于国际社会的经济社会援助。因此，国家灾后经济潜力和能力的大小取决于经济体实现系统性自我调节整合的能力的大小。

经济学对于自然灾害的研究可以有以下基本视点（与社会学中的经济社会学相结合）：

1. 自然灾害中的经济学；
2. 自然灾害中的经济结构与经济增长；
3. 自然灾害中捐赠的经济效益与社会效益等。

## 第三节　自然灾害对微观经济的影响

微观经济（Microeconomics）是指个量经济活动，即单个经济单位的经济活动，是指个别企业、经营单位及其经济活动，如个别企业的研发、生产、供销、个别交换的价格等。

微观经济是宏观经济的基础，微观经济如能良好运行，整体国民经济和宏观经济就能正常发展。宏观经济因有凯恩斯主义的国家经济政策的调控而相对较为稳定，在遭遇自然灾害时，宏观经济的整体抗干扰能力较强。但微观经济却会受到自然现象和自然灾害的直接和间接的制约和影响。主要表现在以下方面：

第一，自然现象对微观经济的投入具有很大的直接的区位影响作用。任何个体性的经济单位出于经济理性和利润至上的角度，都不会将自己的资本投入于自然地理和气象环境恶劣的地区或自然灾害频发的地区。

第二，严重的自然灾害会对微观经济的物质部分造成破坏，如毁坏企业的建筑、技术设施和生产设备等；自然灾害会对生产成品或商品造成损坏；自然灾害还可能对生产和经营人员造成生命损失，从而造成劳动力要素包括高质量劳动力的缺失；自然灾害还会破坏生产经营赖以运转的物流仓储设施；自然灾害会直接或间接地冲击和影响与微观经济密切相关的金融股市；自然灾害还可能对支持微观经济运行的各种公共基础设施如电力、水利、邮电、通讯、管线、排水、道路、地铁、铁路、航运、航空、遥测等系统和其他公共生活服务设施造成破坏，从而在不同程度上影响微观经济的正常运行，如运行成本的提高。

第三，自然灾害对微观经济的最大破坏是在灾难来临和降临期间，单个经济单位的部分生产或全部生产必须暂停生产，投入防灾，或上述的企业生产设施被破坏，难以完成生产任务，复产需要时间，利润和收益持续下降，但成本却因灾而加倍上升。这对计划性、季节性和效益要求较高的生产经营单位来说是致命性的。

第四，企业单位的生产经营暂时性或永久性的停工甚至倒闭，都会造成大规模的从业者失业，增加企业的非生产性社会福利支出成本。这会影响到难以计数的家庭生计，造成社会新的就业压力，并逐渐影响到社会稳定。

第五，因灾停工、倒闭的企业以及失业员工，成为政府和社会的负担，导致国家必须在年度预算中拨出额外的开支执行相关的社会政策，如扶持企业、减免税收、发放抚恤金和救济金等，这些都是非经营性和非盈利性的国家资本投入，需要从国库或政府的税收中支出，从而相应减少计划中的其他社会经济发展开支。

第六，自然灾害也会对微观经济的一些行业部门产生阶段性的促进影响。救灾、赈灾和灾后重建阶段，对急救品、医药品、医疗器械和殡仪入殓业的需求会急速增长；临时安置点中的帐篷、公厕、盥洗设备和日用品等的需求；对建筑材料和装饰材料、窗帘布料的需求；对道路交通设备和通讯邮电设备的需求，等等。自然灾害也会衍生出对防灾救灾特种设备用品的需求，从大型的救灾机械设备到个人防灾用品，这些都是需求巨大、利润丰厚的产业。

## 第四节 自然灾害对国家文化的影响

长期的自然灾害可以塑造出一个国家和民族特有的文化属性，这也是大自然赋予一个民族的自然灾害的文化雕琢。

据历史记载，1923年日本关东大地震前，时任天皇大正天皇平时痴痴呆呆，间歇性地发作精神疾病，却始终不肯交出皇权。这已经引起朝野和民众的不满，要求其逊位。1923年（大正十二年）9月1日，日本关东大地震爆发，损失惨重。9月2日，在皇储裕仁与西园寺公望的支持下，山本权兵卫内阁仓促成立。在政党依旧无动于衷的情况下，山本自己身兼首相、外相、文相、法相四职，就任后立即宣布国家进入战时体制。自然灾难就这样演变为国家政治事件。

正从封建落后的文化中挣脱但深受神灵意识影响的日本国民在巨灾的重击下也表现出怪诞的社会文化行为。据当时在日本的西方人描述，日本灾民们都脸色冷漠，不仅看不到庆幸，甚至看不到悲伤。他们眼神渐渐暴戾、性情日显乖张。完全不像往常的勤劳、忠诚、友善、坚忍、互助、礼仪。日本民族性格中暴力、侵略和嫉恨的文化正在社会中滋生蔓延，这为加速独裁统治、军国主义、法西斯主义和对外侵略奠定了民粹主义的社会文化基础。

我们应以最审慎和认真的态度研究如此频繁巨大的叠加灾难下日本的民族性和国家文化。我们认为，在这样长期的灾难压力和笼罩下的民族性和国家文化会受到深刻的影响。

笔者的社会文化心理学假设是：日本民族和别的亚洲民族不一样的是，他们对生、生殖和性交的刺激性和变态性强烈追求，就是对长期惨烈的自然灾难所造成的死亡毁灭的一种最激烈的反动。不管是传统文化节日中的生殖崇拜、战争中的强奸暴行还是和平时期充斥于日本社会的变态性爱文化，都是这种极端求生意识的刺激性反应。生和死既是矛盾的统一，受死的威胁和压抑越强，求生和生殖的欲望越高。持续的、残酷的、常态化的死亡威胁和心理压抑，在对原有和平富庶生活的记忆下，会激发起人类最强烈的求生本能，而一旦这种本能得不到重压后的正常宣泄（因不断接踵而来和可预见的死亡灾难持续性的威胁和压抑），则会出现激烈反弹，采取非正常的越轨行为，不管是男子的性暴力和性虐待倾向还是女子的性受虐意识。这在和平时期的正常国家是灾后的高结婚率和高生育率，如2011年"3·11"地震海啸后，日本的结婚和生育率像期待的那样激增；在战争时期的非正常国家则可能是包括对异族的大规模的战争和性侵害（非正常的宣泄），如日军在二战中的慰安妇丑行和对占领区妇女大规模的强奸和性虐待，例如1937年12月发生的南京大屠杀事件。据对战后收集到的侵华日军的日记记载分析，日军对中国妇女的性犯罪主要是基于两个变态的文化心理：一是为掩饰、麻木在战斗中失败的耻辱，通过强奸中国妇女获得心理上的补偿和再平衡，以便在新的战斗中更加疯狂地投入；二是日本军人对阵亡的恐惧，以性交生殖这一死亡的对立物和手段去臆想对死亡的逃避。

对此，日本古老文化中的悲情历史传统起着不可替代的影响作用。如日本诺贝尔文学奖获得者川端康成[①]将日本风俗、习惯中的哀伤情愫渗入自己的心里，形成了一种感伤主义。其文学作品中美的"物哀"色彩是继承平安时期（794—1192）以《源氏物语》[②]为中心形成的物哀精神，包含着悲哀与同情。

在川端康成的文学作品中，死亡和性爱是除爱情、虚无悲观外两个永恒的主题。由于川端自幼目睹了太多的死亡，所以在作品中总是不自觉地表现它。但他描写的死亡所不同的是，大多数作家是把死亡当作故事的终结，而川端却把死亡当作故事的起点，据统计，第一次全集中有34篇作品在开头五行里含有死或与死直接相关的内容，占全集作品的三成。《白色的望月》、《水月》及《山之音》等后期作品，一开始就在疾病或垂暮的人生氛围中透露出死的信息。川端认为死亡是最高的艺术，是美的一种表现，所以他在作品中完全把死亡描写成绝美的意境。如《雪国》里叶子的死，是"内在生命在变形，在转变成另一种东西"，是生命的延续，《千鹤》中太田夫人死后，被感到是"美的化身"。因此，他继承日本古典传统的"物哀"，又渗透着佛教禅宗理念，以"生—灭—生"的公式为中心的幽玄、无常感和虚无理念，构成他个人乃至日本民族的美学特征。

为佐证日本人这种"生—灭—生"的生命伦理逻辑根深蒂固的民族性，笔者引用瑞典皇家文学院常务理事、诺贝尔文学奖评选委员会主席安德斯·奥斯特林当年给川端康成致授奖辞中的奖状题词："这份奖状，旨在表彰您以卓越的感受性，并用您的小说技巧，表现了日本人心灵的精髓。"

在《日本美之展现》（1969）一文里，川端康成指出平安时期的风雅和物哀成为其后日本美的源流。而《源氏物语》在日本历史的早期就开启了"物哀"的时代，"物哀"即见物而生悲哀之情。而"物哀"也成为日本一种国家化的民族

---

[①] 川端康成（かわばた やすなり，1899—1972），日本新感觉派作家，著名小说家。1899年6月14日生于大阪。幼年父母双亡，其后姐姐和祖父母又陆续病故，被称为"参加葬礼的名人"。一生多旅行，心情苦闷忧郁，逐渐形成了感伤与孤独的性格，内心的痛苦与悲哀成为后来川端康成的文学底色。代表作有《伊豆的舞女》、《雪国》、《千只鹤》《古都》以及《睡美人》等。1968年获诺贝尔文学奖，亦是首位获得该奖项的日本作家。1972年4月16日在工作室自杀身亡。

[②] 《源氏物语》是日本古典文学名著，对日本文学的发展产生过巨大的影响，被誉为日本古典文学的高峰，在日本开启了"物哀"的时代。作者为女文学家紫式部（973—1015），成书年代一般认为是在1001年至1008年间，是世界上最早的长篇小说。比中国的《红楼梦》早了七百多年。

文化意识，并世代传承下来。

在和平年代，在没有可能宣泄这种如川端康成所称"死亡就在我们脚边"的在日本社会中无处不在的死亡压抑时，日本人只能内敛地坚韧承受。正如在《日本人》一书中，美国历史学家埃德温·赖肖尔试图分析日本人在自然灾害前的文化心态，"灾害助长了宿命论观点……日本人有一种承认自然界可怕威力的宿命论思想。与此同时，也锻炼出了在这种灾难以后重新开始奋发图强的巨大能力。"笔者认为，这种巨大能力，在和平的国内环境，就是理智和勤勉的灾后重建；在战乱的国际环境，则可能表现为破坏性的侵略战争和对人性的践踏。

所以，当人性恶的战争来临时，日本人被压抑的"生—灭—生"伦理意识则可以找到无数个发泄口。二战中欧亚的两个主要轴心国德国和日本的大部分人民之所以狂热地追随其独裁统治者，以变态的种族意识和对邻国的仇视参与侵略战争，是国民普遍的社会文化心理发生了重大的历史结构性变异，分析如下。

有历史学者认为，德国在一战战败后短短的 20 年里实现独裁、重新军国主义化、法西斯化和走向对外侵略道路，也是和当时一代德国人的社会文化心理和社会人格特征密切相关的。

一战后战败赔款割地的德国，男人们从战场返回家乡时，展现给家人和自己孩子的是一名败兵、一位残疾人、一个被释放的俘虏或一具尸体，德国这一代少年儿童，不能从父辈身上获得父爱和学到男子气概。而这一代的德国少年儿童的母亲们，要么在兵工厂里日夜劳作、要么在前线当护士和后勤人员，无暇喂奶、无暇哺育教养自己的孩子，孩子们又失去了儿时必要的母爱。这样，缺乏父爱和母爱的这一代德国少年儿童，不能被爱，也就不知道如何去爱别人，缺乏同情心，并滋生了强烈的复仇情结和寻找强大父亲偶像的需求。这时，希特勒出现，其强悍风格和煽动能力，使他被长大后的德国青少年视为"再生父亲"。这必然召唤起全体德国人、尤其是被扭曲被压抑的年轻一代德国人的复活、复国和复仇主义文化意识。如果以 1939 年为二战的起始时间算，那 1914 年到 1918 年在一战期间出生的婴儿到此时刚好是 21 岁至 25 岁，正是血气方刚、当兵打仗的年龄。缺乏了父爱母爱、因此不懂得爱他人的这一代德国青少年，必然成为冷血、无情、复仇、狂暴、执着和跋扈的军国主义者和战争狂徒。

按这样的社会心理学的研究路径分析，在中国抗日战争和太平洋战争的 1940 年到 1945 年，是战争最胶着激烈，也是日军青年士兵们最视死如归的时期，尤其是战争最后两年的大规模海空自杀式攻击行动，而这一时期大批从 16 岁到 22 岁的日本年轻士兵，就是于 1923 年发生关东大地震这一年前后生的。如果从大地震后的灾后记忆和灾后苦难生活持续五年算（最起码的时间），即 1915、1916、1917、1918、1919、1920、1921、1922、1923、1924、1925 到 1926 年出生的日本儿童，到 1945 年战争最残酷时期分别是 30 岁、29 岁、28 岁、27 岁、26 岁、25 岁、24 岁、23 岁、22 岁、21 岁、20 岁、19 岁，即男子最血气方刚的 19 岁到 30 岁，而这一年龄段的日本人在 1923 年大地震前后正是 8 岁到地震后的 1 岁之间。这一年龄段的年轻人在儿时多少感悟到了地震死神所带来的恐惧感和无助感。如果把这个年龄段推前到 1905 年出生的日本孩子，那么在 1923 年刚 18 岁，1945 年时为 40 岁。即在日本从 1905 年到 1926 年出生的一代日本人，到 1944 到 1945 年战争最惨烈时期，正好是 18 岁至 40 岁的青壮年从军时期。在他们的潜意识里，可能建构起了两个极端的关于生命的意念：对生的渴望——通过对慰安妇和被占领土妇女的强奸达成的生育生存移情；对死的迷恋——通过"神风"自杀式攻击和其他各种自杀、他杀行为——这充分表现在日军剖腹自尽和对交战国军民的肆意攻击和残杀。

耻辱的战败和长期残酷的自然灾害会塑造一个国家民族的文化。

以上两段分析还存在一定的假想性，要进一步证实，还有待其他感兴趣的历史学者和社会文化心理学者的深入研究。

# 第八章　应对自然灾害的公共资源

## 第一节　行政资源

救灾和重建参与者的两个基本范畴中第一范畴里的第二位"参与者"是救灾者。救灾者中的政府部门、各种专业和非专业的救灾部门、强力部门、非政府组织、专业研究人员、志愿者都是国家社会对抗自然灾害的公共资源。首先要关注对抗自然灾害的公共资源中行政资源之间及与其他相关因素之间的整合关系，如自然灾害预报部门和地质、农业、工业、交通、水利、能源、医疗、民政和法制等相关职能部门的整合。这是指自然灾害预报部门在预测到灾害发生的时间、地域、强度、周期和预期后果后，应该和这些相关部门进行沟通，通报和磋商，信息共享，建立联合应急机制。

作为最大的官僚组织——各级政府部门，其在和平时期的运作都是循规蹈矩、按部就班甚至因循守旧的，庞大的官僚体系如一台古老而缓慢的机器，周而复始地执行着规范的任务；官员们有固定的工作作息时间，做规定的工作，做同样的事情，甚至懈怠和迟钝。一旦发生突发灾难，这台庞大迟缓的机器和木偶般的个体们是否能及时反应，常规的行为模式是否能转入应急状态，则攸关性命。

国家各常规部门机构在面临重大突发灾难事件中也应进行整合与协调。因为根据组织职能分工和科层制度，除国防部、外交部、公安部及其他安全部门外，其他国家常规部门机构是以常规静态的功能运作为基本常态的。其规范体系和日常运作并不适合应对重大灾难或突发事件。这些体系长期以来已经适应了没有战争和战争威胁的和平状态与规范化的国民经济社会建设，而一旦重大灾难突然降临，会在中短期内打破正常的国家与社会运行规律和规则。因此需要常规的国家政府部门和机构迅速适应这样的剧变，短期内迅速地调动、重组、整合与协调。随时和常备的应急状态的维持是不可能的，成本耗费也大。因此，各部门应急体系的预设和各部门间的紧急协调将是在危机时期效率的保证。其意义不下于为了赢得一场中烈度的"卫国战争"。

虽然，由于有了 2008 年春冰雪灾害的经验教训，中国奠定了应对重大灾害和突发事件的理念基础，积累了经验，训练了团队，国家应急机制已经初具体系。但在汶川地震期间，各级部门机构相互间的协调还是没有展开，基本上是各自为政、各自为战。因此从空间地域上对体制各系统部门的整合仍是重要的研究内容。

在时间整合上，原有管理体系和行政组织是按照社会正常状态计划时间和工作量的，如规律的工作时间，处理日常事务晚上不办公，周六日休假甚至工作日还午休。但在突发灾难期间，时间因危机而被迅速压缩，时间的高效运用可以缩短空间的距离。整个相关体系必须最有效地使用时间，把原来几年、几个月、几天要完成的任务压缩到几个月、几天、几小时来完成。如中国中央政府各有关部门在汶川地震发生后，从 2008 年 5 月 12 日晚到 13 日上午，在不到 24 小时内就完成了紧急动员，形成应急机制，并迅速展开救灾行动。

但相比俄罗斯紧急情况部各救援队伍在俄境内 3 小时完成集结、24 小时可开赴全球各地，相比日本可在几十分钟内成立紧急对策总部，在两小时内出动自卫队到现场救援，中国的应急反应速度在理论上来说还是较慢的。[①]

最后是抗灾救灾体系和组织在行为方式上的整合。在突发自然灾害面前，非常规的、非制度性的、非规律性的行为和过程会在各个体系和组织中被动地、自发地瞬间发生，这就要求这些行为既要从原来常规的行为模式中转化过来，也要求这些特殊的行为方式与其他常规状态下的体系和组织的常态行为模式相适应、相整合，直到动员体系的有效发动，使各部门机构的行动相互同步和协调。

如中央机构的效率很高，但地方机构的效率不高的话，两个不同节奏的行为模块就有可能阻断紧急社会政策的有效执行。在突发灾难面前，最强有力的救灾力量是军队、警察、专业救灾队伍和就近的志愿人员，而不是进行常规社会行政管理的政府机构。原因就是这些强力部门和组织已经具有适应突发事件的特殊行为模式和价值规范，如：集体、纪律、效率、速度、意志力和牺牲精神。这基本上是一种面对战争状态的强力社会组织的行为理念和行为方式。

灾难发生的同时，救灾行动也开始了。不过这主要是陷入灾害中的人一种自发、本能的行为，多半是无组织、低效率甚至是不科学的。自然灾害因其不

---

① 董爱波：俄罗斯：紧急情况部发挥大作用，何德功：日本：依法行事集合力量，摘自《国外如何整合救灾力量》，《参考消息》，2008 年 6 月 12 日 第 14 版。

可预测性、破坏性、瞬间性而给遭受灾难的人们造成巨大的损失与痛苦，救灾仅仅依靠灾区的人民是难以完成的，抢险救灾对外力的依赖程度远高于其他应急事件。非灾区的人民、各种非政府组织、政府乃至境外援助构成了抢险救灾的主力，而政府又在其中起主导和协调的作用。

总结政府行政资源在抢险救灾阶段中的职能，有以下几点：派遣救援队伍救援；发放救灾款；紧急转移安置灾民；调遣、输送、发放救灾物资；发动救灾募捐和接受国际援助；领导全面救灾任务，使整个社会、国家团结起来共同应对灾难，安抚灾民，等等。

考察政府救灾行为成功的标准可以概括为及时、有效、全面、持续。任何救灾行为都是在和时间赛跑。救灾的目的很明确，即抢救灾民、减少物质财产损失。如果因为政府救灾的失误而造成不必要的损失，政府的行为就要受到质疑和批评。另外，救灾是一个全面、持续的过程，经过最初抢救生命财产的阶段，灾区赈灾工作涉及到灾民心理创伤、秩序紊乱、经济困难、社会系统崩溃等诸多方面。

政府在救灾中的其他职能还有维持社会秩序、筹集救灾款、组织志愿者活动等。而政府的消极作用主要是地方官员存在浪费乃至贪污枉法等行为，这不仅会使灾民寒心、灾区蒙受损失，更会造成社会对救灾募捐不信任，若再次发生灾害，人们的募捐热情就会减退，不利于政府的形象与作为。[①]

在救灾赈灾阶段结束后，政府工作进入灾后恢复重建阶段。恢复重建的内容，可以分为社会系统重建、社区重建、灾民社会心理恢复三个层面。宏观的社会系统既指物质层面如道路、桥梁、通讯、通电，也指非物质层面如社会秩序、社会政策、社会结构。但总体上，社会系统的恢复重建最为浩大，也是最不容易恢复但却要尽快恢复的。社区重建侧重灾民住房重建、重新就业创业、灾民收入问题、灾民生活质量等方面，是灾后重建的基本方面。灾民社会心理创伤是长期的，社会心理重建是一个漫长的过程，也是最不为人关注的层面。

在上述三个层面，政府的作用是不同的。社会系统的恢复，几乎全部要靠政府的努力。社区重建中政府的支持政策、统一规划、政府救援也起到主要作用。但是，灾民社会心理重建，往往是政府容易忽视的地方，政府对灾

---

① 徐泽国：研究报告，（于 2010 年 12 月 23 日）。

民的心理救援主要集中在紧急救援阶段，恢复重建阶段容易忽视。三个层面中，社区重建起着关键作用，灾民住房重新建好，灾民收入问题得到解决，灾民生活质量得以恢复，灾民居住社区的功能得到恢复、整合，不仅可以加速灾后重建恢复进程，更可以使灾民尽快治愈心理创伤，这是因为社区是与灾民直接相关的生活共同体，它对于灾民心理恢复的直接作用大于宏观社会系统的恢复。

另外，不同级别的政府在恢复重建中的作用是不同的。如中国中央政府与省州级政府侧重政策支持、财政支持、技术指导；市、县政府是恢复重建的主要推动者，侧重具体的重建项目、产业恢复、资金分配、社区规划等；城市社区、街道和村落主要是恢复社会秩序、整合民众建设家园、恢复日常生活秩序。

恢复重建过程中政府同样可能起到负面作用。如基层官员挪用、贪污重建资金，政府规划不合乎科学或者与民意不符，重建过程中政府有可能侵犯部分灾民利益，物资分配与住房分配中弱势灾民难以受惠，等等。

政府不是全能的，不能什么都靠政府，政府也不能什么都干。比较合理的做法是，政府发挥不同层次的作用，与基层社区结合，以社区重建为突破口，通过社区恢复，调动灾民能量、恢复灾民信心，完成恢复重建。[1]

日本作为一个地震多发国家，其政府作为值得关注。以 2004 年日本新潟地震为例，综观应急救灾过程，可概括为伤亡少、反应快、应对有序。死亡 40 人，重伤 500 多人，对于一次 7 级地震而言，已经是十分成功的救灾案例。救灾取得成效的原因，主要有相对健全的防灾体制、日本各县城市之间相互协作的救援体制、政府职员工作到位等。[2]

相比之下，汶川地震中中国政府的表现要好得多，只需中央命令，一切都亮起绿灯，不需要繁杂的讨论，也不需要复杂的审批，这种果断强势对救灾产生了很大的帮助。

研究中国政府在自然灾害中的一般规律和日本政府救灾的成功经验，可以作以下分析。

客观分析中国政府在自然灾害中的角色，肯定之处有：政府整合资源的能

---

① 徐泽国：研究报告，（2010 年 12 月 23 日）。
② 候建盛：日本新潟地震救灾行动及对我国地震应急工作的启示，《防灾技术高等专科学校学报》，2005 年 9 月第 7 卷第 3 期。

力，政府救灾及时，政府对恢复重建大量投入。不足之处有：灾情不能迅速、全面让公众知晓，防灾体系不健全，官员贪污救灾资金。

比较日本与中国的抗震救灾工作，除了中央政府起统筹作用、社会广泛关注等共同点外，有很多不同之处。日本是地震多发国家，而且日本国土狭小，一次地震对大半个日本都会有影响，迫使日本对防震体系、防震意识提高要求。而中国的地震带主要在第二、三阶梯交界之地，对于华东、南方等人口稠密的地方，地震的影响实际上较小，使得中国在推广防震意识和防震体系建设方面的需求不足。日本是发达国家，其社会体系十分健全，技术先进，中国仍是发展中国家，在基础设施、社会体系等方面仍有很多不足，客观上限制了防灾体系的建设。日本的法制与民主制度相对健全，使政府行为有法可依，难以发生政府不作为或乱作为的局面，而中国在这方面有待进一步加强。另外，日本的社会力量已经比较成熟，在辅助政府、监督政府方面能起到关键作用，中国这方面有待进一步改进。因此，在完善法律法规、构建快速便捷的信息系统、宣传防灾常识、社区恢复等方面，中国政府有很大的改进空间。结合中国特殊国情，不同层次政府的作用、基层官员的廉洁问题、灾情的透明与及时等问题，应是政府的关注重点。[①]

此外，灾后政府和政府首脑的功能显性极为重要。2010年海地地震后国家管理者的伤亡、总统府的塌陷和总统等人的失踪，都对灾后的社会稳定产生了极大的负面作用。在一段时间内，海地从国体、国家功能到整个国家机制已名存实亡。因此，灾后政府功能的显性存在极为关键。具体就是国家各级各类应急机制和应急机构的显性作用，乃至政府主要领导人在公开场合的现身。

通过对自然灾害后社会动荡的观察发现，灾民与政府的关系一般会变得更为友善亲密，发生长期剧烈冲突几乎是不可能的。因为灾后人们一般需要威权甚至强权的保护和支撑。在心理上这是基于安全求生的本能，在经济理性上是基于稀缺物质的追求（这时只有政府才能无私地提供所缺失的公共物品），在政治上是公共福利意识。灾民不断提出和提高要求，这时政府只能被动地满足公共物品的"集体消费"。在历史记载中，官民之间在灾后的即时社会冲突几乎没有，灾后的社会冲突却一般发生在灾民之间，而与政府的冲突往往是发生在赈灾重建过程中的腐败和渎职发生时，或灾后衍生出不可逆转的持续性的经济、社会和政治灾难时。

---

① 徐泽国，研究报告（2010年12月23日）。

　　但是，官员在救灾赈灾过程中的言行，都甚为敏感，极易触动灾民和公众的情绪，引发社会反应。自然灾害后的官员，因其所处的特殊时期，需要在个人社会行为、组织行为和社会关系等方面有不同于平常的外在表现，这些外在表现作为一种显性的符号，会被公众和媒体做出各种解读。

　　在自然灾害发生后，与救灾、赈灾有关的政府机构和社会组织会承受起最巨大的社会压力。它们首先是政府机构，其次是受其支配领导的与救灾、赈灾相关的部门。就其功能来说，这些机构和部门会在一段时期内承担起超常的工作压力，给予执政者巨大的身心负荷和组织问题。列表 3－5 分析如下。

表 3－5　相关政府部门救灾赈灾功能的承载力

| 组织机构 | 主要功能 | 灾后超负荷部分 | 服务对象 | 矛盾点 |
|---|---|---|---|---|
| 政府首脑部门 | 组织领导救灾赈灾和灾后重建的全面工作。 | 需要在极短的时间里在资源短缺的条件下面对突发的重大自然灾害所带来的经济、社会和政治危机。 | 灾区的所有灾民、救援力量、捐助活动和对外交往等。 | 政府官员习惯于墨守成规的官僚体系的工作方式和时间节奏，对自然灾害缺乏应急经验和能力。 |
| 军队 | 是第一线抢险队伍和最先抵达灾区的强力部门，对勘察灾情、控制局势、安定社会，抢险救灾起着决定性的作用。 | 军队的年轻人必须在军令的严厉指挥下，在最短的时间里，完成许多常人所难以或不愿完成的艰险任务，甚至需冒生命危险。这对于没有救灾经验和没有战争经历的军人来说尤其艰难。 | 灾区的全体灾民。负责他们的生命财产安全，灾民解困、伤员救助，尸体搜寻等。 | 普通军人缺乏专业性的抢险救灾经验。外地军人对当地的地理、文化、社会了解不多。灾民一般对军人有较强的依赖心理，认为他们是万能的，使其负担加重。 |

（续表）

| 组织机构 | 主要功能 | 灾后超负荷部分 | 服务对象 | 矛盾点 |
|---|---|---|---|---|
| 民政部门 | 是减灾赈灾的专门机构，以减少自然灾害对灾民和灾区造成的损失和困难，维护资源公平分配为己任。 | 必须在短时间里对灾情和灾民的需求进行科学评估，并调动必要的资金、物资、器材、技术和人员展开最及时、准确、有效的减灾赈灾工作。 | 灾区灾民，尤其是在生活质量上需要照顾的社会群体，包括基于先赋、贫困、区位等原因形成的弱势群体。 | 民政部门要迅速了解灾区灾民的实际需求，需要审核救助对象，甄别援助机构和个人的捐助行为，需要调集救灾资源等，这些细致的工作需要在短时间内完成。 |
| 消防部门 | 除国家救援抢险队外抢险救灾的专业队伍。负责清障挖掘、救援灭火、供水供电等工作。 | 灾区的一些险情、灾情的特殊性、复杂性和严重性不是常规消防器械和消防队伍所能够承受的。会遇到严重的技术和能力瓶颈。 | 灾区中受灾最严重的地域和灾民。需要消防系统的专业性工作才能化解灾情。 | 消防部门的救援能力和救援技术与灾情特征和灾民需要之间的矛盾。其最大的敌人往往是有限的时间和技术的限制。 |
| 警察机关 | 负责维持灾区的社会秩序，打击犯罪，保护灾民。并直接参与抢险救灾。 | 警察部门必须在自身遭受灾害损害的同时，担负起维护已部分社会解体的灾区的社会稳定和遏制犯罪的艰巨工作，灾区犯罪行为可能会并喷式剧增。 | 保障灾区社会安定、灾民和救援者生命财产安全。还要维护重要的公共空间和基础设施的正常运转。 | 警察会面临巨大的工作负担，治安维持压力徒增。但同时会招致灾民的不满，如灾民把对政府的不满投射到警方头上。警察缺乏应对的经验和技术。 |
| 医院 | 负责对灾区伤患的救治，对死亡者的鉴定（包括 DNA 鉴定）。 | 急诊部已不能满足需求，而是医院全体动员和超时超负荷运转。医生必须与死神抢时间并承受巨大的心理压力和社会压力。 | 灾区的伤员、病患和死者。更要面对其家属亲人。面对的实际上是一个个焦虑的家庭。 | 医生不是万能的，与死神的争夺战也会有失败。但仍可能得不到患者、死者家属的理解。此外是器材、血液、经验和专业知识的缺乏。 |

（续表）

| 组织机构 | 主要功能 | 灾后超负荷部分 | 服务对象 | 矛盾点 |
|---|---|---|---|---|
| 丧葬部门 | 负责对死者遗体的收敛、整容和安葬，以及防疫和消毒等无害化处理。 | 灾后会在短时间内接收到大量的尸体，甚至是残缺不全的尸块。丧葬人员必须在时间和身心上付出巨大的牺牲，对这些尸体和尸块尽可能地进行人道主义的安置、安葬和无害无毒化处理。 | 死者、死者的家属亲人。 | 面对大规模非正常死亡时的专业能力和心理承受力有限。丧葬人员还需要有极大的耐心和爱心尊重死者的宗教文化和丧葬习俗，这有一定的环境条件限制。 |
| 防疫部门 | 负责对各种疫情的监控和管理。防止灾后有大疫。 | 灾后瘟疫的控制是紧迫而严峻的问题，防疫者本身需做好自身防护的同时，执行这一具有风险的"肮脏工作"，往往需防化部队承担。 | 灾区中的幸存者和救援人员。灾区和更大范围的周边生态环境和生活环境的保护。 | 疫情在灾区的出现是难以预测的，需要进行大范围的防控，工作量大，所需要的工作时间长、工作量大、材料设备也很多。 |
| 废墟清除部门 | 负责对灾后废墟的清理、整理和清除工作。这是灾后恢复正常生活和灾后重建的基础性工作。 | 需尽快完成灾后废墟的清理，以防止瘟疫发生，促进生活和社会秩序的恢复。同时要高度关注和尊重废墟中的生还者和死者遗体。 | 促进灾区的社区重建工作，为灾民恢复较正常的社会生活秩序创造必要的环境条件。 | 废墟的清理工作是最不显性但又最必要而艰苦的工作。在清障排险除污的同时，还必须注意生还者和尊重废墟下的死者。身心压力大。 |

任何自然灾害发生后，灾民和民众首先指望和关注的是国家机构和官员的表现，因为在危难时，这是唯一权威、可信赖和拥有资源的正式组织和代言人。无论政府如何迅速应变，只要稍有迟缓和纰漏，都会被绝望、愤怒和恐惧的公众注意和放大。因为，在灾难面前，人们的心理极端脆弱，需要得到从亲人到国家的保护，而这些在平时看来司空见惯、习以为常的保护，在危难中更显其价值和珍贵，而此时这些保护更被视为理所当然；而一旦稍有懈怠、缺失或出错，都会引起不同于常规状态下的巨大失望乃至愤怒。

但这是在非常规的状态下对政府的超出其组织正常能力的一种期待和要求。这也是政府制定应急机制以满足社会和公众这种超常需要的原因。同样的政府、同样的官员，在国家日常管理和灾害时期的管理，是截然不同的，需要遵循两种完全不同的规则、体系乃至行为准则和价值取向。这是自然灾害中的政府行政管理，是自然灾害政治学要研究的。

在危难中，政府作为救灾组织的权威性和唯一性——任何非政府组织也离不开政府组织包括强势部门的参与而独立行动——使得政府的工作总是被千夫所指。这样，替罪羊是需要的。2005年美国新奥尔良"卡特琳娜"飓风过后，针对民众所斥责的政府反应迟钝，从时任总统W·布什公开讲话的语气可以看出，他说是自责，实际是指向有关联邦部门和州政府，最后找到了替罪羊。即一个个别的替罪羊替政府有关部门顶罪，而联邦政府则为政府首脑小布什顶罪，即便被斥责得最多的还是总统本人。这就是自然灾害危难后政府官员的"替罪羊政治"。

光找替罪羊是不够的，需要亡羊补牢，即对民众的不满进行补偿。这些补偿就是赈灾和灾后重建工作。这是政府在灾后历来都要做的补偿机制。

灾后政府"反应迟钝"的原因不外有两个：一是缺乏应急反应管理机构，二是"机构"的反应缺位、迟缓或失效。

就应急反应管理机构而言，美国、日本、英国、加拿大、印度等大国都早已建成了国家级的自然灾害应急反应管理机构，见表3—6。

表3—6 世界一些国家建立的自然灾害应急管理决策和协调机构

| 国别 | 机构名称 | 成立时间 | 组成部门 | 主要功能 | 运行机制 |
|---|---|---|---|---|---|
| 美国 | 联邦紧急事务管理署 | 1979年3月 | 集成了从中央到地方的救灾体系，建立了统合军、警、消防、医疗、民间救难组织等单位的一体化指挥、调度系统。 | 负责联邦政府对大型灾害的预防、监测、救援和恢复工作，涵盖了灾害发生的各阶段。 | 集成了原先分散于各部门的灾难和紧急事件应对功能，可直接向总统报告，强化了政府机构间的应急协调能力。 |
| 日本 | 全国危机管理中心 | 1996年4月 | 内阁首相为危机管理最高指挥官。 | 负责全国的危机管理。 | 许多政府部门都设有负责危机管理的处室。一旦发生紧急事态，一般都要根据内阁会议决议成立对策本部；如果是较重大的问题或事态，还要由首相亲任本部长。在这一危机管理体系中，政府还根据不同的危机类别，启动不同的危机管理部门。 |
| | 中央防灾会议 | 1962年 | 除首相和负责防灾的国土交通大臣之外，还有其他内阁成员以及公共机构的负责人等。 | 应对全国的自然灾害。是中央政府自然灾害危机管理最高决策机构。 | |

（续表）

| 国别 | 机构名称 | 成立时间 | 组成部门 | 主要功能 | 运行机制 |
|------|----------|----------|----------|----------|----------|
| 英国 | 国民紧急事务委员会 | | 由各部大臣和其他官员组成。 | 向内阁紧急应变小组提供咨询意见，并负责监督中央政府部门在紧急情况下的应对工作。 | 委员会秘书负责指派"领导政府部门"，委员会本身在必要时在内政大臣的主持下召开会议，监督"领导政府部门"在危急情况下的工作。 |
| | 领导政府部门 | | | 灾难发生后，根据性质和情况需要，政府指定一个中央部门作为"领导政府部门"。该部门一般并不取代地方政府在危机处理中的主要角色，而是负责在中央层面上协调各部门的行动，保证各部门与地方政府联系通畅，收集信息以通知政府高层官员、国会、媒体和公众等。 | 内阁紧急应变小组是政府危机处理最高机构，但只有在面临非常重大的危机或紧急事态时才启动。 |
| | 国民紧急情况秘书处 | 2001年 | 为内阁办公室下属机构。 | 从事危机政策的制定、风险评估、部门协调和人员培训等日常工作，对政府各部门特别是国民紧急事务委员会提供支持。 | 向内阁紧急应变小组提供咨询意见，并负责监督中央政府部门在紧急情况下的应对工作。 |

（续表）

| 国别 | 机构名称 | 成立时间 | 组成部门 | 主要功能 | 运行机制 |
|---|---|---|---|---|---|
| 加拿大 | 应急准备局 | 1988 年 | | 为确保加拿大的安全和防护而应对各种国家危机，自然灾难以及安全紧急事件。为制订各省应急计划和建立应急机构，与省进行协商；为满足公众要求和减少应急事件影响，提前向公众提供信息，提供顾问服务和施行计划；主持有关应急准备的研究；协调各联邦机构应急准备计划，就其进度进行报告；管理国家应急准备学院。 | 成为一个独立的公共服务部门，执行和实施应急管理法。集中化的领导与协调，分散化的执行与反应。 |
| 印度 | 灾害处置部长小组 | 2003 年 | 由内阁有关部长组成。 | 制定应付重大自然灾害的长期政策，并负责处理灾后的救援、减灾和重建等事宜 | 以内政部长为首，成员包括国防、财政、农业、铁路、食品、电力、通讯、新闻广播和卫生等部的部长以及国家计划委员会副主席。 |

来源：王学栋，论中国政府对自然灾害的应急管理［J］，《软科学》，2004 年第 3 期。

王德迅，日本危机管理体制的演进及其特点［J］，《国际经济评论》，2007 年第 2 期。

姚国章，典型国家突发公共事件应急管理体系及其借鉴［J］，《南京审计学院学报》，2006 年第 2 期。

翟良云，英国的应急管理模式，http：//www.esafety.cn/laodongbaohu/48832.html，上传于 2010 年 8 月 3 日，下载于 2013 年 12 月 16 日。

## 第二节　自然资源

作为人类共有财富的大自然本身也是应对自然灾害的有效资源。

首先，地震、火山爆发、泥石流、沙尘暴、飓风、旱情、洪水等自然现象本身是对自然环境、地理环境、生态环境的结构性改变，其本身对人类社会并不会形成直接的和当即的破坏或损害作用，仅仅是大自然结构性的改变。只有当其结构性改变对人类社会的生存环境即人工环境及在其中的人类产生破坏性作用时，才真正成为自然灾害。因此，自然现象本身不是自然灾害。在个别情况下，甚至可以通过对自然地理环境和生态体系的改变和再造，对人类社会具有积极的影响，如火山爆发后山坡上肥沃的适于农耕的土壤，飓风暴雨为干旱地区带来的降水，甚至泥石流形成的堰塞湖可为造坝创造条件等。

自然灾害过后，趋利避害的人类会在灾区周围寻找安全地带作为短期避难和长期居住的地方，如平原、水源地、背风区等。就如灾后的北川新县城永昌就建立在远离山脊的河边平原上。因此，大自然实际上为人类避灾躲险提供了足够的空间选择。

产生于大自然的自然灾害过后，大自然本身在被人类进行充分的认识后，可以成为遏制下次灾难的最直接和最有效的屏障。人类可以借助低洼地建设水库湖泊应对旱灾，可以利用地势水势建设堤坝防洪发电，可以利用火山灰沉积物开辟良田。人类对自然灾害应具有趋利避害、因势利导的智慧和能力。

农牧林业是最依赖于自然的存在和特征而进行经营和发展的产业。土地、土壤、水体、阳光、气候和它们所形塑和给予的自然生态系统，是农牧林业最基本的自然资源基础。在各种自然灾害过后，农牧林业的从业者们依然要在灾后的土地、土壤、水体环境中，在较为恒定的气候条件下，继续经营他们的产业。因为，大自然是他们最原始、最可靠和最慷慨的生产资料。

从广义上看，灾后重建中所要涉及的广泛的制造业、建筑业和医疗物品等领域，都需要通过继续获取各种自然资源和原材料而获得持续生产的可能。

## 第三节　物质储备

应对自然灾害的物质储备包括两大范畴，一是灾区原有的相关公共基础设施，如消防、医院、道路、机场、铁路、供水、供电、邮政、网络、警局等。二是针对自然灾害来袭专门准备的物资储备，如挖机、吊机、车辆、沙袋、工具、帐篷、食品、饮水、被服、公厕、药品、疫苗和医疗器械等。

人类迄今为止所建设的各种公共基础设施都是人工环境，都不能百分之百可靠地抵御自然灾害的侵袭。现有的基础设施在建设中较少地考虑到了各类自然灾害来袭时的自持力和耐用性，很多基础设施在自然灾害的冲击下，即使不被摧毁，也会因基于质量担忧的预防原因而被关闭，从而丧失了在自然灾害中的使用功能。因此，人工环境的建设除了要根据当地常态化的自然环境进行外，还要对非常态化的突发自然灾害有所预设。在自然灾害频发和剧烈的今天，愈显公共基础设施的脆弱性，人工环境是不可能超越自然环境的，尤其是当后者处于非常态情况下，即发生自然灾害的情况下。

就物质储备来说，自然灾害后最重要的民政基础设施的功能缺失会加大和延续灾害的损失。

自然灾害发生后社区中最首位的民政基础设施就是救灾应急体系（包括供水供电，药品食品和避难安置点）、医院及丧葬处理系统。这些是稳定社区秩序最初的关键社会功能，也是灾民最需要的。但落后国家在遭遇重大自然灾害后，这些基础设施的先天性不足或被彻底破坏会使衍生性灾难蔓延和加剧，最终动摇社会稳定，引发动乱。

2010年海地"地震发生后，太子港仅剩一间医院运作，医院满地躺着伤员，医生则几乎全部葬身瓦砾堆中。医院经理盖那若施表示，'我应该有150个医生的，现在只剩不到20个'。85％的当地医生丧生。由于伤员太多，医院最后只好开出'伤员巴士'，把伤员运到邻国多米尼加治疗。太子港总医院的拉罗什医生说，医院的太平间里早已放不下尸体，太平间外也已堆积了1500具。在人力不足的情况下，甚至出动垃圾车协助载运遗体，让人类最基本的尊严变得荡然无存"。[1] 最终，由于抱怨救援不及时，一些海地人甚至将尸体堆积起来表示抗议。

因此，自然灾害过程中充分的物质储备和高效利用，是摆脱灾后资源匮乏困境的有效手段。德国是一个除雪灾和偶尔的洪灾外自然灾害极少的国家，但它却凭借其先进的医疗技术和优秀的医师，永久性地在国内保留有一所专门应对世界各地重大自然灾害的野外流动医院，以备不时之需。

2008年汶川大地震灾后，派往都江堰灾区的德国流动医院设有1个门诊部和8个诊疗室，包括外科、妇科和儿科，可接纳120名患者，并可向总计25万受灾群众提供医疗服务。由德国6名医护人员和5名技术人员组成的医疗小组在这所医院工作，为地震受灾群众和中国医疗人员提供帮助。在极端的情况下，这所价值120万欧元的移动医院，可以让人在无电，无水，无粮的情况下生存两周。

"这所流动医院平均每天超负荷地接待900名患者，其中大部分在门诊接受诊治。在20多天里救治了约1.4万名伤员，获得了当地民众的高度评价。

流动医院里的医生和护士都是中国人，是从其他医院借调过来的。德国红十字会的成员则随时提供建议和帮助，向中方介绍流动医院的运营方式，以便顺利交接。'我们流动医院的设计可以适用于世界任何地方，这次到中国，我们携带了比以往更多的技术设备。这所医院可以提供高质量的医疗条件。'

---

[1]　新华网：海地部长以上高官全失踪 当地医生几乎全部丧生。http：//news. cn. yahoo. com/10－01－/1037/2juf4. html，上传于2010年1月16日，下载于2010年1月16日。

在流动医院就医是完全免费的。这也是德国与中国红十字会达成的协议。三个月后，流动医院将完全移交给中方，到时该医院将像其他医院一样运作。

德国红十字会于 2008 年 6 月中旬返回德国，但他们将只收拾个人行装。在帐篷搭建的流动医院里，他们将不会带走任何东西，哪怕是一条毯子，或者一只注射器。这些物品今后将由中方妥善保管。"①

德国把流动医院捐赠给中方，德方人员撤离。而德国人将在德国国内再建这样一个应急野战医院——虽然德国本身鲜有重大自然灾害——以应对下次大灾难的到来，在使用后同样会捐献给外国灾区。换言之，移动医院的设备可以转到正常医院中继续使用，德国会根据掌握的知识和技术，按照设计要求和制作采购方案再造一所应急野战医院。从这个意义上说，流动医院并未离开德国。这已经成为了德国人的一个传统。这就是应对自然灾害的有备无患，扎实可靠。

## 第四节　人力资源

作为应对自然灾害的公共资源的人力资源，是防灾、救灾、赈灾和灾后重建四个基本阶段中都需要的。这里的人力资源指针对自然灾害所培养、训练和储备的专业性、技术型、有经验的、隶属公共资源的人力资本。

自然灾害发生后，幸存的灾民、驰援的军人、警察和志愿者都是最积极、最庞大和最稳定的救灾者群体。但他们缺乏人力资本中有关抢险救灾的知识、理念、技术、设备、经验和能力。知识指应对各种自然灾害的专业知识、理论知识和习得本领。理念指应对自然灾害的正确意识、价值观、职业道德和行为准则。技术指应对自然灾害的专门的、有效的特种技术。设备指应对自然灾害的专业化、高水平、高效能的特种设施设备。经验指长期应对自然灾害和复杂灾情后所积累起来工作经验、处置范式和心理素质。能力指应对自然灾害的专业人力资源在具有了足够的、可胜任的知识、理念、技术、设备和经验后，所应具有的合理应对和有效处置自然灾害的技能。因此，专业化的应对自然灾害的人力资源应具有知识、理念、技术、设备、经验和能力这六个基本要素。而能完全满足这六个要素、可有效应对自然灾害的人力资源实际上是较为有限的。

在防灾阶段，专业人员应具有认识自然灾害、研究自然灾害、侦测自然灾害、预测自然灾害和预警自然灾害的能力。他们可以是气象部门、地质勘探部

---

① 克劳迪娅·维特：告别前夕：实地探访中德野战医院［N］，德国之声电台，2008 年 6 月 22 日。

门、地震研究部门、水利部门、航天航空遥测和其他自然灾害预测预警等部门的专家学者和科研人员。此外，还有履行对大众进行自然灾害预防和自救教育的自然灾害教育工作者和宣传者。

救灾阶段，专业人员应具备在各种意想得到和意想不到的艰难困苦条件和环境下，完成拯救生命、挽救伤员、抢救财物、处置遗体、抢修设施和恢复秩序等特殊时期的特殊工作。救灾任务是在灾区这一特殊的地域社区和灾区以外的救灾领域全面展开和实施的。在时间上，具有很强的紧迫感和时空压力。专业人员必须在艰难困苦、气氛悲凉、危机四伏的环境中，以最短的时间和最高的效率完成一系列的抢险救灾工作。这不仅需要相关人力资源拥有高超的能力、先进的技术和有效的设备，还要具备很强的心理素质和丰富的工作经验。而这所有一切的人力和物力资本，都是需要储备和积累的。这些拯救生命、挽救伤者的人力资源包括：各级专业的自然灾害救援队、消防部门、卫生防疫部门和部分受过专业训练的军队和非政府组织及志愿者。在中国还有专业化的武警部队，如森林消防部队等。

赈灾阶段是实施社会福利行动的阶段，是从抢险救灾转向灾后重建前的重要过渡阶段，持续时间较长。这一阶段需要民政、民事和法律部门人员和社工组织的大量投入，需要社会政策、社会保障、社会福利和社会工作领域的专业人员。这些人员需要有对灾情民情的调查能力和分析能力，需要理解和掌握国家的赈灾政策和措施，能有效地将国家和社会给予的救助物资和救助款项运用到赈灾工作中，并具有公正公平、法制透明的工作原则和高效高速的执行能力，将赈灾款物及时均等地惠及灾民，并直接参与到对灾民的救助安抚工作中去。赈灾阶段中许多企业需要加班加点赶制安置房、御寒被褥和其他应急设备和生活用品，需要这些行业领域的研发者和生产者具有必要的社会责任感、智慧和勤勉，以超常的状态及时、高质地满足灾民和救援者的需求。

灾后重建阶段是一个长期复杂的经济、社会、文化建设过程，需要调动全社会有关专业人员和从业人员的参与。灾后重建无异于建设一个新的城市或乡村，所需要的智力供给、财政投资和生产投入是巨大的。在庞大复杂的经济社会重建工程中，需要以下领域的工程技术人员：地质地理学家、气象学者、城市规划师、建筑师、土木工程师、桥梁道路工程师、水利工程师、隧道涵洞专家、环境生态专家和园林规划师等。在人文社会科学领域应涉及到以下学科的知识分子：心理学者、社会学者、社会政策学者、经济学者、经济管理学者、法律学者、公共管理学者、人类学者、民族学者、民俗学者、宗教学者、教育学者、伦理学者和美学学者等。他们可以在各自领域为灾后重建和新社区的建设提供智力咨询或实际参与。现代社会更为复杂，任何现实问题的解决，仅靠一两门学科是难以胜任的，多学科的联合研究和政策咨询乃至直接介入是必然选择。

就社会学者的领域看，在作为二级学科的应用社会学领域里，除了体育社会学外，其他的应用社会学专业领域的学者，即劳动社会学学者、工业社会学学者、医学社会学学者、城市社会学学者、农村社会学学者、家庭社会学学者、环境社会学学者、青年社会学学者、老年社会学学者、犯罪社会学学者、越轨与犯罪社会学学者、妇女问题学者、种族问题学者、社会问题学者、社区研究学者、社会保障研究学者、社会工作学学者、微观社会学学者、政治社会学学者、宗教社会学学者、交通社会学学者和人口社会学学者都能为灾后重建中有关的社会研究领域做出学术理论上和社会实践上的贡献。

此外，社会分层学（或分层社会学）、教育社会学、政治社会学、社会学研究方法、社会调查方法、社会统计学、实验社会学、社会地理学、经济社会学、公共关系学、组织社会学、发展社会学、福利社会学等社会学二级学科的学者们也能从理论研究和政策建议上提供帮助。

最后，人口学中的所有分支专业即人口经济学、人口社会学、人口学说史、人口史、人口地理学、人口生态学、区域人口学、人口系统工程、人口预测学、人口规划学、人口政策学、计划生育学也是研究灾后重建中重要的学术和实践领域。因此，人口学者也是研究灾区人口结构变迁的不二人选。

灾后，也需要年富力强的临时性专业援助人员解决实际问题和燃眉之急。2008年6月，汶川大地震后，国务院四部委增设2008年大学生志愿服务西部计划抗震救灾专项行动，紧急从北京、天津、河北、山西、辽宁、吉林、黑龙江、上海、江苏、浙江、安徽、福建、江西、山东、河南、湖北、湖南、广东、海南增招1090名志愿者赴四川和甘肃、重庆灾区，开展为期1年的抗震救灾志愿服务，参与灾后重建工作。西部计划抗震救灾专项行动的招募对象分两类，一类是2008年本科及本科以上学历应届毕业生，其中包括已被录取为研究生的应届高校毕业生；一类是在读研究生。对志愿者的报名条件提出严格要求：有奉献精神，身体健康，有较强的组织协调能力，能适应灾区艰苦的工作环境；应届本科及本科以上学历，获得毕业证书和学位证书；优秀学生干部和有志愿服务经历者优先考虑；灾区急需的心理学、建筑学、医学、教育学类专业报名者优先考虑。

## 第五节　志愿者群体

志愿者群体不同于非政府组织，因为他们本身并不是组织也没有组织，只是社会群体的一类，甚至是在平时都不存在、不显性的一个低于亚文化群体概念的"影子社会群体"。但该群体在自然灾害抢险救灾中的行为特质是：自觉自主、非盈利性、临时随机、自由独立、组织简单、规模精干。这些特质是最严密的正式组织和最松散的非正式组织都不可能全部拥有的。

与政府组织和非政府组织还有所不同的是，志愿者群体几乎没有自己常规的稳定的组织体系、工作场地和章程制度，因此是最大众化的"影子社会群体"。

但一些志愿者群体的成员往往有着与常人不同的伦理道德素养，有着苦行僧般的行为方式，有着崇高的社会规范，有着非凡的坚韧意志、有着内化于心的普世价值观、有着果敢的主动性和敏捷的行动力。由于其独立性、公益性和亲民性，深受灾民的接纳和爱戴。

志愿者群体在抢险救灾中缺乏的是对信息的掌控能力、缺乏科技工具手段、缺乏与正式组织和其他非正式组织的纵向和横向沟通。

## 第六节　精神和道德储备

民族精神是在长期历史进程中积淀形成的民族意识、民族文化、民族习俗、民族性格、民族信仰、民族宗教、民族价值观等共同特质，是传统民族文化中维系、协调、指导、推动民族生存和发展的精粹思想，是民族生命力、创造力和凝聚力的集中体现，是民族赖以生存、共同生活、共同发展的核心和灵魂。

对民族精神有不同的见解。下面是西方学者对民族精神的部分解释。

民族精神是个现代话语，由西方学者最早提出这一概念。有学者认为 18 世纪法国启蒙思想家孟德斯鸠是最早论述民族精神的学者。他在《论法的精神》中说："人类受多种事物的支配，就是：气候、宗教、法律、施政准则、先例、风俗习惯。结果就在这里形成了一种一般的精神。"这里的"一般的精神"指的是一个民族的一般的精神，即"民族精神"。英国思想史学家以赛亚·伯林说："民族精神这个词是赫尔德发明的，把德国哲学家和诗人赫尔德称为'民族主义、历史主义和民族精神之父'。"因为赫尔德在其 1774 年出版的《另一种历史哲学》一书中，从一般的人类精神引申到了"时代精神"和"民族精神"，所以是他最先表达了这一概念。他认为，每个民族的文化都有各自发展的权力，各种文化能相互激励，他同时宣称："每一种文明都有自己独特的精神——它的民族精神。这种精神创造一切，理解一切。"黑格尔继承了赫尔德关于民族精神的概念，从其理性统治世界及世界历史的基本理念出发，阐发了"民族精神"概念。他认为，（世界精神发展的）每一个阶段都和任何其他阶段不同，所以都有它一定的特殊原则。在历史当中，这种原则便是精神的特性——一种特别的"民族精神"。民族精神便是在这种特性的限度内，具体地表现出来，表示它的意识和意志的每一方面——它整个的现实。民族的宗教、民族的政体、民族的伦理、民族的立法、民族的风俗、甚至民族的科学、艺术和机械的技术，都具有民族精神的标记。黑格尔是对民族精神这一概念使用和解释最多的人，他把民族精神归入他所强调的"绝对精神"体系中，是唯心主义哲学的产物。恩格斯指出："像对民族的精神发展有过如此巨大影响的黑格尔哲学这样的伟大创作，是不能用干脆置之不理的办法来消除的。必须从它的本来意义上'扬弃'它，就是说，要批判地消灭它的形式，但是要找出通过这个形式获得的新内容。"民族精神具有表象上的广泛性，它深深的体现在一个民族的思想观念和行为实践的各个方面。

　　近代西方学术界提出"民族精神"概念及"民族精神"问题，有其深刻的学术背景和社会历史背景。在学术背景方面，18世纪是法国思想精英在启蒙运动中大放异彩的历史时期。他们以"科学"、"理性"和"人性"冲破神学的束缚，以"推理的历史"重构"人类精神"。"人类精神的历史"在这一时期成为时尚的学术用语。启蒙思想家们对于人类精神的追求实际是对人类理性和自由精神的探索，它由此也导致一种"精神科学"，而纳入这个精神科学领域的不仅有历史学，还有哲学、法学、语言学和文学等，一时间出现的历史哲学、文化史学成为这种精神科学的典型分支。在社会历史背景方面，"民族精神"概念的提出与18世纪后期欧洲民族主义理念的形成有着明显的因果联系，是民族主义形成过程中的一个重要理论成果。总体来看，西方思想家们有的是从旧唯物主义的立场，有的是从唯心主义的立场来解释和使用民族精神这一概念的，他们对民族精神的解释既有一定的合理性和独到性，也带有缺陷和不足。但他们的解释对于理解民族精神这一概念仍具有重要的参考价值，他们分析民族文化精神的思路和视角对于认识和理解民族精神问题具有启示意义。①

---

① 尤颖婷：2012年文稿。

在理解了民族精神的基本概念后，笔者想探讨长期深陷自然灾害中的日本国的民族精神是什么？2011 年 3 月东日本大地震海啸后，东京地铁通宵运作，上千人等待的地铁站内没有一点混乱。东京居民平静地寻找回家的路。市民上街避难，主动让出主干路，让车辆通行。陌生人互相问候，地铁广播不断播放："东京地铁为延误了您的列车服务而致歉。这是因为一场很大的地震。"震后日本孩童身上的黄色三角帽套，是他们的座椅靠垫，每所学校必备，地震时随时取下作为防护用品。日本对防灾体系的重视世人皆知，但这种灾后的井然有序、镇定冷静还是让人惊叹。

可以想象，如果这类重大灾难发生在别的国家，很容易引发各种恐慌，就如在 2013 年 11 月"海燕"台风席卷菲律宾中部后所看到的那样。但是在日本为什么又是这样的场景呢？这是因为日本民族是一个有素质、有秩序、内部团结、执着坚强、有信仰又听天由命的民族。这些构成了日本民族精神的一部分。这从"3·11"地震海啸后的很多细节中继续反应出来。几百人在广场避震，整个过程，无一人抽烟，服务员在跑，拿来毯子、热水、饼干。所有男人帮助女人，跑回大楼为女人拿东西。接来电线放收音机。年轻人自发地拖地，做起清洁工作。三个小时后，人群散去，地上没有一片垃圾。在高铁停运后，一群群上班族有序地下车，镇静地列成单排行走在高架铁路线上脱险，没有任何的惊慌、拥挤和抱怨。日本中央政府会议期间，不大的会议室里，包括首相在内的重要高官均在场。地震的时候，屋顶的吊灯不断晃动，整个房间都在震颤，但首相和其他官员都很镇定，没有任何人擅自离开，直到警卫进来疏导并告知他们需要离开。

"在日本学习的曹凌曦写道：'地震强度变大后，老师命令我们立刻躲在桌子底下，她一直站立在我们正中间。当地震有所减轻，老师要求我们什么也不要拿，赶紧离开教学楼，她最后一个离开教室并关掉了电源。'可见日本人是有强烈责任感的。和我们所鄙弃的'范跑跑'不一样，日本教师的高素质，舍己为人的精神值得学习。从中也看到日本民族的强大之处。这也折射出一个奇迹：日本凭借如此小的土地，如此贫乏的资源成为了世界强国。孩子们面对地震灾害不害怕，训练有素地自救离开灾场。可能有人会说日本是个多震国家，孩子们都从小接受培训，可我们不得不说日本人的民族精神就是从这些点点滴滴中折射出来的！"[①]"香港导演彭浩翔在微博中说道：睡在酒店大堂的小学生，起来后各自把

---

① 王晨：面对灾难，我们学到了什么——通过日本大地震看日本怎样与灾难共存，《中州建设》，2011 年第 7 期。

自己的地方所有垃圾清理掉，仿佛昨晚从未有人睡在那似的。车站几百名等待回家的上班族井然有序的排上五六小时队，没一个人插队没一个人吵闹。"①

日本最大的自动零售企业三得利在地震后宣布，所有的三得利自动贩卖机全部免费，而在2010年的8月份，三得利就将所有的自动贩卖机进行了改造，以保证发生地震时自动贩卖机可以转为免费模式；首相菅直人随后也发布政策，所有便利店全部免费，产生的全部费用由日本政府承担；日本街头的所有公共电话可免费拨打，以保证受灾民众可以最快地联系上自己的亲人。所有的大型超市、公共场所、学校都开辟为临时避难场所，并提供免费的食品和毯子，以保证灾民可以安稳的度过一夜。

福岛核电站爆炸后，居民恐慌出逃，逃难车流拥堵。车子堵在路上十三四个小时期间，没有车子按喇叭，没有插队，没有人下车吵闹咒骂。十三四个小时里所有的车子都是安静地等待，遵守规则，仿佛就是一次上下班途中的短暂拥堵而已。②

"紧急状态管理专家感到最棘手的问题是，一旦重要设施崩溃，如何将千百万人撤离城市。联合国国际减灾战略计划的专家海伦娜·瓦尔德斯说：'灾难发生时，疏散一个大城市的主要问题在于交通、公路的使用，以及拥堵和停止运作的能源供应。'

对波恩的风险管理专家约恩·比克曼来说，清空东京不是好的选择。他说：'在短时间内疏散东京的3500万人即使不是不可能，也是不现实的。'他指出，东京人口中有五分之一是年龄超过65岁的老人，因此较难实施疏散。

不过，东京大学的一位教授强调，尽管撤离大量人口依然是一种假想情况，但这是可行的。他说：'最重要的因素将是公民有序的行为和理解形势的冷静头脑。'所有受访专家都认为，文化因素非常重要，而且日本——尤其东京——为应对灾难作了最充分的准备。

瓦尔德斯说：'如果这次灾难发生在一个应对能力较弱的大城市，伤亡人数将会达到数百万，至少数十万人。从这个意义上来说，尽管存在那些可怕的影响，日本的状况依然是积极的。'"③

---

① 高峰：日本何以处"震"不惊?，《湖南安全与防灾》，2011年第3期。
② 百度百科：http://blog.sina.com.cn/s/blog_4c98a8680100q1zq.html。
③ 法新社巴黎3月20日电题：东京危机——大城市能应对灾难吗?

## 第七节 媒体的功能

媒体和公众舆论对自然灾害有一个感知周期。

媒体报道是主导灾区重建的因素之一。一般认为，灾后重建取决于政府机制、经济一金融机制和灾民的意志和参与。但从对海地和汶川的观察看，媒体的关注度即感知也决定了灾后重建的进程和效果。

通过笔者跟踪观察，就媒体而言，对自然灾害的报道的时效性是极为有限的。如关于海地灾后状况的报道，截止到 2010 年的 5 月 19 日，已有将近一个月未见诸媒体了。媒体对自然灾害的报道，只是在灾害发生时和发生后大约两个月的时间内，被作为突发新闻甚至猎奇进行报道，可第三个月后就基本消失。但现实是，从社会学者的角度看，这时的灾区社会经济状况以及灾民的生活状况才是最困难的时期，灾后重建和社区功能恢复是一个漫长的过程，但这一刻，对灾区的关注消失了。而海地灾区是公共媒体或国际社会有意识地遗忘——因为包括美国在内的国际社会知道：救援海地是填无底洞。

因此，新闻媒体对自然灾害的报道具有周期性，从新闻媒体对每次大灾难的关注看，都有阶段性的发展过程，这也决定了公众对灾难和灾区的认知度和关注度，这最终会影响到灾后重建的进程。这种阶段性可分为五个阶段。

第一阶段，井喷式集中报道——自然灾害发生后大量情绪化、情节化突发性的报道，一般持续两到三周，这由自然灾害的严重程度和持续时间决定。公众关注度最高。

第二阶段，持续跟踪报道——对灾后政府政策等的批判性报道，即对自然灾害救援过程的评价等。在自然灾害发生后持续一个月，公众持续关注和参与评论。

第三阶段，断续报道——自然灾害后约一个半月，由于其他更新鲜和更重大事件的发生以及救灾及灾后重建进入稳定和常规阶段，使得媒体对自然灾害的报道频数降低，公众的注意力开始转移。

第四阶段，零星报道——对自然灾害的报道基本结束，除非灾区发生重大事件，公众的热情和感知将消失。这一般发生在灾后的两三个月。

第五阶段，记忆性报道——主要是历史性和纪念性的对灾区的周年报道。

截止到 2010 年 4 月 12 日，即距离 1 月 12 日海地地震后刚三个月，国际媒体已鲜有关于海地灾区的报道，尽管那里还是当时地球上最大的灾区及人道主义危机地区。究其原因有三个：第一，海地的国际地位不重要；第二，海地属于在国际社会较为边缘的国家，而周边除美国媒体外没有强大的国际媒体；第三，美国、联合国乃至国际社会有意识地"遗忘"，因为持续的关于人道主义危机的报道可能要继续耗费国际社会资源的无偿投入，利益攸关国美国当局首先不愿意。

因此推论，媒体对自然灾害的报道总是有时效性和功利性的。在重大突发事件可以带来巨大利润（如媒体出位和广告利益）所刺激的井喷式报道后，是迅速的以媒体经济效益为主导的焦点转移和选择性遗忘。

赈灾和灾后重建问题都是长期和关键的问题，但新闻记者疏于或避免继续报道的原因假设有以下三个：

一是认为这些问题缺乏新闻时效性和爆炸性，再无"新闻"可言。

二是新闻管理体制决定了对这类问题报道时的局限性和无效性，一些问题所谓"过于敏感"，不允许报道，成为新闻禁区。这类问题大多属于灾后重建问题，但主流媒体对此的报道多是正面导向，使记者不敢直面问题和揭露问题。

三是一些问题涉及相关专业领域，部分记者受限于自身专业知识能力，难以理解和报道。同时，对这些问题的深度报道需要记者深入灾区和走入基层，需要智慧、精力和勤奋，但一些记者缺乏亲历一线的勇气和毅力。

记者是否能站在独立、反思、批判的立场上，坚持客观、公正和平等的原则，针砭时弊，为民请愿，刚直不阿，是记者的职业道德素养，是最根本的要素。

媒体可行使好"第四权力"的职责，发挥舆论监督功能，发现问题，追踪问题，用媒体的舆论、整合和传播功能促进问题的解决。媒体应对在灾难预测、组织救灾、灾后重建过程中暴露出的问题进行深入的跟踪报道和分析。这是媒体的权力，也是媒体的职责，更是受众及社会对媒体的需求。

## 第八节　作为公共物品的技术支持

人类对自然在一定条件、范围和时空里是有直接感知的。因此，人类对自然现象在一定的条件、范围和时空里也可以感应和认识并实现自我定位、自我保护。

但在更多情况下，人类对自然现象的感应和认知是被人类自身生理上的限制而被阻隔的。在这一点上甚至不及一些以自然条件反射为生存基础的低级动物们的感应能力。

因此，作为人类感知能力的延伸和加强的科学技术和专业设备是让人类了解、认识和预测自然现象、预警自然灾害的人造眼、人造耳甚至人造大脑，是人类联通大自然和自然现象的触角，如卫星航空遥测、地震探测仪、海啸预警系统、"全球眼"体系、气象台、水文站等感应器。从张衡的地动仪到气象卫星，无不体现着人类认识、掌握自然和自然现象、规避自然灾害的强烈本能和渴望。

人类与自然的关系首先是通过人类中的精英团体——科学家建立的，关系链条是：自然→探测仪器→科学家→媒体和政府（两条线并立）→公众（在最后环节，科学家把科学术语转变为公众理解的语言）。这里有一个问题，科学与政府的关系，即气象局、地震局等是否应成为独立自主的科研单位，而不是政府部门。

在巨大自然灾害面前，作为人类智慧和能力的延伸者的科学技术，永远都不可能完美地帮助人类克制自然灾害，从对自然灾害的预测预警、到抢险救灾中的技术装备投入、到灾后重建的科技元素介入，概莫如此。科学技术只能帮助人类尽可能地在有限的时间、空间和效能范围内克制自然灾害或降低其带来的破坏，但永远不可能将自然灾害彻底无害化。

针对自然灾害的科技设备的研发和实用主要还集中于对各种自然现象和自然灾害的监测和预报。但除了水坝技术、地震阻尼器和相应的建筑技术外，人类至今没有发明和制造出有效抑制、管控、削弱各种自然灾害的技术和设备。这一方面反映出自然现象的无可抗拒性，也反映了人类在防灾控灾方面的科技积累和设备创新远落后于灾害灾情预测领域。因此，发明和创造防灾控灾技术设备是当务之急，也是国民经济新的增长点。但中国社会自然灾害意识落后，这类科技产品属于难以盈利的公共产品，还需要社会宣传、国家补贴和国家企业的投入。在这些方面，走在前面的是美国、日本和自然灾害并不严重的德国（德国人是出于对自然和创新孜孜不倦的探索和追求）。

至今，人类都不能及时预测地震、海啸、火山和泥石流等致命灾害的爆发。

至今，面对巨大废墟下被困的伤者，任何技术装备仍然无能为力或不可能迅速产生效能。

至今，仍没有完美的建筑技术和建筑材料可以万无一失地防止房屋的坍塌。

因此，从逻辑上说，人类对于一些自然灾害是无能为力的，自然灾害的巨大性、不可测性和突发性使得人类只能俯首认命。人类可以阻止战争的爆发，但难以阻止自然灾害的发生，这是人类的宿命，也是自然的规律。

经查找，中国似乎缺乏一个专门针对自然灾害救援的技术装备研发部门。原因是，这些技术装备不可能是日常畅销品，不可能有稳定的利润收入和广泛的客源，即属于没有资本效益的公共消费品或集体消费。但每当地震、泥石流、森林火灾、海啸、山体滑坡、洪水等自然灾害来临时，总是缺乏专门的、专业的、有效的抢险救灾工具。而常用设备总是超出了使用极限和技术范围，效果不佳，延误了救援，造成了附加损失。这都是自然灾害中公共物品和公共产品的供给不足。

科学技术几乎永远不可能克服自然现象，也不可能彻底规避自然灾害。人类在大自然前永远是脆弱的，人类应对自然灾害的能力永远会低于自己的自信心和想象力。这是理性的自然至上主义。原因是：第一，自然灾害的强大和不可测潜力永远超越人类的知识水平和科技能力。第二，人类对自然灾害知识的掌握局限于很小一部分的知识精英和管理精英，大部分民众对大自然的异常变异及自然灾害的发生过程是缺乏基本知识和感知的。第三，许多人一生中可能只有极少的机会遭遇自然灾害，并且极少重复遭遇，缺乏"自然灾害的经验和感知"。因而在自然灾害来临时，缺乏应对的知识、经验和能力。第四，人类所遭遇的自然灾害的种类和强度随着人类社会的现代化、工业化和城市化而不断增加和加强。如工业排放加剧了全球变暖和气候异常，农牧业发展引发的沙漠化和沙尘暴，城市化后频发的城市内涝。第五，是自然现象和自然灾害的不可控性、不可预知性和持续性，自然才是人类社会的主体和主导，人类只能去依附、寄生和屈从于自然界。第六，一次次重大而惨烈的自然灾害通过多元媒体即时传播到民众中，给每个人的记忆都留下了血腥、悲惨、绝望的景象，而这些通过媒体"强植"于人类脑海的惨状却是如此客观、直接和真实，使人类日益觉得自身的渺小和大自然的恐怖。第七，虽然自然灾害的种类相对有限，但同一自然现象发生在不同的地区、国家、环境和不同的时期、时间和气候季节时，所表现出的自然灾害会完全不一样，对人类来说没有先验性的经验。

## 第九节　作为准公共物品的财富

任何物品、产品和商品在所有权上都有两个最基本的属性，即集体公共所有或个体私人所有；其使用权也是根据其所有权的基本属性而受到限定的。所有个人的消费品如衣物、食品、住房、家具、汽车、随身用品等都是私人所有，某个个体或小至家庭的社会单位拥有使用权。除此之外的所有消费品都是集体公共所有，使用权属于全体社会成员，这些消费品包括社会保障、医疗保健、教育义务、安全保障、公共服务和基础设施等。

但在自然灾害发生后，当部分灾民私人拥有所有权和使用权的个人消费品被瞬间摧毁、剥夺而缺失后，其生活资料的缺乏会造成短时间内的生存危机。在这种情况下，会出现以下常见的灾区特殊消费现象，即对他人个人消费品的分配、分享、剥夺乃至侵占。如：灾民邻里之间共享各自结余的食物和饮料，慈悲的商家把紧缺物品派发给灾民，恐慌的灾民劫掠超市中的货品，偷窃私宅、废墟中他人和死者的财物等。私人财富被初步地准公共物品化。在灾后黑市上交换各自所需的物品是将个人个体的生存生活用品等私物作为准公共物品进行市场化的交换，这样的交换行为主要发生于灾民中。即私人财富被初步地准商品化。

同时，企业、社会和个人以个体和个人所有的资源财富对灾民实施大规模的金钱、物品慈善捐助，也是将私人物品、产品和商品进行准公共物品化的过程。这种行为没有交换价值和商品价值，不符合商品交换原则和市场经济规律，只有使用价值和社会价值的体现。

在此，笔者试图总结赈灾初期社会捐助的特点：第一，赈灾财物基本上分为货币捐款和物资捐助两种基本方式；第二，捐款和捐物主要是通过国家赈灾机构如民政部门、非政府机构或基金会、宗教团体、民间机构和个人等渠道进行；第三，对灾民和难民来说，捐物分发的及时性比货币发放更具意义；第四，捐物主要先满足吃、喝、穿、住四个基本生存需求；第五，捐款和捐物如何全数交到灾民手里，取决于政府、银行和监管部门的效率和廉洁。第六，在实现捐款和捐物发放渠道的畅通后，如何使其发放公开和公平，并起到最大的赈灾效益，则是捐赠过程最后的关键点，但在缺乏民主监督和经济落后的灾区，则会是贪污腐败的源头。

呈上，从另一个方面看，在灾后也有将属于公共物品的社会资源私有化和私用化的现象。在资源极度短缺的灾区，个人出于生存的本能，会在经济理性选择的诱使下，占有和滥用公共物品和公共产品。从灾民擅自抢夺赈济粮食到官员私吞赈灾款等都是较为典型的在灾后将公共物品私有化和私用化的情况。

## 第十节　宗教的作用

恩格斯曾如此评价宗教："一切宗教都不过是支配着人们日常生活的外部力量在人脑中的幻想的反映，在这种反映中，人间的力量采取了超人间的力量的形式。"[1]宗教作为一种世界观和意识形态，它是人与自然、人与社会之间关系这一

---

① 恩格斯：《反杜林论》，北京：人民出版社，1963 年。

客观存在的异化反映，超自然力量和超社会力量是无法通过社会实践来检验的。

在自然灾害面前，考察的是人类与自然力量的关系。宗教把自然力量异化神化了，当自然力量在人类面前作为一种强大的客观力量被脆弱的人类强迫接受的时候，自然力量就成为对人类的一种不可避免的异己的压迫力量，而人类没有办法摆脱这种外部压迫的异己力量，也无法解释这种异己力量，更无法控制这种超强破坏力，唯一方法就是将人的臆想和谬误加之于自然界。那么，自然力就被人类神化了，这种神化了的自然力较之纯粹和实际的自然力，对于人类的压迫又加上了不可侵犯的神圣性，这使自然力加重了对人类意志的压迫和扭曲，自然破坏力被认为是无法抗拒和不得不接受的神灵的力量，人类并为此寻找同类中的最弱者作为安抚神灵的替罪羊。如中国古代用最弱者小女孩祭祀河神等人类非人性的拜神惨剧就此发生。宗教的负面意义在自然灾害中显现了。

在自然灾害发生后，针对因灾出现的社会解体和规范瓦解，宗教能起到整合的作用。即整合灾区社区人们的价值观、社会规范、意志精神、认同感和归属感。但这样的社会意识形态的整合有负面和正面的不同功能效果。

宗教在自然灾难发生时有其负功能作用，极端化的后果几近邪教。这尤其会发生在传统宗教文化不规范的地区，尤其在被奉若神明的个人威权超越了正统宗教教规和教义，并滥用和利用宗教神权，擅自解释宗教意志的时候。

1923年日本关东"地震发生的当天晚上，一个谣言开始流传：日本列岛下静卧着一条硕大的鲇鱼，每当天神对日本子民不满时，鲇鱼就要翻身骚动。因此，必须把得罪天神的人揪出来，以谢神明，防止后患。谣言很快就遍及东京和横滨一带。一些惧怕神灵的日本人信以为真。

借此谣言的盛行，皇储裕仁和首相山本权兵卫宣布实行军事管制。指责朝鲜人冒犯了天神，导致了大灾难的发生。1923年9月2日黄昏，天灾次日，在没有经过枢密院审议的情况下，内阁向东京都和府辖五郡下达了戒严令。军队和警察以'保护'为名，将大批朝鲜人集中拘捕。"[①]

突发大地震本已造成民众惊惧和社会混乱，社会几近解体。报纸上刊登了"东京和日本内阁遭到毁灭、整个关东沉入大海"和"韩国人要暴动"等虚假新闻，更引发社会恐慌。在天灾中丧失了财产、房屋和亲人性命的日本民众，完全处于一种惶恐和无以名状的报复心态中。

"《东亚三国近现代史》记载：军队、警察、市民、青年、退伍军人组织了

---

① 郭小鹏：关东大地震后的日本治安政策，《外国问题研究》，2014年第1期。

'自警团'，以大刀、竹枪与棍棒武装，打着救灾的幌子，设立关卡，盘查过往行人。韩国人的口音与日本人不同，例如'G'的发音，'自警团'凭此区分韩国人与日本人。无法正常发音的人一率被视为韩国人，一些操方言的日本人如冲绳人也遭此噩运。据'在日朝鲜同胞慰问会'的调查，被杀的朝鲜人约6000名。

"还有数百名中国人被杀。当时，中国温州地区有5000多农民和手工业者东渡日本谋生，形成温州历史上第一次出国热。日本军国主义者以谣言为由残忍地屠杀了700名中国人（90％是温州人）。这就是历史上的'东瀛惨案'。地震后，日本当局最担忧共产党鼓动群众发难。于是，在地震后第三天就下令逮捕进步人士，并将工人运动领袖平泽计七等八人处死。"①

日本内务省警保局事后宣称，有231名朝鲜人、3名中国人和59名日本人因打劫被处决，其中"本国公民多属误杀"；但除所谓的犯罪原因被歪曲外，被害人数也被极大地缩小。②

国家强权或国家中的强势社会群体，利用对社会各类资源的优势占有，对其他社会群体实行犯罪的行为，是一种国家犯罪或有组织的集体犯罪行动。在日本的这次个案中，涉及到因灾难引起的种族歧视和种族清洗问题，这是将一个民族的灾难不公正地转嫁到另一个民族上，从而消减主流社会中因灾激发的社会矛盾，是通过国家集体犯罪行动阻止国体、国家主流社会的更大范围的社会不稳定和更大规模的越轨行为。这里，对他族的集体犯罪成为灾难的受害者替代精神痛苦和物质损失的一个重要的转换器和解压阀。而国家则认可、默许甚至支持这样的行为，因此衍生出国家犯罪，至此也成为了全日本民族的一次族群集体犯罪行为。据史料查证，这在人类自然灾害历史上，是一次绝无仅有的事件。

在科学技术受限的条件下，宗教往往成为了预测占卜自然灾害的替代物，即便人类清楚其判断缺乏科学性，但由于宗教意识的强势存在和自然灾害的巨大威胁，人类仍会对其所谓的预测占卜寄予一种无奈的图腾崇拜式的"厚望"。宗教是一个民族民族性和文化历史特征的表现，其被彰显和膜拜是一种民族自卑感和自负感的自我保护——宗教护身符——但这往往是建立在对其他族群及其宗教、文化的仇视、排斥和攻击的基础上。如在日本这样的家族、宗族、民族意识深厚的多神教国家，民族的甚至种族化的宗教意识的强化更能使国民团结在天皇、皇室及军事独裁者周围，这也为二战时期日本的军国主义化、帝国主义化和法西斯化奠定了民众的社会文化和宗教文化基础。

---

① 刘火雄：1923年关东大地震：日本走上军国主义道路，《文史参考》，2011年第7期。
② 同①。

此外，在灾难的重击下，弱势人群会将悲剧归结为神的惩罚，这在进行心灵安慰的同时，会极大地削弱人们的抗争意志，从而削弱灾后重建的信心、力量和效率，在一些原本就贫困落后和文化滞后的的灾区，更会出现放弃自救和依赖外界的悲观厌世情绪。

同时，一些宗教的复杂冗长的仪式和过程，同样会影响到实际救灾减灾工作的速度、效率和质量。

但宗教在现代社会也具有一定的积极意义和社会功能。从宏观意义上看，宗教在人类社会面临天灾人祸时，是人类社会必要的精神建构和有效的组织建构。从精神建构的角度来说，宗教在灾后具有以下正功能。

第一，安抚在灾难中的亡灵和伤者，从心理和意识上减少其痛苦，起到稳定和增强人类心理抗压能力的作用。宗教信念把人们原来心态上的不平衡调节到相对平衡的心理状态，使人们在精神上、行为上、生理上达到有益的适度状态。汤因比说："逆境的加剧会使人们想到宗教。""宗教就像一个'避风港'"。在经济贫困者、文化低能者、人际关系受冷漠者中被剥夺感尤其强烈，心理倾向于信奉宗教的概率越大。

第二，对灾后失落和涣散的幸存者可以起到精神凝聚和心理家园重建的作用，缓解人们失去亲人和家园的身心痛苦，恢复重建家园的信心和意志。

第三，宗教信仰可以支撑在危机中投入抢险救灾的一线队伍，使之可以完成许多常人难以完成的任务。

第四，可以帮助应对灾区因正式社会组织突发解组所造成的社会解体和社会动荡，通过宗教仪式和宗教符号等实现对不同社会群体的精神整合，重建社会结构，重建社会秩序，实现社会团结。

第五，救灾过程中往往有国际性的参与，一两种为灾民和国内外救援者等社会参与者所共同认可的宗教信仰和普世价值观和人文精神可以起到消解矛盾，促进社群整合的作用。

第六，在灾后社会动荡时期，宗教可以从内心世界对潜在的社会越轨者和犯罪分子暨潜在犯罪行为在道义上产生规劝乃至遏制的作用，从人类心灵自律的角度帮助减少社会越轨和犯罪行为。

第七，灾区的各种宗教设施及其特殊的装饰作为一种符号标志，其存在本身就是灾区文化传统存在和精神与价值观永驻的标志，能起标志性的稳定和鼓励作用。

从社会组织建构的角度来说，宗教在灾后具有以下正功能。

第一，宗教组织往往是在正式组织解体或暂时缺失时最有生存力、最强有力和最有效的民间社会组织之一，其普遍性、合法性和道德意志为灾区所普遍接受，具有凸显的感召力。

第二，宗教组织和宗教团体本身的许多救济功能在灾后可以发挥重要的作用，其社会福利功能会替代或协助各种正式和非正式组织在救灾和重建过程中发挥效能。

第三，宗教组织可以在诸如募集、接收和发放救灾物资、救济物品上起到公平、中立、透明的作用，有一定的可信度和权威性。

第四，宗教体系内资源雄厚的附属医院、学校和各种宗教设施可以对灾区民众提供无偿的物质援助。

第五，宗教人士的组织性、意志力、技术知识和团队精神可使宗教人士成为重要的救灾、赈灾和灾后重建队伍和骨干。

第六，宗教组织和人士可以直接参与政府、军队和其他民间组织的救灾和重建活动，并在特殊的情况下起到必要的调解和协调的作用，成为被各参与方所接受的中介力量，有助于各社会组织和制度体系的整合。

宗教的正面功能作用是多方面的。宗教可以让有虔诚宗教信仰的灾民在内心接受灾难的现实，听从上帝、真主和佛主的旨意，从内心惩戒自己的罪过，将灾难的降临默认为是天意的惩罚。受难的人群通过宗教可以聊以慰藉，通过宗教神职人员的布道和祈祷，舒缓痛苦紧张和恐惧意识。宗教的召唤可以将不同阶层的人们在面对重大自然灾害时形成临时的但是相对可靠稳定的社会团结，这在灾后社会组织，尤其是政府和法制等正式社会组织和社会制度被破坏和解体时尤显重要。宗教团体、宗教仪式和各种符号化的言行，其独特的存在和表现是灾区民众较之于警察、军队等正式组织更能接受的制度化的非正式组织和社会行动。宗教特殊的、由教义规范化和符号化的语言和行为，可以为受难者、伤者和死难者举行宗教仪式，以减缓其作为巨大危机中的社会边缘人和濒死者的痛苦和孤独。

所以，宗教的危机处理和特殊言行功能最终是国家、社会和人群所能依靠的一种大众化的、普适性的和易接受的社会整合途径，尤其是社会意识和社会规范重建既整合的重要制度性（在宗教色彩浓厚的地区）或非制度性（在宗教意识淡漠的地区）的意识工具。宗教是应对自然灾害的重要公共资源。

为此，对灾区宗教的尊重和利用尤显重要。在 2010 年玉树救灾过程中，政府和以汉人为主体的救灾体系尊重当地宗教习俗，有效利用当地宗教力量，并将当地的宗教力量纳入到官方救援的轨道中，使宗教人士和宗教组织发挥了三种功能：配合政府人员参与救灾工作；通过宗教安抚灾民心理，医治心理创伤；在防疫方面发挥作用，如在灾后特殊时期内改变丧葬方式。藏民故去后主要采取天葬、火葬和水葬三种方式进行安葬。传统上，未成年的藏民主要采用水葬的方式；但由于积极的引导工作，很少有人采用这种安葬方式，因此没有对三江之源的水体产生污染。[1] "玉树地震遇难藏民太多，超过二千人，秃鹫有限，无法进行天葬。"[2]除回族、撒拉族是按传统习惯进行土葬外，对藏族遇难者主要通过寺院火化处理。为此，青海民政厅 4 月 15 日制定《青海省玉树县"4·14"地震遇难人员遗体处理意见》，共有九方面规定。其中，遗体处理时要严格遵守操作规程，要尊重死者尊严，尊重少数民族丧葬习俗，并做好亲属的安抚工作。

因此，在《意见》的第一点，首先就明确了在丧葬过程中要尊重民族传统和习俗。纵观中国以往发生的自然灾害，宗教在救灾重建中所起的作用是微乎其微的，但玉树是个特例。

## 第十一节　自然灾害下公共资源支持中的特殊社会群体

自然灾害下阶段性公共资源支持中的特殊社会群体，首先指的是在灾难期间和灾后同样需要援助但却因其在社会中的群体特殊性过多地掠取公共资源，或不能获得足够公共资源的社会群体。

在灾难中和灾后，仅从生物学的角度看，作为灾民群体中从生理到心理上都占有一定先赋性优势的是 16 至 50 岁的青壮年男子。他们可以凭借自身的生理和心理优势，在对相对有限的救灾生存资源的竞争中获得优势，即比其他人更早、更多、更好地获取生存生活物资，即便这些获取的物资不是为其个人的，也是为其要赡养的整个家庭或家族的，即便他们获取这些物资的渠道是非法的，手段是蛮横的。这个群体中的一些人会为了获取更多的利益，组成自发性的社会团体甚至非法组织，或有组织犯罪团伙如黑恶势力，更加系统地非法掠夺救灾资源和公共、私人物品。这是第一类占据公共资源的特殊社会群体。

而相对地，其他社会群体在灾害中都是弱势的，却可能因其弱势而不能获得

---

① 中国日报网：青海省民政厅解释藏族遇难者集体火葬原因，http://news.qq.com/a/20100423/000461.htm，上载于 2010 年 4 月 23 日，下载于 2010 年 5 月 26 日。

② 付敬，张琰：青海省民政厅解释藏族遇难者集体火葬原因，《中国日报》，2010 年 4 月 23日。

足够的公共资源，即妇女、老人（包括鳏寡老人）、儿童（包括孤儿）、残疾人、病患、孕妇、精神病人和"外地人"等。

在对灾后有限资源的争夺中，还可能有一个相对的弱势群体——"老实人"。这类人群不分年龄、性别和职业，但多为落后贫困地区的农牧民或受教育程度较高和较有社会涵养的部分城市人群。作为长期边缘化的农牧民的处境较易解释。但一些文明的"城市人"成为灾后获取公共资源时的弱势群体，是基于这些从事教育、文化、科学、艺术、行政等工作的中产阶级和白领阶层，缺乏自恢复能力和受挫承受力，其所谓高尚的"社会惯习"会使他们不屑于或不敢于和蛮横强势的社会势力争夺灾后的公共资源，从而自我标签式地沦为资源再分配中的弱势群体。在无公理和公正可言的灾后"末日世界"中，由原来的社会主流群体被排斥为社会边缘群体。这在法制不健全、有法不依的非公民社会和全民受教育程度偏低的社会中，是有可能发生的。为此，社会正义、社会秩序和公民社会是保护这类特殊弱势群体的根本。

阶段性公共资源的特殊社会群体的第四种所指是指灾民中的"灾后惯溺社会群体"。先看以下报道：

"汶川地震 100 小时后，四川全省失去住所、涌入城区街头的灾民已达 480 万。这给本来就物资紧缺、满目苍凉的城市带来了巨大压力。

至 2008 年 5 月 16 日晚，四川什邡市的灾民总数已逼近 5 万。

有 43 万人的什邡市，主要分为山区、坝区和市区三部分，受灾程度也依次减轻。地震后，山区灾民大量涌入市区。临近的部分彭州和绵竹灾民，也开始在什邡市区露天场所安营扎寨。

什邡市副市长黄剑说：'我们已做好接待 10 万灾民的准备。'但这位副市长手中所掌握的物资很有限，继续集中在市内，短期内接待水准就将下降；至于长期，必然出现'崩盘'。到那时，'灾民的称呼恐怕都要改改了'。什邡市委书记何明俊说。那后果，很可能是'流民'。

感受到压力的不只是什邡。四川省民政厅披露：截至 5 月 16 日，四川全省涌入城区街头，并得到临时安置的灾民为 480.7 万。

从山路打通时至 20：00 点，从什邡各镇逃离的灾民以每小时约 1000 人的速度递增，迅速将什邡市的灾民储备物资消耗殆尽。

什邡市抗震救灾指挥部的官员们再也坐不住，于 20：12 点进入指挥长、市委书记何明俊所在的帐篷，请求指挥部解决无法承受的压力。

在接受《中国新闻周刊》采访时，什邡市民政局局长曾祥华表示：地震之初，谁也没有估计到会有如此之大的灾民潮。但"5·12"当天，至少有3000名来自洛水、蓥华、湔氐等镇的灾民涌入什邡城区。什邡广场、皂角街道办事处、楼外楼茶馆等地成为灾民聚集处。

5月13日上午，第一批帐篷从重庆运抵什邡，省民政厅紧急调拨的400顶帐篷也已到位。然而，灾民在这一天突破了1万人。加上仍然不敢回家睡觉的什邡市区居民，此后的数天内，什邡出现了商铺关门、十数万人流落街头的场面。

此时到一线救灾仍然是民政系统的首要任务。'灾民毕竟是已经脱离生命危险的人，而当时还有大量濒临死亡的人等待我们的救助，还有大量尸体需要民政部门去处理。'曾祥华说。这位民政局长把手下35名公务员和15名临时工分成两组，前线20个，后方30个。算上志愿者当时主要集中在前线的因素，前方的民政救助力量，依旧远远强过后方。

5月14日，聚集到后方的灾民人数突破3万人。13日、14日两天，留在后方的市民开始出现'全民给灾民做饭'的情景。在15日来临之前的深夜，曾祥华因应时势做出调整：前线5人，后方45人。

5月15日，灾民人数突破5万人，每个灾民每顿一瓶矿泉水、一袋饼干的救助保障标准已经难以保证。黄剑在接受《中国新闻周刊》采访时透露，在15日晚间，他手中并非到了弹尽粮绝的地步，'问题是，我们必须留出部分口粮，作为救助山区废墟里那些新增伤员的储备'。

'我现在最担心的是疫情。人多，密度大，空气很不好，排泄物也得不到及时处理；现在比较热，个人的消毒也不到位。'什邡方瓶街道办书记李元绍说。除了向灾民宣传防疫知识外，工作人员只能更努力地清理垃圾并喷洒消毒液。

整个什邡的救援中心共有28个，但每个地方的情况大不相同。皂角街道的一个救援中心——恒达驾校，里面只容纳了300多人，卫生条件比较好。什邡中心小学条件差，而且管理起来更困难。'这里是最早的一个救助站，我们刚打扫完，他们又会弄得非常脏，如果话说重了，他们就开始哭。'一位工作人员说。

在什邡中心小学，一些村民自己带了桌子。领了免费发放的食物后，还会去街上买些熟食下酒，有的支起牌桌开始打牌。最严重的问题是，1280人吃喝拉撒都在一起，一个学校的操场根本承载不了。'厕所的粪便几乎就要溢出来了，只能一遍遍不停地撒石灰。接下去的日子，必须要疏散一部分人员了。'皂角街道办事处书记叶代全说。

'我负责的什邡广场安置点，是全市28个安置点里最大的一个。'李元绍说。作为什邡市标志性建筑之一的什邡广场，因为开阔、路好找，向来是民众聚集的地方。从 13 日一天收留了 1100 多名灾民开始，到 16 日下午 17 时，这里已经安置灾民 2100 人。

尽管灾民的饮用水已得到解决，他们的生活用水仍是一个大问题。来自什邡市八角镇的王芬已经三天没洗脸了。广场安置点的最外围立着一个自来水管，灾民们可以用盆、桶接一些水来擦洗，但从地震中匆促逃出的灾民们大多根本没有盆用。在六十米大街的安置点，根本没有可供使用的自来水管，人们只能期待每天定时来送水的消防车。

到了饭点，很多市民和一些餐饮机构会自发带着饭菜来到大广场。他们定点支起一个发放点，为灾民们送上热饭菜，包揽了灾民的三餐。从中国四面八方支援过来的食物和水，则不定期为灾民发放。饭后每隔两小时，工作人员和志愿者们就会向灾民发送矿泉水、牛奶、奶粉、饼干等物资。安置灾民的第一天，全国各地的物资还未运到，什邡当地的饮用水企业便倾囊相助，只 13 日一天便送出了所有的库存饮水。

但一些灾民令人失望的行为传到了救灾指挥部。市委书记何明俊告诉《中国新闻周刊》记者：'有些人把发到手中的馒头居然随手扔掉！'说这番话时，他的脸上充满难以置信的表情。这也让这位当地的最高决策者更为坚定了调整政策的决心。他表示：'现在开始逐步向灾民化整为零的目标努力。'

但疏散是一个难题——虽然陆续涌下来的灾民被安置到了其他的救援点，但是很多人在这个点找到了自己的亲属，也会要求留下。早期的救助点人员越来越多。

什邡市'四大班子'连夜召开会议，确定了政策调整的具体方案。次日，什邡市电视台和电台开始发布通告：市区原则上不再接纳新灾民。黄剑对此解释说：不再接纳，就是随来随走，由受灾较轻的坝区乡镇负责对口接待。

此时，坝区的小麦、烟叶、菜籽都处在收割期，按照市委书记何明俊的设想，坝区与灾区人民恰好可以形成互助关系，前者暂时收留后者，后者帮助前者完成农活。每个安置点都把人员数量控制在三四百人之内，便于管理和疫病防治。

《中国新闻周刊》5 月 16 日获得的一份官方资料显示，灾情较轻的隐峰镇、马祖镇、双盛镇、马井镇、南泉镇、元石镇、禾丰镇，在政策转变后的第一天，就接纳了新增 2202 名难民中的 352 名。

但显而易见，更多的灾民还是选择留在市区，总数达 1850 人。一方面，灾民人数已从每天万余人下降至 2000 多人，而政府新增物资充足，压力有所减轻；

但另一方面：很多灾民对离开并不情愿。

'我们在这住的好好的，为什么让我们搬呢？要搬就搬回蓥华，要不我们哪里都不去。'陈淑兰的大儿子对着志愿者大喊。他面前摆着一个小方桌，上面还有酒菜，一家10口人围坐在一起。

'这里人太多了，卫生又差，万一出现疫情就麻烦了，去别的乡镇条件会比这里更好。'作为志愿者的18岁的小姑娘只能低眉信手地劝，但老乡压根不理她。

'要走也得让那些后来的走，为什么让我们走，我就是不走！'陈淑兰的另外一个儿子说。皂角街道办事处书记叶代泉对着大量的这样不肯搬走的老乡，一筹莫展。他还要不停跟工作人员和志愿者说：'如果老乡发脾气，就得给人家不停道歉，不能说别的，要慢慢地劝。'

在什邡广场安置点，负责人李元绍说：我们的原则是只出不进。想要离开的灾民可以随时离开，继续留下来的灾民也依然可以得到应有的救助，只是会把新来的分散到市区周边的其他安置点。'目前的2000多人就是我们的饱和数了，不会再上升了。'

尽管各地救援物资源源不断地运到，但是各个救助站反复提到的是，帐篷依然短缺，最为重要的是，药品严重缺乏。黄剑亦说：'目前的物资当中有相当一部分来自捐赠。民众捐助的热情总有一天会退去，到那时候，灾民怎么办？'"[1]

许汉泽认为以上现象可称为"灾后惯溺"。即救灾与灾后恢复性建设过程中，灾害受害者本身行动不积极，他们对政府和外来救援者产生依赖，认为理所当然，甚至吹毛求疵。所以在灾区产生这样的现象：外地救灾人员忘我奉献，当地灾民反而在一旁熟视无睹，袖手旁观，坐享其成。

因此在救灾过程中不仅要注意救灾的及时性和效用性，同时要注意对灾民社会心理和社会行为的引导。提高他们的自助意识和自救意识。把受灾者转化为救援者，防止"灾后惯溺"现象的产生，这也是促进灾后再就业的社会心理基础。[2]

---

[1] 杨中旭，蒋明倬，严冬雪：悲痛中，汲取成长的力量，《中国新闻周刊》，2008年第18期。

[2] 许汉泽等：2010年5月12日中国四川汶川地震（论文草稿）。

# 第九章　公共资源的功能整合

## 第一节　应对自然灾害的公共资源的功能

自然灾害中的集体供给或公共物品、公共产品供给贯穿在防灾、救灾、赈灾和灾后重建四个阶段。自然灾害发生后，包括私人用品和公共产品在内的消费供需品被彻底摧毁，国家供给制度下的集体供给和公共物品提供是唯一替代性选择。

首先，要发挥政府作为公共资源保护者、拥有者和提供者的作用。政府是社会公共事务的管理主体，应在公共物品提供的社会环境保护中发挥主导作用。政府通过方针政策和法律法规，以及对市场的规制等社会管理手段，弥补自由经济中市场为了自身利益最大化而导致的"市场干预失效"的缺陷，为公共物品的提供创造良好的物质环境和社会环境。这是政府对公共资源的管理功能。然而，由于政府公共性的限度、一些政府行为的非公共性和管理效率低下等原因，也不可避免地产生社会管理的缺陷——"政府干预失灵"。

其次，公共资源的最大作用是弥补自由市场和私有制下各种公共服务和消费品的不足，弥补自然灾害后巨大的物资短缺，稳定社会。

再次，公共资源的运转利用，能使灾区渡过最艰难的时期，为今后市场机制和自由竞争的介入降低成本，为市场经济创造条件。

又次，公共资源供给的非竞争性和非排他性使灾区的任何灾民在理论上都可以公平获取，这对社会弱势群体尤其重要。

最后，公共资源是作为"守夜人"的政府可以不依赖于市场和企业而自主调动的最有效的救灾赈灾资源，是政府声誉、诚信和力量的物质保证；也是政府维持其合法性和权力地位的社会资本。

## 第二节　应对自然灾害的公共资源的整合

自然灾害是对全人类的除战争以外最严重、最广泛和最具规模的威胁，其破坏力之巨大足以要求人类社会整合其相关的公共资源予以应对。可以整合的公共资源从种类上有四大类：组织资源、人力资源、物质资源和社会信任。

组织资源的整合是将应对自然灾害的行政管理组织进行高度的联合和整合，以加强应对灾害的协调能力和应对强度。这是指以一个最高组织甚至一个临时组织综合国家管理体系中所有相关的部门，从意志、宗旨到政策、运行上达到高度的统一整合。

人力资源的整合是将与防灾、救灾、赈灾和灾后重建相关的专业人员和非专业人员，从正式组织管理者到非政府组织人员，从专业部门人员到普通公众，无论是本土国民还是外国友人，都可以整合为一个命运共同体，形成有效的人力资本的集聚和潜力发挥。首先是相关部门组织内部人力资源从意志、目标、组织和行动上的整合。其二是在组织和行动上不同组织之间的相互交融、契合。其三是不同体系、不同文化的人员如正式组织和非正式组织，域内组织和域外组织人员之间的相互适应和群体合作。

物质资源的整合是将防灾、救灾、赈灾和灾后重建中所需要的相关财力、物力和技术、设备进行统合集中，在灾区局部形成物资优势，以应对因灾害破坏形成的物资短缺和救灾重建的需要。如此重大的物质利益的调集、供给和分配基本上取决于两个途径：政府强制行为和供给者的自觉行为。

在市场经济和民主多元的国家，公共资源的整合基于公民社会的环境条件；在计划经济和威权政治的国家，公共资源的配置取决于垄断管理；在社会市场经济和政治转型国家，公共资源的调配是基于行政半强制手段。

当然，所有公共资源整合的基础是充沛的资源和较高的再生产能力。

社会信任是指灾区内外民众在面对自然灾害时应具备的社会心理上的社会整合意识和共赴国难意识，这是组织整合、人力整合和物质整合的社会文化基础和社会道德保障。其推动力是国家宣传、新闻媒体和公众舆论以及法律保障。

在灾后，一个强大而有效的合法化的有整合能力的政府至关重要，它是以上四类资源整合的中心和轴心。

2008年6月初，中国政府面对汶川灾后重建的艰巨任务，确定"一省帮一重灾县"的对口支援政策，各对口支援省市成立了对口支援工作领导机构，选派干部到灾区一线工作。这在世界救灾史上是首次。

对口支援的基本原则是：坚持一方有难、八方支援，自力更生、艰苦奋斗的方针；组织东部和中部地区省市支援地震灾区；按照"一省帮一重灾县"的原则；对口支援期限按3年安排。

对口支援安排方案是：支援方是东部和中部地区共19个省市，考虑海南省的实际情况不作安排；同时考虑重庆市是直辖市，且与四川的历史联系，西部地区安排重庆市承担对口支援任务。支援省市为 19 个，即广东、江苏、上海、山东、浙江、北京、辽宁、河南、河北、山西、福建、湖南、湖北、安徽、天津、黑龙江、重庆、江西、吉林。

受援方根据国家地震局提供的汶川地震烈度区划和四川省提供的受灾县市灾情程度，将四川省北川县、汶川县、青川县、绵竹市、什邡市、都江堰市、平武县、安县、江油市、彭州市、茂县、理县、黑水县、松潘县、小金县、汉源县、崇州市、剑阁县共 18 个县（市），以及甘肃省、陕西省受灾严重地区作为受援方。未纳入对口支援的受灾县（市、区）由所在省人民政府组织本省范围的对口支援。具体对口支援计划如下，见表 3－7。

表 3－7 具体对口支援计划

| 对口支援方 | 对口受援方 |
| --- | --- |
| 山东省 | 四川省北川县 |
| 广东省 | 四川省汶川县 |
| 浙江省 | 四川省青川县 |
| 江苏省 | 四川省绵竹市 |
| 北京市 | 四川省什邡市 |
| 上海市 | 四川省都江堰市 |
| 河北省 | 四川省平武县 |
| 辽宁省 | 四川省安县 |
| 河南省 | 四川省江油市 |
| 福建省 | 四川省彭州市 |
| 山西省 | 四川省茂县 |
| 湖南省 | 四川省理县 |
| 吉林省 | 四川省黑水县 |
| 安徽省 | 四川省松潘县 |
| 江西省 | 四川省小金县 |
| 湖北省 | 四川省汉源县 |
| 重庆市 | 四川省崇州市 |
| 黑龙江省 | 四川省剑阁县 |
| 广东省（主要由深圳市负责） | 甘肃省受灾严重地区 |
| 天津市 | 陕西省受灾严重地区 |

对口援建的主要任务范围是：

\* 提供规划编制、建筑设计、专家咨询、工程建设和监理等服务。

\* 建设和修复城乡居民住房。

\* 建设和修复学校、医院、广播电视、文化体育、社会福利等公共服务设施。

\* 建设和修复城乡道路、供（排）水、供气、污水和垃圾处理等基础设施。

\* 建设和修复农业、农村等基础设施。

\* 提供机械设备、器材工具、建筑材料等支持。选派师资和医务人员，人才培训、异地入学入托、劳务输入输出、农业科技等服务。

\* 按市场化运作方式，鼓励企业投资建厂、兴建商贸流通等市场服务设施，参与经营性基础设施建设。

\* 对口支援双方协商的其他内容。

基层政权建设由中央和地方财政为主安排，各级党政机关办公设施不列入对口支援范围。

"根据国家发改委网站提供的统计数据，截至 2009 年 8 月底，山东省对口支援北川县项目已开工 162 个，完工 98 个，北川县 22 个乡镇中擂鼓、曲山、陈家坝等 18 个乡镇援建项目已交付使用；浙江省对口支援青川县的项目已开工 158 个，完工 33 个。截至 9 月底，福建省对口支援彭州市工作已有 122 个项目开工，其中有 75 个援建项目（含交支票项目）交付使用；山西省对口支援累计到位援建资金超过 10 亿元；北京对口支援什邡灾后恢复重建项目已经开工 89 个，投资近 60 亿元。"[1]

一些没有对口支援任务的省（区、市），也主动和四川受灾县结对帮扶，如内蒙古支援大邑县、海南省支援宝兴县。香港、澳门特地方政府确定援建项目 191 个，总投资近 80 亿元。[2]

汶川地震后中国采取的是每个省的对口援建，而不是以中央政府为主体的整体集中援建。这样分工援建比集中援建有不少优势。这样一对一更有针对性，一对多则容易精力分散不易突出工作重点。一对一对口援建好比是直线式的援建，两点之间直线最短，资源更容易优化配置，以中央政府为主的集中援建好比是射线式的援建，精力分散，消耗资源，重点不突出，如图 3—13。

---

① 新华网：对口支援帮助四川地震灾区恢复生机，http：//news. xinhuanet. com/politics/2009—11/07/content_12404508_1. htm，2009 年 11 月 7 日，下载于 2011 年 7 月 9 日。

② 新华网：对口支援结硕果——四川地震灾区重建见闻，http：//news. xinhuanet. com/politics/2009—11/11/content_12434606. htm，上传于 2009 年 11 月 11 日，下载于 2010 年 5 月 11 日。

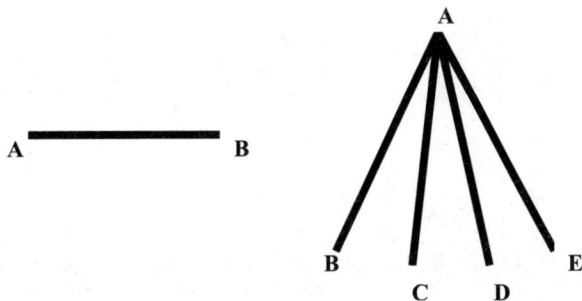

**图 3－13　对口支援和一对多支援的差异**

对口援建做法说明以下六点：

第一，可以加强国家内部不同区域之间在经济、文化、政治和人员、技术、信息领域的交流整合，增进理解，互通有无，资源共享。

第二，增强国家内部和不同区域间的社会、政治凝聚力，增强共同体意识。

第三，中央政府可节约国库财政支出，保存有限的财政资源。减轻中央政府的压力和负担，由经济规律和企业社会起作用。灾民指望政府提供住房、支付医疗费用，为他们重拾生计提供贷款和帮助他们寻找工作。民众对中央政府如此依赖的情况表明，很多人认为没有其他方面能帮助他们。但这种依赖习惯要改变。

第四，有利于平衡中国东西部的贫富差距，带动西部落后地区的快速发展。

第五，有利于国家发达地区国民对边缘落后地区的了解，传扬当地历史文化和挖掘经济潜力，为当地发展提供资源条件。

第六，有助于在市场经济下的功利社会中激活和重拾社会公共意识、集体意识和公民意识等社会伦理道德观。

## 第三节　应对自然灾害的国家特征反应

面对自然灾害时，各类国家不同的国家特征的应对反应是不一样的。

2011 年 3 月 11 日本地震海啸可能是人类历史上灾难衍生范围最广和持续时间最长（3 月 11 日至 3 月 28 日）的一次自然灾害（地震海啸，核泄漏）。这样惨烈的灾难发生在日本这样一个以法制民主和公民自律为国家特征的东亚文明社会，如此漫长的灾害过程考验着一个国家、社会和公众的忍耐力和抵抗力。同样的灾难如果发生在美国、中国或海地等不同的国家，将会怎样？笔者认为，不同国家在自然灾害后所反应的国家特征是不一样的。下表以海地、日本、美国作比较，并以在这四类不同国家中所发生的一次自然灾害为背景，见表 3－8。

表3—14 国家在自然灾害后所反应的国家特征的因素分析

| 类别 | | 经济基础 | 国家政治体制 | 公民性 | 宗教/意识形态 | 灾民与政府的关系 | 灾民与自然的关系 | 政府反应 | 灾民反应 |
|---|---|---|---|---|---|---|---|---|---|
| 海地"1·12"地震 | A | 缺乏物质基础，贫困，社会不平等。 | 无政府状态 | 依赖性强，无向心力。缺乏公民性。 | 混乱而无根的宗教。殖民地附庸国意识。 | 依赖和敌对 | 对自然的无奈和忍受。 | 无能、无序。对国际社会的强烈依赖。 | 依赖、麻木、寄生、躁动。 |
| 日本"3·11"地震海啸 | C | 有雄厚的物质基础，具备经济实力和科技实力，具备灾害经济体系。 | 建立在皇权文化背景下的民主体制。 | 无攻击性，自律坚韧，甚至自虐，信赖国家，集体意识强。 | 神权意识，集体主义和佛教文化。有强烈的宿命观和隐忍意识。 | 自主、信任、盲从和团结。 | 对自然的敬畏、认识和顺应。 | 谨慎应对，有限度反应，精细应对，多元决策。 | 主动、独立、自救、坚韧、冷静。 |
| 美国卡特尼娜飓风 | D | 有宏观物质基础，但局部物质缺乏也可以动摇灾区的稳定，出现大范围的社会被动行为。 | 带军国主义色彩的中央集权的民主体制。存在以州为单位的地方主义。 | 社会参与的基础条件和意识强，但灾民众的改击性强。 | 保守的基督教色彩和个人主义、自由主义。在灾难中有强烈的爱国意识和干预理念。 | 独立、共存但具批判和监督机制，知识界强大的批判力量。 | 对大自然的探索、对抗和积极改变。 | 分层应对、过度反应、多元管制、威权控制。 | 独立、自主、冒险、勇敢、混乱、失控、参与。 |

因此，根据以往的经验和上表中的判断，长期遭受自然灾害的海地、印尼、巴基斯坦、印度、孟加拉国、中南部非洲国家和部分拉美国家属于 A 类国家，即大部分为贫困落后的发展中国家。中国、俄罗斯、土耳其、伊朗和巴西等属于 B 类国家，即国土幅员辽阔，政治、经济和社会多元化，不断处于结构转型的国家。日本、韩国、中东富裕的产油国、东南亚中等发达国家等属于 C 类国家，即经济较发达，生活水平高但保存着传统文化和民族特征的亚洲和阿拉伯国家。美国、加拿大、澳大利亚、新西兰和其他中西欧国家和北欧国家属于 D 类国家，即体制较健全，经济基础好，国民生活和福利水平较高的发达国家。

在以上国家中，其中 D 类中的美国、加拿大、澳大利亚、新西兰奉行的是自由主义的社会福利政策，而德国等中西欧国家执行的是保守主义的社会福利政策，而北欧国家是传统的社会民主主义福利国家。这样不同的社会福利保障政策，也深刻地影响着这三类资本主义福利国家在施行救灾赈灾和灾后重建工作时的国家行动特征以及灾民和社会的反应。

在以上四类国家中，美国、加拿大、日本和欧洲国家具备较成熟的公民社会，民间资源和社会资源在灾后可发挥作用；中国、俄罗斯、土耳其、伊朗、巴西、中东富裕的产油国、东南亚中等发达国家等属威权社会，主要依靠国家政策主导灾后恢复工作，公众和政府在灾后恢复时期的反应也不同。

世界上，地处自然灾害多发地理区位但仍能持续发展的国家只有三个：中国、日本和美国。这三个国家都全部或部分地具有应对自然灾害的国家资源整体总量，包括强大的政治体系、坚实的经济基础、先进的科学技术、成熟的国民精神、稳定的社会结构和广袤的国土（日本除外）。这是迅速战胜自然灾害、恢复重建的六个基本的国家资源。只要一个国家具备这六类国家资源中的其中三类以上，就能独立自主地安然度过自然灾害危机，其拥有的国家资源种类越多，抗御自然灾害的能力就越强，否则递减，见表3—9。

表3—9 不同国家应对自然灾害的不同国家资源

| 国别 | 国家资源 | 说明 |
|---|---|---|
| 海地 | ＊ 脆弱的政治体系<br>＊ 薄弱的经济基础<br>＊ 落后的科学技术<br>＊ 奴性的国民精神<br>＊ 多元的社会结构<br>＊ 破碎的岛国国土 | 海地不具备六种基本的应对自然灾害的国家资源中的任何一种，因此它在巨灾面前只能面临一次次毁灭。 |

（续表）

| 国别 | 国家资源 | 说明 |
|---|---|---|
| 中国 | * 强大的政治体系<br>* 坚实的经济基础<br>* 先进的科学技术<br>* 广袤的国土 | 目前中国缺乏的是成熟的国民精神和稳定的社会结构。这会削弱政体和经济、科技的优势。 |
| 日本 | * 坚实的经济基础<br>* 先进的科学技术<br>* 成熟的国民精神<br>* 稳定的社会结构 | 日本反应迟钝的政体和狭长的岛国国土特征，使其在遭受自然灾害时反应相对迟缓和脆弱，受损范围广。 |
| 美国 | * 强大的政治体系<br>* 坚实的经济基础<br>* 先进的科学技术<br>* 成熟的国民精神<br>* 广袤的国土 | 美国种族族群的亚文化复杂多元化造成社会结构的不稳定，这会给巨灾中的美国埋下隐患。 |

　　自然现象和自然灾害之于不同的社会制度、政治体系、科技系统、社会文化乃至人类不同族群，具有非先赋性和公平性。即在自然现象面前，我们受到破坏的机会几率是均等的，因为自然现象和自然灾害没有国界。但社会制度、政治体系、科技系统、社会文化乃至人类不同族群对自然现象和自然灾害的承受力和恢复力是不同的。即在自然现象面前，不同条件下的人类社会受到破坏的机会是不均等的，因为各种社会体系之于自然灾害的反应不同。从时间轴看，人类社会应对自然灾害的能力在不断提高；但从不同国家社会特征的截面看，它们对自然灾害的承受力因地而异。

　　我们假设：欧美和大洋洲等发达国家应对自然灾害的整体承受力最强，它们不但自然灾害少，且具有应对自然灾害的技术、制度和文化实力，但其基于高科技的后现代社会对自然灾害的承受力也令人担忧。东亚国家次之，这些国家自然灾害较多，但具有与之对抗的社会制度、政治体系、科技系统、社会文化，朝韩两国和日本狭窄的国家领土决定了它们在面对自然灾害时缺乏足够的地理纵深和长期的自我消减能力。处于不稳定层面的包括南美洲等国家和地区，这些国家和地区自然灾害频发，但借助日益增强的经济实力、技术保障和强悍的政府组织，可以尽可能地缓解灾害后果，但其制度体系中的缺陷有可能导致自然灾害演变为社会灾难。而非洲、南亚、中亚、阿拉伯半岛地区则是遭受自然灾害时"最柔软的下腹部",严重的自然灾害不但可以瞬间摧毁这类国家脆弱的基础设施,更可能使其长期难以恢复,更有因灾发生国家颠覆和国家分裂乃至战乱的可能。

要提示的是:所谓的民主公民体制在面对突发重大自然灾害时所做出的反应和效率,有时候是不及威权体制的,尽管两者都会责无旁贷、殊途同归。公民社会和威权社会应对自然灾害的社会反应是不尽相同的,见表3—10。

表3—10 公民社会和威权社会中公民和政府应对自然灾害的社会反应

| 公民社会应对自然灾害的反应<br>(政府公信力高,有制衡体) | 公民心理稳定、冷静、参与、自律 |
|---|---|
| | 政府会因民主制混乱、软弱、无序 |
| 威权社会应对自然灾害的反应<br>(政府缺公信力,无制衡体) | 公民情绪紊乱、传谣、无序、他律 |
| | 而政府反应迅速、果决、强硬 |

下图将社会政治体制和社会福利制度两个范畴作为应对自然灾害的国家类型的划分维度对应对自然灾害的国家特征再次予以划分,如图3—14。

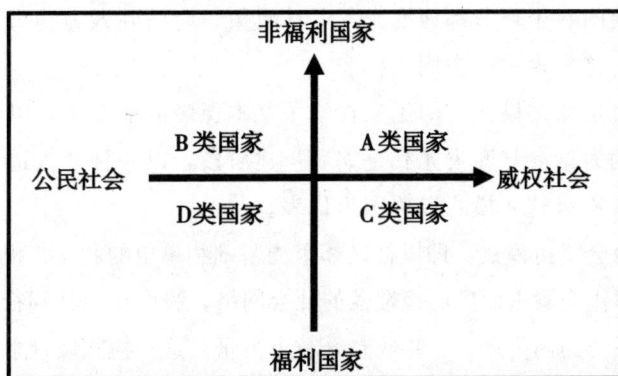

图3—14 不同社会政治类型和不同福利水平的国家应对自然灾害的类型划分

A类国家是威权社会的非福利国家。这类国家中央政权权力强大,国家具有较全面广泛的行政能力,国家也可以提供必要的赈灾和重建支持。但国家的社会福利体系不发达,社会政策不健全。国民对政府的依赖较高。这类国家以中国为代表。而另一种极端是如海地这样的独裁而无任何社会政策支持的国家。

B类国家是公民社会的非福利国家。这类国家具有民主自由的国家体制,公民享有政治权力,但由于国家经济发展水平限制和社会政策的落后,社会物质财富有限,会造成救灾资源的缺失,甚至需要国际社会的临时救助。这类国家以印度等经济落后的所谓民主国家为代表。

C类国家是威权社会的福利国家。这类国家通过皇权、家族、文化传统或少数党统治等构成最高权力，形成民主框架下的实际上的威权社会，国家政权具有较大的感召力和凝聚力。由于经济的发达，社会福利的完善，使其具有应对自然灾害的足够的物质基础。这类国家以美国、日本和中东地区的沙特阿拉伯等多个产油国为代表。

D类国家是公民社会的福利国家。这类国家具有建立于多元民主政治和多党派制约下的高度发达的公民社会体系，社会结构较稳定。又因国家资源的丰富和人口的相对稀少而享有较高的社会福利水平，对自然灾害具有较好的应对能力。这类国家以北欧斯堪的纳维亚半岛各国，中欧的瑞士、德国和西欧的荷兰、比利时、卢森堡为代表。

最后，从对抗自然灾害的社会支持体系和网络看，按受灾国政治制度、社会文化和社会结构分析有四种公共资源的支持模式。

第一种是国家支持模式。即国家主导下的对自然灾害的制度性处置，国家从救灾到灾后重建的每个环节都深度介入，从政策、财政到人力物力上给予政策性和实质性支持。这一模式以中国为代表。

第二种是市场支持模式。即国家在给予基本保障的前提下，以市场机制和社会企业和个人的力量参与赈灾尤其是灾后重建阶段，以一种"人道主义经济"的模式应对自然灾害。这一模式以美国为代表。

第三种是社会支持模式。即以社区邻里为基础和单位的救灾、赈灾和灾后重建体系。社区邻里作为紧密而广泛地覆盖的社会网络，吸取从国家到社会的资源，以社区有组织有系统的内生动力，接收整合救灾力量。这一模式以日本为代表。

第四种是国际援助模式。受灾国因其低效的国家管理和匮乏的物质基础，难以单独克服灾后的困难，只能依靠国际社会的援助，包括联合国等国际组织、地区组织和其他国家和私人慈善网络，自身缺乏自恢复能力。这些国家如海地等发展中国家。

# 第十章　军队在自然灾害中的功能

2008 年 5 月，"一位中国人民解放军军官在奔赴汶川地震灾区时在网上发出请求：'谁能给我怀孕的妻子送点吃的？'许多部队官兵不能前往亲人所在的地方救助，只能按照上级赋予的使命去战斗。也就是说，他不能离开部队前往亲人身边，这和普通群众的表现是不同的。

军人只能在铁的纪律约束下表达另一种爱，一种大爱。每个军队都有的那种管理领域的纪律，包括政治纪律、组织纪律、群众纪律，这些纪律是围绕国家利益、人民利益而来。正是这种纪律是围绕国家和人民利益而来，便超越了冰冷管理和行为规范纪律的约束性，因为那种纪律在脱离集团时便失去作用，而军人的这种纪律却不以范围、方式、环境状态而转移，部队官兵都带着强烈的自觉性去遵守。这就是军队特有的组织观念、纪律观念，有了这种观念，集团自身的强大力量便散发出来。

大灾之时，人们深藏于心的善良、怜悯被深深地激发出来，很多人可能做平常不会做和不能做的事情，但如此普遍、如此主动、如此理性地去为人民付出一切者，一定是这支人民军队，这是任何集团所不具有的精神和道德品质。"①

"2009 年 8 月，台湾小林村被泥石流灭村后，112 位台军官兵每天从早上 8 点挖到下午 6 点，在充满尸臭的空气中不得喘息，闻尸臭。台军方的统一说法是，从上个礼拜六，韩国搜救队深入新开部落，声称鼻子超灵，可以闻尸臭找尸体。当天韩国搜救队就地教台军如何趴下去用鼻子找尸体位置。

随后台'国防部'命令对小林村、新开部落的闻尸官兵进行心理辅导，闻尸官兵才没有继续执行这个任务。"②

在重大自然灾害发生后，抢险救灾均是以军队为主体，这是由军队作为国家正式组织的社会行为特点所决定的。军队拥有高效能的指挥系统，动员迅速，在决策、实施和反应上都具有极高的效率，其组织效能远强于其他社会组织；军队有高度的组织性和纪律性，具有很高的快速反应能力和机动性；军队拥有很强的攻坚力，成员身体素质好，意志较坚定，适应性强，能承担各种困难条件下的艰苦作业。

---

① 公方彬：从抗震救灾看我军的核心价值观，《光明日报》，2008 年 5 月 29 日。
② 谁下令趴地闻尸臭？台军：自发仿效韩国搜救队，《环球时报》，2009 年 8 月 20 日。

但军队在救灾中也有一定的局限性。除少数特殊军种外，多数军队不具备技术性救灾所要求的技术素质和手段，不能承担复杂的、技术性强的救灾任务。[①]

相比其他社会群体、社会组织和个人，军队和军人可有效遂行救灾任务，根本是取决于两个方面：一方面是基于严格训练和作风养成，军队和军人有对国家、社会和人民奉献的神圣使命感、责任感和义务感，必须坚决执行命令，是自律；另一方面是军队和军人在命令和纪律面前别无选择，必须完成一般社会群体、社会组织和常人难以完成的任务，是他律。

军人参与灾后抢险救灾，是对军人很好的半战争状态的训练。军人在抢险救灾工作中会实施筹划、动员、集结、行军、投放、破障、抢险、救援、救治等准军事行为；经历艰难困苦和险境，会看到流血、死伤和尸体（包括面目全非、支离破碎或腐败的尸体——这是未来战场上残酷的现实景象）；可以实践侦察、研判、决心、决断、指挥、协调、应变、突击、清理等亚战术战役行为；可以锻炼体魄体能；更可以遭遇到在未来作战中常见的诸如混乱、恐惧、挫折、失败、崩溃、重压、死亡、背叛、惩罚、胆怯、分离和痛苦等负面的心理反应；但也能体验到勇敢、果断、刚毅、顽强、团结、纪律、奉献、胜利、牺牲、友情等军人在战争中常会经历的价值观和精神意识。从而使军人在抢险救灾这样的非常规的准军事行动中体会到真实战争的残酷性和现实性。

美国更对其军队在面对未来自然灾害中的角色进行了预见。

"2010年12月底，时任美国参谋长联席会议主席迈克·马伦发表了一年一度的军事指导方针。

为响应奥巴马政府对气候变化的关注，马伦在指导方针中论述道，各国在能源、水和其他资源上的关系日益紧张，而且'气候变化和环境恶化使紧张关系进一步加剧，给脆弱的人群增加了压力，同时改变了我们在北极和其他地方的运作空间'。马伦说，全球环境变化给军队带来的影响未被人们充分认识到，我们必须'随时准备'进行这方面的研究。"[②]

面对自然灾害、在救灾、赈灾和灾后重建中，最可靠和最有组织性、纪律性的正规社会组织就是军队。

---

① 王子平，陈非比，王绍玉：《地震社会学初探》，北京：地震出版社，1989年。
② 比尔·格茨：马伦的警告，《华盛顿邮报》，2011年12月24日。

# 第十一章　自然灾害后短中期的社区建构

## 第一节　自然灾害中的社区"孤岛效应"

在发生突发性自然灾害，尤其是水灾、山洪、泥石流、地震、海啸、火山爆发、山体滑坡等气象、地质自然灾害时，由于地形地貌的改变，会截断灾区与外界正常区域之间四维空间上的人流、物质流和信息流。四维空间指：陆路、水路、空中和电子网络这四个链接灾区与外界正常区域的空间通道。人流主要指伤员、灾民从灾区的转移和救援人员的进入这一双向快速出入，物质流指救援物资的快速进入，信息流是指电子通讯信号的正常传输，从广义上包括电路、供水和互联网络的畅通与否。一旦四维空间中的三维以上发生阻断，就会出现灾区社区的"孤岛效应"。

还有一些"孤岛效应"是灾害过程中人为造成的。2010 年"3·11"日本地震海啸中，由于福岛第一核电站多次发生事故，在距核电站 30 公里以内的地区成为生命禁区，政府严禁普通民众进入。此外，灾区社区的"孤岛效应"除了物质和信息上的隔绝外，更为严重的是灾区灾民心理上的孤立感和无助感。

## 第二节　自然灾害移民类型

由于灾区自然环境破坏、基础设施功能丧失、社区管理体系瓦解和社区生存与安全环境恶化等四个基本原因，加之就业市场、居住环境和福利供给等社会条件恶化，会引发大规模阶段性的自然灾害移民。2010 年海地灾后不久，"海地新闻部长拉塞格说，太子港至少 25 万人无家可归，太子港及周边地区约 20 万人在地震后迁往外省。美国国际开发署说，太子港原有居民 200 万人，眼下已有最多20 万人迁往外地。据联合国估算，太子港大约 60.9 万人无家可归，全国最多100 万名城市居民可能会迁往农村。"①外迁的灾民一部分会返回，但一部分会永

---

① 杨舒怡：海地称已埋葬逾 15 万遇难者，《大连日报社》，2010 年 1 月 26 日。

久地留在迁入地。

灾民的移民类型有以下三种：

第一种是临时的。是以生存条件的满足为主要目的的移民，这类灾民在灾后会自发迁往安全地区，如远离灾区的临时安置点或亲朋好友家中。

第二种是中期的。基于灾区劳动力就业市场的瓦解和生存条件的持续恶化，一部分灾民会选择离乡背井去其他地区维持生计。

第三种是长期的。因灾区异地重建或不可逆转的地质和气象原因，部分灾民必须永久性地异地安居就业，在异地重建过程中成为外地的新居民。

而在自然灾害中，还有一种特殊的被动性和犯罪性的移民方式——贩卖人口（以妇女儿童为主）。

2010 年灾后的海地约有 15 名儿童在没有家人随同的情况下从医院失踪。海地儿童面临着与五年多前遭印度洋海啸袭击的某些国家儿童类似的悲惨境遇。[①] 类似情况在汶川地震后也有发生，绵竹政府被迫将流散的少年儿童集中安置在体育馆里，以这样封闭的托管形式杜绝人口贩子对孤儿和疑似孤儿的侵害。

因此，在落后地区发生自然灾害后，贩卖儿童成为一种程式化的犯罪行为。这样的犯罪行为的产生，从犯罪主体即人贩子看，是一本万利且风险小的经济行为，而对于犯罪客体即受害者如妇女儿童来说，由于其身心绝对的劣势和暂时失去家庭和社会的保护，使其成为灾区中最易受到侵害且最有经济犯罪价值的对象和群体。

## 第三节　自然生态灾害引发的移民

生态移民即环境移民（environmental migration），指原来居住在自然保护区、生态环境严重破坏地区、生态脆弱区以及自然环境条件恶劣地区，基本不具备人类生存条件的区域的人口，搬离原来的居住地，在另外的地方定居并重建家园的人口迁移，以实现生态脆弱地区人口、资源、环境与经济社会的协调发展。

在历史上，中国的华北和中原地区，长期持续性的旱灾曾改变了区域自然生态环境和人民的生产生活方式，许多农村地区农民在自然生态条件好时就种地，一旦每年的旱灾如期而至时，就习惯性地去外地"逃荒要饭"。这是最本能和原

---

① 新华社，法新社，朱晟：海地连续发生儿童失踪事件 疑遭拐卖集团贩卖，http://www.022net.com/2010/1-24/445819342279577-2.html，上传于 2010 年 1 月 24 日，下载于 20011 年 8 月 10 日。

始的、周期性的自然生态灾害移民，即生态移民的一种类型。"灾害性移民包括灾害发生后的移民安置和防灾避险移民两种基本形式。前者是灾害发生后因环境变化而引起的移民，后者是防止灾害发生而提前作出的预警安排，是将受自然灾害威胁的人口迁移到相对安全的区域，是生态移民的另一种类型。"① 而相对环境污染移民、生态退化移民、地质环境移民等生态移民类型，自然生态灾害移民是指在自然灾害已长期性地对当地的自然生态环境造成不可逆转的破坏后，所引发的单向度的（彻底逃离灾区，永久在他乡定居）移民。

"2009 年 9 月，联合国发表的一份报告显示，洪水、风暴、干旱及其他与气象相关的自然灾害去年导致 2000 万人背井离乡，相当于战争冲突所导致的难民人数的近 4 倍。这项研究首次量化了因气候变化而被迫离开家园的人数。

全球变暖正在导致风暴的强度和频率以及其他变化多样的天气形式日益增加，因此，该报告指出，气候灾难如今'已成为全球各地人们被迫流离失所的极为重要的原因'。这份报告称，2008 年总共有 3600 万人口因自然灾害而被迫离开自己的家园。中国四川大地震占了其中的 1500 万人。报告认为，有更多的人可能因为干旱等自然灾害而被迫离开家园。

这份报告是由联合国人道事务协调处以及国际难民监测中心联合编撰，该中心一般是跟踪因战争冲突而造成的难民状况。该中心的负责人阿尔夫告诫说，监测工作迄今为止并没有让我们了解这些人沦为难民的时间有多长，以及他们的需求是什么。准确跟踪因海平面升高等原因而逐渐显现的气候危机所导致的难民现象相当困难，主要是因为很难判定自愿从受灾地区迁移的行动是何时变成被迫逃离的。确定气候变化在自然之中可能起到什么作用也无疑会有争议。

报告还指出，难民数量的增加导致的不可避免后果是，更加频繁、更加强烈的极端气候灾难会对全世界更多的人们造成影响。2008 年，超过 500 万人在印度水灾中逃离家园，造成这一灾害的部分原因是印度季风周期的改变。在菲律宾，有近 200 万人因大风暴而背井离乡，中国和缅甸也因风暴灾害而出现了大规模的撤离。亚洲去年发生的与灾难有关的人口转移占全球转移人口总数的 90% 以上，该报告认为，这'可能是因为亚洲是最易受灾的地区'。相比之下，去年因爆发冲突而导致的人口迁移数量为 460 万人。"②

自然生态灾害移民与因收入差异、就业机会、教育质量、生活水平、政治环境和生态环境等引发的移民所不同的是，后六类移民有很强的主观目的性和较长

① 沈茂英：汶川地震灾区受灾人口迁移问题研究，《社会科学研究》，2009 年第 4 期。
② "气候难民"远超"战争难民"，《山西老年》，2009 年 11 期。

期的个人计划，具有长期性和稳定性的特点。而自然生态灾害移民的发生多是出于偶发和被迫，甚至是由于国家强制推行。自然生态灾害移民主体的主观意愿不强，没有长期定居他乡的稳定性，会产生更严重的在接收地的文化冲突和社会融合问题。

# 第十二章　自然灾害对社会解体和社会变迁的影响

## 第一节　自然灾害中的社会解体和社会变迁

首先，灾后家庭的瓦解是社会解体的最基本表现，是家庭基本三角的解体。

1976 年唐山地震中，242419 人丧生（包括天津等受灾区），164851 人受伤。15886 户家庭解体，7000 多家庭断门绝烟，3817 人成为截瘫患者，36 多万人重伤，25061 人肢体残废，70 多万人轻伤，7821 个妻子失去丈夫，8047 个丈夫失去了妻子，遗留孤寡老人 3675 位，孤儿 4204 人，数十万居民变成难民。[①]

有些老人衣食无靠，生活不能自理。在震后的短时间内，孤老大多由有关部门集中管理，统一安排生活；少部分由所在街区或亲属照料。随后各级政府按照居住或单位所属，安置到唐山 293 个孤老院中。孤儿中从婴儿到青少年，年龄跨度极大。灾区企事业单位、街道和乡镇建立育红院 71 所，安置了部分孤儿。另一些被灾民或孤儿亲属收养，国家提供适当救济。

如上述，夫妻一方遇难而导致家庭解体的共计约 15000 户，其中约 7000 位寡妇，8000 多位鳏夫。解体家庭的重新组合需要很强和很长的心理调适过程；存在单亲家庭的剧增以及某种程度上的性需求和性压抑问题。但这类个人问题不是国家公共服务系统所能够或应该解决的。

2008 年汶川地震后，"在震后的半年至一年内，北川丧偶家庭开始步入重组阶段。重组远非那么容易和顺利。性格、心理承受能力、自身条件、择偶标准、家庭成员的认可、民风习俗等诸多因素，成了延缓家庭重组的一系列障碍。

"从北川县关怀办了解到的情况是，男性重组家庭的行动较快，这与性格、心理承受能力有关；女同胞则要慢一些，她们很难从失去亲人的心理阴影中走出来。一些农村的和年龄偏大的女性找对象比较困难，尤其是 45 至 50 岁的。这是一个特殊的年龄段，不仅选择范围小，并且因为无法再生育而显得尴尬。

---

① 钱刚：《唐山大地震》，北京：当代中国出版社；"唐山大地震——黑色的 1976"，《中国档案报》。

"在安置点的墙壁上，来自外地的征婚广告随处可见，但北川女性并不感兴趣，几乎所有北川女性都不愿外嫁，哪怕男方愿意入赘北川。她们更愿意和本地男性结合或嫁入临近的安县、绵阳等地。这不仅源于她们根深蒂固的乡土情结，在灾后长久的心理康复过程中，她们更渴望来自家庭的温暖和抚慰。在这一点上，那些没有经历过地震的异乡人，显然不具备本地人的条件和优势。"[1]

自然灾害使许多的家庭遭到毁灭，使配偶丧失和家庭破裂。因此，灾后的家庭重组就成为一个重要的社会问题。灾后的家庭重组往往以"事务型"的家庭为主，是以生存的继续和双亲抚育的完整为目的的临时性的重组，婚姻当中感情的因素占很少的部分。在社会心理方面也是逃避灾害伤害和感情注意力转移的一种方式。这种特殊的婚姻结合体在灾后的一段时间后，等到双方的内心平静或是家庭事物稳定之后势必会出现问题。

家庭结构中原本稳定的基本三角是由夫妇和子女组成，如图 3－15。

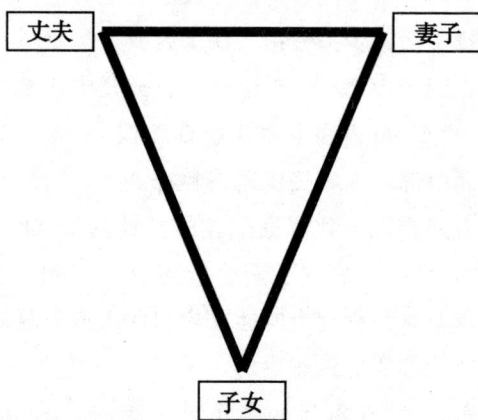

图 3－15　家庭结构中的基本三角形

灾后家庭的重组则使这个稳定的三角形变为虚三角形或是虚四边形，[2] 如图3－16。

---

① 王战龙，马静：北川震后首个重组家庭：真正"交往"仅一个月，《郑州晚报》，2009 年 5 月 7 日。

② 许汉泽：研究文稿，2010 年。

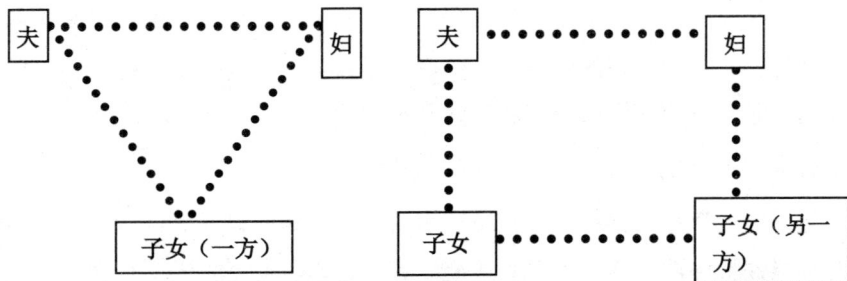

图 3—16　灾后家庭结构中的虚三角形和虚四边形

灾后重组家庭夫妻双方的结合不是出于自然的恋爱也不是为了直接的种族延续，促使双方走到一起的是灾害本身。灾害在毁灭一个家庭之后往往也会造就另一个家庭。这只是家庭功能的暂时性满足，来日方长以后的日子是否幸福，不得而知。

"灾后重组家庭不仅给人情感上的援助。四川是一个贫穷的地区，有两个成年人的家庭更容易在经济上自给自足。为减轻灾后重建计划的压力，一个家庭也比两个家庭符合需要。

新家庭常常有来自前一次婚姻的孩子。重组的家庭往往需要照顾四个孩子和八个老人。他们迅速发展的关系体现出地震幸存者重建生活的速度。"①

但这有可能造成家庭关系过于复杂紧张。

其他的因灾造成的结构性人口社会结构解体的样式是：孤儿和孤寡老人。

对于宏观意义上的灾后社会解体，郑楷认为：在强烈的具有巨大破坏性的自然灾害后，灾民唯一的希望就是等待：等待政府，等待联合国，等待国际社会。他们没有在困境中发展出一种自我救助的集体行动。为什么？难道真的山穷水尽了吗？难道他们真的逆来顺受吗？当原有的系统瓦解，组织结构解体，社会结构解体，生活世界崩塌之后，我们如何才能在一种社会解体的过程中重新实现社会的有效整合？如何将一个个碎片用一种特有的"胶水"黏合起来？

哈贝马斯在考察社会系统时将社会分为生活世界与系统两大方面。但在灾难中有一个部分——组织结构，应该独立于这两个部分。组织结构无论是在危机中还是在社会的常态下，都具有一定的独立性和能动性，也具有依附性。所以，在考察自然灾害后的社会解体时，应以个人生活世界、组织结构和系统三个方面来讨论。个人生活世界是具有主体性的个体的空间；组织结构指一系列的社会和经

---

① 塔妮娅·布兰尼根：地震一年后，真爱在四川的废墟中绽放，《卫报》，2009 年 5 月 13 日。

济组织，如企业、工厂、学校、社区机构等；系统则表现为组织克服复杂的周围环境而维持其界限和实存的能力，如政府。当然，三个方面不是有着明显的界限与对立的，它们是相互嵌入，互相渗透与影响的。

### 个人与生活世界

作为一个社会性的存在，人在环境面前不是被动的，人的创造性不仅可以使自身与环境保持协调，甚至可以去改变它，塑造它。但是，人不仅面对环境，人也面对不同的人，也面对作为自身的人。所以不仅存在一种人与外界环境的主客结构，也存在着哈贝马斯所述的主体与主体之间的主体间性结构。在这种主体间性结构中，人们通过一种理性的交往可以发展出一种交往行为。交往行为有效地帮助我们克服外界的异化，以至于继续推进一项人类未完成的事业——现代性。

布迪厄社会理论中的核心概念是惯习。惯习有两个特征：被结构的结构和具有结构的结构。所谓"被结构的结构"，是指惯习具有稳定性，一旦它被发展出来，它就可以在一个集体、阶级甚至整个社会中长久的保持下来。所谓"具有结构的结构"，是指惯习虽然很稳定，但并不是铁板一块的，它可以被塑造，可以被更新与改变。也就是说，惯习具有能动性。由于惯习具有以上两个特征，所以它超越了传统的二元对立的概念。

除了惯习之外，布迪厄的理论中还有另一个中心词——实践。布迪厄的理论从某种意义上说可以被称作一种"关于实践的科学"。在此，实践并不是以态度研究的方式，直接从那些定向性中得到的，而是来自于即兴创作的过程，这一即兴创作过程反过来也是由文化上的定向性、个人轨迹和社会交互作用能力所构成的。由此可以将布迪厄与哈贝马斯的理论结合起来思考。由于人具有主体间性结构，人在社会化中有一种内化的称为"惯习"的体系并且能对它进行创造性的修改与完善，而根据这种惯习，人们会在生活世界中不停的进行实践活动，而这种实践活动，具有交往理性的特征。

面对特大自然灾害，人们所习以为常的生活世界崩塌了，人的生命的死亡，物质的毁灭，内心的伤害，瞬间就将以往的一切颠覆了，世界颠覆了世界本身。人的身体和心理都出现了"裂口"，外界的环境出现了"裂口"，一切都分裂了，世界伤痕累累。灾难面前人是脆弱的，人感到独自面对着一切苦难。事业、家庭、声望，一切都被打散，人变成了零散的碎片。而要想实现自我的"重生"，必须有所依靠。群体中的感召力会使人忘却自己深陷苦难的悲痛与恐惧，而产生一种强烈的进取精神与利他态度。这些精神与态度其实是每个人都拥有的，它们都深深隐藏在惯习之中，隐藏在内心的无意识结构之中。灾难的突发使原本隐藏在惯习中的这些元素全都在集体的凝聚中得到迸发。危机与恐惧会在集体的感召下灰飞烟灭，作为个人的人会在其中重建自我，修补自身的"碎片"，会积极主动地去参与集体实践。就像刑场之上，如果只处死一个人，那么这个人很可能早已认命，等待着自己死亡的一刻，但如果是要处死一批人，那情况可能会是这样：他们会在刑场上放手一搏，为了最好一线生机而奋起反抗。同样是面对死亡的威胁，人在自然灾难面前也会激发出如此强烈的生的本能。这不仅是集体行动特有的逻辑，也是一种理性的选择。

但是，如何才能克服社会解体的困境，形成这样的集体行动，尤其在面对大灾难之时？这就需要去建构一种特别的惯习。既然惯习具有可塑性，既然它可以不断被我们创造更新，那我们必须充分利用这一特征。必须发展出一种在全社会中含有普遍共识的多元化的惯习。在布迪厄那里，惯习具有阶级性，不同阶级的惯习可能相互对立甚至冲突。但是，社会的合理合法的存在需要一种共识。普遍性意味着知识的客观性和有效价值的合法性；它们共同确保对于社会生活世界具有构成意义的共同性。各个阶层可以有旨趣不同的惯习，但必须有一种普遍共识，所以是具有普遍共识的多元化的惯习。特别是在应对突发事件时，这种含有普遍共识的惯习可以激发出社会的普遍认同，从而凝聚成危机中的集体意识，并转化为具有行动能力与效果的社会重组和集体行动。这种具有普遍共识的惯习在每一个具体个人的主体间性结构中产生的交往行为，会有助于社会和集体的再形成与维持，并且会产生长远效应，最终促成社会变迁。

**中介化的组织结构**

借用法国思想家德勒兹的术语，可以把所有的组织结构看作社会的"块茎"。"块茎"的特点就是它对它的"根部"有依赖性，但存在一定的自主性，且是一个数量庞大的集体。各色组织也是如此，它们大量的存在于社会之中，并且具有相应的独立思考与行动能力。但是，这种独立性是不稳定的，易变的，脆弱的，一旦遭到快速突然的打击，极易发生解体。在所有的"块茎"状的组织结构中，笔者重点考察作为社会细胞的家庭，作为市场细胞的企业和作为社会组成单元的社区。

家庭无疑是面对灾难时最为脆弱的组织结构，任何家庭成员生命的丧失就意味着家庭的结构与功能遭到极大的削弱，甚至是毁灭性的打击。并且，家庭在灾难过后也是最难恢复的，甚至根本不可能得到完全恢复。而当人们面对自然灾害时，最依赖的却是家庭。所以，如果遭受巨大的灾害，伤亡人数巨大，致使大量的家庭残破，那么，仍然生存着的家庭成员由于亲人丧失的悲痛会陷于一种思考的空白期。在这个时期，他们不会采取任何方式去自救，只是一味沉浸在痛苦中。这种状态非常不利于救援和重建的开展。

企业在自然灾害中也是极其脆弱的。企业所依赖的生产资料、消费市场、运输设施和工具、管理人员都不同程度的被摧毁。而且，由于赈灾物质奇缺，往往会出现无序的社会状况，诸如哄抢物品，犯罪率上升。在缺少一个稳定的市场环境的条件下，企业无法发挥其职能甚至解体。

社区在面对灾害时的状况也是如此。社区的形成依赖于一定的地域、人口及文化认同。当灾难发生时，社区的物质基础（如房屋）被大量破坏，地域边界变得不可分辨，而在家庭趋于解体的情况下，很难将人们重新整合在社区的领导下。

**系统的解体与重构**

系统可以按不同标准进行分类，如按功能，可分为政治、经济与文化系统；如按权力，则可分为立法、行政、司法系统。在此笔者采用按权力的分类，并且认为，行政系统是所有系统的中枢，故重点考察行政机构在自然灾害发生时的解体与反应。

当外界环境发生突变，侵入到系统内部的结构时，系统的自组织能力将下降，特别是反应能力下降甚至丧失。如海地地震中，政府机构在灾害中受到重创，大量人员死亡，通讯中断，就连总统府也难逃厄运。在这样的情况下，政府实质上已经解体和丧失了行动能力。由此可见，政府在面对突如其来的巨大自然灾害时，会出现"短路"的情况，问题的关键是如何避免持续的"短路"以避免造成大范围的"停电"情况。也就是说，政府在灾害发生的初期，是处于一种瞬间失效的状态。如何避免由瞬间失效恶化为持久瘫痪是政府自救与救灾的关键。[1]

因此，灾后社会解体所引起的社区和社会变迁应考虑到以下基本方面。

自然环境变迁。如自然灾害造成的地理环境和自然生态的变化，这会直接影响到灾民的生存、生活和生产空间。

人口社会结构的变迁。如人口的增减、家庭解体和人口的社会流动。

经济结构和劳动力市场结构的变迁。如灾后经济结构的解体、恢复及调整和由此产生的劳动就业结构的变化。

灾后社区类型的变迁。如将灾后农村社区解体，改造为城镇社区。

---

[1] 郑楷：困境中的行动——关于海地地震的思考，研究文稿，2010 年 4 月 11 日。

灾后社区管理结构和管理人员的变迁。如管理机构和人员的风险意识再造和应对能力的提高。

灾后社区民众生产方式和生活方式的变迁。如灾后重建中引入现代化的生产方式和生活方式或自然灾害的风险意识的培养。

灾后社区民众思维方式、价值观、社会规范和社会文化的变迁。如灾民对生命、家庭、婚姻、社会归属感和国家认同上所发生的社会心理变化，以及在社会规范缺失后，传统价值体系应如何沿袭和重构。灾区旧有文化解体后形成的自然灾害场域下的文化有其独特的社会功能，它强化了人的生存意志，树立起灾害条件下的价值观、人生原则和追求目标，从而创造出新的社会发展的精神动力、以引导和动员灾民采取社会行动战胜灾害。自然灾害文化能够转化为产业，为经济建设服务。而灾民文化可以成为灾后社区重建的公民文化价值基础。

相关科学技术的变迁。如为应对新的自然灾害而发掘创造的新的知识和技术，以及所形成的新的科研群体。

社会关系网络的变迁。如灾民社会关系的变化，灾害发生以后是否产生了新的空间上的和心理上的社会区隔和社会距离。

## 第二节 社会组织的瓦解和重建

灾后社会组织一般呈现这样的状态：包括中枢指挥系统在内的社会组织体系因人员伤亡和设施被损而不完整和碎片化；组织内部系统之间联系断裂，组织与外部环境的联系暂时中断；组织缺乏在危机环境下所需要的强势统帅力量；组织会因为原有官僚体系的断裂和缺失而出现权力真空、权力错位和越权及对权力真空的填补；组织的规范、凝聚力和精神意志会被削弱；组织的重建和再生需要一定的时间，而这又与灾后的紧急状态和灾后重建的需要有着时间差上的矛盾。

在这里，权力错位和越权及权力真空填补在组织和人员缺失的情况下是必要的和可行的组织行为。在灾难面前应打破原有的官僚管理体制，形成最优化、最现实、最有效、最理性的组织管理模式，哪怕是暂时性的。

为此，在灾后，临时性的、非正式的、非规范性甚至激情性的社会组织及其社会行为会大量出现，这是救灾和应急之需，是符合社会对组织管理功能的客观现实需求的。组织中的个人如发挥着克里斯玛式的正效应和正功能，也应当得到尊重、认同和接纳。

在社会组织层面上，在巨大自然灾害发生后，会因组织结构的变化而发生组织关系的变化。

就政府正式组织而言，灾后因组织人员伤亡、设施被毁、通讯中断等原因，造成在灾区内部不同组织之间横向联系的中断，如市政厅与警察局、民政局、消防局、交通局、地方政府等具有横向水平关系的社会组织之间相互联系的中断。因为它们在同一时间和地点在同时受灾。各政府部门间相互间除市政厅外互不为隶属关系，之间平行的行政关系使之不能向对方发出指令，且各部门可能也因灾难处于瘫痪或半瘫痪状态，无暇他顾。假使灾难发生在夜间或假期，问题将更为复杂和严重。

在这一时刻，能有效发挥指导和控制作用的可能是置身于灾难之外的其他社会组织尤其是上级社会组织。在"安全地带""俯瞰"灾区的高一级社会组织，可以凭借科技手段（如卫星、航拍）和前出布置（如侦查部队）对灾情进行了解评估，确定抢险救灾的投入等级和计划等。因此，在这一阶段，社会组织间自上而下的纵向垂直关系起着较突出的作用。此外，造成组织间这一结构作用结果的也是由于在灾区的底层组织已基本瓦解涣散，其组织功能需要上级组织的直接替代。

在此同时，在灾区内外的各种非政府组织和个人（如志愿者）同样会以正式组织功能的临时替代者的角色加入到灾区的救灾赈灾行动中。这也是非政府组织的社会、经济和政治功能在巨大自然灾害后彰显作用的时刻。这样的替代既是对已经瓦解涣散的灾区当地正式社会组织的功能替代，也是对僵化迟钝的灾区区域外上级正式社会组织的临时替代。

# 第十三章　自然灾害的人为次生灾难——社会越轨行为和犯罪

## 第一节　自然灾害中的越轨行为和犯罪类型

越轨也称离轨，是常见的一种社会行为，自然灾害发生时的越轨行为是指在灾区社区出现的与自然灾害直接有关的个体或群体背离社会生活正常轨道，超越社会行为规范或直接触犯国家刑律的侵犯他人和社会的行为。灾时可能引发越轨行为的因素如下：

第一，需求危机。在灾时条件下，一方面人类的生存条件遭到破坏，基本物质需求被提升到前所未有的高度，灾民会在生存需要的低层次上选择自己的行为归属和目标，从而出现行为偏差。另一方面，由于社会环境和个人自身条件的急剧变化，人们在平常状态下的某些潜伏的或被压抑的需求会被激发出来，表现出灾时种种的越轨动机和异常行为。一些人有可能会越过道德和法律的底线，走上越轨乃至犯罪的歧途。

第二，社会失控因素。在平常，社会控制力量——警察、法院、军队等权力机关及各种法律、规范、制度等都因其强大的威慑力而对个人欲望与行为起着管理、监督、约束、制裁的作用，维持着社会控制功能的正常发挥。但如果灾后法律机器与社会控制功能受到破坏而失去足够的控制力，阻止越轨行为的外部力量被削弱或压力消失，就可能引发社会秩序紊乱，尤其在平时社会积怨较多的灾区。

第三，心理失调。自然灾害的突然袭击，破坏了人们正常的生活环境和安定的心理状态，这种生活过程中出现的突发障碍，超出人们正常的心理承受能力，打破了人们的心理平衡，动摇了个体内部的心理结构，使自我意识和人格特征发生变异。一些人的自控能力降低，造成心理顺应的失败，一些意志薄弱者精神崩溃，人格解组或道德沉沦，成为引发灾时越轨行为的内在社会心理和社会人格因素。也有的人面对灾难的打击，种种悲哀、恐惧、压抑、愤怒、绝望的心理情绪无处发泄，逐渐积累，在外界条件引诱下，最终做出不可自己的危害集体、社会和他人的过激越轨行为。

第四，认知错误。灾难使世界瞬间发生了翻天覆地的变化，昔日的家园荡然无存，取而代之的是废墟。严酷景象迫使人们以新的眼光看待所面临的处境，暂时改变对世界、人生和社会的看法，动摇了植根于深层的信仰体系和价值观念。道德与法律也可能失去了过去神圣不可侵犯的符号印象。

越轨集体行为理论或曰"集体行动的非理性逻辑"。

越轨集体行为又称越轨集体行动、越轨集合行为、越轨大众行为（笔者倾向于用越轨集体行动或越轨集体行为），是指一种人数众多的自发的无组织的社会失范行为。越轨集体行为一般有下列特征：破坏性、无序性、非理性、人数众多、无组织性、无时间约定、无空间限制、行为相互依赖、有升级为大规模有组织犯罪和群体性社会动乱的临界点。

自然灾害发生后，有的灾民开展自救，有的灾民坐等援助，有的灾民聚众闹事，破坏社会秩序。这种差异可以用理性选择理论解释，即假设每个人都是理性的人，按照理性的原则行动，由此可以促进公共福利；也可用公共选择理论解释，即奥尔森在《集体行动的逻辑》中提到的，许多合乎集体利益的集体行动并没有发生；相反，个人自发的自利行为往往会导致对集体不利、甚至产生极其有害的结果。大量失范的个人行为的整合则形成越轨集体行为，其中有"搭便车"者。

对此，可以有以下六个理论作为参考：斯梅尔塞的基本条件说，模仿理论，紧急规范论，匿名论，控制转让论和感染理论。[①]

因此，笔者认为越轨集体行为产生的原因不止一个，它是由当时整体环境以及人们复杂的社会心理综合而发的，从集体行为的产生、发展到最后消失，它具有时间性和阶段性。对灾后越轨集体行为很难下定论，如单纯用一个理论分析，会使其简单化、片面化，它是所有因素综合产生的结果。它的发端和动机可能是好的或是出于无奈，如灾民在面临生存威胁时出于求生本能，会发生社会秩序外的"越轨行为"，如人们对商店或救援物资的哄抢，哄抢的对象主要是食品饮水等生存必需品。这种行为不是标准定义上的越轨，而是一种无秩序的自发行为，当一个人抢了能维持他生存的物品后不会自觉终止。因灾难持续时间和救援效果的不可预测性，谁也不能确定自己还需要多少（或说还需要抢多少），人欲是无

---

① 在此应区分模仿与感染的区别，或者说模仿与传染的的区别，可参见涂尔干《自杀论》81—82 页：一种疾病只有当它全部或主要滋生于从外部移入生物体中的病毒时，才可称为具有传染性。相反，只要这种病毒是由于其赖以生存的部位的积极合作才得以发展，那么"传染"这个词就变得不确切了。……模仿一词如要有清晰的定义，就必须是这样的情况：当一种行为的直接先导是一种别人以前表现过的行为，并且没有行为者对被重复行为的内在本质的意识作用明显地或隐蔽地参与在该行为及其表现之中时，才存在模仿。

穷的，哄抢的对象很容易会从生存必需品扩大到其他生活用品甚至是奢侈品和耐用消费品，哄抢行为由生存本能行为变质为投资行为。

任何一次越轨集体行为都有引发的导火线。灾害本身就是灾后集体行为的导火线或环境条件。自然灾害发生后社会失序和灾民的思想情绪处于不稳定的状态，在有人煽动的条件下，很容易发生各种不理智的狂热行为。

一般来说突发性自然灾害容易引起越轨集体行为，如地震、火山爆发、飓风。突发性自然灾害引起社会秩序的突然瓦解和迅速崩溃，对人们的约束力瞬时消失；而周期性长的自然灾害不易发生社会秩序的迅速解体，如干旱和水灾。

灾后典型的犯罪类型有：

* 盗窃、抢夺、抢劫、故意毁坏用于抢险救灾的物资和设备设施，以及以赈灾募捐名义进行诈骗、敛取钱财，拐卖灾区孤残儿童、妇女等犯罪行为。

* 为牟取暴利，囤积居奇、哄抬物价、非法经营、强迫交易等严重扰乱灾区市场秩序，影响灾区民众正常生产生活的犯罪行为。

* 故意编造、传播、散布不利于灾区稳定的虚假、恐怖信息，严重影响抢险救灾和灾后重建工作开展的妨害公务、聚众扰乱社会秩序、公共场所秩序、交通秩序、聚众冲击国家机关等犯罪行为。

* 在灾区生产、销售或以赈灾名义故意向灾区提供伪劣产品、有毒有害食品、假药劣药等犯罪行为。

* 国家工作人员贪污、挪用救灾赈灾款物、滥用职权或玩忽职守，危害救灾、赈灾和灾后重建工作顺利进行，严重危害国家和社会利益的犯罪行为。

* 破坏电力、交通、通讯等公共设施的犯罪行为。

* 妨害传染病防治等危害公共卫生的犯罪行为。

* 其他财产犯罪和人身伤害罪。

运用犯罪社会学理论与经济分析学派的犯罪学理论，可对灾后社会犯罪状况展开分析。犯罪社会学的理论很多，不能一一陈述。笔者要分析的是灾后的犯罪行为同一般情况下的犯罪行为相比，有着特殊的社会环境因素，因此不能简单的套用一般的犯罪学理论。

灾后人们的一些社会行为不能用正常情况下的法律和道德标准来评价，因为随着灾后社会环境的变化，人们的社会行为也会产正某种程度上的反常。笔者认为灾后的一些所谓犯罪和越轨行为不能用常态下的法律体系来审判。

还有，在什么样的社会环境下产生的灾后越轨和犯罪行为多？平时法制比较健全和稳定的地区就比平时社会混乱的地区在灾后犯罪行为就少吗？平时道德水平高的社会灾后犯罪也一定少吗？笔者认为平时法制健全和稳定的社会在灾后越轨和犯罪行为不一定会少，如美国一直被认为是法制健全的稳定社会，但"卡特琳娜"风灾后发生了一系列令人发指的犯罪行为。

不能用灾前的社会情况预测推断灾后的社会情况。灾前的社会是一个法制集体社会，有法律和道德规范，有国家暴力强制。但灾后瞬时间这一切都消失了，人们失去了集体意识、失去了社会性，失去了秩序，变成一个个孤零零的生物个体，容易回到人类动物性的原始状态，一个人的世界只剩下没有他律和自律的生存本能和欲望本能。为此，应研究灾后社会控制体系，随着环境的不同，社会控制的方法和手段也应该调整和改变。

解决灾时越轨犯罪行为的方法与途径。

"地震灾时的越轨行为，是震后存在的社会问题。其表现的程度与影响范围，往往随震害的破坏程度而变化。地震灾害的规模越大，可能出现的消极社会影响越大。因此，加强灾时的社会控制，防止和减少灾时越轨行为的发生，尽快恢复震后城市社会的正常生活和工作秩序，是救灾过程中的迫切任务之一。根据以往经验，专家给出以下控制灾时越轨行为的主要方法与途径。

一要强化主体意识。在震后的抗震救灾中，要充分利用报纸、广播、电视等各种宣传工具，向灾区群众说明灾情与形势，并提出具体的应急措施，从物质上、精神上、心理上振奋灾区战胜灾害的勇气，树立生活必胜的信心，唤起、强化灾区群众的主体意识，鼓励灾区人民重新建立起以理想为核心，以高尚的需要层次为基础的心理品德，使灾区群众对未来充满信心与希望。汶川地震发生后，国内各媒体对灾情和救灾情况及时、准确的报道就对灾区人民的心理产生了积极作用，从而有助于灾区的稳定。

二要改变越轨者的心理结构。由于震后社会客观环境发生剧变，这种强烈的外界刺激，可能激发灾区群众心理结构中的消极因素，表现在行为上即出现越轨。因此，灾时要特别注意发挥灾区群众的积极心理因素，提高灾区群众的需要层次结构，唤醒灾区群众的社会道德意识，消除灾区群众的消极心理，使其保持健康的心理状态，防止越轨心理的形成，避免越轨行为的发生。

三要加快震后社会管理功能的恢复。加快震后城市社会机体的整合过程，恢复灾后被破坏的组织管理功能，保持社会机体维系生命活动所必需的物质能量供求，妥善安置好孤寡伤残，调整灾区群众的心理结构等，是控制灾时越轨行为发生的最重要途径。为妥善解决汶川地震灾区困难群众的基本生活保障问题，5月20日，根据国务院决定，民政部、财政部和国家粮食局联合下发通知，要求四川、陕西、甘肃、重庆、云南各省（市）民政厅、财政厅、粮食局对因灾生活困难的群众实施临时生活救助。

四要加大灾时综合治理，严厉打击各种犯罪行为。必须从快、从严、从重打击灾时的现行犯罪活动，对于一般性越轨行为，采取正面疏导，以正面教育为主。同时大力宣传在抗震救灾中涌现出来的舍己救人、公而忘私的先进人物和行为，为灾区群众树立正确的行为楷模，这对于制止谣言、稳定人心，防止出现新的社会动乱与各种越轨行为，均能起到重要作用。汶川地震发生后，公安部要求灾区和各地公安机关严密防范、严厉打击趁灾进行盗窃、抢劫、哄抢救灾物资、以赈灾募捐名义诈骗敛取不义之财、借机传播各种谣言制造社会恐慌等违法犯罪活动，切实维护灾区和各地社会稳定。"①

## 第二节 灾后五天动乱法则——灾后社会动乱的爆发点

自然灾害后社会动乱的爆发时点：灾后五天动乱法则。

笔者一直想解决的一个问题是，自然灾害发生后，到底在什么时间和什么情况下，灾区的社会秩序会发生质变性的瓦解？

这是海地在地震发生四到五天后关于首都太子港街头社会公共秩序的报道。"由于地震给海地首都太子港造成的破坏过于严重，交通和通讯设施几乎无法使用，国际社会提供的救援物资抵达太子港机场后很难顺利分发到灾民手中。而长时间被困灾区、不能得到食物和帮助的灾民开始失去耐心，甚至将地震遇难者的尸体堆积街头，以示抗议。

"帮派分子在街上手持大砍刀，横行在大小街道上。海地震后已发生多起'抢掠'事件，还能听见枪声。太子港一家超市废墟处，不少当地灾民前来'寻宝'，不声不响地抬走一袋袋大米和各种电子设备。另有一些人则从一辆损坏的油罐车中把油抽走。"②

海地在地震过后的第四天里，发生了大规模的抢劫事件和杀人、强奸、私刑犯罪，并引发了街头暴力和社会动荡。海地迅速和持续地在震后发生动乱，是基

---

① 广州协作网：对可能引发震后越轨行为的因素应加强防范和控制，http：// www.gzxz.gov.cn/Article/ShowArticle.asp? ArticleID＝11020，上传于2008年5月29日，下载于2008年8月17日。

② 新华网：海地部长以上高官全失踪 当地医生几乎全部丧生，http：//news.cn.yahoo.com/ 10－01－/1037/2juf4.html，上传于2010年1月16日，下载于2010年1月16日。

于以下基本原因：第一，物质财富的长期缺乏，社会存在大量食不果腹的贫困群体；第二，由于政府腐败和殖民地文化的影响，社会缺乏公平分配资源的机会和机制；第三，独裁政府的无能使社会和民众长期处于无政府和混乱状态；第四，海地社会缺乏维护社会结构稳定和起压力阀作用的传统价值观或宗教理念；第五，海地人缺乏自主公民意识，民众不能自律，也没有社会参与的文化基础和社会质量；第六，国民的受教育程度普遍较低，缺乏自控能力和对人权、财产权和法律的敬畏。

2005 年 9 月 1 日，遭受"卡特琳娜"飓风重创的美国新奥尔良市陷入了无政府状态：尸体横在街道中央，幸存者在公交车上抢座位，火灾此起彼伏，有人争吵斗殴，甚至有人被强奸。新奥尔良市长纳金说，他们需要"紧急救援（SOS）"。一架军用直升机试图在会议中心着陆以发放水和食品，但被拥挤的人群吓走，结果只好从空中扔下这些物资。① 这次社会动乱发生在灾害加剧后的第五天。

"2010 年 4 月 14 日玉树发生地震，4 月 19 日（笔者注：即灾后的第五天），《南方日报》记者在结古镇灾民聚集的赛马场、体育场和格桑广场看到，很多灾民只能露天过夜，用棉被裹紧身体防高寒气温。到 4 月 20 日（笔者注：即灾后的第六天），仍有大量的幸存者需要食物和栖身之处。尽管西宁前往玉树的通道挤满了运送救援物资的车队，但是物资供应仍然紧张。

"于是，不信任感由此产生。部分灾民守在外界进入结古镇的几个必经入口，每当运送救灾物资的车辆进入，灾民尾随而至，要求立即发放。在地震重灾区结古镇，灾后哄抢救灾物资的情况时有出现，乱象出现加剧的征兆。

"4 月 17 日下午（笔者注：即灾后的第四天下午），一辆由西宁某房地产企业捐赠的救灾物资卡车，满载着矿泉水和食物开至结古寺山下灾民安置点发放，现场一度混乱。约 300 灾民围住卡车货厢，高举双手向前领取物资。领取了物资的灾民将物资放在一边让家人看守，然后继续拥挤着向前领取。没有领到物资的灾民愤怒了，直接爬上车厢抢夺食物。尽管车上有武警维持秩序，但对于饥饿的灾民，警告和警棍都无济于事，有灾民甚至用刀划开方便面和矿泉水的包装，直接在武警的眼皮子底下抢走物资。于是，物资发放者也将发放方式'给'变为'撒'，不少灾民被人群挤倒，但迅速爬起来继续抢夺生命之粮。

"根据官方通报，因为哄抢救灾物资，至少已有五人被警方控制。同时，由

---

① 王建芬：遭飓风重创，美国新奥尔良出现强奸暴力事件［N］，《中国日报》，2005 年 9 月 2 日。

于哄抢者为灾民以及现场混乱等原因，警方并未处理参与人员。

"即使店铺倒塌，结古镇好邻居便利店的老板宋贤明依旧坚持露天睡在离店面不远的马路边。'不敢睡太远，怕人抢东西。'

"宋贤明是从内地来玉树做生意的外地人，觉得这里比家乡河南南阳的生意容易赚钱。震后第三天，他和妻子冒险进入塌了大半边的店铺，搬出没有被压坏的货品。将香烟、矿泉水、方便面等紧缺物资摆在店门口对面马路上售卖。尽管有工商和巡警不时从摊边走过，宋贤明非常警惕地注视着每一个围在摊边的购物者。他的杂货摊上午就被抢了好几条香烟，还有方便面，损失上千块。宋贤明准备把货处理完就回老家了，他无奈地告诉记者：'也不能怨人家抢，人饿了没办法。'

"公安部调派四川成都、甘孜和甘肃兰州三支特警队进驻灾区驰援玉树。每个灾民集中的帐篷区，都安排了公安或者武警定时执勤。青海省公安厅官员表示，警方已加强警力，将严厉打击哄抢救灾物资、盗窃灾民财产等违法犯罪活动，重点做好灾民临时安置点、物资分发点、金融网点、油气油库、单位店铺、城市街面等地点的安全守卫工作。"①在严格执法后，灾区治安才恢复稳定。

"为维护灾区社会治安稳定，当地公安机关和援助灾区的特警加强了路面、受灾群众安置点、救援物资集散地及废墟周围的巡逻防控，对进出玉树县结古镇的车辆、人员进行严格检查，严防救援物资流失，对扰乱社会治安秩序的行为及时进行处置，对趁灾实施的盗窃等违法犯罪行为依法进行严厉打击。

"截至4月22日16时，玉树州公安机关共破获盗窃案件40起，抓获犯罪嫌疑人40余名。与此同时，从21日起至23日止，灾区已连续三天无发案。"②

因此，从玉树个案看，灾后各地因物资短缺发生的社会动乱出现在灾后的第四到第六天。在经强力部门介入后有所收敛，如果不及时防控，动乱必将持续蔓延。

"新华网萨摩亚阿皮亚2009年10月3日电，美属萨摩亚群岛地方政府宣布，从2日起在首府帕果帕果等地区实施宵禁，以控制海啸发生后出现的哄抢行为。

"南太平洋岛国萨摩亚和美属萨摩亚群岛附近海域当地时间9月29日（北京

---

① 中国新闻网：记者直击震后六日危机蔓延的玉树，http：//news. sina. com. cn/c/2010－04－20/103720112984. shtml，上传于2010年4月20日，下载于2010年4月25日。

② 新华网，邹伟：青海玉树警方全力维护灾区社会治安秩序，http：//news. sina. com. cn/c/2010－04－24/115520144464. shtml，上传于2010年4月24日，下载于2010年4月24日。

时间 9 月 30 日）凌晨发生里氏 8 级强烈地震并引发海啸，迄今已造成 170 人死亡。海啸退去后，美属萨摩亚群岛首府帕果帕果商业区发生多起哄抢商店事件，目前警方已逮捕数人，局势基本得到控制。"[①]从 9 月 29 日到 10 月 3 日，相隔五天。

　　1976 年 7 月 28 日唐山大地震，震后短期的混乱状态导致 8 月 2 日前后出现了抢劫高峰，部队和民兵不得不当场击毙抢劫分子。最初的挖取物资抗灾自救慢慢演化成光天化日下的疯狂抢劫，当时的银行和粮库都受到冲击。公路桥梁的桥墩上贴着"禁止取砖"的标语，连砖头瓦块都是被哄抢的目标。混乱和抢劫状态持续了近一周。据中国人民解放军唐山军分区的一份材料披露：地震时期，唐山民兵共查获被哄抢的物资计有：粮食 670400 余斤，衣服 67695 件，布匹 145915 尺，手表 1149 块，干贝 5180 斤，现金 16600 元……被民兵抓捕的"犯罪分子"共计 1800 余人。从 7 月 28 日到 8 月 2 日，相隔六天。

　　据有限资料分析，2008 年 5 月 12 日汶川地震后的 5 月 18 日，正在北川灾区抗灾抢险的公安特警，在北川县城一个倒塌的金店旁抓获五名偷盗金饰的男女。同日，高速公路交警抓获盗窃救灾车辆油料的犯罪嫌疑人罗某。截止 5 月 17 日，在北川灾区执行特警任务的重庆特警已抓获了在灾区打劫偷盗财物的犯罪嫌疑人 28 人。从 5 月 12 日到 5 月 17 日和 18 日，相隔六七天。

　　从时间上看，上述自然灾害后发生抢劫事件或社会动乱的时间大多是在灾后的第四天、第五天或第六天。因此，笔者得出一个假设，在发生严重的、大范围的、涉及人口众多、造成物资匮乏的自然灾害后，如果得不到有效的社会控制，动乱必将在灾害发生后的第 5 天前后发生。这是笔者提出的"灾后五天动乱法则"假设。

　　但在一些情况下，抢劫动乱也会迅即发生。如在智利 2010 年 2 月 27 日 8.8 级大地震后的第二天，2 月 28 日，在智利中部港口城市塔尔卡瓦诺，人们就已哄抢关闭的商店。3 月 7 日，在智利比奥比奥地区首府康塞普西翁，警察开始在街头巡逻。同日，重灾区康塞普西翁实行的 18 小时宵禁缩短为 13 小时，以方便当地居民逐渐恢复日常生活。

　　智利地震后发生大规模抢劫骚乱的时间是灾后的第二天。但这是个例，原因是当时康塞普西翁遭受的 8.8 级地震和引发的海啸震惊了民众，而系统援救和救

---

① 新华网，黄兴伟，刘洁秋：美属萨摩亚群岛因发生哄抢事件而实施宵禁，http：//news. xinhuanet. com/world/2009－10/04/content_12179518. htm，上传于 2009 年 10 月 4 日，下载于 2009 年 10 月 4 日。

灾物资姗姗来迟，引发民众强烈恐惧、不满和焦虑，出现哄抢和暴力行为。最后有超过 100 名嫌犯被捕。这种情况是人们在巨大灾难发生后的一种巨大的求生本能和危机意识的爆发，在更深层面看，是落后地区民众怀疑政府灾后救援功能效力的自然反应。

"灾后五天动乱法则"可能只适用于经济基础较好、物质积累尚可、管理体制严密、国民素质较高的国家，即灾民仍有一定的忍耐空间。但对于经济基础脆弱、物资极度匮乏、无政府状态的灾区，灾后的恐慌、混乱和崩溃也是瞬时可发的。

自然灾害发生后的抢劫行为从越轨犯罪人的主观意念上可分为两种：一种是本能性越轨犯罪行为，一种是意识性越轨犯罪行为。

什么是越轨犯罪人主观意念中的本能性越轨犯罪行为？先看一则报道。在 2008 年 5 月的缅甸飓风灾难中，"由于缺乏物资，难以为继的村民只能选择'大逃亡'。在逃生过程中，已经有城镇出现了抢夺风波。'在哥布达（音译名）镇内，本来受灾并不太严重，但已经出现了难以负荷的人数。城镇内有些地方已经发生了抢夺事件。'村民冯德成告诉记者，他了解到一位华人既想做善事，又想产业不受破坏，所以特地把米仓打开，让受灾的人有秩序地排队领米。'结果，半天内价值 3 亿多缅元的米一发而空，但仓库，包括机器等完整地保存下来。'"[1] 越轨犯罪中的本能性行为是在求生本能驱使下的抢劫和暴力行为，一般以抢劫日常用品尤其是食品、饮用水和药品、燃料为主，针对的抢劫对象主要是超市和私人店铺，执行主体大多是中下层社会群体尤其是社会弱势群体，包括妇女和儿童。"当人们无法通过社会可接受的途径满足自己的需要时，只有采取为社会所不容的方式。谁都知道偷东西是不对的，但是却没有人想想为什么有人要采取这样的方式。在绝望之时人们在毫无选择的情况下拿些食物维持生命，不能称作抢劫或盗窃。"[2]

越轨犯罪人主观意念中的意识性越轨犯罪行为是在本能性行为的基础上，出于对社会体制和社会地位分层的不满而引发的抢劫行为。在灾后社会秩序混乱的环境下，除抢劫一般生活必须品外，还会抢劫其他贵重的耐用消费品，甚至是并不急需的东西，如家具、家用电器（甚至在灾区已经断水断电的情况下），这种

---

[1] 伦少斌，廖杰华：缅甸灾后重建举步维艰：个别城镇出现抢夺风波，《广州日报》，2008 年 5 月 11 日。

[2] 美国网络杂志：媒体海地报道失实 灾民寻救命粮被诬抢劫，salon.com，下载于 2010 年 1 月 26 日。

类型的抢劫就是典型的对社会不平等的报复。执行主体以中下层的青壮年男性为主，具有更强的攻击性和不可控性。

上述两种行为的结果是，如果执行主体即越轨犯罪人没有强大的组织性和反抗性，这样的社会动乱最终将被更强大和更具组织性的国家暴力（如防暴警察和军队）摧毁控制，并随着秩序的重建和救灾物品的分发而得以平息。但是，如果处置不及时，并形成为大规模的政治性群体事件，就可能引发为一场社会运动或人民起义。

自然灾害发生后，除上述为满足生存需要的抢掠、偷窃等财产犯罪外，还会发生大量的斗殴、杀人、强奸、私刑等人身侵犯犯罪。这一方面是社会秩序崩溃后人性恶和人类兽性暴露使然，如美国"卡特琳娜"风灾后的强奸现象；另一方面可能是部分灾民为维持和重建社会秩序，在国家法律措施缺失的情况下的被迫违法行动，如在海地地震后的无序局面下有当地灾民执行私刑处死偷盗者。

"灾后五天动乱法则"与灾后的"黄金72小时"救灾时间，是否有时间和事件上的内在关联，也是值得研究的问题。

社会学者仍需完成的一个任务是，研究人类社会在重大自然灾害后，在什么样的极限下会发生社会动乱，并为此制定一定的指标体系以及控制手段。自然灾害引发个人之间、群体之间、集团之间和国家之间的冲突的根本作用机制是：在人类有效生存和发展资源已经日益有限的情况下，突发自然灾害是一次次对有限资源额外的、不可预测和难以估量的巨大剥夺和侵占。这还不同于同样会对人类生存发展资源造成同样生命财产损失的军事战争和社会冲突，因为它有建立在联合国、国际法庭和国际法基础上的仲裁和赔偿机制，而自然灾害只遵循大自然法则。

自然灾害造成的剥夺和侵占使生存发展资源陡然匮乏，从而引起巨大的不可预测的恐慌性需求——这是超出一般消费需求和生产能力上的"饥荒"性的供需矛盾。为满足这种"饥荒"需求和消除这种"恐慌"心理，人类社会发生非理性甚至暴力性的对生存发展资源的掠夺，已不是为了消费，而仅仅是本能的生存需求，是基于人的动物求生本能。而本能又是最为兽性或自然的人性部分。一旦这种兽性被激发而不受制度体系的控制，就是动乱、冲突和战争，这是自然灾害对人类社会秩序的最终的解体方式。五天——或许是达到这一生存和心理极限的临界时点。

与财产犯罪和人身伤害罪相比的另一种社会越轨行为是无害性的自我心理和行为的异常，除自杀外，就是乞讨。

"当 19 岁的阿芙米兹·拉伊普蒂平生第一次抱着纸箱走到村前马路上行乞时，她心里其实很犹豫。但看着满目疮痍的家园和母亲悲凉的眼神，她还是站到了街边，向路人伸手乞讨。

"阿芙米兹是一名在校大学生，学校的教学楼被震塌，她也没有收到复课通知，因此只好在家待着。

"阿芙米兹抱在手上的求助捐款箱与众不同，不但用白纸糊满了周围，还精心地用彩笔写上了'申请地震援助'的艺术字，这使她每天的收入比别人要多一些。

"西苏门答腊省 9 月 30 日发生的里氏 7.6 级地震已过去一周，受灾最严重的巴东市开始逐步恢复正常。

"在通往前邦村的公路上，不时能看到孩子或年轻人抱着纸箱向过往车辆的司机讨要一些零钱。

"阿芙米兹的邻居、51 岁的布云·布迪也不得不让 10 岁的小女儿站到门外的公路边，抱着一个烂纸箱向过往的车辆乞讨。'这几天我们一直在清理废墟，没时间做农活。我们全家 13 口人都住在院子里和那边的小屋里。我也没什么亲戚可以借钱，靠自己重建房子是不可能的。我们只有依靠政府，没别的办法。'布云说到这里，一脸愁容。"①

这也是发生在灾后第五天、第六天，是另一种灾后心理和行为异常的社会越轨行为，不管是贫民还是大学生，不管是少女还是老人，为了生存已没有了耻辱感。

相反，人口密度低、社会民主、经济发达、物质丰富、社会平等、公民意识强、文明程度高、法治健全和有稳定宗教信仰的社会，灾后发生动乱的可能性较低。从 2011 年日本地震海啸和 2011 年新西兰震后的社会事实看，要达到这样的灾后社会环境，这九个指标性要素缺一不可。因此，这也可以暂且作为灾后不发生社会越轨和犯罪行为、不发生社会动乱的基本的指标。如 2011 年的新西兰地震始终没有发生抢劫等灾区惯有的社会越轨和犯罪事件，相反是邻里之间、不同族群之间的鼓励与互助。当时，新西兰第二大城市克莱斯特彻奇灾后，城市社区邻里在庭院里共用烧烤炉，分享各自家中的食物和饮水。

---

① 新华网：印尼地震灾民盼望尽早重建家园，http：//news. xinhuanet. com/world/2009 - 10/08/content_12194565. htm，上传于 2009 年 10 月 8 日，下载于 2009 年 10 月 8 日。

# 第十四章　自然灾害引发的社会变迁——社会整合与社会冲突

## 第一节　自然灾害引发的社会整合

自然灾害发生后，社会结构被整体性地冲击。在满目疮痍、万物萧瑟、家破人亡的世界末日氛围下，现代社会中早已被原子化的个体愈加碎片化和人格分裂，丧失了熟悉的群体或组织的个人在灾区一时间会倍感孤寂无援，漂泊恐惧，缺乏社会存在感和归属感。

灾后个人的群体和组织归属感面临着极大的变异和分裂。灾后的幸存者们一般首先是心系亲人的下落，这是作为血缘性的个人的自然反应。但同时作为社会人、组织人的幸存者们，会缘于自己的社会角色、职位职责和基于职业道德和组织归属感，在内心同时关注自己所属的社会组织单位，所关注的程度可能由人们在社会组织中所担当的职位和责任感决定。于是，会出现一些人，尤其是身居管理者和领导者地位的人不得不放弃抢救亲人，而选择从社会角色出发，返回其所属的组织抢险或履行职责，从自我本我重新回归到所属的超我的社会组织，即便有时这个社会组织对他们来说是多么的厌恶和没有人情味。但也有人相反，选择逃避和隐遁。

灾后社会网络和沟通体系的瓦解会使与血缘群体（如家庭亲人）和社会组织（如工作、学习单位）失联的人如无根浮萍一样飘移，失去物质和心理依靠。

在灾后初期，个体原子化的幸存者也可能自觉地或被迫地加入到各种临时性的非正式社会组织中，以达到个体被某个集体所包容、获得认同感和安全感的目的，即便这种耦合是暂时的和受限的。

因此，灾后原子碎片化的个体的社会整合方式有：与血缘群体整合、回归正式社会组织和与非正式社会组织耦合三种。

在灾后进行临时安置或异地移民安置的灾民，必须面临重新社会适应、重新社会整合的问题。按社会整合的深度层次看包括生活方式整合、职业就业整合和文化形态整合，其中文化形态整合是最高层次的社会整合。

　　本节的重点是研究自然灾害中各社会群体的社会整合，尤其是灾后临时安置或异地移民安置进程中的社会整合。德国学者 Kescks 在描述德国社会学家 Esser[1]关于整合的概念时写道："对整合这一概念的第一个确认是关于社会各部分之功能、稳定和团结的定义。其相反的概念是隔离，也就是各部分之间没有连接的相互关系，乃至整个社会的崩溃和解体。在整合的情况下，在一个'占主导地位的社会'里，存在着一个亚状态的，平行的社会；在隔离的情况下，'占主导地位的社会'崩溃，并形成一个新的'独立的社会'（Esser 2000：281）"。[2]整合是一个联结、崩溃、解体并走向新的整合、新的稳定和团结的过程。

　　Hoffmann Nowotny[3]认为整合有两个方面，一个是移民对于社会地位结构的整合，如职业地位、收入、教育、法律地位和居住条件；另一个是与接收社会在文化方面的同化，如语言和价值取向。（vgl. Hoffmann Nowotny 1973：171ff）在政策讨论的层面上，整合被作为移民的一个问题和需求被看待，而 Hoffmann－Nowotny 所强调的是接收社会的必要的预设投入。[4]

　　在这里，笔者要引入的是 Price（1969），Glazer（1957）和 Wirth（1928）的社会整合五阶段理论。Esser 对此做了如下的概括，见表 3—11。

---

① Hartmut Esser（＊1943 年 12 月 21 日生于 Elend，Harz）是曼海姆大学的社会学与科学学系教授。在他 1993 年的导论性著作《社会学：普遍基础》（Soziologie：Allgemeine Grundlagen）和 1999 年的六卷本的著作《社会学：特殊基础》（Soziologie：Spezielle Grundlagen）里，他介绍了以合理选择理论为导向的社会科学中的微观方法论。在这些研究领域里，他得到了国际学术界的公认并成为创始者。他的早期研究是关于移民社会学（Migrations soziologie）。其重要的科学理论开拓是后来由 Karl Popper 进一步建构的批判合理主义理论（Kritischen Rationalismus）。http：//de. wikipedia. org/wiki/Hartmut _ Esser. 下载于 2006 年 11 月 27 日。

② Kecskes，Robert 2003：Eine kurze Geschichte der Migration. Unveröffentlichtes Manuskript，Forschungsinstitut für Soziologie，Universität zu Koeln。第 8 页。

③ Hans－Joachim Hoffmann－Nowotny 是苏黎世大学的社会学教授。他在德国科隆大学获得了国民经济学的学士学位，1969 年在苏黎世大学获得博士学位，并于 1973 年在该校获得大学教授教职。从 1983 年到 1997 年任社会学研究所所长。其研究重点是国际移民和少数族群，尤其是关于其社会文化因素和社会人口发展变迁的后果。http：//www. unizh. ch/wsf/honode. ht http：//www. unizh. ch/wsf/honode. html ml. 下载于 2006 年 11 月 27 日。

④ Treibel，Annette 1999：Migration in modernen Gesellschaften：Soziale Folgen von Einwanderung，Gastarbeit und Flucht. Weinheim und München：Juventa Verlag。第 137 页。

表 3—11　社会整合五阶段理论

| 第一阶段 | 这一阶段是一个共通的，基本的发展阶段，也是移民整合过程的一个规律性的阶段。换句话说：移民以低的职业岗位和满足基本的族群需要在被当地人遗弃的社区里建立起自己的基础。 |
|---|---|
| 第二阶段 | 有限的职业地位提升和逐步脱离异质性的族群环境。 |
| 第三阶段 | 和社会主流的整合，但另一方面是继续与本族群文化社会的深入结合。 |
| 第四阶段 | 在接收地更深入的社会整合和新的移民过程。 |
| 第五阶段 | 现代化新族群定居点的建立和老族群社区的重建。 |

来源：Esser，Hartmut 1980：Aspekte der Wanderungssoziologie：Assimilation und Integration von wandernden ethnischen Gruppen und Minderheiten；Darmstadt und Neuwied：Luchterhand Verlag. 第 36—37 页。

　　"在 Hartmut Esser 的一个基奠性的文章《移民社会学的视角》（Aspekte der Wanderungssoziologie，1980）里，Hartmut Esser 基于移民的社会同化与社会整合理论，将少数族群和少数民族作为副标题提出来。在 Esser 看来，移民和外来劳工适应过程的共通性是大于差异性的；因此他把这个领域的研究定义为移民社会学而不是外国人研究。德国有关移民研究中关于社会同化的概念应该归功于 Esser 的贡献。"[1]

　　美国社会学家、芝加哥学派的帕克（R. E. Park）[2]在 20 世纪 20 年代已发展出社会整合的阶段模式。即移民的整合是通过"种族关系循环"的以下四个阶段进行的，见表 3—12。

---

[1]　Treibel，Annette 1999：Migration in modernen Gesellschaften：Soziale Folgen von Einwanderung，Gastarbeit und Flucht. Weinheim und München：Juventa Verlag. 第 137—138 页。

[2]　Robert Ezra Park（1864 年 2 月 14 日生于美国宾夕法尼亚州的 Harveyville；1944 年 2 月 7 日卒于 Nashville）美国社会学家。http：//de. wikipedia. org/wiki/Robert_Ezra_Park. 下载于 2006 年 11 月 27 日。

表 3−12　社会整合的阶段模式：接触，竞争/冲突直到同化（比对 Park 1950b：150）

| 第一阶段 | 接触<br>＊ 和谐及信息的获取 |
|---|---|
| 第二阶段 | 竞争/冲突<br>＊ 对职业岗位和住房等的竞争<br>＊ 长期的适应过程<br>＊ 单方面的诉求<br>＊ 空间的隔离<br>＊ 低层就业岗位<br>＊ 骚动与歧视 |
| 第三阶段 | 适应<br>＊ 对结构的接受<br>＊ 族群劳动分工<br>＊ 差异性的歧视<br>＊ 隔离，歧视 |
| 第四阶段 | 同化<br>＊ 少数族群和主流社会的融合<br>＊ 少数族群范畴和族群认同的解体 |

来源：Treibel，Annette 1999：Migration in modernen Gesellschaften：Soziale Folgen von Ein-wanderung，Gastarbeit und Flucht. Weinheim und München：Juventa Verlag. 第 91 页。

　　以上由 Esser 和 Park 描述的移民社会整合进程是发生在德国和美国的多元文化社会。在自然灾害的研究里，灾后移民的研究主要集中在三个有选择性的场域，即临时安置点、异地移民和移民新城。在这些情形中，第一批自然灾害移民在基础设施落后的临时安置点或者崭新的移民新城建立起他们的新立足点。大量受教育程度各异、人地生疏的异地灾民必须在陌生的新社区里共存。面对临时安置点和移民新城中城市化的文化形态、生活方式、经济结构、劳工市场和管理体系，他们很自然地要适应新的社会环境。

　　临时安置点和移民新城虽是新兴的、资源丰富的聚居地，原则上可以联合所有社群，但对不同社群的接受程度取决于各个社群的整合能力。本地人或"城里人"或许是占据"主导"地位的社群，他们控制着重要的政治，经济和社会资源。

　　在早期，灾民异地移民或许既不拥有社会整合的资本，也缺乏社会整合的能力和社会整合的动机。原因如下。

政治原因：在临时安置点或移民新城的新移民尤其是来自农牧区的异地移民一旦找寻不到他们原先所熟悉的政府部门和官员或寄予信赖的克里斯玛式的人物，可能产生不了安全感和归属感。

另一方面，临时安置点或新城中的管理体系对于灾害移民来说可能是非友善的。在陌生和新的社区里，缺乏组织的灾民得不到原先政府部门和官员及原有邻里关系在所熟悉的范畴内的支持，也就是说缺乏归属的意识和能力。而当地政府可能也不完全具备保护灾后移民利益、安全的能力。

经济原因：灾后移民大多数可能是失业者，属于经济结构的下层，他们的个人生产力资本有从简单的体力劳动力到复杂的脑力劳动力。但在灾后的临时安置点里，在早期只能从事简单的劳动，工资收入低下，社会地位平庸。

从 2008 年 9 月对汶川灾区临时安置点的调研发现，灾后移民的经济资源非常有限。他们没有从灾区家乡带出大量的资本到临时安置点和新城，他们成为普通的民众。在早期的临时安置点，他们的低收入仅可维持基本的生活需要如伙食和房租。为此，一些移民陷入了搓麻将、打牌赌博、无所事事这样不正常而又昂贵的恶性循环中，但这却是这些孤独的社会边缘群体唯一的心理安慰。

以上所描述的在临时安置点的这个阶段实际是 Esser 总结的第一个阶段和帕克模式的第二阶段，即所谓的灾后移民初期阶段。

笔者将 Esser 总结的第二、第三和第四阶段以及帕克模式的第二、第三阶段在此总结为一个阶段，即第二阶段。这个阶段是隔离－整合－孤立阶段。其所指出的是一个循环重复的社会流动过程，是垂直水平的流动。这个阶段适合于任何时段，适用于任何遭受自然灾害的社区和任何灾后移民及移民家庭，适合于任何社会阶层、任何受教育阶层和移民族群。这一阶段的基本状况如下。

灾后移民开始试图在当地经济结构中的主要部门取得职业岗位——更高的收入和有地位的岗位是他们的基本目标。第二个目标是一个更合适的长期居住地。就业岗位的获得和稳定的居住地在心理层面上是一个普遍性的安全满足需求。

灾后移民的生活方式及在这领域的社会整合状况如何？在工作和生活方式上的社会整合（这实际上是心理层面上的社会整合）是否是灾后移民社会整合的决定性因素？实际上，职业和居住方式的社会同化是带有欺骗性的，起决定作用的是心理上的社会整合和社会同化，那么，灾后移民心理上的社会整合和社会同化又是怎么样的呢？

Esser 把第五个也即最后一个阶段指为"区隔（Segmentieren）和成功的同化"。帕克简单地称为"同化"——和主流社会的融合及少数族群归属的解体。其实践表现是：在灾后重建阶段，在移民新城或新的长期安置点，从各灾区向心性移民而来的灾民在移民区开辟出新的城区、厂区和商业区，形成了新的工业园和居民区，有现代化的银行、教育设施、超级市场、娱乐中心、宽阔的街道和整洁的住宅区。

在五阶段模式的同化过程中，在不同社群间有交换性的联系。Esser 在 1950年引入了帕克的族群关系（race relation）分析模型。帕克认为："在种族关系中有一个循环性的结果，这是在任何地方都会重复出现的。种族关系循环从抽象的角度看，总经了接触、竞争、适应和最终的代表进步的单向性的同化过程。"①

Esser 认为："接触是移民的一个直接结果；这一阶段仍然是和谐和'探索性'的接触阶段。而移民逐步强化（特别是在移民的数量大量增加时）的对生活空间的追求和特殊的移民动机引起了对有限的职业岗位、移民点和居住地的竞争。当移民不自觉地要分享当地人的资源时，竞争就转化为冲突，从而出现以下社会关系的变异：歧视、动乱乃至种族冲突。族群间的冲突所发展出来的是一个漫长的诉求和适应过程。它具有一种有组织的、变化的和确定性的关系，……不同族群往往不可避免地限制在一定的行业职业范围、空间隔离和确定的社会分层里。在适应的阶段发展出族群内部的冲突、族群内的职业组合、空间隔离和职业上的孤立，这样的冲突发展被直接地稳定下来。不言而喻地，这一结构在后来成为一种合理化了的差异性忽视、歧视和排斥。作为第四阶段的社会同化的最终结果是族群间的融合，不同方向的适应，直至标志着作为社会和文化差异指标的种族范畴的消失。达到这种状态的前提是族群特殊组织特别是区域群组以及族群团结和认同的解体"。②这段引言可以说是对五阶段理论和的阶段模式的总结。如果把引文的中的"移民"改为"灾后移民"，将"族群"改为"社会群体"，则也完全适用于对灾后异地移民在临时安置点和移民新城中可能引发的社会冲突和社群解体等的解释。

Esser 在另一社会整合模式（Esser 1999）提到：个体性的和社会性的社会整合对社会结构整合起重要作用，社会整合实际上对其他两个整合类型都有影

① Robert E. Park. Symbiosis and Socialization：A Frame of Reference for the Study of Society，The American Journal of Sociology，1939 — JSTOR http：//linkjstor. org/sici？ sici＝00029602（193907）45％3A1％3C1％3ASASAFO％3E2. 0. CO％3B2-K.

② Esser，Hartmut 1980：Aspekte der Wanderungssoziologie：Assimilation und Integration von wandernden ethnischen Gruppen und Minderheiten；Darmstadt und Neuwied：Luchterhand Verlag. pp. 44—45

响，如图 3—17 所示。①

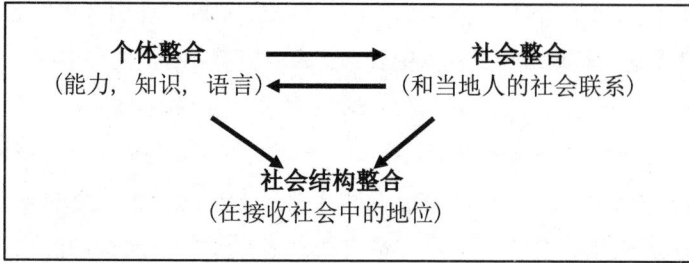

图 3—17　个体整合—社会整合—社会结构整合关系

在这个模式里，Esser 把社会整合的阶段和模式分成三个阶段。在第一阶段，即个体整合，灾后移民在接收社会处于中立、被动的状态。在这一阶段，灾后移民还不确定是否真的进行社会整合。他们只占有个人的基本能力和知识（人力资源），这是下一阶段社会整合的重要前提和能力。第二阶段是主动、积极而更深入的社会整合。这一阶段是经济，社会和文化的整合。社会结构整合是客观社会整合的最高水平（主观社会整合的最高水平是心理上的社会整合）。在这一阶段，灾后移民在接收社会中开始拥有一定的社会威望，政治影响和经济地位。

社会同化是社会整合的最后阶段。关于社会同化社会学有很多阐述。这里要研究的是社会同化的理论是否也适用于在灾后移民新城社区中的灾民。

"Eisenstadt（1954）研究前往以色列的移民的社会同化问题。他认为，移民的一个阶段是被接收社会的吸纳。吸纳是对大多数社会的绝对适应。被社会所吸纳的准备是基于移民的动机。吸纳在移民从其旧的价值世界进行重新社会化和完全归入新社会的价值观和角色价值时才能实现。"②

"Gordon 在 1964 年把社会同化分为七个阶段。在第一个低级过程，Gordon 看重的是文化的同化（Akkulturation）。各阶段无须走完整个过程也不会互相重叠，因此整合的目标仍可以在各个不同的领域达成。Gordon 所依据的是社会结

①　Kecskes，Robert 2003：Ethnische Homogenität in sozialen Netzwerken türkischer Jugendlicher. Zeitschrift für Soziologie der Erziehung und Sozialisation，23. Jg.，H. 1.. P. 81
　　Kecskes，Robert 2003：Was ist Integration von Migranten aus der Fremde? In：Hoehn，Charlotte und Rein，Detlev B.（Hg.）：Ausländer in der Bundesrepublik Deutschland Deutsche Gesellschaft für Bevölkerungswissenschaft. 24. Arbeitstagung. Ort：Boldt—Verlag.

②　http：//de. wikipedia. org/wiki/Migrationssoziologie.

构整合过程的主要指标。其后是依赖于移民在主流社会中的社会整合能力。"①

即灾后移民的可持续社会整合及与主流社群的社会认同是通过与本族群的人和文化保持距离。

"Esser 认为，移民整合的结果还取决于接收社会和个人。移民对接收社会越是积极评价，其内心的反抗意识越少，其被社会的拒绝越弱，那么其社会同化的意愿就越高。这样的动力更取决于每个移民的移民动机，有的人是暂时性的工作居留，他们的社会同化动机自然比那些从一开始就把长期定居作为移民中心的人要弱"。②

帕克和伯吉斯（Burgess）认为："同化应该更进一步。这里不只是适应，更重要的是对当地文化传统的认同；这个过程特别长，它需要个人的变化和对文化遗产的修正。社会同化不是被理解为移民对当地人思想观念的完全认同，而是与共同文化生活的联结，社会同化是一种人类内部整合和溶化的过程，在这一过程中，个人和群体获取其他个人和群体的记忆、感觉和行为方式，并以此分享他们的经验和历史，并借此完成共同文化生活的融合。（Park/Burgess 1921：735）"③

"Taft 把理想化的社会同化过程分为七个等级：

1. 文化的学习（对接收群体的认识，语言知识）；

2. 对接收群体的积极态度，内部互动，但也有误解的危机；

3. 对原籍族群群体的拒绝，通过对接收群体的接近和退出在原籍族群中的生活（社会规范的不可调和性，"Unverträglichkeit der Normen"）；

4. 适应（外部适应）；角色采纳（Rollenübernahme），但没有认同。过度适应的危险；

5. 接收社会的社会接纳，特定的信任度；

6. 社会认同（成为接收社会的一员）；

7. 对道德规范的一致认可（成为接收社会的新成员）（Nach Taft 1957：142—152）。

Taft 认为，第 1，4 和 7 等级为文化同化，而第 5 和第 6 等级是社会同化。"④

Hoffmann—Nowotny 发展出了自己的关于社会整合和社会同化的概念解释，

① Esser，Hartmut 1980：Aspekte der Wanderungssoziologie：Assimilation und Integration von wandernden ethnischen Gruppen und Minderheiten；Darmstadt und Neuwied：Luchterhand Verlag. P70

② http：//de. wikipedia. org/wiki/Migrationssoziologie.

③ Treibel，Annette 1999：Migration in modernen Gesellschaften：Soziale Folgen von Einwanderung，Gastarbeit und Flucht. Weinheim und München：Juventa Verlag. P89

④ Treibel，Annette 1999：Migration in modernen Gesellschaften：Soziale Folgen von Einwanderung，Gastarbeit und Flucht. Weinheim und München：Juventa Verlag. P95

其主要阐释是："整编、整合（Integation）、同化（Assimilation）、吸收（Absorption）、弥散（Dispersion），隔离、区隔（Segregation），适应（Anpassung）和文化同化（Akkulturation）。社会整合与社会同化具有自己的运动方向：社会整合是以接收体系的条件为前提的，社会同化则取决于移民方面的主观能动性。"①

笔者的德国导师、科隆大学社会学系的尤尔根·弗雷德里西斯（Juergen Friedrichs）强调的一点是："少数族群将同化于'占统治性的文化'或'多数族群'。依据这一观点，接受社会应是一个同质性相当高的和封闭性的社会。问题的关键是，少数族群是与接收社会的中产阶级、劳动阶层还是上层社会阶层相适应？根据显而易见的原因，研究中要把上层社会阶层排除在外。因此，关键的问题是：在接受社会中，少数族群究竟要与哪个阶层或阶层中某群体特殊的价值观和社会规范实现同化。"②也就是说，灾后移民社会群体的社会同化进程取决于他们愿意、应该和能够与哪个社会阶层实现社会整合与社会同化。

Esser认为："除了族群维度和社会差异角度外，还有一系列范畴领域的区别。如以下具有决定性意义的视点，其中阶级归属（Klassenzugehörigkeit，这是社会差异角度的垂直比较维度）是最重要的，因为它一方面决定着通往权力的渠道，另一方面也是阶级归属感和群体归属感的基础，即'亲密社会关系的限制和特殊的文化行为（类似于族群归属感）'（Gordon 1964：41）。族群和阶级归属感维度建构了一个典型的模型（区别于其他没有决定性意义的维度，如城乡差异关系和北南差异关系），即在族群特征和经济分层体系之间存在着交叉交集。因此，在族群差异的界限内（种族和宗教的差异性），还存在着一个由同时并存运行的阶层分割线造成的明显分解的社会结构（Gordon 1964：49）。Gordon认为这是一个由亚社会形成的体系，这是由根据族群差异（种族和宗教）形成的水平差异和阶级归属形成的垂直分层所构成的社会分层体系，而交集点是所谓的族群阶级（ethclass）（Gordon 1964：52）。就文化行为而言，Gordon认为，在这里，阶级

---

① Joachim, Hans und Nowotny, Hoffmann, 1990: Integration, Assimilation und „ plurale Gesellschaft ". Konzeptuelle, theoretische und praktische Uberlegungen. In: Hoehn, Charlotte und Rein, Detlev B. （Hg.）: Ausländer in der BRD. Bundesinstitut für Bevölkerungsforschung. P22

② Friedrichs, Jürgen 1990: Interethnische Beziehungen und statistische Strukturen von Generation und Identität: Theoretische und empirische Beiträge zur Migrationssoziologie. In: Esser, Hartmut und Friedrichs, Jürgen（Hg.）: Studien zur Sozialwissenschaft, Bd. 97. Opladen/Wiesbaden: Westdeutscher Verlag GmbH. P305

差异比族群归属更具意义。这意味着在各自族群阶级中（即阶级归属和族群及其种族和宗教之间变量的特殊相关关系）的社会参与（如群体联系、党派认同等）。只有前期移民的对祖籍国的历史认同才在族群维度上的表现为单一性（Gordon 1964：52 ff.）。"[1]

笔者试图用以下的图式把由 Esser 描述的 Gordon 的观点演示出来，如图3—18。

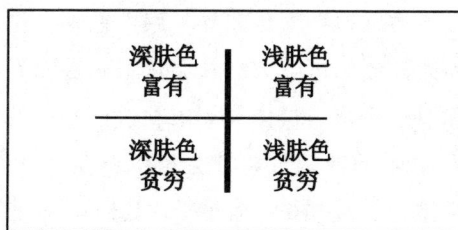

图3—18　种族特征与经济分层形成的社会分层

在这个图式里，Gordon 把在社会整合过程中的种族因素、经济因素以及社会不平等因素清晰地演示出来，从种族因素出发，白人是浅色人种，非洲人是深色人种。如华人、日本人、韩国人既不是白种人也不是黑种人，而是黄种人。华人作为一个异质性的人种以其不同的社会地位分布于世界：在北美和欧洲他们属于"深色人种"，他们在这里还是相对不富裕或是相对贫困的移民。在东南亚和非洲，华人却是"浅色人种"并相当富裕甚至是富豪。在一个如同北美、欧洲和澳洲这样的多种族社会里，当发生自然灾害时，东亚人在所在国即接收社会的社会地位就可进行一定的判断了。

根据社会互动理论，灾后社会互动是指，灾害社区不会是灾后唯一性的地域空间和组织单位，还有灾区各社会群体、社会组织、社会体系内部之间的互动；灾区社会群体、社会组织、社会体系相互间的互动；灾区社会群体、社会组织、社会体系与外部社会群体、社会组织、社会体系间也有互动。

灾区各社会群体、社会组织、社会体系内部间的联系互动是内部互动，如灾民之间、灾区地方政府相关部门间的关系。

灾区社会群体、社会组织、社会体系相互间的互动是相互互动，如灾民与志愿者之间的关系、灾民与灾区地方政府间的关系、灾区各社会体系间的关系。

[1]　Esser，Hartmut（1980）：Assimilation u. Integration von Wandern. ethn. Gruppen u. Minderheiten；e. Handlungstheoret Analyse，Hermann Luchterhand Verlag GmbH. &Co. KG，Darmstadt und Neuwied. Germany. P67—68

灾区社会群体、社会组织、社会体系与外部社会群体、社会组织、社会体系间的互动是外部互动，如灾民与救援团体之间的关系、灾民与中央政府的关系、灾区地方政府与中央政府间的关系。

这三类具有巨大张力和交互性质的社会互动的结果进一步形成自然灾害所引发的社会整合和社会互动。

在自然灾害刺激下，人类的共同体意识会因此形成。在私有制、个人权力、理性选择、社会分层、个体利益、文化差异、族群差别、伦理道德、心理特征等社会宏观和社会微观因素的制约下，人类社会从组织层面到心理层面，都是将其社会行为建立在维护和追求个体、群体和集团利益基础上的。所有社会行为的运行具有其个体、群体和集团的便捷性，社会组织就是一个个规模不等、范围各异、结构特殊的封闭、排他、异质的"单位"。其内部却进行着更加封闭、排他和同质性的活动，其目的是"单位"权利的维护、索取和最大化。

也就是这样的基于"单位"化的个体、群体和集团的社会行为的相互排斥、交集、碰撞、冲突，推进了社会在矛盾基础上的有限度的社会整合和无限度的矛盾冲突，并客观地推动了社会的发展、进步、演化。利益的排斥和冲突实质是在一定程度上成为社会发展的永动机，其社会表现机制就是政治上的多元民主、经济上的市场竞争、文化上的自由交流、社会上的整合冲突……

但是，发生巨大自然灾害后，面对超乎人类生存能力的自然现象和对人类社会造成巨大破坏自然灾害，在一定时期和一定范围内，人类会打破这种"单位"的封闭性、排他性和同质性，个体、群体和集团得以形成多元化和开放性的"生命共同体"、"命运共同体"、"灾难共同体"。出现由"我"变为"我们"的心理和行为过程。社会可基于最同质最基本的人类价值原则——人道主义突破人类个体、群体、集团之间在政治体制、意识形态、经济利益、文化异质、种族隔离、宗教差异上的藩篱，形成"灾难共同体"。表现为国际援助、自愿服务、行善捐助、技术共享、对立弱化、同理心态等非盈利、非排他、非利己的公共集体行为、共同体行为。这样的共同体行为虽然是短期的、机会性的甚至互惠性的，但仍是人类人性的另一面——"和"与"善"的本能表现。

因此，自然灾害的破坏性给予了人类化解政治对立、利益纠纷、文化冲突和社会矛盾的契机，是以人类的鲜血生命和丧失既得利益的代价唤醒现代人类的良知和人性，有利于社会个体、群体和集团的和解、整合与同化，是可暂时超越国界、种族、文化、利益、歧视、异见的真正现实意义上的"世界大同"。

## 第二节　自然灾害引发的社会冲突

笔者仅以亲身经历，描述自然灾害可能引发的社会冲突乃至对国家安全的巨大危险。

2008 年 1 月中旬，中国南方爆发罕见的自然现象——南方冰冻雨雪天气。笔者所在城市广州的广州北火车站滞留了几十万因冰冻雨雪灾害不能回家过春节的民众。出于专业敏感，笔者于 2008 年 1 月 24 日，在家中通过跟踪中央电视台首次罕见的新闻播报，感觉到事态的非正常性，意识到了北火车站所出现的事态的潜在社会风险和人道主义灾难。笔者期待着气象情况会好转，因为作为在广州生活了近 30 年的当地人，是知晓当地的气候特征的，如此寒冷和冻雨情况实属罕见。但到 1 月 25 日，笔者继续观察事态发展尤其是火车北站旅客滞留态势，情况在继续恶化。1 月 26 日，感觉到火车北站的事态已然升级为大规模罕见的人道主义灾难。

1 月 28 日上午，笔者决定亲往北火车站实地调查。一出地铁"广州站"，就被站前广场的场景震撼，局势令人惊愕：在阴雨天气下，湿冷的站前广场挤满了春节前急切回乡的旅客。就在冰冷潮湿的广场水泥地上站着、坐着或席地而卧的百姓中，大部分是青壮年，足有十多万人。他们大多操着外地口音，都是在广州和广东各地务工的外来民众。他们一年打拼，用辛勤的劳动为广东和国家的经济社会建设做出了巨大贡献，但时间却失去了回家过节团圆的可能，这着实让人黯然神伤，如图 3—19，图 3—20 和图 3—21。

进入火车站站台的所有入口都有武警把守，在出站口，许多人试图借此道闯入，更有各种开着名车来说情的人，但都被疲惫的士兵们拒绝。入站口外用铁栅栏建成狭窄的通道控制人流和检票速度，入站速度极为迟缓。而离站楼 100 米开外，多层铁栅栏后，更是几十万归家心切的民工和民众。

在广场，有很多公共服务点，工作人员大多是大学生模样的志愿者和社区干部。但笔者认为，这种志愿者参与社会管理的方式，虽然可以弘扬公益精神、发动社会力量和减少公共部门成本，但他们毕竟是临时性的、不专业的和缺乏经验的，面对这样突如其来的巨大压力，其可持续性和承受力值得怀疑。政府作为公共服务的守夜人和风险的承担者，必须更有所担当，不应把分内的专业职责过多地转移给非政府组织和个人，如图 3—22。

图 3—19　涌向地铁"广州站"出口的携带行李的人流

来源：何志宁摄于 2008 年 1 月 28 日

图 3—20　地铁"广州站"拥挤的出口，返乡旅客仍不断涌入已经瘫痪的火车站

来源：何志宁摄于 2008 年 1 月 28 日

图 3—21　在急切返乡的人群里甚至有大量的解放军官兵们（照片后部）

来源：何志宁摄于 2008 年 1 月 28 日

图 3—22　广州越秀区春运青年自愿服务者服务点里大学生模样的、疲惫不堪的志愿者们在吃着简单的午餐

来源：何志宁摄于 2008 年 1 月 28 日

　　至于散布于站前广场、立交桥下的滞留旅客，在尽快将其送走的同时，需要的是提供一些基本的滞留保障条件，如临时遮雨棚和防潮的瑜伽垫以及足够的警力维持交通和秩序，使滞留者始终获得关怀和尊严，如图 3—23，图 3—24，图 3—25，图 3—26，图 3—27，图 3—28，图 3—29，图 3—30，图 3—31 和图 3—32。

图 3－23　广场上临时安置的大批移
动厕所，图中可见更多的人群被隔离
在站前广场外围的马路上。

来源：何志宁摄于 2008 年 1 月 28 日

图 3－24　站前广场高架桥下的马路
已被等待进站的旅客挤满

来源：何志宁摄于 2008 年 1 月 28 日

图 3－25　高架桥下的人群翘首期盼
进站的信息

来源：何志宁摄于 2008 年 1 月 28 日

图 3－26　高架桥下的马路成为可遮
风挡雨的临时栖息地

来源：何志宁摄于 2008 年 1 月 28 日

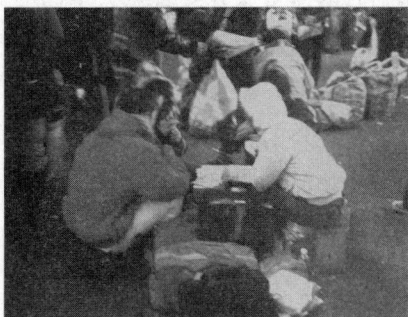

图 3－27　百无聊赖的人们打起了牌

来源：何志宁摄于 2008 年 1 月 28 日

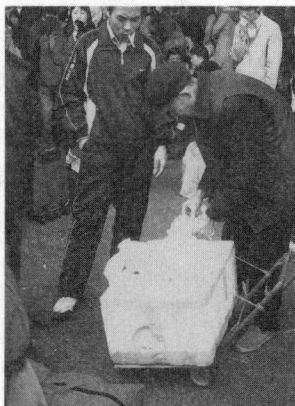

图 3－28　小贩乘机在滞留于广场的人潮
中做起小生意，主要是卖饭和卖小板凳

来源：何志宁摄于 2008 年 1 月 28 日

图 3—29 站前马路成为大家午餐的大餐厅

来源：何志宁摄于 2008 年 1 月 28 日

图 3—30 十多位小女孩带着行李，相互拉着衣角，穿过危机四伏的人群

来源：何志宁摄于 2008 年 1 月 28 日

图 3—31 "此路不通"和回家的渴望

来源：何志宁摄于 2008 年 1 月 28 日

图 3—32 告诉我，哪里是回家的路？

来源：何志宁摄于 2008 年 1 月 28 日

巨大的中国出口商品交易会场馆被用作临时的滞留旅客安置点。不同的展厅被划归为要前往不同省份的旅客的临时住房。但里面没有床铺、没有褥垫、没有暖气，旅客自己找来报纸、纸皮等隔开冰冷的瓷砖地，席地而卧。大部分的人显然已经滞留了数天，显得困顿疲惫，有的是单身在外的打工者，也有很多是举家返乡的。在大厅的几个角落，堆放着大量的应急物品，主要是矿泉水、快食面和棉衣棉被等，由警察、保安和志愿者们看护发放，如图 3—33，图 3—34，图 3—35，图 3—36，图 3—37。

图 3—33 用作滞留旅客临时安置点的前中国出口商品交易会场馆外汇聚的人群

来源：何志宁摄于 2008 年 1 月 28 日

图 3—34 用作滞留旅客临时安置点的前中国出口商品交易会场馆内汇聚的人群

来源：何志宁摄于 2008 年 1 月 28 日

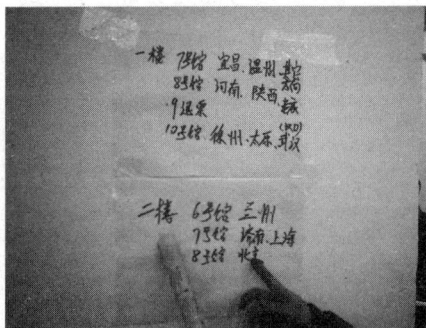

图 3—35 被用作滞留旅客临时安置点的前中国出口商品交易会场馆内张贴着告示，说明不同省份滞留旅客应集中的展馆

来源：何志宁摄于 2008 年 1 月 28 日

图 3—36 被用作滞留旅客临时安置点的前中国出口商品交易会场馆内堆积如山的应急物品，主要有矿泉水、快食面和棉衣棉被。

来源：何志宁摄于 2008 年 1 月 28 日

图 3—37 用作滞留旅客临时安置点的前中国出口商品交易会场馆内拥挤焦虑的滞留旅客

来源：何志宁摄于 2008 年 1 月 28 日

当笔者被眼前的人道主义灾难震惊时，突然，一群年轻男子鼓噪起来，他们喊着："要回家！要回家！"情绪非常亢奋。在其召唤下，更多的人加入到这一群体里，约有两三百人之众，甚至在大厅里游行起来。笔者内心顿时紧张并产生了不祥之感。笔者决然来到这群人的中心，对他们说："你们先不要太激动。我是老师①，你们有什么话、有什么诉求，我可以代替你们和大厅里的有关工作人员沟通。"众人高喊：我们就是想回家。笔者说："好，你们选几位代表，我带着你们向管理部门问问，什么时候有车。"笔者随即转身向有车站工作人员的方向走去。但没想到，刚走几步回头一看，竟然有近三百人全部跟在后面蜂拥而至。笔者顿感不妥，随即停下脚步，回头举手拦住人群道："我说的是几位代表，不是所有的人都来，这样的话我就不去帮你们谈了。"这样，大家才停下来。随后，我带着三位滞留旅客和车站工作人员和警察进行了沟通，在场工作人员做过解释后，事情才算暂时平息下去，否则后果不堪设想，最坏的可能是就此引爆一次抗议活动甚至暴力冲突。这是1月28日，是在冰冻雨雪成灾后的第五天。如图3—38。这也符合"灾后五天动乱法则"。

图3—38　被用作滞留旅客临时安置点的前中国出口商品交易会场馆内试图聚众滋事的上百名青壮年男子

来源：何志宁摄于2008年1月28日

因此，自然灾害所引发的社会问题和社会风险是难以预测和估计的。改革开放后一部分国人的民族性格似乎发生了某种异变，变得焦躁、易怒、亢奋和充满暴力倾向，尤其在大城市和发生剧烈变化的城乡地区，每个人平时积压的情绪和压抑会被一点小事如小口角、小争执、触碰和误解等激活和爆发，从而引发连锁

---

① 笔者于2007年12月3日回国，刚被南京东南大学人文学院聘用的新进青年教师，还未正式入职，原则上还是个归国留学生。

反应。这在杀医案、杀童案、摔婴案、投毒案、街头械斗、校园暴力、卡车闯关、拖带交警、村落械斗、炸毁公交、炸毁赌场、持刀劫持、航班暴力等等普遍发生的激情性犯罪案例中可见到。这些压抑已久后的个别人的犯罪，若集聚为一种发生在公共场域的越轨集体行为，那就是公共事件，甚或是公共暴力事件，加之网络的巨大传播力和导向力所引发的暴力集聚，其最大的破坏后果可能是对当地政府甚至国家体制的冲击和颠覆。

事后，笔者参阅到一份与美国国防部有密切合作背景的兰德公司于 2001 年披露的《美军的台海战略》。其中有一段政策建议摘录如下：

"通过对中国的全面研究我们提出四套核心战略与十一种软打击方式。这些打击可同时或先后实施。在实行这些战略时，打击的目的不是目标本身，而是通过打击实现某一种战略目的。这正像绞索的收紧并不是为了损伤脖子处的肌肉，而是彻底使人窒息。只有这样才能扼杀巨人。

……

软杀伤战略 4：中国的流民。桥梁隧道是我们打击的重点目标。但这种打击出于与伊拉克与科索沃战争不同的战略目的。中国的沿海城市有几千万流民。这些人被称为民工、外来人口等。一旦进入全面战争，外资会撤离，南方沿海本地的生产也会急剧萎缩，这些流民将失去工作无以为生，只能返回家乡。我们的战略就是要阻止他们返回家乡。因为一旦他们返回，将被中国的县乡等政府组织控制，成为一种有序力量。我们的战略目的就是要摧毁中国的交通，特别是铁路交通。让他们留在原地，成为几千万无法控制的力量，而且是一种失去谋生手段的无序力量。中国历史上的内乱基本都诞生于流民。由于没有具体模型，我们无法预言会发生什么，但也许就是这些少量的对准特定桥梁隧道的制导炸弹，会带来一个我们难以估算出的战略格局。

……

AC—23 战后的亚太格局（摘录）

中国被严重削弱后，亚太格局将发生积极改变。北方的日本将有更大的发言权。南方台湾和东盟的关系将加强，可共同抵制住中国在南方的扩张。亚太将是这三大力量互相牵制平衡。相对于目前的格局，这将是一个使各方包括俄国都更满意的改变。当然，这里面必然还会有一个很不满意的国家，那就是中国。"①

---

① 兰德公司：可怕的海峡——两岸对峙的军事层面与美国的政策选择 [R]，2001 年 11 月 18 日。

由兰德报告中的"软杀伤战略4"可见，2008年的南方雨雪冰冻灾害所造成的南方回乡潮滞留的社会风险和可能的社会后果是可怕的。换一句话说，如果发生兰德公司所预想的上述情况，给中国的时间也就只有五天甚至更短！因为存在着"灾后五天动乱法则"！①

---

① 要说明的是，正是2008年中国南方的冰冻雨雪天气所造成的自然灾害和人道主义危机以及兰德公司的战略报告，刺激了笔者从此开始了为期8年的对自然灾害的社会学研究。

# 第十五章 重建规划与自然灾害

## 第一节 灾后重建规划

针对地质条件在灾后重建时可采取的措施有：高于一定坡度的地区限制建房、靠山处修建围墙、布置防护林等。应排查滑坡易发区域，培植防护林带，研究适合的发展模式等。这是宏观但又基本的规划理念：即控制中的有计划发展，这尤其适用于地质情况复杂、地质灾害和气候灾害频发的地区，特别是高原山区和丘陵。

从汶川灾后 2009 年和 2010 年的影像图 3-39 和图 3-40 上看，堰塞湖已被疏通，湔江西岸已经新开辟了一条南北向通往北川老城的道路，湔江东岸贯穿北川县城道路也已全面开通，而倒塌建筑基本保持原状，地震遗迹得到保留。虽然地震造成北川县周边的生态环境破坏严重，但经过两年的恢复，原有的多处裸地看似都被绿色植被取代；湔江河道周围仍有部分裸地，尤其是水土流失的沟壑旁，需要加快植被恢复的速度，以免水土流失造成河道淤积。

图 3-39 2009 年 5 月 16 日北川老县城 　图 3-40 2010 年 4 月 18 日北川老县城

　　但实地调研比模糊的影像资料更真实可靠。2013 年 8 月间，笔者在探访北川老县城时，由于时值雨季，游客被禁止进入老县城拜祭。笔者只能登上海拔约 300 米的山头眺望城内情况。其状况是：两百米外的北川老县城里，湔江水上涨，已经淹没了几近一半的废墟遗址。因此，笔者判断，由于沿江山区的山体大面积山体滑坡、崩塌和碎屑流的不断发生，加上每年 4 月至 8 月长达近半年的雨季，老县城遗址永远会被湔江河床因土石淤积抬升形成的水灾淹没。而国家和地方政府是不可能有足够的资金和人力每年都进行事后的清淤排险和遗址修复的。在这几年，也少有听到关于老县城祭祀活动和作为地质灾害公园的消息。因此，笔者判断，这个废墟遗址只能是逐步地随着大自然的形塑而自然消亡，最后被淤泥灌木所掩埋。这对于中国人的历史集体记忆、废墟下的亡灵和地质知识教育来说，都是令人遗憾和痛心的。

　　汶川灾后重建设施中出现的这一问题是重建规划中的失误造成的。

　　"中共中央政治局常委、国务院总理温家宝 2008 年 5 月 23 日再次走进四川绵竹市汉旺镇，了解救灾进展情况，关心灾区民众生活，关注灾后重建。

　　"中新网 5 月 24 日电 中共中央政治局常委、国务院总理、国务院抗震救灾总指挥部总指挥温家宝 23 日晚在列车上主持国务院抗震救灾总指挥部第 13 次会议。会议决定成立灾后重建规划组，并要求争取三个月内完成灾后恢复重建规划的总体方案制定。

　　"会议指出，灾后重建是一项长期而艰巨的任务，首先要做好规划。灾后重建规划组由国家发改委、四川省政府、住房与城乡建设部及其他有关部门负责人组成。要在国家汶川地震专家委员会进行现场调查研究、科学论证、地质地理条件评估和建设项目科学选址的基础上，抓紧制定灾后恢复重建规划的总体方案，争取三个月内完成。"①

　　要对汶川灾后重建规划的社会后效进行分析，首先要明确社区规划的概念。

　　"从社区规划的研究与实践看，其中最主流的学科是社会学，致力于研究各类社区的静态系统和动态系统。制定社区发展的总目标及一定时期内社区服务、社区保障、社区工作、社区组织、社区民主、社区环境、社区文明和社区管理等方面的具体行动计划。

　　"社区工作者长期与居民进行交流，倾听社区成员的呼声。强调规划中的互

---

① 　中国新闻网：中国拟三个月内完成灾后重建规划总体方案制定。上传于 2008 年 5 月 24 日。

动过程，以达到在交流过程中提高居民自治能力和社区参与度的目的。此外还包括社区经济方面的规划，社区物质环境方面的规划等。"①

在社区规划中要注重两个基本的系统，静态系统和动态系统。社区的静态系统指社区的自然环境、人口、组织与文化共同组成的复合体。社区的动态系统指社区的基本结构因素相互作用，促进社区变迁的过程。基本结构因素相互作用类型包括：自然环境与人工环境的互动，人与自然环境和人工环境的互动，人与人的互动，人与群体或组织的互动，组织之间的互动和组织内部的互动等。②

但从以下分析看，由于三个月的时间压力，制定规划的期限很短，仓促的灾后重建规划造成了局部地区的失误。

首先，在规划中没有看到灾民群体、非政府组织和国外专家等在灾后规划中的必要参与。

其次，三个月的规划期限太短。"要处理好灾后恢复重建规划中短期救灾应急和中长期恢复重建的关系。从世界各国地震灾后重建工作的经验来看，救灾要急，而重建应注重科学性，不应过急。重建之路是漫长的，灾后恢复重建规划提出了有计划、分步骤地推进恢复重建工作的原则。因此，不应要求灾后恢复重建规划在短时间内全部完成。应区分对待不同性质的规划，类似灾民住房安置、重大生命线工程恢复等规划应作为应急规划来对待，必须要求在短时间内完成；而对于类似永久性住房安置一类的规划，应在科学评估和分析的基础上，与中长期发展目标相结合，不应强调应急性。"③

两年后，仓促规划的后果显现，重建后的地区再次遭遇自然灾害时，显得不堪一击。2010年8月13日暴发的泥石流截断岷江，汶川映秀镇新城被淹，那时距离房屋交付只有十多天，④如图3—41。

① 赵蔚，赵民：从居住区规划到社区规划，《城市规划汇刊》，2002年第6期，总第142期。
② 何肇发，黎熙元：《社区概论》，广州：中山大学出版社，1991年。
③ 邱建，蒋蓉：关于构建地震灾后恢复重建规划体系的探讨——以汶川地震为例，《城市规划》，2009年第33卷第7期。
④ 杨万国：汶川地震重灾区地质灾害集中暴发，面临二次重建，《新京报》，2010年8月23日，第A16版。

**图 3—41　2010 年 8 月，暴雨和泥石流后被淹没的映秀新城**

　　规划重建后的映秀新城等地遭遇这样的问题后，记者就关于灾后重建选址问题质疑了地质专家。访谈内容如下：

　　"记者：'我们注意到在 2010 年 8·13 特大山洪泥石流灾害中，一些地震灾区灾后恢复重建的安置点、公路等基础设施遭到严重破坏，它们的前期选址是否经过了科学论证，是否做到了安全可靠？'

　　"许强[①]辩解道：'灾区各临时集中安置点、过渡集中安置点、永久集中安置点都是由当地政府委托具有相关资质的专业队伍，进行过地质灾害危险性评估和其他相关方面的评估，只有评估结论认为适宜或基本适宜的才作为集中安置点安置受灾群众，灾后恢复重建的选址是经过科学论证的。纵观整个地震灾区的恢复重建工程，无论是基础设施、机关学校，还是城乡住房建设，绝大部分重建场址都是安全的，本次受灾的场址仅是个别的和极少数的，这也表明灾后恢复重建选址是没有问题的，是科学的。

　　"至于 8·13 特大山洪泥石流灾害确实造成个别城乡镇，如绵竹清平乡、汶川映秀镇遭受部分毁坏，我们认为是有特殊原因的，主要原因如下：

　　"5·12 汶川特大地震的影响是爆发 8·13 特大山洪泥石流灾害的主要原因。汶川特大地震后灾区的泥石流爆发特点与震前具有显著的区别，其典型特点是群发性、突发性、规模巨大，所以其造成的损失就异常严重，并且很容易堵断和淤埋河道，形成堰塞湖，产生次生洪涝灾害。

　　"灾害性气候是 8·13 特大山洪泥石流的直接诱因。今年天气异常，灾区降雨的主要特点为短时局地强降雨。如清平乡 10 小时降雨量接近 230 毫米，是该

---

[①]　成都理工大学环境与土木工程学院院长、教授、博士生导师。

区历年平均日降雨量的好几倍，这种灾害性气候是 8.13 特大山洪泥石流灾害的直接诱发因素。

"灾害链效应是造成极大损失的重要原因。暴雨诱发泥石流灾害，泥石流堵塞、壅高河道形成堰塞坝，由此引发掩埋灾害和洪涝灾害。正是由于这种灾害链效应才造成了清平乡、映秀镇的巨大损失。

"地震灾区与强降雨叠加，几个特殊条件和灾害类型有机组合，导致部分灾区形成特大山洪泥石流灾害，应该说这是目前人类很难预知的特大自然灾害。"[1]

从许强的辩解看，他全然把责任推给了大自然，而没有从重建规划中的选址和防洪等自身问题中找原因。

"灾后恢复重建规划的前置条件是认真做好灾害评估和地质地理条件、资源环境承载能力分析等。地震发生后，不仅评估需要一定时间，而且大地震发生后一定期间内还存在地质不稳定的情况，短时间完成规划前期评估的要求，使本次规划前期工作中存在着如何使'两个评估一个评价'相匹配的问题，如果这个工作不够深入，那么灾后恢复重建规划的科学性将很难保证。"[2]

完整意义的城镇规划应遵循以下两条原则，这也适用于灾区社区重建规划。

针对性原则。根据社区实际情况采取一定的工作方式，制定有针对性的规划工作路线和方案。[3]灾后重建规划是针对灾区的规划，因此，在规划中理应考虑到灾区的特有地质地貌和气候问题，考虑到震后山体和土地松动易引发泥石流的问题，考虑到基本的地质安全问题和季节性强降雨问题。

持续滚动原则。一是规划具有时效性，一次规划中应包括发展的近期和远期目标与策略（内容详细程度可不同），另一方面社区重建规划应随社区发展而跟踪研究，根据社区结构的发展变化定期修编。[4]

但"灾后恢复重建规划区别于常规城乡规划之处在于，前者是在解决灾区短期灾后恢复建设紧迫问题的基础上编制的规划，更强调规划的可实施性。"[5]即时

---

[1] 王丹：四川省地质专家：灾后重建选址没有问题，是科学的，《华西都市报》，2010 年 8 月 21 日。

[2] 邱建，蒋蓉：关于构建地震灾后恢复重建规划体系的探讨——以汶川地震为例，《城市规划》，2009 年第 33 卷第 7 期。

[3] 赵蔚，赵民：从居住区规划到社区规划，《城市规划汇刊》，2002 年第 6 期，总第 142 期。

[4] 赵蔚，赵民：从居住区规划到社区规划，《城市规划汇刊》，2002 年第 6 期，总第 142 期。

[5] 邱建，蒋蓉：关于构建地震灾后恢复重建规划体系的探讨——以汶川地震为例，《城市规划》，2009 年第 33 卷第 7 期。

效性和可行性原则。不过，虽然"灾后恢复重建规划具有应急的特性，但灾后重建规划的编制不应急于求成、一步到位，不同规划应有不同的目标和不同的完成时间。只有处理好恢复和发展建设的关系，以短期灾后恢复为基础，以长远可持续发展为本，才能真正实现规划的可持续。"①

包括灾区社区重建规划在内的社区规划内容除用地、建筑、空间本身外，还要考虑以下四个内容。

发展动力源。从促进社区发展的力量看，完整意义上的社区规划应该能够凭借政府、市场、民间三种力量帮助社区健康发展。民间力量在社区中开始发展，规划中尤其需要考虑培育社区的社会资本。在中国的每次自然灾害后，国家政府的投入最多，但企业潜力和社会资源运用不足。

社区类型。应明确规划社区现在所属类型，并研究预测社区向哪种类型发展。如新北川县城规划为该地区的新商圈，并作为旅游经济增长点的考虑似乎欠缺全面而成为一厢情愿：因为北川不是传统的旅游资源丰富的地区，而是农业型的社区。

规划过程。从规划过程与关注的内容看，完整意义上的社区规划过程应该是：规划师和社区工作者观察从社区成员到社区物质环境设施、社区成员间互动到社区组织运行等过程，组织一定范围和限度的社区成员公众参与，听取居民的意见，从中发现社区存在的问题，并有针对性地提出解决策略。

发掘社区中问题的关键，通过改善社区环境设施，调整组织结构等途径有效解决社区中的问题，提升社区成员的生活品质，使社区有序健康发展。在规划制定过程中，因时间压力、参与机制缺失和公民意识缺乏，规划过程的民主化、公开化、透明化不足。重建计划中，北川县城遗迹保存并改为地质博物馆。该遗址具有三个功能：民众哀悼之地，历史记忆之地，专业知识学习之地。但"北川羌族民俗博物馆馆长高泽友不赞成地震旅游。游客脚下埋着的可是我们的亲人"②。

人群需求需要。社区成员作为社区活动的主体，由不同年龄、职业、受教育程度、健康程度等人群组成，不同人群间的互动特征有显著差异，由此产生的需求也会不同，社区规划必须对社区的人口结构、人群的划分有明确的概念。③ 灾

① 邱建，蒋蓉：关于构建地震灾后恢复重建规划体系的探讨——以汶川地震为例，《城市规划》，2009 年第 33 卷第 7 期。
② 卡勒姆·麦克劳德：中国地震公园将悲痛转变为利润，《今日美国报》，2009 年月 12 日。
③ 赵蔚，赵民：从居住区规划到社区规划，《城市规划汇刊》，2002 年第 6 期，总第 142 期。

民最需要解决的长期性问题是住房和就业问题。

邱建和蒋蓉提出了灾后恢复重建规划体系的构建框架，如图 3-42。

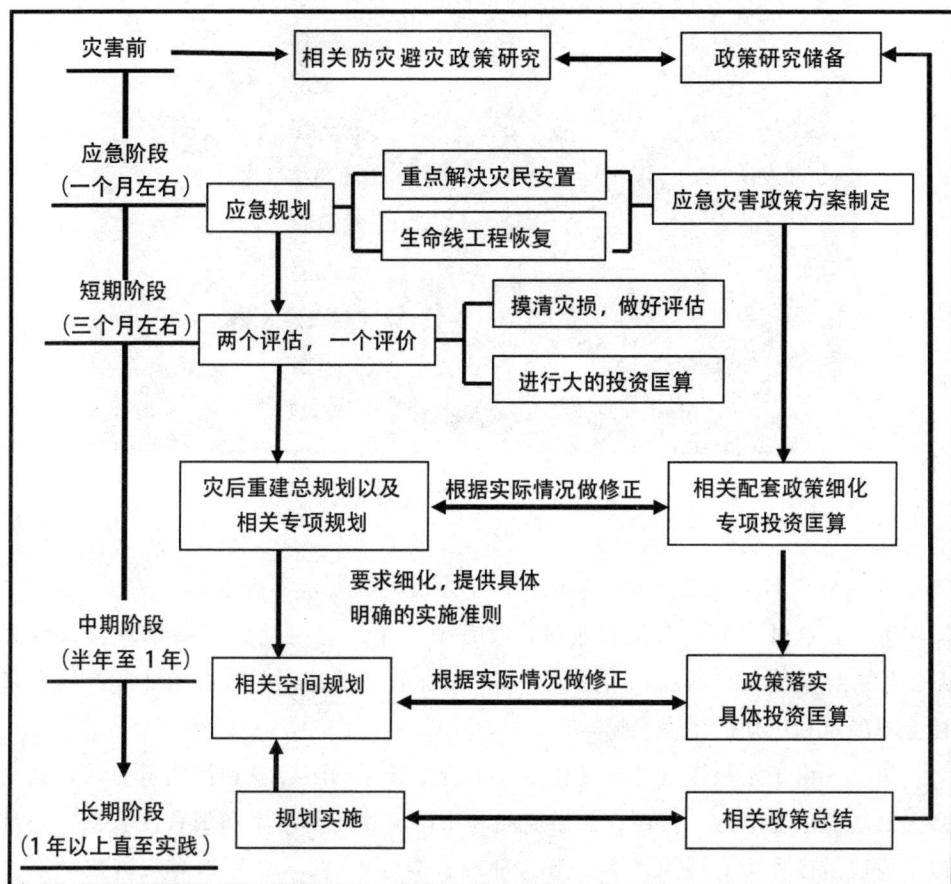

**图 3-42　灾后恢复重建规划体系的构建框架**

来源：邱建，蒋蓉：关于构建地震灾后恢复重建规划体系的探讨——以汶川地震为例 [J]，《城市规划》，2009 年第 33 卷第 7 期。

新北川县城迁至安县，取名永昌镇。图中有羌族文化商业步行街，医院、行政管理等公共设施，住宅区和工业园区，如图 3-43。

图 3—43  新北川县城永昌镇

2013 年 7 月，笔者在永昌镇的调研中发现的问题却不容乐观。

第一，这是一个城市化的城镇，没有了原来的农村社会网络系统和人情关系，外来异质性人口增加，人际关系相对淡化，感情疏离。社会解体和重构带来社会不稳定和民众的不安全感。

第二，由于永昌镇的羌族文化商业步行街长年的游客量和消费量有限，其众多、低端而重复的旅游资源、旅游商品和旅游项目的使用率和消费度较低，还难以形成旅游商贸中心吸引游客，且这种现状会随着"5·12"地震灾区旅游经济光环的暗淡、消失而持续下去甚至恶化。

第三，因此，目前永昌镇文化商业步行街和老北川遗址、堰塞湖地质遗址、汶川地震博物馆、羌寨文化旅游村等特色旅游文化资源虽得到了很好的保护和开发，但存在着一个风险：随着时间的推移，公众对 2008 年"5·12"汶川大地震逐渐忘却、媒体和研究部门对此关注的淡忘，加之当地偏僻的经济区位和难以彻底改造的交通条件，以及周边没有可以倚重的重要旅游目的地，从外地前来的游客会逐渐减少，旅游消费群和消费力会逐步递减。而当地欠缺的宣传力度和滞后的旅游服务会加速这一进程。

第四，截止至 2013 年 7 月中旬，据笔者在老北川县城和永昌镇的调研，当地仍缺乏大型的、有效经营的、可吸纳大量当地剩余劳动力的企业。据当地居民介绍，虽然有来自援助省份的外来企业在当地建立了工业园，但未能达到吸纳大量劳动力的作用，很多当地居民还是要到外县外省异地就业；笔者沿途看到北川对口援助省山东省在附近新建的工业园，真正运转经营的工厂不多，甚至只是一些空厂房和建筑物的框架梁架。有当地人认为，这些工业园只是政府圈地的手段。总之，通过引进外来资金和企业推动当地经济发展、创造就业的工作并不理想。

但也不能完全责难外来企业。需要从以下三个客观现实予以解释。

其一，企业都是以利润追求和企业生存为要务，在中国当下真正的社会企业和有社会责任感的企业家不多，即使进驻也难以长期为续。

其二，北川地处相对落后的中国西部，农业和工业以及市场区位都偏远，处于长期活跃的龙门山地震断裂带。"5·12"大地震后各种地质灾害增加，当地居民缺乏消费能力，产品产地离外地消费市场的地理区位较远，商品运输成本高，当地劳动力的技术能力较低，当地政府管理者的理念相对落后，社会文化传统与外地文化也有一定的隔阂，等等。这一系列不利的投资环境会影响外来企业的投入决心。

其三，许多进驻企业开始时就是基于对口支援和救助灾民的伦理责任，其初衷投资意向是基于道德和价值观而不是遵循功利主义和自由主义的市场经济规律；但不良投资条件和投资长期得不到回报等所遇到的一系列现实问题会使它们裹足不前，甚至放弃原来非经济规律导向的非经济工具理性的公益性投资计划。

第五，永昌镇、擂鼓镇和北川老遗址虽然都有以满足当地居民和外来短期游客消费的中低端服务业，如银行、餐饮店、旅馆、美发店、卡拉OK、水果店、超市、时装店、鞋店、小卖店、土特产店、旅游纪念品店等，其商品种类、质量、品牌和价格可堪比大中型城市的同类业态。但这些服务性行业企业都面临一个巨大的现实问题：同类同质的店铺过多而消费群体和消费能力有限，店面租金不低，企业经营都面临巨大危机。在永昌镇的调研发现，许多店面一直空置或几经易手，所有小微企业面临着生存压力。

第六，在就业机会不增、工薪收入减少，但因城市化使物价相对上升但社会保障系统还不健全的情况下，贫困人口会增加，社会越轨行为尤其是财产犯罪行为会出现。有永昌镇的居民称，已经出现了以前在老北川县城所没有的财务偷盗行为。

第七，包括永昌镇、擂鼓镇在内的重建城镇，无论是原址重建还是异地重建，都存在着缺乏人流聚集的问题，即不够人气：原住民难以留住，外地流入人口也不多。这使得这些新建的城镇有逐步萎缩凋零，最后成为"鬼城"的危险。这是笔者最为忧虑的。

# 第二节　灾后城镇重建的四种级度模式

自然灾害后的城镇重建基本有两种。一种是在清理废墟后的原地重建，较为不可靠。因为重建主要靠当地自身的财力、物力和技术水平，新建房屋不但达不到抵御下次灾害的标准，也未摆脱自然灾害危险区，更不可能提高生活质量，重建成本不会低于异地重建。但优势是灾民可能维持原有的社会关系和组织关系，甚至恢复和保持原来的生产资料，易于重新再生产，减少国家的重建成本和就业负担。

而异地重建的利弊基本与上述的原地重建正好相反。重要的是，异地重建可能通过升级式的赶超发展，形成新的产业链、新的城镇社区、新的职业群体和新的社会组织。但前提是要有充裕的财政支持、经济投资、统筹规划和高效管理。

自然灾害发生在不同生活水平的社区，对重建的质量和水平要求也不一样。恢复能力也随社区经济条件的不同而不同。如发生在日本的地震，社区恢复的能力和要求较高。而发生在汶川的地震，重建后总体社会经济水平是上升的，但有局部和暂时性的下降。而发生在海地的地震，其灾后的社会经济状况基本上将处于长期的持续性的下降过程，至少从初期的观察看是这样的。

根据对以往灾后重建个案的回顾，笔者将自然灾害后的城镇规划重建方式按重建的程度分为四种模式：

**低度重建模式**

如 2010 年海地地震后，基本上没有有计划的恢复重建方案，即人类社会在理性选择的状态下放弃对灾区的重建意志和努力，任其自然发展。这是由灾区当地政府的功能缺失和国际社会的主观遗忘和选择性放弃所造成的，也是由灾区较低的社会经济发展水平和滞后的政治体制所决定的。

**完全重建模式**

如 1976 年唐山地震后，唐山在清理后的废墟上原地重建。唐山是重要的工业城市，靠近中国的首都，对其重建不只是对原有生活水平的恢复问题，也是一个国家的政治问题。这不但取决于国家实力，更取决于规划者的意志。

**部分重建模式**

如 2008 年汶川地震后，部分严重损毁地区如汉旺镇、北川县城被彻底放弃或改建为地质公园，另辟新址重建（异地重建），或对损毁较轻的灾区实施在废墟原址上的部分重建。台湾 2009 年的 "8·8" 风灾也采行了放弃对小林村的重建，将其改造为地质公园的计划。

**升级重建模式**

2010 年玉树地震后，原来偏僻无名的玉树山区被升级开辟为旅游经济区和三江源头生态保护区。通过长期规划促进当地经济和社会结构的进步与升级。

像中国这类具有经济、政治和文化潜力的国家在遭受毁灭性自然灾害后，可以采行升级重建模式。这可以使落后灾区的生活质量反而因此提高；政府在重建中不只是恢复了原有生活水平，还有意识的提高了生活标准；而被提高的生活标准会促进当地经济。

# 第十六章　自然灾害后社区社会功能重建

## 第一节　灾后安置点的社会功能重建

从灾区房屋损毁情况、居住质量、灾后家庭直接经济损失看，实现灾后安居和城镇建设极为迫切。2008 年 9 月对汶川绵竹景观大道板房区的调研发现，灾后安置点在居住功能重建中凸显了以下问题：

第一，安置点建立在大面积的平原地区甚至是农田上，其铺设的大面积水泥地面将来是难以拆除的。这实际上造成了以下的生态问题：其一，覆盖上水泥的农田难以再使用；其二，即使可以拆除，也会留下大量的水泥石块和其他有害有毒建材和物质，从而破坏土壤环境；其三，大片的水泥建筑和铺面不利于雨水的渗透，容易引起安置点的水涝，也阻断了地下水的自然积蓄。

第二，许多安置点占有了原住民的宅基地和耕地，是在半强制的情况下建设起来的，引起新搬入安置点的居民与原住民即当地农民的持续冲突。而且，很多地方一直没有兑现对当地村民的征地补偿款。如 2008 年 9 月笔者在绵竹市郊的调研中发现，在土门安置点，每亩征地仅约 2000 元，但截止到 2008 年 9 月底仍没有兑现给被征地农户，据被征地村民反映，村干部说补偿款被用于购买机械设备了。这些住在潮湿漏雨的临时窝棚里的村民们对此极为不满。

"灾难发生后，为解决临时安置房选址的应急性以及尽快恢复受灾群众的生产生活，国家对灾区的土地政策给与了倾斜性支持，但随后的一些规划并未完全处理好临时安置点与永久安置点的关系，对保护耕地重视不够，同一类型的规划往往用地标准不统一，造成了土地资源的浪费。这个问题如果解决不好，很容易造成城镇建设用地发展失控，国家耕地保护政策难以落实。"①

第三，搬入安置点的民众与原来的社区和住房有难以割舍的关系，很多人不情愿住在安置点，经常往返于安置点与损毁的家园间。原因有三：一是原住地有难以"搬"来安置点的耕地、牲畜和家具财物；二是那里还住着行动不便和不愿

---

① 邱建，蒋蓉：关于构建地震灾后恢复重建规划体系的探讨——以汶川地震为例，《城市规划》，2009 年第 33 卷第 7 期。

搬离的亲人，如瘫痪的老人或致残亲属等；三是对原住地的历史情感和依附感。

"在城镇规划和农村安置点规划中，应尊重当地居民的生产生活方式，尊重自然地形环境，突出就地就近、分散的原则，避免过分强调集中或直接把城市建设模式照搬到农村。实践证明，除少数山区村庄确实存在严重次生灾害威胁需要搬迁安置之外，对山区群众普遍实施下山集中安置或采取大规模移民的规划方式是不符合实际的。"[①]

第四，安置点的一些居民在住下后可能不愿意再主动离开。这往往表现在那些来自农村的、生活没有得到政府保障的贫困家庭。因为安置点为他们提供了一种免费的社会保险和国家保障，起码在满足住房需求上可以搭"社会福利便车"。

第五，安置点与周边社区的互动关系不密切。区内的社会功能与区外的社会功能脱节。安置点成为自成体系的新的生活小区，但与区外社区功能隔绝。安置点社会功能的部分健全和独立自主性可能加大其与周边地区的文化、社会阻隔。经调研，在绵竹的各大型安置点，除了现场办公的区、村级政府机构的办公室外（其实一些是形同虚设），还有沿着安置点主干道和在板房区内建立起来的邮局、农村信用社、小型医院、警务室、菜市场、超市、水塔、饭店和中小学等。这一方面使得区内生活得到基本保障和较为方便，但功能水平较低，配套不全。

第六，安置点内公共道路、排水系统和垃圾处理等公共设施没有配套修建。援建单位只建好了板房，但没有对安置点内的道路、排水设施、公共卫生设施等进行基本建设，这些设施是在灾民搬进来以后由灾民自行自发组织修建。这使安置点的道路长期泥泞不堪，在雨天时更难以通行。同时由于排水设施的缺失，使雨天时积水滞留难以排出，甚至倒灌入板房。而生活垃圾则大量堆积在区内路边无人清理。功能设施的不匹配让人匪夷所思。

第七，安置点的公共厨房是由最基本的水泥板预制件建成的毛坯房，没有任何基本设施装修和配置，使许多灾民宁愿在自己的板房里搭建小厨房和电饭锅烧饭，既不安全也不卫生。安置点的公厕也是水泥板预制件结构的毛坯房，没有完工就使用，而且设置的是简陋的通条式大便池。板房内没有供热供暖和空调系统。有速度缺质量的援建降低了居民的生活质量，使居民们苦不堪言。

第八，安置点里缺乏集体活动的场所，使区内居民的社会交往出现阻断。除

① 邱建，蒋蓉：关于构建地震灾后恢复重建规划体系的探讨——以汶川地震为例，《城市规划》，2009 年第 33 卷第 7 期。

了为孩子在路边设置的面积约30平米的小游乐场外，区内居民没有任何可供集体活动的场所，区内高密度的条块状板房布局也无合适的公共空间提供，这使许多公共社会活动不易开展。

第九，安置点内和周边临近社区都没能为居民提供临时性的就业岗位。安置点的建设没有与创造就业和再就业以及创业这些灾后重建中的重要就业功能需求结合起来。即在建设与完善安置点的过程中，未能有计划、下意识地在恢复居住功能的同时恢复就业功能，发挥当地劳动力潜力，减少失业人群；而建成的安置点周边也不靠近企业等就业岗位。造成安置点里集中了依赖国家救济的大量闲散失业人员。

第十，到后期，安置点可能成为新的贫民窟。在发展中国家，自然灾害发生后，会有一个独特的社会现象，即出现新的贫民窟，而贫民窟的新来源地往往就是灾后建立的帐篷区、板房区、简易住房、窝棚区。这种社会现象不但发生在灾后海地太子港的帐篷区，也发生在汶川安置点。

关于海地灾后贫民窟，有报道称："体育场、空地等临时安置点与城市贫民窟之间的界限变得模糊。今天的临时安置点，或许是明天的新贫民窟。""国际移民组织估算，太子港约37万人栖身'简易住房'，缺水缺食。"[①]这是由于灾后临时人工环境通过建筑空间和社区区位的隔绝而形成新的社会阶层的区隔。

笔者于2008年9月底在绵竹景观大道安置点的调研中，发现这个可容纳上万人的安置点汇集了来自各个社会阶层的绵竹人，有职员、干部、教师、工人、农民、普通市民和个体经营者等。

但在2010年1月的第二次回访中发现，绵竹景观大道的安置点已空置一半，大量居民已搬入新购或重建后的新居，一部分还没获得安全居住条件的居民仍居住在安置点。但景观大道安置点已成为在城市边缘新的贫民窟：居住人口锐减、缺水缺电、基础服务设施被偷盗破坏、治安恶化。仍然滞留在该安置点的是没有足够资金修复永久住房的城镇中下层居民。由于居住条件持续恶化，这些原来的城市市民已经因灾而开始在新贫民窟中沦为社会下层。临时安置点若管理不善，也将沦为新的犯罪滋生点和犯罪场所。

2010年1月，笔者的学生赵浩的有关调研报告如下：

"对于我们集中调研的景观大道安置点和武都安置点的安置灾民，在此次调查中他们大多已迁入新房，在景观大道安置点只剩下几百户，与之前调查的

---

① 杨舒怡：海地称已埋葬逾15万遇难者，《大连日报》，2010年1月26日。

几千户形成对比，而且现在几百户人的安置点无人管理，住户自己维持治安，维持生计，小偷风行，安置点的砖块、窗户、水管等经常有人偷盗，需要人员监管，安置点的灾民就承担起了这个责任。有位中年男性对笔者说道：'我们完全被政府抛弃了，农民能够自己建房，还有土地可以维持生计，我们现在是没有房子，又没有工作。武都安置点居住的农村居民已经在以前的乡村安顿下来，剩下的是汉旺镇的居民和清平乡、武都镇的居民。这片安置点偷盗也比较严重，当时有五辆三轮车在拉安置点的砖块。'安置点占用的大面积土地的处理是一个严峻的问题。在废置的安置点土地上到处是生活垃圾，而且留置在地上的水泥成为了一种障碍，河海大学移民研究所的教师曾说不应该统一安置建板房，这样会导致农田的浪费以及社区难以融合。景观大道安置点已规划成为绵竹市一个新区，所以未来也不会用作农用地，而是城市用地。武都安置点的土地如何处理就是个亟待解决的问题。安置点的人员虽仍然在安置点，但社区的功能亦然消失。"①

但绵竹安置点对灾后安置社区仍有以下值得借鉴的经验。

第一，足够的灯光照明，这既是道路照明，也是治安威慑和防范的保证，防止"破窗效应"的发生。

第二，警察的存在和巡逻，使得灾民有安全感。尤其是来自警校的实习女警员，不只是震慑的作用，还有安抚和帮助的作用，适合安置点民居生活的主调。

第三，基本的医疗单位进入安置点，直接为灾民就近服务。

第四，行政部门在安置点的显性存在，各重要政府机关单位在安置点内挂牌服务。并树立国旗和党旗，象征性符号起到重要的社会稳定作用。

第五，厕所的自动冲水便池，一方面保证了公共厕所的持续卫生，也解决了人力清理不可保障的窘境。

第六，安置点的居民是按原有建制搬入，保持了原有的社会关系和人际关系。

帐篷区、板房区、简易住房、窝棚区中灾民的所有社会行为是灾害引起的居民暂时的变异性的生活方式、人际交往方式和行为方式。

① 赵浩：绵竹调查报告（2010年3月26日）。

## 第二节　灾后社区社会功能重建

从社区重建的结构性分析看，社区是由在功能上满足整体需要，从而维持社会稳定的各个部分构成的一个复杂系统。自然灾害造成的社区危害主要表现为社区系统的功能紊乱甚至功能崩溃，给社会带来重大危机。就灾后社区社会功能重建，各国学者给出了不少理论与实践上的思考和建议。主要以美国、日本等自然灾害多发国家为主。灾后社区社会功能重建不仅指物质环境的恢复，也包括社会机能的恢复，即恢复此前的政策和社会政治形态。[①]以下是国内外学者对灾后各主要社区社会功能重建的相关研究成果。

**居住功能**

灾后住宅重建是社区居住功能重建的首要目标，要经历从临时安置到永久性安置的过渡。日本学者强调，不应该由灾民自己独立进行房屋重建工作，须协调政府的安排与灾民对未来住房的意向进行统筹安排，并根据灾区环境及利益群体尤其是弱势群体做具体应对。[②]由于各种功能之间相互牵制，对一个社会功能的重建需要考虑对其他功能的影响，如果住宅区距离教育、医疗、工作、购物、政府服务点和娱乐场所较远，就会降低其作为重建社会功能系统一部分的作用。企业关闭会对就业、家庭生活和社区其他社会功能的存废造成影响。社区社会功能重建要关注维持原有社区即存续社区，确保良好的住宅结构和功能、建设场地和周边环境。[③]在临时安置阶段，日本进行了"应急城市街区"的建设，公民建立民间组织协议会在住宅重建和城市重建中发挥作用。政府采取扩大公营住宅，降低公营住宅房租，改善私营住房利用环境的政策来促进永久性住房问题的解决。[④]美国学者提出的理论建议则是强调与自然谐存的土地利用规划，即通过利用新型的土地利用管理方法进行区域划分，让灾后民居及发展项目远离灾害风险区的系统分割法。[⑤]

---

① 丹尼斯·S·米勒蒂编：《人为的灾害》，谭徐明等译，武汉：湖北人民出版社，2008 年。

② 平三洋介论文。文中引述日本学者论文均出自北京日本学研究中心、神户大学编，《日本阪神大地震研究》，北京：北京大学出版社，2009 年，第 160 至 168 页。

③ 室崎益辉论文。文中引述日本学者论文均出自北京日本学研究中心、神户大学编，《日本阪神大地震研究》，北京：北京大学出版社，2009 年，第 85 页。

④ 平三洋介论文。文中引述日本学者论文均出自北京日本学研究中心、神户大学编，《日本阪神大地震研究》，北京：北京大学出版社，2009 年，第 173 页。

⑤ 雷蒙德·J·伯比编：《与自然谐存》，欧阳琪译，武汉：湖北人民出版社，2008 年。

## 经济功能

灾后停滞的经济及大量闲置劳动力迫切要求社区的产业重建及产业链的恢复。日本学者对恢复经济功能有一套直接的指标体系：

* 支援中小企业、农渔业者的恢复对策。

* 与城市建设联动的产业振兴。

* 促进产业结构升级的政策。

* 推动观光客聚集都市，增加观光资源（如建设地震博物馆），由此推动就业及经济的快速增长。

然而灾后临工雇佣及高龄者就业问题仍然是灾后经济功能恢复过程中亟待思考的问题。[①]不同产业所依赖的资源由于自然灾害的影响，其重建速度和程度有很大差异，也对社区是否能保持灾前的经济地位和经济优势构成挑战。[②]美国学者强调，灾后重建对建筑材料的巨大需求所引起的产业链会刺激灾区经济功能的的快速崛起并影响社区经济构成。[③]

## 社会功能

灾后重建是专业性的工作，担任重建任务的主体是灾区地方政府，所以应加强对地方官员关于灾后重建的职业培训。同时，社区社会功能恢复过程中还必须激发地方各部门的参与意识和主动性。灾后重建不仅取决于政府的决策及一系列社会规范，社会系统各部分如地域文化、已有制度、种族、民族等因素亦对之产生重要影响。[④]而非政府组织在住宅重建、医疗卫生、教育和小规模的交通项目上都有很大作为。除了企业和社会团体，灾民自身为了满足日常生活需求，也建造住宅，开小商铺和恢复教育、医疗设施，它们都是社区社会功能重建的重要主体。在公民社会及社会团体发展较充分的国家和地区，社会的整合度较高，非政府组织和灾民自身进行的重建表现非常突出，甚至占主导地位。中国的援建过程基本上由政府主导，固然可以发挥社会主义国家的社会动员优势，但非政府组织

---

[①] 新庄浩二论文。文中引述日本学者论文均出自北京日本学研究中心、神户大学编，《日本阪神大地震研究》，北京：北京大学出版社，2009年，第222页。

[②] 傲地连一论文。文中引述日本学者论文均出自北京日本学研究中心、神户大学编，《日本阪神大地震研究》，北京：北京大学出版社，2009年，第233至249页。

[③] 丹尼斯·S·米勒蒂编，《人为的灾害》，谭徐明等译，武汉：湖北人民出版社，2008年，第146页。

[④] 丹尼斯·S·米勒蒂编，《人为的灾害》，谭徐明等译，武汉：湖北人民出版社，2008年，第89至91页。

和灾民自身的作用在重建过程中的作用不应被忽视。[①]

**福利功能**

日本防灾福利社区的建立是一种创新性的实践，即市民与企事业单位及行政部门之间通力合作，以"创建能够安全放心生活的城市"为目标的社区，组织形式如自治会、妇女会、青少年培养协会等民间团体。该实践打破了以往政府独立承担社会福利工作的格局，使社会各界参与进来，形成社会救助网络，有助于更有效地对社会弱势群体发挥功能作用。[②]福利功能的重建最终依靠的是公平、合理、有效的的社会政策。

**交通和信息网络功能**

日本学者强调要发挥政府的主体作用，重视硬件设施的恢复，对主要交通网线和信息通讯设施进行完善，并重建邮政机构体系。[③]交通和信息网络功能如同人体的血脉网络，对社区中的大脑系统——政治功能、消化系统——经济功能、神经系统——管理功能等具有重要的功能维系和功能传输作用。

**卫生医疗功能和教育功能**

受灾之后，卫生医疗和教育功能的恢复显得相当急迫。而为了更好地有针对性地重建社区卫生医疗功能和教育功能，对灾后有关专业人员损失状况、基础设施被破坏程度、组织体系的瓦解和社会支持资源的丧失都需要进行评估。[④] 卫生医疗和教育功能的恢复可以遏制更多的人员伤亡，防止疾病蔓延，保障救援人员的生命健康，维护灾后社区的卫生环境，保持公民个人素质和技能水平。

**生态功能**

自然灾害对生态环境的破坏引起人们对灾后废墟管理的重视，各国采取各种措施搜集、清理废物，减少其对生活和健康的危害；利用废墟，开发新的功能如旅游、教育、科研等。已有成果包括《灾害废墟管理——各国灾害废墟管理指南

---

① 陈定铭，温婉如：非营利组织灾后重建政策扮演功能之研究，援引自《第四届两岸三地人文社科论坛灾害与公共管理论文集》，南京，2009年。
② 西村康男论文。文中引述日本学者论文均出自北京日本学研究中心、神户大学编，《日本阪神大地震研究》[M]，北京：北京大学出版社，2009年，第274页。
③ 傲地连一论文。文中引述日本学者论文均出自北京日本学研究中心、神户大学编，《日本阪神大地震研究》，北京：北京大学出版社，2009年，第223页。
④ 李小云，赵旭东编：《灾后社会评估——框架·方法》，北京：社会科学文献出版社，2008年。

与实践》① 等。重点是减少自然灾害对生态环境的破坏后果。

**文化功能**

在关于灾后社区社会功能重建的研究方法上，有研究指出，灾后人们的优先功能需求会抑制其他功能的恢复，比如文化、娱乐、教育等功能，灾后重建规划因为人们生存发展需求的紧迫性而将文娱教育功能暂时置于次要位置。但社区的长远发展，依然要求将其纳入规划体系。如台湾学者考虑到开发灾害教育体系，增强灾区居民心理认同及历史意识教育等，文化功能的建设是前瞻性的事业。②

灾后社区社会功能重建是一个系统和长远的工程，作为一个发展干预的过程，对灾害造成的社会危害进行具有指导意义和可持续性的社会评估将会大大提高救灾工作的效率和效果。汶川地震之后关于灾害社会风险评估，重建评估指标也已进入国内学者视野，如李小云、赵旭东所编《灾后社会评估——框架·方法》，主要以农村社区为评估对象。③也有学者运用统计分析方法对灾后重建中灾民基本公共服务需求进行预测和分析。④

据此，笔者通过灾区实地调研的经验认为，灾区社区社会功能重建的基本问题分类和排列如下，见表3－13。

---

① 环境保护部污染防治司，巴塞尔公约亚太地区协调中心，2009年。

② 汪明修，王雅筑：台湾九二一地震重建政策与地方居民认同之研究——以新社客家地区为例，援引自《第四届两岸三地人文社科论坛灾害与公共管理论文集》，南京，2009年。

③ 李小云，赵旭东编：《灾后社会评估——框架·方法》，北京：社会科学文献出版社，2008年。

④ 崔开昌：都江堰灾后重建的特殊保障措施研究［D］，上海工程技术大学硕士论文，2010年。

表 3—13　灾区社会功能重建问题序列表

| 灾区社会功能重建问题序列 | |
|---|---|
| 政治功能 | 1. 政府对灾后建房贷款有限期，期限到时是否要剥夺房屋产权？<br>2. 对政府工作的满意度如何？<br>3. 如果不满意，主要是对哪方面的工作不满意？<br>4. 对放弃的重灾区的废墟的管辖权如何处理？<br>5. 比较灾区本地政府、中央政府、对口援建地方政府，哪个更好？哪个最不好？<br>6. 说一个好政府和好官员的案例。<br>7. 说一个坏政府和坏官员的案例。<br>8. 灾民是否知道自己直属的相关政府的所在地，是否说得出地址？<br>9. 具体的问题是否能找到具体的部门解决？<br>10. 对政府的重建政策是否满意？如不满意，为什么不满意？<br>11. 觉得政府最应该解决什么问题？<br>12. 政府有没有腐败行为？具体是什么情况？哪些部门和哪些人？以及您对此的建议？<br>13. 政府制定的政策是否兑现了？如没有，是哪些？具体是哪个部门负责的？<br>14. 非政府组织在当地重建过程中起到什么样的作用？<br>15. 灾区的权力和社会结构的改变所发挥的影响（譬如中央空降官员的施政绩效、官民冲突是否较以前缓和）？ |
| 经济功能 | 1. 在灾区中极具特色的产业近两年的恢复状况，是否有新的发展规划，还面临哪些问题？<br>2. 当地援建项目的进度如何，资金是否到位，工程质量等一系列关于援建方面的问题。<br>3. 灾后社会经济的重建是否改变了当地的经济结构？是否出现了新的经济增长点和发展策略？<br>4. 当地旅游业的现状如何？是遭受了重创还是恢复良好？<br>5. 新社区主要新企业是哪些？与原来的有什么区别？效益如何？ |
| 就业功能 | 1. 新建城市化和工业化社区中原农村灾民的社会生活适应和工作是否习惯和满意。如不习惯，是什么问题？<br>2. 如果想创业，是否由于灾后就业困难所迫？<br>3. 你原来做什么工作的？现在是什么工作？<br>4. 灾民目前从事的这些职业是自愿的还是不得已的？<br>5. 是如何获得这份职业的：政府提供？自己创业？自己找的？朋友提供或介绍？亲戚提供或介绍？或其他？<br>6. 按目前看，是愿意留在当地就业还是必须离开灾区去外地就业？<br>7. 灾民目前的就业状况有何新的变化，哪些是由于灾区重建推动的？<br>8. 灾区重建之后是以本地就业为主还是外出务工为主？<br>9. 在灾区的企业当中，是以本地企业为主还是以外地企业为主？<br>10. 本地企业和外地企业的数量比较、结构比较（产业、行业类型）、效益比较（产值比较、创造的就业岗位、税收比较）、灾前灾后的比较？<br>11. 在产业结构转型中，政府有没有做职业培训？是否有作用？<br>12. 是否愿意创业？如是，想做什么？<br>13. 如果要创业，需要什么条件？政府和银行的优惠政策是什么？贷款的主要途径（包括银行、地下钱庄、自己的储蓄和亲戚朋友的借款）？<br>14. 对目前工作是否满意？最想做什么工作？<br>15. 外地企业招工的工作岗位是否适合自己？<br>16. 如是企业主或个体户，企业或店铺是否在近期扩大招聘，招多少人？ |

（续表）

| 灾区社会功能重建问题序列 | |
| --- | --- |
| 福利与保障功能 | 1. 灾区再生育政策实际执行如何？<br>2. 捐款和捐物的分配过程是否透明和公正？<br>3. 救济是逐渐减少吗？如何减少？在哪方面减少？<br>4. 在哪方面的救济和投入增加了？<br>5. 对灾后残疾者的社会安排（工作的安排、住房便利的安排、财政补助的安排）如何？<br>6. 对灾区在校大（包括专科和职校）中小学生如何补助？<br>7. 对在灾害中有伤、亡、残的家属的家庭如何补助？<br>8. 各类补助中是否有城乡之间的差异？差别多大？（如灾民安置是否已经完全结束，不同区域的灾民安置状况有何区别，城市、城镇、农村的区别是什么？） |
| 教育功能 | 1. 学校的校址是否出现变化？是否比以前方便了？<br>2. 灾民的社会化程度是否会因为来自发达地区援助人员、技术和文化的进入而提高？<br>3. 灾区教育水平和发达地区教育水平的比较。<br>4. 外地援建的学校是否比原来的学校体系有理念、结构和质量上的变化和提高？<br>5. 学校重建复课后入学学生数量和灾前学生数量的比较？（死亡、失踪和随家迁移学生除外）<br>6. 如果当地的经济结构发生变化的话，在教育上是否有相应的跟进？ |
| 居住功能 | 1. 灾民目前的居住形式：安置房为主还是永久性住房为主？<br>2. 居民小区的服务功能和社会功能是否完善？<br>3. 农村灾民的居住条件如何？<br>4. 农村灾民的自建房是否都建好？如果没有建好，是什么原因？<br>5. 住房面积是增大了还是减少了？<br>6. 住在新建小区的农村灾民是否对住房的使用功能满意？<br>7. 新社区的建立是否增强了人们的幸福感和安全感（防震度）？<br>8. 安置点是否形成了新的贫民聚居区？现在依然在安置点居住的人群以前的社会地位如何？在安置点中是否出现了社会不平等的再产生？<br>9. 对安置点的居民来说，想留在新社区还是回到原居住地？如果可以离开，最想去哪里？什么原因？<br>10. 在新的小区或安置点中有新的邻里关系吗？或仍保持着原有的交往关系？<br>11. 是否有边际人群存在？其与主流社群的关系如何？<br>12. 不同社会阶层的群体如何在新的社区或安置点中交往融合、冲突？<br>13. 灾前和目前的房价比较？<br>14. 灾前和灾后住房结构（如住房面积、房间数、电梯设备等）的比较。<br>15. 灾前和灾后居民小区结构（如公共空间、绿化、停车位等）的比较。 |
| 卫生功能 | 1. 小区的垃圾是否有人倾倒处理？<br>2. 小区的公共卫生设施是否到位：如是否有垃圾桶？环卫工人打扫是否及时和规范？<br>3. 安置点的公共厕所卫生状况如何？<br>4. 就医是否方便？<br>5. 医疗设施是否完善？<br>6. 重大疾病如何救治？ |

（续表）

| 灾区社会功能重建问题序列 | |
|---|---|
| 安全功能 | 1. 灾区的犯罪率高否？<br>2. 灾民是否有安全感？<br>3. 重建后当地的犯罪率与灾前和灾后短期相比出现了哪些变化？重建之后社会治安是否比较良好？<br>4. 灾害过后和目前的主要犯罪类型是什么？主要是财产犯罪还是人身伤害犯罪？<br>5. 是否可以经常看到执勤的巡警和武装警察？<br>6. 警察的出现是逐步减少还是增加了？<br>7. 警察处理案件是否高效、公正和有人情味？<br>8. 有组织犯罪和黑势力是否存在？<br>9. 晚上十点后是否敢单独外出？ |
| 服务功能 | 1. 邮电、交通、供水供电、通讯、网络等基础服务设施是否已恢复到灾前水平？<br>2. 食品、日用品和其他生活用品的供应是否充裕或恢复到灾前水平？<br>3. 灾区城镇一般服务业的恢复情况，尤其是餐饮、娱乐产业等。 |
| 交通功能 | 1. 交通是否完全恢复，即是否修复了原来的交通结构网和达到了原来的运力？<br>2. 是否增加了新的交通功能和交通线？为什么增加了？<br>3. 新的交通系统是否可以承受下次大灾难的人员和物资输送任务？<br>4. 出行成本：车费是否增加？通勤时间增加还是减少？是否舒适？是否安全？<br>5. 与县城等主要节点的交通是否方便？<br>6. 是否可以通过公交系统完成中近距离的日常出行？ |
| 环境生态平衡功能 | 1. 如有新引进的企业，这些企业是什么企业？是否环保型的企业？<br>2. 废墟的废物是如何清理的？<br>3. 在重建改建过程中，是否对生态环境造成破坏，如何协调经济恢复发展同生态保护之间的关系？ |
| 生活质量 | 1. 月毛收入比灾前少还是多了？<br>2. 收入的主要来源是什么？与原来的收入来源相比有什么变化？<br>3. 每周的食物种类与结构如何？<br>4. 灾后物价是否提高？<br>5. 家庭日常生活中的主要开支是什么：吃饭？房子？交通费？孩子学费？日用品？医疗费？<br>6. 目前家里最值钱的东西（除房子外的可动产财物）是什么？<br>7. 和家人、亲戚的关系是否融洽？<br>8. 如不融洽，是什么原因？是否与灾害有关系？<br>9. 夫妻感情和夫妻生活是否正常？性生活是否受到了灾害的影响？<br>10. 灾后家庭的重组问题？<br>11. 当地居民对目前生活环境以及生活质量的满意度，对未来生活境况的期许（心态如何）。<br>12. 在灾害中那些因为人员死亡而破碎的家庭，它们现在的境况如何？新组建的家庭是否稳定？重组家庭离婚的比例是否很高？失去父母的儿童是如何安置的？失去子女的老人又是如何安置的？ |

（续表）

| 灾区社会功能重建问题序列 | |
| --- | --- |
| 价值观 | 1. 人定胜天的说法还对吗？<br>2. 个人的力量在灾后可否改变命运？<br>3. 关注灾民对"后灾害时代"人生、国家、人际关系等的主观变化。对国家权威的总体感知，对人生的理解，对人与人之间、人与自然、人与物之间的关系的观念。也就是说人们的伦理世界观有没有受到自然灾害明显的影响。<br>4. 哪个因素对灾后重建乃至个人生活重建更重要：国家政策、克里斯玛似的英雄、地方政府、工作单位、银行、保险公司、家人、亲戚、熟人朋友、非政府组织、强势力量如军警和救援队、个人努力？ |

# 第三节　灾后社会重建

所有的自然灾害过后，都面临着一个共同的、长远的和决定性的问题：灾后社会重建。为此，各国和国际社会对灾后社会重建都采行了各种政策和法规，重建工作的要素按重建时间的推演应该有以下几点：灾后废墟的清理；灾民基本生活的恢复；灾后居住功能的恢复；灾后经济功能和就业功能的恢复；灾后的社会福利体系建构和灾区长期的社会经济发展规划及实施。本部分将以汶川地震的灾后社会重建过程为背景作一个理论分析。

自然灾害的发生，特别是像汶川大地震这样的严重自然灾害，对一个地区来说，既是巨大的机遇，也是巨大的挑战。自然灾害之后的社会是一个"破碎"的社会。所谓"破碎"，是指社会在经历了自然灾害之后社会结构遭到了巨大的打击，社会财富受到难以估量的损失，人口也存在大量的不可挽回的结构性损失。但是，社会结构并没有因此而彻底崩溃，社会结构所构成的原则依然存在，只要这些结构性原则继续存在，它就会指导人们去建立一个新的与从前相类似的社会架构。笔者关注的是，如何在自然灾害这样一个特殊的外部环境下实现对社会结构的重建创新，使之与现实状况更加契合，从而实现灾区的社会重建，并引导灾区实现新的社会发展。

**社会结构的内在构成**

笔者的学生郑锴认为，当面对"社会结构"这样一个极其宏观、让人感觉漫无边际的概念时，人们总是对它望而生畏，好像现存社会中的任何事物和现象都可以囊括到社会结构中去解释。然而，一个概念的存在虽然有其抽象的一面，但当它被应用于实际的事实与过程分析的时候，它必定能从多个方面被较为直观地体现出来，社会结构也不例外。一个所谓的结构必定由两个部分组成：结构之内与结构之外。再仔细一些，便是三个部分：结构内部架构及相互关系；结构未来的发展倾向；结构外部的环境及其与结构内部的关系。这样，便可以对现在结构的分析知晓社会结构的历史背景与现状，并通过对其发展倾向的预测推断其将来变化的所应经历的历程。

社会结构由两方面构成。一曰社会经济结构，一曰社会秩序结构。经济是社会存在的基础与发展的源动力，故而社会经济结构是社会结构的最重要的存在基础。社会经济结构又由四个方面构成：经济产业结构，未来经济发展模式，经济与社会的关系，经济结构与人口结构的关系。而社会秩序结构则主要指社会自身内部的自我结构及其由于相互调整适应而形成的各种关系，其外在表现就是各项制度，其中最为基础性的制度有三个，分别是：家庭制度、法律制度和政治制度。

由此，我们便将社会结构划分为两大子结构和一共七个分析单位，下面将通过对这两大子结构和其七个方面进行分析，探讨如何在自然灾害这样一个特殊的且不稳定的外部环境下进行灾区的社会重建工作。

## 社会经济结构的重建

在上文中已指出，社会经济结构由四个方面构成：经济产业结构，未来经济发展模式，经济与社会的关系，经济结构与人口结构的关系。对于社会经济结构的重建，有12个字最为重要：抓住机遇，科学重建，科学发展。一个社会经济结构一旦定性，它便具有强大的韧性，是不会轻易发生改变的，甚至是抵制变革的，如同一些高耗能企业，它们既是一个地区的纳税大户也是污染大户，想要对它们进行升级改造是十分困难且艰巨的。而当灾害发生后，我们说灾区的社会是一个"破碎"的社会，意味着那些以前具有强烈韧性的结构存在物突然之间被推到一个十分脆弱的边缘。灾害对人是平等的，对各种社会组织也是平等的，比如企业。所以灾害的发生虽然给当地的经济造成较大的损失，但它提供给当地经济发展的机遇也是千载难逢的，这是实现经济结构转型与升级的时机。

在经济产业结构方面，灾害发生后灾区可以通过国家与各省的"射线式"帮扶（即对口支援）促进产业结构升级，改变以前那种低效率高耗能的发展模式。如四川省彭州市，实施"抓强引大"的政策，一个缩影便是总投资5亿元、年产量4亿标块节能砖的中节能新型建筑材料一期项目在四川彭州正式投产。这是彭州市灾后重建首个重大产业化项目，也是西南地区最大煤矸石页岩烧结砖项目。而这个项目的投产，"不仅为灾后重建的建材需求提供有力保障，而且会逐步引导高耗能砖厂的改型，带动彭州乃至整个四川省建材业整体水平的提升。"①通过工业集中发展、以技术改造为核心优化提升产业结构等举措，便可以实现推进灾区工业经济发展，也可以实现企业由高耗能模式向节能型模式的转变。

在农业方面，同样可以实现由粗放型向集约型农业的转变。再以彭州市为例。彭州市在灾后重建过程中提出了农业发展规划：一园一港五基地。"一园"即农业主题公园，"一港"是指现代都市农业港，"五基地"则包括标准化蔬菜产业基地、川芎产业基地、猕猴桃产业基地、生猪禽畜产业基地、冷水鱼产业基地。②通过农业基地的建设实现农业基地标准化、加工园区化和经营市场化，全面提升农业的竞争力。

未来经济发展模式的规划应和产业结构转型联系在一起的。只有实现了比较成功的产业转型，才能实现规划中所提出的可持续发展的目标。规划必须突出重点，不能贪大求全，并且，对那些损失严重的产业必须制定更加细致和长期的规划，比如旅游业。由于自然环境的破坏与变更，旅游业遭到极大的破坏，且难以通过人工手段加以修复，所以更需要严谨详尽且具有创新性的规划，如都江堰市灾后重建规划方案面向全球招标，努力将自身打造成为国际旅游休闲城。③对于经济结构规划，最重要的是实现四个方面：以技术促进结构转型，以管理改善运作模式，以服务更新经营理念，以品牌提升竞争能力。

在经济发展与社会进步的关系上，众所周知，经济发展是社会进步的前提，社会进步也为经济的进一步发展提供了一个良好的外部条件和土壤。而在灾区的社会重建中，要突出经济与社会并重式的发展，二者不可偏废，不能单纯的为扭转经济下滑的势头而盲目地进行经济建设，而应该强调社会建设与经济建设相辅相成的关系，特别是一些公共服务设施的完善。首先应着重修复道路交通、水电等基础设施，医院和学校的建设是其中的核心。归根结底，协调经济与社会关系的最终目的是由一个服务型的政府建设成一个服务型的社会。所谓服务型社会，是指在每个人充分享有权利的条件下，社会成员有着共同的义务意识，形成一个相互帮扶、共同服务的社会形态。服务型政府终归是依靠政府提供服务，而服务型社会则不仅仅是依靠政府，更是依靠社会，依靠每一个相互依赖的个体所提供

① 坚持城乡统筹，推进科学重建——关于彭州市灾后重建情况的调查研究，《成都发展改革研究》，2010 年第 2 期。

② 坚持城乡统筹，推进科学重建——关于彭州市灾后重建情况的调查研究，《成都发展改革研究》，2010 年第 2 期。

③ 中国新闻网：四川重建投资逾 6000 亿 六重灾区走出特色路，http://www.huanqiu.co，上传于 2010 年 3 月 5 日，下载于 2010 年 3 月 11 日。

的服务，这样的社会将更加充满活力和创新精神，也能使每个社会成员感受到主人翁的意识。

在经济结构与人口结构的关系上，笔者认为，人口是一个社会存在的最重要因素，人是组成社会的最基本单元，故任何对于社会结构的分析，必须将人口作为一个独立且重要的因素加以考量。在灾害发生后，必定对当地人口造成结构性损失，汶川大地震造成近 7 万人的死亡，更造成了大量家庭的破碎，人口结构在灾害面前遭受了巨大的破坏。但是，在灾区社会重建中，可通过大量引进人才的方式优化当地的人口结构，而人口结构的优化将促进一个创新型社会的建立，这将有助于经济结构的转型并焕发活力。

**社会秩序结构的重建**

社会秩序结构主要从三个维度考察：个体、社会与国家，而这三个维度具体在制度上的表现则为家庭制度、法律制度与政治制度。灾区社会重建的关键在于社会秩序结构的重建，若社会秩序结构能够得以重建并注入创新机制，使创新与稳定相结合，那么灾区社会将呈现良性运行的状态，否则，灾区社会将处于长期持续的不稳定之中，并有动荡的危险。

家庭作为社会的基本细胞组织，它的变化状况可以成为社会稳定与否的监测器，整个社会环境的变化及其结构变动都可以在家庭之中瞥见其端倪。家庭是由婚姻关系和血缘关系联系在一起的初级社会群体，而自近代以来的现代性逐渐占统治地位的浪潮之下，曾经的大家庭甚至大家族实体早已"烟消云散"。社会上大量存在的都是核心家庭，它大致由一对夫妻和一两个子女组成。这样的家庭组织结构虽然适应于现代社会快节奏的生活和复杂的社会关系，但是，在特大的自然灾害面前，这样的"小"家庭特别脆弱，任何一个家庭成员的死亡和失踪或是致残对整个家庭组织而言，其后果都是毁灭性的。

在自然灾害中，有大量的家庭破碎，这造成了人口结构的巨大失衡，而如果这样的失衡的趋势没有得到扭转，会导致整个地区人口结构呈现畸形状态。家庭结构的修复是最为困难的，但前景却并不是悲观的，因为整个家庭制度的基本原则并没有被人们所抛弃。相反，在共同体验了巨大灾难后，灾区民众的这种共同享有的经历会使他们之间产生生活的共鸣，由此建立的新的婚姻关系将有着比先前更加牢固的感情基础。当然，政府需要对灾区的生育和婚姻政策进行适当的引导，使新组建的家庭是在资源结合的基础上构建的。

自然灾害之后往往伴随着一些失范的社会行为和社会混乱，其客观原因是灾后地方政府失去了管理和控制功能，造成权威的丧失，产生权力真空，人们没有了约束，原有稳定的社会结构走向解体和失控。

因此，就法律制度而言，笔者认为，在自然灾害发生之后的一段时期内出现在灾区的越轨犯罪行为，其行为本身并不是挑战法律的基本原则和精神，而是一种法律意识淡薄的必然后果。自然灾害对国家机器也造成了相应的损害，这必然导致在一段时间，特别是在自然灾害发生后的数天之中，出现一些打砸哄抢的行为发生，这种失范行为无论是本能性的求生欲望下的行为，还是有意识的对抗社会制度的意识性行为，其根本原因是灾后权力真空导致人们的法律意识淡薄，同时社会上对人的社会行为约束的道德理念在此时的控制力也相应的减弱，减弱约束力的同时减弱共同体意识，为失范行为的发生提供了土壤。

法律制度的重建关键在于公民法律意识的重建。自然灾害过后发生的非法行为是由于法律意识被人类本能所凌驾，所以国家在对自然灾害发生后的特殊情况加以立法规定之外，更重要的是重新树立起国家法律在公民心中的权威地位。人性无所谓善恶，关键是外界环境的变化会导致人类行为动机的相应变化，也只有当社会重建之后形成一个较为有序的社会秩序后，法律的权威和法律意识才可能真正地重新在人们中间树立起来。

最后是政治制度。政治制度在一个国度里是最具稳定性和最难变革的一项社会制度，其韧性是难以想象的。但在发生重大自然灾害后，要想重建社会并使社会运转良好，则不能不调动起全社会全体公民的力量，重建社会需要广大公民的参与。需要建设的是一个以参与性文化为主导的政治文化，从而推进政治文明建设，扩大整个社会民主的基础。①

下图是灾后重建工作的基本流程图，是灾后从救灾赈灾、灾后恢复到灾后中长期重建三个基本的发展阶段和各阶段相关的基本任务。其中要说明的是：按照赈灾款的功能，政府的赈灾财政投入在"居住功能恢复"阶段后基本上就停止了，因此一些政府和个人会对余下的赈灾款进行不合理和不合法的消费性侵吞，如汶川灾后很多地方干部获得一台高档手提电脑，如图3—44。

而"企业再生产和经济功能的恢复"和"长期发展"的财政投入是灾区最缺失的。这造成了许多灾区在为灾民恢复了基本的生存和生活功能后，重建工作即停止，灾区并没有获得进一步的发展，只是简单的循环重复。这也是政府，尤其是不发达地区灾区的政府短视和缺乏科学规划的后果。

---

① 郑楷：2010 年关于汶川地震的理论研究报告。

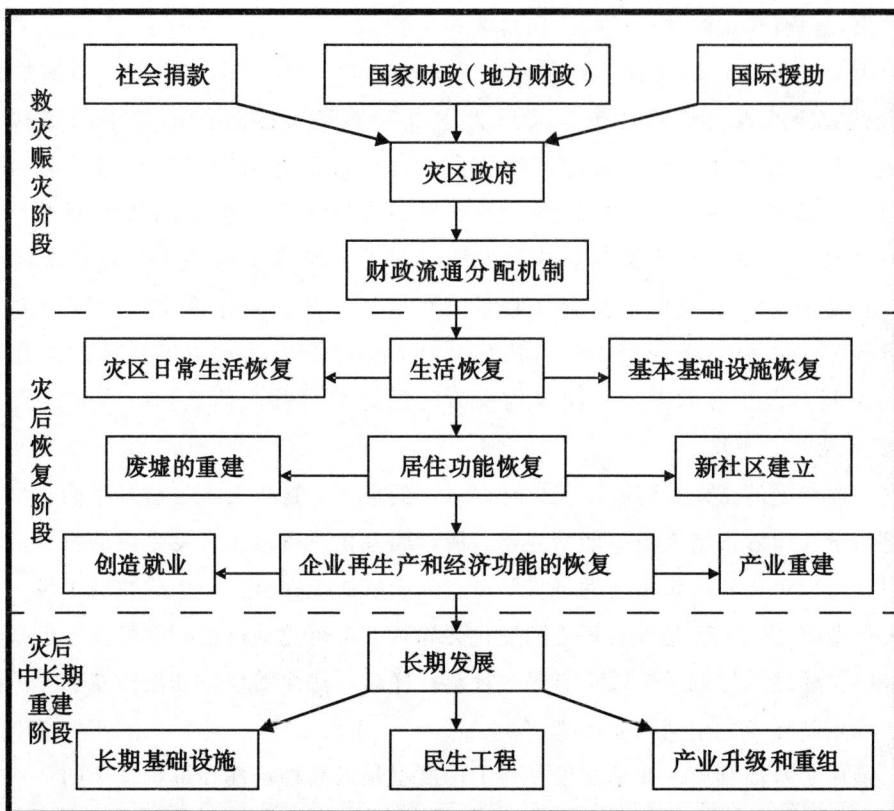

图 3-44　灾后重建工作的基本流程图

　　在灾后的两三年，即进入长期发展阶段，将决定灾区今后长期的发展模式、发展方向和发展规模。如只注重民生工程的，只是简单的恢复，灾区不可能有大的经济社会结构变化和发展。注重长期基础设施重建的，是为今后的发展打下新的基础，这既可能是城镇化水平的提高，也可能是更大经济投入的先兆。而产业升级和重组则是灾区因灾得福，将获得新的更高水平的发展。这三种选择或三种选择的综合，都取决于当地的资源条件和政府的决策意志。

　　最后，针对灾后重建，有国内学者认为，"灾后重建应正确处理九大关系：地质灾害风险区划和空间布局的关系，资源环境承载力和人口安置的关系，生态系统恢复和主体功能区的关系，生产生活恢复和经济持续发展的关系，政府功能与市场作用的关系，生态移民和扶贫攻坚的关系，聚落重构和农村社区建设的关系，社会发展和城乡统筹的关系，区域特色和民族文化保护的关系。"①

---

① 方一平：试论汶川地震灾后重建的 9 大关系，《山地学报》，2008 年 7 月，第 26 卷第 4 期，390 至 395 页。

# 第十七章 灾后社会政策的意识形态

赈灾和灾后重建的社会政策中具有鲜明的意识形态。

比对中国汶川赈灾和灾后重建中由国家完全承担起灾后社会福利工作的事实，美国在赈灾和灾后重建中并没有把国家作为社会政策的制定者和执行者的角色放在重要的地位。这是由社会政策的制定和执行过程中不同的意识形态所决定的。不同的意识形态会有不同的社会政策导向。

在社会政策的"意识形态光谱的最右端，是那些对自由主义采取严格的经济主义解释的人，以及那些把福利国家看作是对自由市场力量的不正当干涉和限制个人自由的人。而在意识形态光谱的最左端，是马克思主义理论的变种，它视福利国家为控制工人阶级和防止社会主义革命的资本主义阴谋。在两极之间还存在着没有共识的意识形态领域，在那里，为资本主义社会政策进行辩护的许多不同观点相互竞争。宽泛地说，可以分辨出四种意识形态的理据。"①

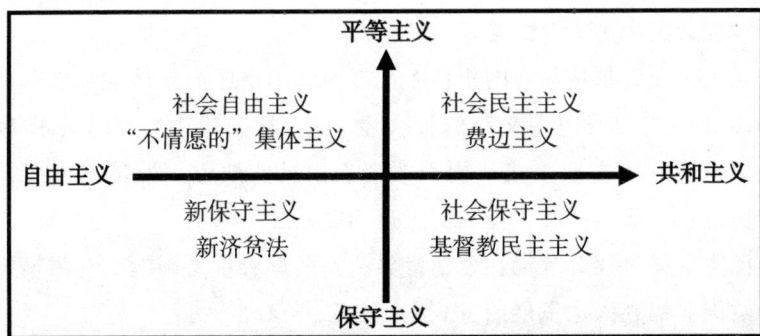

图 3—45　建立在四种意识形态范畴下的社会福利政策类型

来源：哈特利·迪安：《社会政策学十讲》[M]，上海：格致出版社，上海人民出版社，2009 年。

如图 3—45 所示，哈特利·迪安的四种意识形态划分是运用了两种区分方法。第一种方法（由图中的横轴来表示）就是关于自由主义和共和主义的公民身

① 哈特利·迪安：《社会政策学十讲》，上海：格致出版社，上海人民出版社，2009 年。

份概念的区分。第二种方法（由图中的纵轴表示）是在保守主义和平等主义之间进行区分。

这里使用的是"保守主义"最基本的字面意义，目的是为了区分两种不同的途径：一种致力于维持既成的社会秩序，而对不平等现象置之不理。另一种则致力于以某种方式来矫正社会不平等。

这就可以把图表分成四个象限，每个象限代表了社会政策或"社会福利"的一种途径或意识形态。

第一种是平等/自由，或是"社会自由主义"的途径。乔治（George）和惠尔丁（Wilding）把平等主义的自由主义者称为"不情愿的集体主义者"（1985：ch. 3）。

二战以后世界上的福利国家体制，主要是在社会自由主义影响下形成的。自由主义赞成个人主义而不是集体主义或者团结主义的精神气质。社会自由主义承认，若放任资本主义自行其是，将导致在个人之间出现不可接受的不平等。

自由主义愿意承认国家可以扮演特定而有限的角色，以保证全体公民理论上的平等。它并不试图保证完全的社会平等，而只是确保为每一个公民提供一个全国最低标准，这样，每个人可以在这个最低标准的基础上自由地发展自己。

第二种（图中按顺时针方向转过一个象限）是平等/共和的途径，或者更多地被称为"社会民主主义"的途径。

社会民主主义者都是热心的集体主义者而非不情愿的集体主义者。但他们倾向于一种温和的或"费边主义"的社会主义①。社会民主主义并不排斥资本主义，而是致力于以民主的方式从内部改变它；具体地说，就是把它变得更加平等。社会民主主义通常是与工会和劳工运动联系在一起的。

社会民主主义对社会政策在发达世界的发展有着重要影响。它最清晰地反映在斯堪的纳维亚福利国家发展的方式上。

第三种，保守/共和或社会保守主义的途径。这是一种与英国背景下的所谓"单一民族托利主义"（One Nationtoryism）或欧洲大陆背景下的基督教民主主义（Christian Democracy）相联系的途径。

古典共和主义传统中，社会保守主义重视社会团结而非社会平等。它倡导对弱势群体的同情，尽管在等级制的社会秩序界限内，决策是由社会中最有权势的利益集团所操纵。

---

① 费边社于1884年在英格兰成立，它的名称取自以有效地使用拖延战术而闻名的罗马将军费边。费边社的目标是静悄悄地实现社会主义。

这个理论传统中的一位代表人物是俾斯麦。他在 1871 至 1890 年出任德国首相，为一种独特风格的福利国家奠定了基础。他是社会保险的先行者。他这样做的目的是为了削弱德国日益强大的工会运动的影响，利用国家权力保护某些传统价值。它维持相对慷慨的社会政策以保护社会，而不是改变它。

第四种，自相矛盾的保守/自由途径。这一途径未必直接与任何特定类型的福利国家相关，虽然它对资本主义社会政策有一定影响。它部分地代表了与 20 世纪 80 年代英国首相撒切尔和美国总统里根有关的所谓"新保守主义"途径。

撒切尔和里根的新保守主义是追求自由经济和强势国家（strong state）（Gamble，1988）。它把经济自由主义与道德权威主义融合在一起，利用国家权力去灌输道德价值和塑造个人行为。19 世纪《济贫法》的目的就是通过管制不值得救济的穷人的行为，以维持自由市场。[1]

由此可以解释，中国在灾后所施行社会福利和社会政策的意识形态理念是接近于"社会民主主义"；而美国则是"社会自由主义"和"新保守主义"的混合理念，或在赈灾和灾后重建过程中由前者向后者的过渡。

在具体的灾后社会保障及社会工作中，应有相对应的社会保障标准，以保障灾民生存的最低的生活标准；加强对老人、儿童、残疾人、遇难者家属的帮助；加强专业社会工作者的培训，充分发挥社工的恢复协调和稳定功能。

自然灾害的受害者按受灾时间的长短看，可以分为短期受灾者，中期受灾者、长期受灾者和间断性受灾者。短期受灾者是指在不经常遭遇自然灾害的区域的人类群体，会遭遇到持续时间短暂的自然灾害。这类自然灾害多是突发地震、火山爆发、台风（或飓风）、龙卷风、沙尘暴、泥石流、城市内涝等，几乎包括了所有的自然灾害类型。

中期受灾者是指在遭受各种自然灾害后，在灾区完全恢复和重建完成前这段时间，人类群体所要经受的灾后恢复重建期间的各种社会、经济困难和问题。

长期受灾者指其所在区域遭受长年自然灾害的社会群体。这类自然灾害多数是长期季节性的旱灾和水灾、持续地震和余震，长年季节性的沙尘暴和沙漠化等。

间断性受灾者是指自然灾害的侵袭和破坏具有间断性，社会群体亦受到间歇性的威胁和冲击。这类自然灾害主要是季节性很强的台风（或飓风）、龙卷风、蝗灾、沙尘暴和旱灾水灾等。

---

① 哈特利·迪安：《社会政策学十讲》，上海：格致出版社，上海人民出版社，2009 年。

由此看，自然灾害的短期受灾者，中期受灾者、长期受灾者和间断性受灾者都是相对而言、可以相互转换的。对灾民的救援和赈济工作以及社会政策也会有时间、频率和需求度上的差别。因此，社会福利、社会保障及社会工作既有短期性、临时性的作用，也有长期性和持续性的必要。

# 第十八章　自然灾害对全球化的影响

自然灾害的跨国性、区域性和全球化影响指一次或一类自然灾害会对多国、区域乃至全球范围的经济、社会、政治产生影响。自然灾害的发生是不分国界的，其全球性的衡量和分析角度应有以下的方面。

首先是发生在一国的自然灾害波及和影响到了两个以上的国家，这种情况下的自然灾害是跨国的或多国的。

自然灾害在多个国家和一个地理区域或政治概念上的区域里同时发生，就是区域性的自然灾害。

如果自然灾害的波及面超过了两个大洲，就可以定义为全球性或国际性的自然灾害。

以上是从自然灾害所波及的自然地理范围看的。

另一个角度：一些自然灾害波及的自然地理方位虽然仅限于一两个国家，但由于这一两个国家的经济、社会与周边国家、区域国家或世界许多国家有着长期的、稳定的、结构性的密切联系，其受灾状况也会随之对与之相关的周边国家、区域国家或世界多个国家产生影响。其影响程度取决于以下 16 项指标变量。

* 受灾国的年度国民生产总值（GDP）在世界的排名次。

* 该国是否世贸组织（WTO）成员国。

* 该国是否是主要的全球性的贸易国。

* 该国进出口额占世界进出口总额的百分比（如中国 2014 年约为 13%）。

* 该国主要的进出口产品类型。

* 该国主要贸易伙伴国的数量。

* 该国的基本产业结构。

* 该国的制造生产部分在海外的比例。

* 该国商品在世界市场的份额。

* 该国产业链的境外部分比例。

* 该国在境外创造的就业岗位数量。

* 该国在境外发放的工资和福利总金额。

* 该国产业链上游所占比例。

＊ 该国股市在世界金融体系中的地位。

＊ 该国的对外投资额。

＊ 该国的外资投资额。

此外，自然灾害发生后，在受灾国与救援国之间，存在着因国内国际情况的不同而各异的特殊时期的特殊关系，从而出现超乎或超越一般或正常国际关系的特殊互动模式或互动关系，即便这样的模式是短暂的或非常规的。在这样的特殊互动模式或互动关系中，存在着以下的双维（救援国决定救援的因素和受灾国决定接受救援的因素）制约体系，见表3－14。

表3－14　救援国决定救援的因素和受灾国决定接受救援的因素的双维制约体系

| 救援国决定救援的因素 | | 受灾国决定接受救援的因素 | |
| --- | --- | --- | --- |
| 经济—技术实力 | | 经济—技术实力 | |
| 强大：决定救援的可能性大。 | 虚弱：决定救援的可能性小。 | 强大：拒绝救援的可能性大。 | 虚弱：接受救援的可能性大。 |
| 国家—政府—社会伦理环境 | | 国家—政府—社会伦理环境 | |
| 伦理环境良好：人道主义施救的意识强烈。 | 伦理环境不良：人道主义施救的意识薄弱。 | 伦理环境良好：有接受外援的公共意识。 | 伦理环境不良：接受外援的公共意识薄弱。 |
| 国际政治意志 | | 国际政治意志 | |
| 参与/干预意志强：决定救援的可能性大。 | 参与/干预意志弱：决定救援的可能性小。 | 独立/主权意识强：拒绝救援的可能性大。 | 独立/主权意识弱：接受救援的可能性大。 |
| 与受灾国的外交关系 | | 与救援国的外交关系 | |
| 关系密切/盟国：主动积极救援的可能性大。 | 关系疏离/敌国：主动积极救援的可能性小。 | 关系密切/盟国：接受救援的可能性大。 | 关系疏离/敌国：接受救援的可能性小。 |
| 与受灾国的地理/文化距离 | | 与救援国的地理/文化距离 | |
| 与受灾国的地理/文化距离近：提供救援的能动性大。 | 与受灾国的地理/文化距离远：提供救援的能动性小。 | 与救援国的地理/文化距离近：接受救援的能动性大。 | 与救援国的地理/文化距离远：接受救援的能动性小。 |
| 与受灾国的历史渊源关系 | | 与救援国的历史渊源关系 | |
| 与受灾国的历史渊源关系良好：会积极提供援助。 | 与受灾国的历史渊源关系复杂：会慎重提供援助。 | 与救援国的历史渊源关系良好：乐于接受救援。 | 与救援国的历史渊源关系复杂：慎重考虑甚至拒绝援助。 |

因此，在全球化背景下的国际交往中，随着自然灾害的多发频发和惨烈度加大，作为人类公害的自然灾害以及对其的应对，已成为国际关系中一个不可忽视

的互动因素。有自然灾害外交的新外交学研究领域可供探索。因此，救援国与受灾国和被救援国之间的关系，不只是施予和接受的简单交易关系，还涉及到历史、文化、政治和经济等诸方面的影响因素。

全球化下，自然灾害危机对民族国家的一个重大影响是对国家地位的动摇、灾后国家管理功能的丧失和民族主权的式微。自然灾害、人道主义救援和国家主权原来是三个互不相关的自然生态、社会经济和国际政治概念，是在各自场域和时空上的范畴。但在自然灾害后，"失败国家"的国内利益方和国际利益方的目的和意志驱动使三个概念链接在一起，其结果是通过国际人道主义援助的介入，导致了这类国家主权的终结，却冠以全球化、普世价值和人权的名义。

在 2010 年海地地震后，国家主权的终结表现在美军的介入。首先，美军第82 空降师直升机分批运载数百名美军，降落在海地总统府草坪后，美军又增派2200 名海军陆战队到街头维持治安。最终，美国投入一万人的海军陆战队进驻海地维持秩序，太子港机场被美军控制。2010 年 1 月 15 日，美国核动力航空母舰"卡尔·文森"号抵达海地，作为"浮动机场"协助救援行动。美国的后院海地被美军实际占领。

作为国际利益行为的美国此举的国家利益目标有三个：防止海地难民涌入美国南部的佛罗里达州；先发制人地控制海地有可能失控的社会局势；从战略上进一步长期控制和影响海地。美国兵不血刃地以人道主义救灾的名义完成了对海地的军事占领。试想，在正常情况下，美国当局是不可能轻易占领海地的，这等同于违反国际法和对一个主权国家的侵犯。美国这样的霸权行为也表现在对缅甸风灾的人道援助和对台湾"8·8"风灾的援助上。即以人道主义为理由，利用救灾名义实施对一个国家主权和领土完整的直接侵犯和挑衅。

笔者通过对印度洋海啸（2004 年 12 月）、缅甸飓风（2008 年 5 月）和海地地震（2010 年 1 月）三次巨大自然灾害中的国际援助的分析，发现在不同条件下，国际援助不同的介入程度有其不同的原因。

印度洋海啸由于涉及的地域范围广阔、损失严重，大部分受灾国家是弱小的发展中国家，从而引起世界的关注。大范围的国际救援是自然的人道主义反应。

缅甸灾后国际救灾行动以及美国与缅甸政府之间的对抗是美国通过人道主义援助构建出的一个国际政治问题，以国际政治问题干涉缅甸国内政治问题，以"人权换主权"，具有国际政治博弈的背景，是企图通过灾后人道援助的借口强行对缅甸的主权和内政打入一个楔子，并遏制中国在缅甸的影响力。以人道权偷换国家主权。这是一种建构性的政治反应。

海地一直被联合国托管，联合国海地团长期驻扎在海地。地震中就有 85 名联合国军事、民事、警务人员遇难（其中有 8 名中国维和警察）。这自然会引起国际社会的普遍关注。这是一种习惯性、道义性的临时反应。但美国的过度反应例外。

海地人长期习惯于依赖以联合国为主体的国际社会的援助，已经丧失了独立自主意识和自食其力的能力。因此，海地社会和海地人的独立意识、主动意识、自理意识和创造意识是不存在的。这可能是在许多有持续性自然灾害的地区的国民的一种共性——一种失败和贫困地区国民的国民性。

自然灾害是全球化下国际关系、外交关系中一个重要的媒介性因素。它可以影响国与国之间、国与国际组织之间、国家集团之间的以下三种基本的互动形态。

第一种形态是同盟国之间、正常关系国家之间的正常的纯道义、责任和建立在共同利益合作友好基础上的互助合作行为。这包括提供军事力量资源在内的国际援助。

第二种形态是非友好甚至敌对的国家之间，在一方遭遇自然灾害时，通过主动、积极、善意的目的性的人道主义援助作为媒介，以捐款、派遣医疗队、救援队等向对方示好，为此后的改善关系和关系解冻创造基础。

第三种形态是强势的、积极的灾后国际人道主义援助，对敌对和不友好国家或利益攸关国家进行间接的干涉，影响其主权独立和领土完整，甚至推动政变、政权更替、直至进行变相的军事占领和军事基地及新殖民地的建立。

自然灾害是纯自然的自然现象后果和社会经济后果，但相关的各国、各国际组织的外交活动、援助活动则具有复杂的政治、经济、军事利益意图和国际政治后效。

2004 年的印度洋地震海啸对印尼造成严重破坏后，中国网民在网上宣泄着对历史上（上世纪 60 年代和 90 年代）印尼当局和民间反华、排华、虐华事件的不满，但网民的这种情绪宣泄，但却不是包括印尼在内的国际社会所能接受的。这如同莎朗·斯通对汶川地震中受难的中国同胞诅咒的那样，同样是角色错位，也是不宽容和心理失衡的反应，最终原因是网民的道德素质缺陷所致。

有国人甚至认为，2011 年的"3·11"日本地震海啸是日本在其东海岸海底实验核武器所引发的，因而也是咎由自取。

这里就出现一个道德上的问题：在国际关系中，如果敌对国家遭受了自然灾害，我们的态度和行动应该如何？

笔者的观点是：

第一，所谓的"敌国"遭受了巨大自然灾害，其国力在短时间内自然会被削弱，国家被迫把主要的资源和精力集中在国内的赈灾和重建工作中而无暇他顾，从而出现外交盲区和军事真空，这有利于所谓的"我国"减轻来自该国的外交军事压力，获得一段时间和空间的缓冲。但历史现实证明，这样的幻想大多是不切实际，一厢情愿的。有时"敌国"会因此更加奋发和强悍。

第二，把对"敌国"的压制寄托于一场自然灾害，这是"我国"实力不如"敌国"的反映，是一种侥幸心理和不求进取的表现；在道义伦理上也是不可取的。

第三，应该把对外政策和军事对抗与自然灾害问题区别开来。在军事热战时期，不可能也没必要对遭受自然灾害的"敌国"抱以虚假的仁慈和援助；但在和平大环境下的冷战和对抗时期，则应把民族主义和人道主义区分开来。即在维护国家主权、民族独立的领域，在外交和军事上继续进行必要和坚定的斗争，但在涉及"敌国"遭受自然灾害的问题上，则应采行人道主义和国际主义的基本准则，给予必要与合理的同情和援助。

"助人行为最大的现实价值就是将中国民众的'以重家为主的观念'转变为'以重国为主的观念'。在'重家'的思想下，中国人形成的是一种以血缘定亲疏的社会纽带，在任何事情上，无论是公还是私，私人的感情都渗透在其中。这样的结果只能导致中国人缺乏公共精神，缺乏社会认同。助人行为将交流的对象由熟人转变为陌生人，这样跨越心理的距离，民众开始与和自己没有血缘关系的人联系，这必然导致一种陌生人之间都需要遵守的规则，以减轻未来的不可预见性。这种规则就培养了民众参与社会的意识，以及按规则办事的理念，进而培养了一种公共精神和社会认同。"[①]

此外，自然灾害发生地域的区位性对其他地域人类社区的影响会因区位空间上的差异性而异，在社会心理上产生自然灾害的地域性区位效应。自然灾害的地域性区位效应指的是自然灾害所发生的地域性空间的不同所给予人类对自然灾害的感应感知不同。人们对发生在接近自己周边的自然灾害的感应感知度一般高于发生在边远方向的自然灾害，因为它们与自己的生活和命运休戚相关。

人们对发生在城市的自然灾害的感应感知度和对发生在经济、社会、文化发达区域的自然灾害的感应感知度要高于对发生在乡村（尤其是边远乡村）的自然

① 秦鹏：一场"利己"的传播战——对2004年印度洋海啸引发的助人行为传播的意义解析，厦门大学硕士论文，2008年。

灾害的感应感知度和对发生在经济、社会、文化落后区域的自然灾害的感应感知度。这两者的原因是前者的损失更大、影响更广、影响更复杂，且通过现代媒体可迅速传播。

这是社会不平等、社会隔离、社会歧视在人们对待自然灾害发生在不同地域后的社会反应。长期和频繁地发生在农村地区、落后地域和发展中国家的自然灾害所引起的结构性贫困和难民、移民，最终会对城市和发达地域和发达国家产生巨大的社会、经济和政治问题。后者不对前者施救，便无疑是对自身生存发展的慢性自杀，并最终拖累更广泛地域的生存发展。这也是全球化的一种表征。

大自然是永恒的、全方位的，各种自然灾害不会一去不复返，人类必须防患于未然。人类的智慧和科技，应最大程度地用于防御自然灾害，而不是用于战争、制造灾难。人类应意识到，在相对和平的时代，最大的"战争"就是"自然灾害战争"，是不以人们意志为转移的强加于全人类和文明进程的全方位的自然之战。

人类对于自然危机的防范意识，不啻于对人类非理性的否定与阻止。全球自然恐怖主义的恶果，在某种程度上甚至远甚人类自身的恐怖行为。首先，这种恐怖主义威力之大，所造成的人员伤亡和财产损失之高，超越了一人一枪一弹所涵盖的范畴；其次，自然恐怖主义没有特定对象，无论是"社会精英"，还是普通人，无论哪国人，无一例外，灾害面前一律平等，死亡面前一律平等；第三，自然恐怖主义的全球性触及地球凡有人类居住的地方；第四，自然恐怖主义的发生非人类的教化和社会化所能避及。

人类面对自然史的困惑在于，我们几乎可以掌握绝大多数规律，却总是在少量异常事件面前被摧毁得面目全非。[①]如突发自然灾害。

必须指出的是，自然灾害之于任何社会制度、任何意识形态、任何宗教信仰、任何种姓民族、任何经济结构、任何文化实体都是平等的，其中最大的平等就是自然灾害面前的人人平等。为此，自然灾害对一个人的侵害，就是对整个人类的侵害，对一个国家的侵害，就是对整个国际社会的侵害。因此，对自然灾害的预警防范、救灾赈灾和灾后重建就是对人类社会提供的最大的公共物品和社会福利。

因此，自然恐怖主义的危险在于，它会在人类智慧和科技所企及或不企及的区位内，在任何不特定的、难以预测的时间里，以不可逆的，但又是毁灭性的自然能量摧毁人类社会及其文明；并以恐怖的集体记忆深深烙印于每个个体、每个国家乃至全人类的历史中。

---

① 商汉：警惕自然恐怖主义，《国际先驱导报》，2004 年 12 月 30 日。

# 第十九章　自然灾害下的社会互动

## 第一节　自然灾害下社会互动的类型

在没有战争、冲突和自然灾害影响下的人类社会中人们的社会互动是基于常规状态下的人际间的相互交往和互动。社会互动中的行为准则是建立在人们在长期社会教化基础上的、以法律规则和伦理道德为基石的行为衡量标准上。虽然，在原始社会、奴隶社会、封建社会、农耕社会、前资本主义工业社会、资本主义社会、社会主义社会到趋同化了的后工业社会、信息社会或知识社会、风险社会等社会类型中，因生产力水平、生产方式和政治制度、意识形态的差异，会有不同的法律规则和伦理道德，但本质都是对各自现有制度或体系的维系，从而形成人们相互之间较为稳定的、在体制内的社会互动方式。这些被教化和"法定"所形成社会互动方式反之会对提供教化的生产方式和社会制度起到固化和加强的作用。

毋容置疑，在正常的社会环境下，人类社会中的社会互动主要遵循着结构功能主义理论中的本质和基本规则：功能交换所形成的社会互动，社会形成为结构性整体，人们的社会互动类型基于复杂而生动的功能需求，即基于个体利益和理性选择。但法律规则和伦理道德则对具有张力的社会互动类型和进程具有保持稳定和持续性的作用。从而形成产销互动、劳资互动、官民互动、教学互动、贸易互动、罪罚互动等等既具有活力、又墨守成规的人类社会互动类型。

但在截断人类社会发展进程的重大自然灾害发生后，人们的社会互动会发生一定的变化，哪怕是短时期内的变化。首先是社会互动的类型发生了变化。其原因和类型如下：

第一，人类原有的社会互动类型已经满足不了人们在灾难中的需要，需要特殊的社会互动类型予以功能性补充，如军队对民事工作的介入，社会各界对灾区的捐助，针对灾区陡增的犯罪所采取的戒严或宵禁措施等。

第二，在此基础上，灾区会因需要增加许多介入性的域外社会群体和社会组织，从而形成新的非常态的社会互动类型。如外国救援队介入后与灾民和本地救援组织的社会互动。

第三，由于灾后社会秩序的暂时性失控，会出现极端状态下的越轨或犯罪性的社会互动类型。如大量增加的人身侵害犯罪、财产犯罪等部分人群强加于另一部分人群的侵略性的单向的社会互动。

第四，灾后缺失的生产力和物质财富，使得基于个体利益和理性选择的结构功能主义下的社会互动行为成为不可能。灾区需要超越经济理性选择的、非利己主义导向的公共社会行为即非功利主义的社会互动，来满足灾区社会功能的需求，如从志愿者服务、赈灾物资发放到社会企业对灾区的投资等。

第五，自然灾害对社会等级制度和社会分层体系在组织层面和意识层面上的弱化和变异，会影响到灾区人们社会互动方式和类型的改变。灾后一段时间里，原有的社会等级和社会分层会因较为剧烈的社会结构变化和社会流动而产生一定的改变，其主要特征是等级分层制度体系的动摇，各等级分层之间社会互动关系的交错和等级分层地位的换位等扁平化、平民化和趋同化现象。如一位富翁可能会与一位贫民同住在一个安置点里，一位企业家可能和他的雇员都沦为失业者，一个健全的男人和一位孤寡的老妇同样需要接受社会救济，等等。这种原有等级分层藩篱的打破，使人们之间产生了更基于命运共同体内的新的社会互动交往方式和类型。富翁需要忍受贫民在安置点的生活方式，失业的企业家和雇员要同样在职场上竞争，男人要和老妇人一样学会过被救济的生活。更重要的是，在这种情况下，在社会等级和分层上扁平化了的人们要互相尊重，平等交往。

第六，灾后重建，新社区建立，灾民生产生活方式变迁等一系列社会变化，会改变原有的社会互动方式，形成新的社会互动方式和类型。如城市化后的原乡村灾民会形成新的社会互动方式和由此产生的社会互动类型，遵守交通规则、按秩序排队、准时上下班、平等对待异议、货币交易、多媒体互联等，都是新的社会互动方式，从而形成城市化的社会互动类型。

## 第二节　自然灾害下社会互动的特点

灾后，人们的社会互动具有以下的特点：补偿、临时、强制、密集、非功利和超地域等。

补偿。灾后的许多应急性社会互动是因灾造成的、非常态化的社会互动，是为了满足灾后人们的社会功能需求，是对日常社会互动交往行为模式的必要补偿或修正。例如志愿者和非政府组织的驰援是对政府组织功能不足的补充，社会捐助赈济是对公共开支不足的填补，对口支援和国际支援是对社会财富的再分配和对受难者和贫困者从物质到心理上的偿还和反哺。

临时。灾后的许多新添社会互动类型是应时急需的，一旦社会功能补偿的需要达成，这些社会互动类型就会逐渐消失。临时性的社会互动也是在灾区等相关的有限地域空间里发生。

强制。灾后的一些社会互动行为和类型不是基于自愿或利益驱动，而是带有强制性特点。尤其是在灾后社会秩序的维持和公共物品的供给方面。在这两个方面，必须由国家乃至国际社会采取强制性行动，发生强制性的社会互动，以抑制灾后的社会危机和经济危机，使灾区社会维持在稳定和可持续的临界范围内。

密集。灾后的社会互动相比常态下的社会互动，其交往和交集的频率会更高，无论是原有的社会互动类型还是新添的社会互动类型。巨灾过后，涅槃重生，百废待兴，由此而产生的人类的社会互动交往也比常态情况下要增加许多，一是社会互动的类型增加，二是社会互动的必要性更强，三是社会互动的节奏更快，四是社会互动的跨界化更频繁，五是社会互动的横向交流类型更多更密集。这一切都使得灾后的社会互动呈现出高频率和更复杂的态势。

非功利。灾后大量体制性、国家化和公益性的社会互动类型具有非功利化的性质。防灾、救灾、赈灾和灾后重建这四个环节在本质上都是非生产性、非商业化和非市场化的过程。期间所发生的大多数社会互动行为和类型也必然是具有同样的非功利特点。若带有功利目的或市场行为，针对自然灾害的许多社会互动和社会交往几乎是不可能完成的。

超地域。由于自然灾害是对于一个区域、一个国家乃至全人类的一种集体灾难和公共危机，必然牵涉到广大范围内的人们的社会动员和社会参与，从而形成跨越地域的大规模和大范围的人类社会互动行为。在自然灾害面前，人类的公共行为和公共物品的供给是没有疆域限制的，既没有种族烙印，也不应有政治前提，更不应有商业目的。

对自然灾害中的人类社会互动理论的研究不应止于上述这么简单的描述。因为，这可能是研究自然灾害社会学中一个涉及面广、且具有决定性意义的研究领域。期待其他社会学同仁继续深入探讨。

# 第二十章　自然灾害中的经济结构与经济增长

## 第一节　自然灾害的经济结构

在自然灾害频繁和剧烈的国家里，会形成自然灾害烙印下的国家经济结构。这样的国家在世界上不多，日本为最典型的代表。

日本经济是建立在极为不利的自然地理环境基础上的，屡次重大的以地震海啸为主的自然灾害对国家经济社会造成重创，甚至改写了日本的经济发展史。但日本这个弹丸岛国依然是全世界第三大经济体和最为繁荣稳定的国家之一。除了其政治体制、文化渊源和国际关系上所具有的优势外，其对自然灾害的认识和克服也是其生存发展的必然选择。

1923 年 9 月 1 日关东大地震后，1924 年，日本修正了原有的《城市街道地面建筑物法》，第一次出台了耐震基准。1950 年制定了详细的建筑基准法，并不断修改。[①]

通过对灾害认知程度的提高以及历次救灾的总结，日本逐步建立了抗震救灾法律体系。主要有《灾害对策基本法》、《灾害救助法》、《建筑基准法》、《地震保险法》、《地震财特法》、《地震防灾对策特别措置法》、《建筑物耐震改修促进法》和《受灾者生活再建法》等。其中最重要的是《灾害对策基本法》。

"《灾害对策基本法》使灾区救助在体制上得到保障。制定这一法律的目的是为了在自然灾害发生时保护国土及国民的生命财产安全，以便在制定防灾计划、救灾对策及灾后重建财政金融措施时有章可循，确保社会秩序安定。

《灾害对策基本法》对灾害的信号、灾害状况的报告、信息的收集、警报的发出、消防救助措施、受灾儿童教育、保健卫生和防疫、防止犯罪、维护秩序、紧急输送伤员和救灾物资等都有明确规定。对灾害对策总部及其各组成部门的权限都有明确具体的规定，不会出现推诿扯皮的现象。"[②]

---

① 田福胜，高琳：日本建筑抗震标准的变迁和现行的抗震标准，《建筑结构》，2012 年第 3 期。

② 何德功：日本——依法行事集合力量，《参考消息》，2008 年 6 月 12 日。

　　这样复杂严格的法律体系，对包括建筑业在内的国民经济的所有领域都有很高的防震抗震要求，这一方面会增加建设成本，但却对保护自然灾害下显得脆弱的国民经济起到了重要的法律保障作用。同时，随之而来的与地震等自然灾害有关的经济产业和行业也必定形成。

　　首先在改进城市规划方面，高度城市化的日本需要投入大量的国家预算建设防灾公园等防灾基础设施。在 1923 年关东大地震中 220 处大火连续燃烧 3 天，在公园避难使许多人幸免于难。日本把建设城市公园绿地作为抗震减灾的基本方针之一。①于 1928 年、1929 年、1931 年分别建造了锦系、滨町、隅田三大地震灾害复兴公园，全国建成 52 个类似的小型公园。②后演化为防灾公园：绿化带可有效阻隔地震引起的次生火灾，防灾棚内及周围有应急设备，停车场可囤放物资，还有直升机降落场等。如图 3—46。地下存放通讯器材和消防备用器材。防灾公园附近设有指路牌，画出避难通道，标出避难场所的级别。

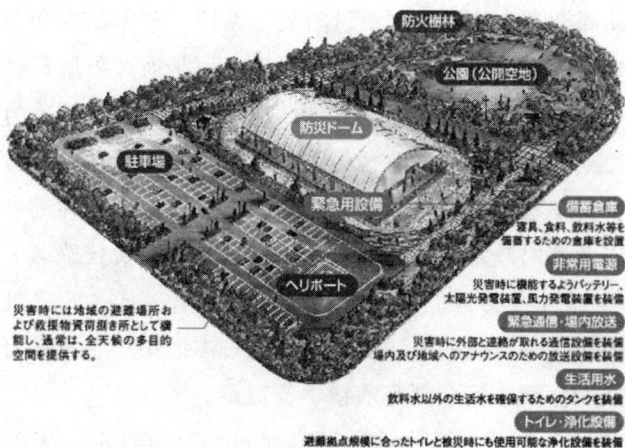

图 3—46　日本防灾公园图解

　　1972 年后，日本实施了 6 个"建设城市公园规划"，加强城市的防灾结构，扩大城市公园的绿地面积，使之成为安全避难地。1993 年在日本的《城市公园法实施令》中，把公园确定为"紧急救灾对策必需的设施"。③

　　其次是改进建筑。1923 年关东大地震的大火连烧三天的很大原因是建筑多

---

① 陈淀国：感受日本防灾教育，《防灾博览》，2006 年第 6 期。
② 何京：日本的防灾公园，《防灾博览》，2007 年第 6 期。
③ 苏幼坡，马亚杰，刘瑞兴：日本防灾公园的类型、作用与配置原则，《世界地震工程》，2004 年第 4 期。

是木质的，建筑行业开始改进材料，钢筋混凝土建筑比例扩大，木质建筑使用防火漆等涂料。在建筑结构上，发展了抗震、免震、制震三种主要的结构。

第一，抗震结构设计分为两类。一类是加强建筑物的刚度和强度，即"强度抵抗型设计"，如运用刚度很强的钢筋混凝土材料。另一类增加建筑物的塑性变形性能吸收和消耗地震能量，即"延性效果设计"，钢筋混凝土结构广泛采用稳固的 X 型设计。

第二，免震结构是在建筑物的下部设置既能支撑建筑物本体重量，又具有在水平方向自由变形能力的免震层，将地震时产生的水平变形集中于免震层。日本从 80 年代开始应用这种结构，现在已广泛运用于小到别墅、大到高 100 米以上的超高层建筑中。

第三，制震结构是在建筑物的内部设置阻尼器，阻尼器随着建筑物的变形和运动速度而发挥其衰减作用。应用较多的是高层建筑，在建筑物的底部设置与建筑物的固有震动周期完全相同的"质量阻尼"系统。免震结构和制震结构的特点在于不是通过建筑物本体吸收地震产生的能量，而是通过阻尼器吸收能量。[①]

阻尼器是人类在应对不断发生的灾难性地震后一个富有想象力和创造力的科技手段，这是建立在以往的手段业已失败和人类摸索出了地震能量释放的规律后的一种自然灾害科学领域里的范式性尝试。日本能发明出这样的技术，也基于其雄厚的科研、工业和财政基础，以及科学工作者的职业责任感。

按照日本在 1981 年修订的《建筑基准法》要求，日本的建筑必须能够抵御里氏 7 级以上的地震，学校的抗震要求更高。日本的中小学校本身就是应急避难建筑，所以地震发生后，民众都是前往学校避难。

1923 年关东大地震后，日本着手研究建筑物抗震性能、完善建筑抗震设计理论与方法，最大限度地降低房屋损毁程度，有效降低主要次生灾害。关东大地震时，日本学校主要是木质结构与砖瓦结构，与现在汶川部分农村学校相似。地震使不少校舍倒塌，学生集体遇难。日本吸取教训，以"学生的生命维系着国家的未来"为最高原则，规定学校教学楼必须使用钢筋混凝土结构。在当时，钢筋混凝土结构是最新的建筑模式。关东大地震之后至 2010 年"3·11"地震海啸前，日本历次地震遇难人数均不过万人。即使是 1995 年在人口密集的阪神发生的地震中，遇难人数也少于 6000 余人，堪称奇迹。

因此，在战后的每次大地震中，日本中心城市的高层建筑基本屹立不倒，极

---

① 和田章，李大寅，吴东航：日本建筑的抗震结构与免震、制震结构，《环境保护》，2008年第 11 期。

大地减少了经济和社会损失：避免了建筑倒塌所造成的直接的人员财产损失；减少了清理倒塌废墟的费用；使经济体和国体基本未受到冲击。这是以前期投入的抗灾经济成本来换取国家总体经济的安全。这就是日本的自然灾害经济结构。

因此，自然灾害事件的次数并非问题的全部，灾害类型和强度以及有关国家的基础设施可以在一定程度上决定损毁的程度和灾民的多少。

根据不同的用途和需要，日本强大的科研发明和制造产业研制出各种防震抗灾用品。如具有一定防火功能的紧急避难用品包。内有各类物品 27 件，其中包括矿泉水、保质饮用水桶、压缩饼干、手摇发光灯、防尘口罩、保温雨衣、防滑手套、绳子、特制蜡烛、固体燃料、应急哨子、干洗发剂、护创膏、药棉和绷带等。如图 3-47。在日本各个大公司，员工桌下都有免费配置的防灾应急箱，家庭也可以预备，这些应急箱内配备人们在灾后应急避难的基本生活用品和工具。对高质量防灾抗灾用品的巨大市场需求形成了日本独特的产业。

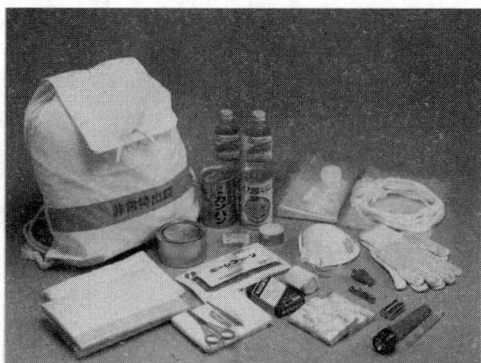

图 3-47 日本紧急避难用品包

此外，日本还开发出很多防灾的应急用品，如压缩内衣、无水洗涤剂、手摇充电收音机、炉具套件、全能电器、防灾兜帽、方便米饭和冷冻蔬菜等用品。可见，这些都是用科技手段，根据实际需要和经验总结生产出来的应急产品。日本在防震抗灾用品的研发生产方面，基本形成了产业链。[1]

日本经济体中历史性的"经济域外集团"有力地支撑着灾难频发中的日本经济。在二战时期，日本是通过对中国东三省推行的所谓"满洲农业移民百万户移住计划"。

1936 年 5 月，日本关东军制定了所谓的"满洲农业移民百万户移住计划"。

① 候建盛：日本新潟地震救灾行动及对我国地震应急工作的启示，《防灾技术高等专科学校学报》，2005 年 9 月第 7 卷第 3 期。

规定以"开拓团"的组织方式，20 年间移民 100 万户、500 万人为目标。从 1937 年起，每 5 年为一期，移民户数是呈递增的，第一期为 10 万户，第二期为 20 万户，第三期为 30 万户，第四期为 50 万户。即从 1937 年开始，20 年内向东北移民百万户 500 万人。据不完全统计，日本在侵占中国东北期间，向东北共派遣开拓团 860 多个、移民 10 万户，33 万多人。"开拓团"强占或以极低廉的价格强迫收购中国人的土地，然后再租给中国农民耕种，从而使 500 万中国农民失去土地，四处流离或在日本人组建的 12000 多个"集团部落"（即"人圈"）中忍饥受寒，其间冻饿而死的人无法计数。

日本想借向中国东北武装移民的政策，改变东北的民族构成，造成日本人在东北地区的人口优势，反客为主，霸占东北。日本以"维持治安"为借口，将日本移民目的地宣布为"危险区"，将当地农民赶走。截至 1943 年，日本以这种方式逼迁东北农户 40771 户。到 1945 年日本战败投降时为止，日本通过伪满政府和"满拓"掠夺的土地高达 3.0 亿亩，是日本国内耕地面积（600 万町步）的 3.7 倍。这是对日占区内经济资源的大肆霸占和掠夺。这是二战中日本帝国主义应对自然灾害、以军国主义侵略为基础的"自然灾害国民经济"。

战后，日本实际上以海外投资和海外贸易等方式，将其经济中的自然灾害破坏成本通过海外投资和生产转移的方式降至到了最低。这些方式就是积累海外资产、建立海外分公司、推动海外企业并购、增加海外贸易额在国民生产总值中的比例和在海外直接生产和营销产品。

**海外净资产额**

2014 年 5 月 27 日，日本财务省公布的统计显示，"截至 2013 年底，由日本政府、企业及个人投资者所持有的海外净资产额再创新高，连续 23 年成为全球最大海外净资产国。海外净资产额的计算方法是海外资产减去海外负债。

截至 2013 年底，日本海外净资产额较 2012 年增长 9.7％至 325 万亿日元（约 3.2 万亿美元），连续第三年保持增长。财务省表示，日本央行推行的超宽松货币政策导致日元大幅贬值，推动了以日元计价的海外资产额不断增加，成为日本海外净资产再创新高的主要原因。

受日元贬值、日本企业不断进行海外并购推动的影响，截至 2013 年底，日本海外资产总额较 2012 年增长 20.4％至 797.1 万亿日元（约 7.8 万亿美元），连续五年保持增长。"[①]由于日本拥有的巨大海外资产，其实际 GDP 总值甚至可能达

---

① 日本蝉联全球最大海外净资产国，《深圳特区报》，2014 年 5 月 28 日。

到了世界第一。也就是说，日本把国家资产这堆鸡蛋的很大一部分放在了海外资产这个更保险的篮子里。

**拥有海外子公司的制造业企业数**

2011 年，拥有海外子公司的日本制造业企业数比例创历史新高。《日本经济新闻》报道，经产省公布 2011 年企业活动调查报告显示，截至 2011 年 3 月底，在受调查的 13074 家制造业企业中，3257 家企业拥有海外子公司，占比 24.9％，创历史新高。企业平均拥有海外子公司 7.2 家，高于国内子公司平均保有量的 5.3 家。从一个侧面反映了日元升值背景下，日本制造业向海外转移的趋势。

从海外子公司地区分布看，亚洲（除中国）占 29.7％，欧洲占 19.2％，北美占 17.6％。在国别分布中，中国占比最高，达 26.6％。[①]

**日本企业在海外的比例**

日本内阁府的一项最新调查显示，截至 2012 年度，日本有近 7 成的企业在国外生产，但这也进一步加剧了日本国内的产业空洞化。

据《日本经济新闻》消息，2012 年 1 月，日本内阁府对企业实施了问卷调查。调查显示，日本在海外加工生产的企业比例，在 2012 年达到最高，为 68.0％。预计到 2017 年这一比例将达到 71.1％，占全部企业的 7 成以上。排在第一位的理由是"当地需求旺盛"，占 45.5％；排在第二位的理由是"人工费用便宜"，比例超过 23.1％。与 20 年前的 1992 年相比，日本企业到国外加工生产的比例上升了 24.7 个百分点。

日本企业在国外生产的商品，被反向出口到日本的比率为 19.8％，创历史新低。以海外生产基地为据点、在新兴国家市场开展销售，日本企业进军新兴国家市场的战略意图很明显。[②]

**日本企业海外企业并购数**

2015 年 2 月 21 日，日本共同社从调查公司 RECOF 汇总的数据中获悉，日本企业 2014 年对海外企业实施的并购（M&A）数比上年增加 11.6％，达 557

---

① 中华人民共和国商务部网站：拥有海外子公司的制造业企业数，http://www.mofcom.gov.cn/aarticle/i/jyjl/j/201201/20120107940390.html，上传于 2012 年 1 月 29 日，下载于 2015 年 7 月 21 日。

② 环球网：日本近 7 成企业在海外生产 国内产业空洞化加速，http://world.huanqiu.com/exclusive/2013-04/3831039.html，上传于 2013 年 4 月 15 日，下载于 2015 年 7 月 21 日。

件，创下新高。此前并购最多的为 2012 年，达 515 件。据 RECOF 公司介绍，在日本企业收购的海外企业中，美国企业最多，达 152 件；其次为中国的 49 件；新加坡位列第三，日企并购新加坡企业件数比上年增加了约 1.8 倍。2015 年以来，佳能（32.53，0.06，0.18%）宣布将收购瑞典的全球最大监控摄像头公司 AXIS，出资额最多约达 3300 亿日元。日本邮政宣布将斥资约 6200 亿日元收购澳大利亚物流巨头拓领控股的全部已发行股份。2015 年 7 月，日本《日经新闻》集团出资 13 亿美元买下英国百年报纸媒体《金融时报》，这是日本媒体最大的并购案。借此，日本经济新闻集团在媒体受众人数上将成为全球最大的财经类媒体。RECOF 分析称："日本企业通过并购，从美国和亚洲等海外经济发展中受益的行动将日益活跃。"[①]一个有趣的现象是，在 2012 年，日本经济体在日本海外异常地活跃。这是否与 2011 年刚过去的"3·11"大地震海啸有关？不得而知。但可以确定的是，日本经济体在海外的长期活跃，不仅与其国内资源匮乏、消费低迷和高昂的生产成本有关，也与其不稳定的自然地理环境因素密切关联。

**日本的贸易额占国民生产总值的比例**

2007 年的日本贸易统计，出口额占日本 GDP 总量约 16%，接近五分之一。但有关这方面的最新数据缺失。

**日本汽车在海外的产量**

以日本最重要的出口型产业汽车制造业分析，2013 年以丰田为代表的日本汽车工业八大企业合计总产量达 2555 万辆，同比增长 2.7%，连续两年创历史新高。其中，丰田成为世界首个产量突破 1 千万辆的车企。八大厂商海外产量增长 6.5%，国内产量下降 3.5%，海外生产和销售对日本汽车产业所占地位越发重要。

丰田的海外生产同比增长 5.6%，为 553 万辆，在北美和中国销售持稳的同时，生产由内而外的转移在积极推进。丰田在北美的生产增长 7.3%，本田的 SUV 在北美增长 7.4%，日产的 SUV 增长 22.9%。

2013 年日产在墨西哥三家工厂开业投产，2014 年泰国和巴西工厂将投产；3 月底前，铃木在印度完成全资子公司设立手续，投 5 百亿日元建三座新工厂，维持市场份额龙头地位。

在世界最大汽车市场中国，丰田增长 14.5%，日产增长 18.0%，本田增

---

① 新浪财经：日本企业 2014 年海外并购数创新高，http://finance.sina.com.cn/world/20150221/231121580919.shtml，上传于 2015 年 2 月 21 日，下载于 2015 年 7 月 21 日。

长 27.7％。

但日本汽车在国内的生产却逐渐萎缩。2013 年，日本国内汽车产量时隔两年跌破上年，原因是对节能汽车补贴制终结和生产向海外转移，出口量同比减少2.8％。预计 4 月份消费增税后会进一步下降。丰田决定国内维持三百万辆生产体制，2014 年国内生产计划将减少 20 万辆；马自达将开启在墨西哥新工厂的生产弥补国内产能不足。[①]

此外，"日本制造"的高品质深植人心，消费性科技产品大量外移。技术贸易对于技术的依存性，从进口过量到输出过量有长期性的变化倾向。此外，日本还大量出口电子产品、家电、机械和工业用机器人等。

最后，日本也是世界上最大的动漫产业创作输出国。

## 第二节　灾后的经济负增长与正增长

自然灾害对经济的破坏表现在三个基本层面：第一阶段，在物质上的重创，如产业被摧毁；第二阶段，大量灾后初始重建投资成为非创造性、非营利性的投入；第三阶段，投资灾区在一段时间内成为不可能，经济社会的恢复发展继续滞后。

灾区不同的经济结构和经济水平，及灾后重建的特点和重点都会影响到不同的经济领域。

"一些经济学家说，飓风、地震、洪水、火山爆发、暴风雪等自然灾害虽然会造成大规模的破坏，但这些破坏在很大程度上也能刺激经济。

"通过吸引资源，重建工作可以成为一个短期的刺激因素，而灾难本身摧毁了旧的工厂、道路、机场和桥梁，使得新的更先进的公共和私有设施得以建成，这样就能在长远范围内促使经济向着更健康和更高效的方向发展。

"密歇根大学经济系教授马克·斯基德摩尔说，有些东西被毁坏之后，你不一定要重建一模一样的东西，你可以应用更先进的技术，你也可以更有效的工作。它能促使你提高，灾难可以帮助人们用不同的方式思考问题。研究表明，美国加利福尼亚和阿拉斯加的地震都刺激了当地的经济发展，而且，飓风、暴风雪等灾害频发的国家经济增速反而更快。近年的一些研究还发现，灾难和随之而来的创新之间有一定的联系。有关自然灾害的经济学研究起源于对人为灾难的研

---

① 环球网：日本汽车产量再创新高 海外成主流，http://china.huanqiu.com/News/mofcom/2014-01/4804303.html，上传于 2014 年 1 月 30 日，下载于 2015 年 7 月 21 日。

究，尤其是关于战争的影响。上世纪六十年代，兰德公司的分析家试图评估出一场核攻击会对美国造成的影响，他们最后创造出了这类攻击将如何影响经济的模型。

"1969 年，国防分析研究所的道格拉斯·达西和霍华德·康罗伊特出版了《自然灾害经济学》一书，首次尝试对灾难的经济影响进行量化。该书主要分析了 1964 年的阿拉斯加地震，这是北美地区有记载的最强烈的地震。他们发现，地震之后，大量资金涌入该地区，政府也拿出巨额补贴和贷款用于重建，结果是，相比震前，很多阿拉斯加人反而更加富裕了。

"这种灾难刺激短期增长的理论开始得到不少经济学家的认同。穆迪氏经济网的宏观经济研究负责人格斯·福彻说，有关这方面的数据非常清楚。

"福彻研究了一些灾难对美国地区经济的影响。结果发现，在某些情况下，影响是非常显著的。1992 年，'安德鲁'飓风袭击了佛罗里达东南部，造成的损失相当于今天（指 2008 年——笔者加）的 400 多亿美元，但灾难过后，由于建筑业的大量需求，就业率出现了显著提高。福彻还说，正是 1994 年洛杉矶北岭地震带来的就业、援助和投资帮助洛杉矶走出了上世纪 90 年代初的经济衰退。但'卡特琳娜'飓风却是一个例外，由于大批居民离开了此地区，政府的援助和保险赔偿又过于迟缓，该地区未能实现经济反弹。

"但（灾难刺激短期增长的理论——笔者加）忽视了一个事实，就是用于灾后重建的资金和劳动力都是从其他生产领域调拨出来的。

"从长远看，灾难的作用是清除过时的基础设施，让更先进的设施取而代之——这就是奥裔美国经济学家约瑟夫·熊彼得提出的'创造性破坏'力量在自然界的体现。经济在恢复过程中实际上会更具生产力，一些经济学家说，这种作用可以在灾后几十年显现。

"2002 年，斯基德摩尔等人合作发表了一篇论文，将 30 年内 89 个国家的灾难发生频率及其经济增长进行了列表分析。

"结果发现，单从飓风、风暴等气候灾难（区别于地震、火山爆发等地质灾难）来看，相比这类灾难较少的国家，气候灾难频发的国家长期经济发展更快。

"为什么只是气候灾难呢？作者指出，由于我们对极端天气的预报能力越来越强，这类灾难造成的人员损失就可以大大少于难以预测的地质灾难。"[1]

---

① 德雷克·贝内特：灾害刺激经济增长吗？，《国际先驱论坛报》，2008 年 7 月 14 日

但以上观点和理论都是建立在发达国家受灾的情况基础上的，因此可能并不完全适用于经济落后和政治腐败的国家地区（除非获得足够的外援）。

有学者认为，灾害经济学就是要研究在遇到重大突发性灾害时，应时的灾害评估体系的科学方法、地区性的协调机制、经济补偿机制等。

灾后，灾区的旅游资源会得到意外的关注，可能成为新的重要经济增长点。同时，由于灾区的野生动植物资源、水利资源极为丰富，政府可以制定政策保护性地开发利用这些资源，使其成为新的经济增长点。

因此，就象在汶川地震中的羌族文化和绵竹年画艺术被发现并得以发扬一样，如玉树的三江源文化和文成公主庙等旅游资源也是通过意外的地震为世人所瞩目的。这里就有一个所谓的灾区区域形象论和契机论（Theory of region image and turning point），即对于原先封闭落后、经济资源贫乏的边缘地区，其稀缺的文化资源乃至经济潜力会因为一次为国家乃至世界所瞩目的自然灾害而被发现，从而成为长期落后地区的新的发展契机。

但不是每个灾区都能获得这样的契机，需要具备以下要素：

第一，具有先天的、潜在的文化资源和经济潜力；第二，这些文化资源和经济潜力具有一定的特征和不可替代性；第三，需要有媒体的发现和传播效应；第四，政府、专业人员和经济界有发现和利用这些资源与潜力的意愿和能力；第五，这些资源和潜力受到外界的足够重视并被认为有使用价值和商品价值；第六，对于当地封闭落后地区的社会经济发展具有相当的意义和价值。

## 第三节　自然灾害经济

救灾赈灾物资供应的阶段性增长就是一个重要的自然灾害经济学问题。

灾后救助行动的时效与方式的恰当与否，往往影响着整个救灾活动的成败。许汉泽总结出灾后救灾赈灾有五个阶段：无目的的救助阶段，有目的的救助阶段，常规救助阶段，非正常市场阶段，正常市场阶段。如图3-48各阶段尤其各自的使命和特点，从经济学的角度看，也是灾区消费品恢复供应的基本过程。

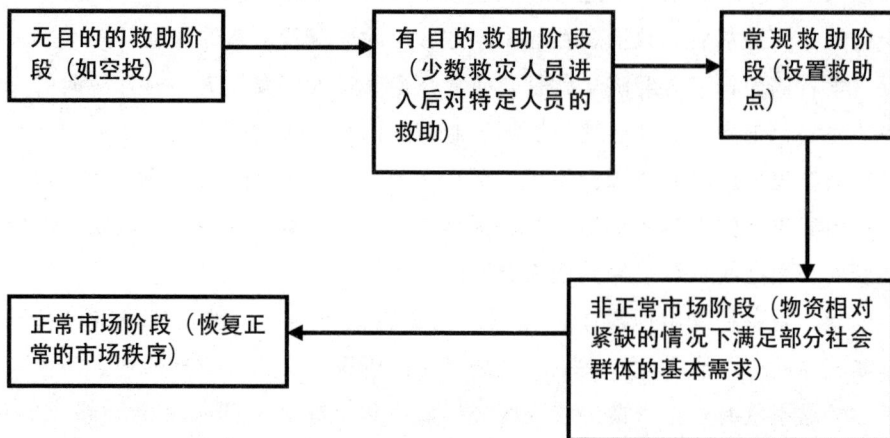

图 3—48　灾难发生后的救助方式

　　无目的救助阶段一般发生在灾难后很短的时间，救援人员和物资往往还没来得及赶到灾害现场，救援也是没有目的和散面的。如大范围地空投食品饮水等。

　　有目的的救助阶段一般发生在灾后不久，少量救援人员赶到灾后现场。此阶段的救助主要是有目的的少量的救助。救助对象一般是急需救助的人员，如有生命危险的人员。由于人员和所带物资有限，大部分没有生命危险以及受轻伤的灾民暂时不是救助对象。

　　第三个阶段是常规救助阶段，大量的救助人员以及救灾物资已运往灾区现场。在有关部门的统一领导下设置救助点和救助站，对广大的灾民实施常规性的救助，发放足够的食品和水，以及对灾区展开防疫工作。

　　第四个阶段是非正常市场阶段，该阶段市场秩序还没有完全恢复，物资相对短缺，但也有一定的多余物资和商品。有些灾民在满足基本需求后要满足其他需要，于是商品交换就随之产生。此时由于不是市场经济主导和物资短缺，所以物价一般比较高（玉树地震后，有的商家将从店铺中抢救出的商品进行高价再销售）。有时要实行配给制度。

　　第五个阶段是正常市场阶段，发生在交通恢复，外界的物资大量涌进后，市场基本恢复到灾前的水平，物资种类和数量合理，交易正常化，物价回稳。

　　许汉泽认为：灾后由于物资的暂时性短缺，根据经济学的供给和需求定律，物价一般会高于平时水平，这也被称作价格欺诈行为。价格欺诈行为会使一些商人发不义之财，也会让灾民支付更高的价格。对于一些商人在灾后哄抬物价的行为，人们一般持批判的态度甚至进行惩罚。

但这样的行为也有其合理之处，甚至在灾后社区发挥了正功能作用。试想在物资紧缺但物价较低的情况之下，物资一定会被抢购一空。而较高的物价对人们的购买力有要求，只有最需要的人才会购买，才会保证在灾害之后最需要救助的人得到应有的救助。如在水资源紧缺时，一瓶水如果卖一美元的话，就会被人们抢购一空，但是如果卖二十美元的话，就相对限制了人们的消费，当有人急需水救命之时也会高价买到水源。某种程度上就是高价格救了这个人的生命。但如果需要救命水的人缺钱，这仍是一个难解的伦理问题。

所以灾后的价格欺诈行为是非正常市场阶段的正常行为，政府应该适当的引导和管理，而不是强制下达限价令。[①]

巨灾对区域经济的影响是因地而异的，经济发达地区所受影响严重，经济不发达地区所受影响较轻。

根据郑长德以某区域的经济贡献率和拉动力测算，"2006 年 15 个受灾最严重的县提供的生产总值 6699412 万元，占四川省生产总值的 7.76%，占中国生产总值的 0.32%。根据对 2000 至 2006 年数据的分析，四川地震灾区 15 个重灾县对中国经济增长的平均贡献率为 0.3%左右，拉动率平均约 0.03%。因此，地震所影响的四川 15 个重灾县，对中国经济增长的影响很轻微。

"而四川在 2007 年实现生产总值 10505.3 亿元，占中国国民生产总值的 4.26%，对中国国民生产总值增长的贡献率为 5.22%。拉动率为 0.6%，因此四川经济实力较小，地震对中国经济增长的影响不超过 0.5%。

"经济贡献率和拉动力低的灾区对中国的影响较小。汶川地震对中国的经济增长影响有限，但对四川省的经济增长产生了较大的影响，对重灾县所在的地市州的影响，不同地区差异明显，其中阿坝州、德阳市、绵阳市等地的经济增长受地震灾害的影响最大，对其余几个相关地区经济增长的影响相对较小。"[②]

因此，就自然灾害对区域的经济影响而言，自然灾害对灾区本身的经济影响勿容置疑，但依据灾区经济对更大区域的贡献率和拉动率算，经济落后的灾区的影响度较小，反之较大。如果以日本"3·11"地震海啸、中国汶川地震和海地地震为排序，对世界经济影响最大的当属日本，影响最小的是海地。

自然灾害对基础设施、农业、渔业、林业、航运业、工业生产和城市经济带来严重破坏，对经济领域的重建需要耗费国库宝贵的积蓄和预算。

---

① 许汉泽：2010 年研究文稿。

② 郑长德：汶川大地震对全国及地区经济增长的影响分析及对策研究，《西南民族大学学报（人文社科版）》，2008 年第 7 期。

灾后，政府一般会通过财政补贴、贴息、资助、税收减免等措施长期支持引导企业恢复重建和生产自救，鼓励社会民间组织投入灾后重建，吸引全社会资金投资灾区参与重建。

在经济社会发展基础滞后的灾区可充分利用灾害带来的契机，利用"灾区区域形象论和契机论"（Theory of region image and turning point），借助政府和社会各界的支持，因地制宜地集中力量规划发展一两个特色产业，使其成为经济重建的战略支点，未来可以围绕这些特色产业，构建完善的产业链与合理的产业群，推动地方经济的持续增长。

因此，有经济界人士认为，自然灾害可以为经济发展带来机遇。如水灾后的投资机会增加。一是长期受益，两年内水利建设的投资额将大幅增加；二是中短期受益，医药、水泥、钢铁、工程机械、电力设备、家居用品的短期需求将急剧上升；三是受益程度不明朗，存在爆发性机会，比如农业的灾后补种情况将视水灾的进一步发展而定。江河流域很多地区的灾民要重建家园，水泥价格有望先抑后扬。因此灾后重建的另一条投资主线是中短期受益类板块，其中尤以水泥为代表的建材较为突出。此外，"大灾之后防大疫"，洪涝灾害发生之后，受灾地区对医药的需求通常会急剧上升。洪涝灾害会放大三类药的需求：止血药、血液制品等伤科用药；各类抗感染药物及疫苗；常见病如感冒、腹泻等治疗药物。①

但笔者认为，这些投资不会对经济增长带来增值和 GDP 上的突进，只是量在特定范围内的增长，并不是质的和附加性的增长。即这些投入的结构存在三个决定性的特点：第一，一些投资是补偿性的投资，如水泥和钢铁的生产，即对灾害所引起的经济损失进行没有附加值的补偿；第二，这样的补偿性投资往往是通过国家的财政补助完成的，而不是企业本身投资、市场机制和经济规律的作用，因为灾后的基础设施重建基本上是由国家承担的（如水利设施等基础公共设施的重建），且并不能创造实质的新财富，只是完成实现了使用价值，没有商品价值。第三，从根本上看，灾后投入的资金集中在恢复生产、生活领域，是满足基本的再生产和再生活需要，不能创造新价值，更不可能在科技创新和新兴产业方面获得投入和提升。

因此，灾后重建投资中有一部分是国家补贴性投入，是补偿性经济，是实现部分急需的使用价值，而不一定创造出高利润的商业价值和剩余价值。

---

① 金融界网站，老杜：洪水会给股市带来哪些投资机会，http://www.cs.com.cn/gppd/06/201007/t20100729_2531884.htm，上传于 2010 年 7 月 29 日，下载于 2010 年 8 月 9 日。

# 第二十一章　自然灾害社会学的研究范畴

社会学理论中的 36 个基本范畴概括于下表。笔者认为，这也是自然灾害社会学的研究范畴，总结为以下 36 个主要方面并做分述，见表 3—15。

**表 3—15　社会学理论基本范畴**

| 1. 社会 | 2. 文化 | 3. 亚文化 | 4. 社会化 |
|---|---|---|---|
| 5. 社会规范 | 5. 社会地位 | 7. 社会角色 | 8. 社会人格 |
| 9. 社会互动 | 10. 合作 | 11. 顺应 | 12. 同化 |
| 13. 竞争 | 14. 冲突 | 15. 社会结构 | 16. 社会群体 |
| 17. 初级群体 | 18. 家庭 | 19. 社会组织 | 20. 科层制 |
| 21. 社会分层 | 22. 社会流动 | 23. 社会制度 | 24. 制度化 |
| 25. 社会变迁 | 26. 社会现代化 | 27. 社会问题 | 28. 社会解组 |
| 29. 越轨行为 | 30. 社会控制 | 31. 社会整合 | 32. 社会安全阀 |
| 33. 社会态度 | 34. 社会秩序 | 35. 社区 | 36. 城市化 |

自然灾害社会学的 36 个研究范畴，既是社会学研究自然灾害的切入点，也是自然灾害所涉及的相关社会问题领域。

社会：人类社会遭受来自自然的不可避免的冲击和破坏，可以造成一系列衍生性的社会困境、社会问题甚至社会危机，造成社会结构的变动，引发社会变迁。自然灾害社会学就是以遭受自然灾害冲击的人类社会为根本的研究对象。

文化：自然灾害文化是一个地区、国家或民族在长期自然灾害环境中形成的结构性、传统性、普遍性的思维、信仰、规范、价值、伦理、惯习和生活方式的总和。自然灾害文化会成为国家民族精神的一部分，并融入在社会实践中。

自然灾害可能对人类社会既有的物质文化、精神文化、思想文化和文化传承造成断裂性的破坏，使文化倒退，使人类文明从物质上到精神上发生局部的一段时期里的衰退。

亚文化：在自然灾害社区中所形成或进入的各种亚文化会和主流文化形成共存或对立的状态。亚文化及其社会系统借自然灾害的发生嵌入到主流社会结构中。当亚文化社会系统的临界值如亚文化社会群体的人数达到一定数量限度时，其影响力就会凸显，或是积极的，或是消极甚至破坏性的。亚文化甚至最终会逆转为主流文化并影响着社会结构的变化。但这种逆转过程可以是稳定过渡的，也可能是激烈冲突的。

社会化：生活在风险社会和自然灾害社会中的人们，应该对有关自然灾害知识和应对自然灾害以及灾后社会行为有基本的认识和掌握。但现实是，大部分的人对此的认识和了解是不够的。在自然灾害日益频发、剧烈的今天，没有足够的自然灾害知识和防灾减灾抗灾意识和行动能力的人，都可以被认为是没有彻底完成其社会化进程。

大部分的普通社会化过程都是一种螺旋上升的发展过程。但灾民经历了灾后新意识形态和新价值体系的重建。这可以用"自然灾害的再社会化"来界定。在常态下，人们都有从家庭到各级学校的正常的社会化过程。但经历自然灾害这样较大社会突变的人，会经历对社会的重新适应和再社会化的过程。一些人甚至会秉持与传统社会价值观相反的思想和行为方式，是"自然灾害的逆社会化"。

在新的灾后重建社区从其社会、经济、文化和政治结构上看，大多是一个有着现代管理、先进科技和文明生活方式的现代城镇。在这一新的空间系统载体及其价值体系里，灾民通过与城市社会的整合重新开始他们的社会化。这是一种人生改变。职业、时效、规则和金钱等是新的理念，需要"再社会化"的过程才能理解和接受。因此，"再社会化"通过螺旋形的过程，进入到新的社会化进程。

社会规范：自然灾害场域下的社会规范问题有两个维度。一是在自然灾害对社会结构造成重大冲击，社会解体、社会控制失效、人类的生物本能意识彰显后，社会规范也被忽视和放弃，导致社会的进一步失范失控，社会越轨和犯罪行为增加，社会安全稳定问题凸显。二是在灾后，灾区需要建立不同于常态化社会的特殊的社会规范，以应对灾后的社会不稳定时期，但这却是难以在短时间内可以内化于人们内在价值观体系和意识行为中的，因而会在原有社会规范失去尊重和维护的同时，缺乏必要的特殊社会环境下的新社会规范。这都不利于社会稳定和社会团结。自然灾害社会规范的制度化是自然灾害有关法律的制定和执行。

社会地位：人们的社会地位在自然灾害的冲击下，会形同虚无。自然灾害面前人人平等，社会惯有的社会秩序和社会分层结构被打破，人与人的关系在灾区相对地扁平化。在灾后，最难以适应的是原先的社会中上层，他们从心态和行为上都必须有所调适，但也因此会与其他社会群体因社会隔阂的打破而引发更多的文化交集或地位矛盾冲突。

社会角色：在自然灾害中，每个人所被赋予的社会角色会被放大彰显，尤其是其所担当的职业职位的社会角色。每个人的工作在自然灾害降临时，其所必须和可以发挥的意义和作用会愈加显著，因此每个人对自己职业角色的定位和职责的履行不只是一种义务，而是一种生死攸关的责任和神圣的社会使命。但在这一时刻，却会有人因为个人的利益和理性选择，而不自觉地或有意地回避和违背了自己的职业职位社会角色所赋予的意义和使命。同时，在自然灾害下的社会环境里，人们也需要对自己的社会角色进行暂时的重新定位或身兼多个社会角色，以适应灾区的社会功能需要。如既是父爱如山的父亲，又是奉公职守的警员；再如从事任何职业的人，此时都可担当起消防员和志愿者的角色等，这需要个人的调适力、意志力和必要的专业知识进行社会角色的切换。

灾民在自然灾害期间可能被迫地不断转变其社会角色，从而发生社会地位的变化。这里的社会角色转变有两个形式：水平的社会角色转换和垂直的社会角色转换。

水平的社会角色转换指，人们同时扮演着两个不同社会角色，但社会地位没有发生垂直变化。如一位灾民是学校里的学者、教师，但同时也是临时安置点里的志愿者。如一位企业家首先是企业里的企业主或经理，同时也是慈善募捐活动中的社会活动家。某灾民既是自然灾害难民，也是灾后重建的劳动力，等等。

垂直的社会角色转换指，人们在一段时间里其社会角色向上和向下转变，其所属的社会分层也发生了变化。如灾民既可能成为失业者，也可能成为暴发户。企业家可能成为破产者，也可能是成为临时工或重要的投资者。任何一位自然灾害灾民都可能发生社会角色的变化所随之带来的其社会地位的向上或向下流动。

社会人格：社会人格在自然灾害中最大的隐患是社会人格的瓦解或分裂。社会人格是通过长期的社会化教育、伦理道德培养和个人的性格特征形成的。但灾后瓦解了的社会结构、失效的社会控制、弥漫的末日氛围和高压下的社会心理，都会使灾区中的一些民众发生社会人格上的瓦解和分裂。严重的会发生反社会人格障碍，因自然灾害引起个体对重大变故等偶发性因素所形成的社会不适应。其普通的社会行为表现是高度的攻击性或退缩行为、幽闭孤独、缺乏羞耻感、极度自卑或自负、过激反应甚至反社会反人类等。是对自然灾害环境不适应的社会人格变异。这甚至是既有社会崩溃后因恐惧、抑郁、悲愤、绝望等长期沉重的心理打击所造成的心理疾病甚至精神分裂症。具有这样的反社会人格的人既是病人、牺牲者，也是潜在的社会越轨者甚至犯罪者，对灾区乃至社会是安全隐患。

社会互动：在灾后，特殊的社会互动会打破社会常态下的运行机制和行为特征，而显现得更为纷繁复杂。因为，在灾区中会有大量的异质性较高的人口流动：灾民、救灾者、自愿者、逃难者、寻亲者、伤残者；普通灾民、军警人员、医护人员、政府官员、殡葬人员等。这些文化异质性较高的人群在相对狭小的灾区空间会搅动出剧烈而密切的社会互动，且相互间是缺乏某种仲裁和协调机制或角色控制引导的。在此情况下，每个独立的行为个体或行为群体的社会行动所产生的能量和效果，都会通过社会互动快速密集传递，但在信息不灵、指挥不畅、协同性差的灾区就可能呈现出各种社会乱象和问题。

和任何社会互动一样，自然灾害灾区中的广泛社会互动也包含着权力博弈、利益交换、文化对撞等内在张力，这些张力因素既有推动性的，也有阻碍性的。

合作：合作本该是灾区里最为需要的一种社会互动和社会行为准则和方式。但灾区中的各个群体、组织、体系，可能缘于对有限资源的控制、对权力的维护、对威望的追求和对规范的遵守等原因，而对其他的群体、组织和体系采取不合作的态度和行为，这将使灾区救灾资源被碎片化，而碎片化的结果是救灾效果的弱化，最终使各自的资源、权力、威望也被削弱。此外，即使有合作的意愿，还需要群体、组织、体系有合作的能力。这种能力既有达成相互合作的内在需求作为动力，也要有展开合作的有效机制、经验和空间，即沟通和互动的能力，没有这样必要的能力，再大的合作潜力也不可能被发挥。

合作往往是灾后各相关群体、组织、体系间在交集、排斥、冲突后妥协的结果。

顺应：灾民对灾后生活和社会现状的顺应是一种被动的社会适应过程，需要人们的某种屈就、忍耐和包容。但会有部分灾民难以顺应灾后所发生的社会变化和个人命运，从而采取更为积极主动的方式去试图改变生存现状。这种人类在恶劣环境逼迫下的主观能动性是把双刃剑，既可以产生积极的转变，也可能恰恰不能"顺应"灾后的新环境而造成新的社会不适和社会冲突。但顺应也会使人们在集体行动和社会规范中丧失个性和潜能，变得压抑和无为，甚至人格扭曲。

自然灾害场域下的顺应的另一层含义应是人类对大自然和自然现象顺应的社会心理和相应的社会行为。承认大自然对于人类社会的主宰角色和不可逆性。

同化：同化的前置词是整合和冲突。这里主要指灾后异地安置移民中灾民与新的接收地的社会同化问题。其中，文化心理整合是移民最重要、最根本和最高形式的社会同化。

一个成功的社会同化实际上是一个自愿的、主观的和长期的感情与心理上的整合。社会整合的过程形式如家庭团聚、职业和语言培训、学前教育和学校教育、大学学习、求职、职业生涯和日常生活构建出强制性的、客观的、物质性的和短期性的社会整合过程。因现实需要，这类社会整合在客观上较为成功。在接收地中自愿的、主观的文化心理整合则是一个困难的和长期的，但却是决定性、根本性的过程。据笔者总结，以下指标可以作为完全的和成功的文化心理整合的标准：

* 移民掌握当地语言或流利的通用语言。

* 移民把接收地当作第二故乡，人们愿意在这里长期生活。

* 移民热爱当地的精神和文化遗产（如历史、哲学、文学、音乐和其他文化方式），而不只是物质刺激。

* 移民尊重和接受当地的宗教文化并将之作为重要的精神和意识形态的支柱。

* 移民试图与当地人建立密切和友好的关系并形成一个朋友圈子和社会网络（或至少乐意这样做）。

* 移民对其他族群不存在种族、宗教和民族主义的偏见。

* 移民乐于完成应尽的公民义务和社会责任。

* 移民觉得自己是社会的一个组成部分，接受接收地的价值观。

由于灾后异地安置移民个体不同的受教育程度、不同的政治态度、不同的个人兴趣和移民目的，因此不可能同时具有以上的指标，但满足一些重要指标已经可以对文化心理整合产生决定性的影响。

Koch 认为："在家乡世界和在接收国之间的场域中，移民们找到了他们个人的方向：个人的自我认识和理解、对变化的生活状态的评价和相应的行为方式。这一场域不只是被看做负担，而且是重要的和基本的现代生活方式的一部分。即使这种碰撞公开化，以便理解他方并尊重其另类和陌生。这是在多元文化社会里建设性地共同生活的前提"。①

竞争：在灾后，最为显著的社会竞争莫过于对有限资源的竞争，包括对物资、住房、就业、财富、空间和地位的竞争。但这些竞争一旦演变为掠夺性的竞争，则是社会冲突的新燃点。此外，如果竞争是有序可控的、过程公平的、结果合理的，则可顺应社会民意；如果竞争是违规不公的，则可以引发更激烈的竞争乃至社会对立。竞争的过程正义比竞争结果更重要。

冲突：灾后社会秩序失序和社会结构的失衡以及对社会资源不合理的再分配，都会引发大量复杂的社会冲突。社会冲突需要被限制在可控的范围，不能延续过长，否则将造成巨大的社会成本和资源损失，并有可能衍生为更大规模更复杂的社会冲突乃至社会动乱。在灾后的社会冲突中，需要关注冲突的性质，即是

---

① 何志宁：《华人族群及与德国社会的整合》，北京：人民出版社，2012 年。

一般的资源争夺冲突、经济冲突还是社会冲突、政治冲突和价值观冲突。社会冲突、政治冲突和价值观冲突会直接动摇到政体和国体。社会冲突还有在涉及范围上延伸的危险，包括冲突群体类型的增加、冲突地域范围的扩展、冲突所涉内涵的复杂化、冲突形式的多元化和冲突烈度的升级。

社会结构：自然灾害对人类社会最深刻的冲击是对社会结构的阶段性解体。由于人员伤亡、基础设施损毁、经济运行崩溃、社会网络破碎、社会组织瓦解、社会秩序失效、社会规范缺失和职业群体离析乃至价值伦理丧失等，都会在不同领域和不同程度上对原有相对稳定的社会结构产生解组甚至解体作用。但受更强大、更持久的历史传统、价值伦理、社会规范、法律制度、国体政体、经济结构等社会稳定器因素的影响，原有的社会结构在灾后一般不会发生长期性的解体性改变，而具有较强的适应力。为保持稳定和统治，自然灾害后引发的国家—社会行动甚至会强化、固化原有的社会结构。

社会群体：社会群体结构在灾后会发生三种基本变化。一是一些社会群体因人员伤亡会造成社会群体本身所具有的部分社会功能的丧失，从而会影响其他的社会群体和社会结构的功能稳定和运行。二是社会群体会因灾后恶劣的社会环境而发生一定的社会流动，从而影响灾区社会的社会群体构成，使灾区人口的社会结构发生变化。三是灾后会有救援者、自愿者、强力部门人员等等外来社会群体的介入，从而在一定时期内形塑着灾区内社会群体间的社会互动方式。在灾后重建中，需要了解灾区社会群体长期性的基本组成结构，以便从组织上、经济上、文化上和政治上对具有灾区社区特点的社会群体做针对性管理和服务。

初级群体：像家庭、家族、邻里、同乡群、儿童游戏群这样的初级社会群体具有很亲密的人际互动关系和草根基础。但这些初级社会群体又是在灾害发生后受到破坏的最基础的人类基本组织单位。这类最可信赖、最具亲情甚至血缘关系并提供基本生存生活资源的初级社会群体的破坏和瓦解，意味着落脚其中的一些人、尤其是先赋性的弱势群体如妇幼、老人、病患等将面临生存危机。只有正式组织的替代性功能介入才可能挽救他们。而这些初级社会群体的彻底重建，在灾后主要成员损失或缺位的情况下是几近不可能的。为此，社会政策、社会福利和社会工作中相关的替代作用不可或缺。

初级社会群体也是救灾、赈灾和灾后重建中应考虑和倚重的天然社会组织和基层社会群体，既是社会政策关注的最小组织，也是展开社会行动的基本单位。

家庭：家庭属于初级社会群体中最基础的部分，是社会的基本细胞。在自然灾害中，会由于家庭成员的死伤造成家庭破碎和不健全；家庭因此缺乏原有的完整结构、稳定收入和脉脉温情，部分家庭会丧失生产功能、保障功能、安全功能、教育功能、生育功能和性爱功能等。有的家庭成员甚至从此成为孤儿、鳏寡者，一些家庭成为失独家庭、单亲家庭和永久性的空巢家庭。更有发生悲剧性的灭门之灾。灾后家庭的重组也将是一个成员重构、亲情重构、关系重构、网络重构、资本重构、社会重构的复杂过程，甚会引发来自重组家庭的新的家庭伦理异化、道德困境和成员间的矛盾冲突。一些血缘家庭和家族会因灾从此在经济利益、网络结构和亲情关系上出现难以复合的离析、瓦解和艰难重组。

社会组织：社会组织是社会结构中制度化的社会存在体，是为特定目标组织起来的有目标、有制度、有体系的社会群体。自然灾害发生后，社会组织会出现三方面的变化。第一，社会组织本身因为人员的伤亡和设施的损毁而丧失实现社会目标和展开社会行动的功能。即社会组织的运转失灵。第二，以常态化的社会建立起来的社会组织在应对非常态的自然灾害、尤其是突发的重大自然灾害时，其应对能力、应对机制和应对措施都是有限的，有很大的不适应性。因此政府才制定出各种所谓的应急响应机制。第三，社会组织中成员人力资本的构成也难以应对突发重大自然灾害，其应对能力是"透支"的。

同时，在灾区，除本地的正式社会组织外，会有其他域外的正式组织进入，如救援部队、消防队和医疗队等。多元化的非正式组织也同时介入，如志愿者队伍、民间自发组织、有组织的犯罪团伙等。多样化的社会组织的集聚使相互间的协调互动以及对抗对立在灾区呈现出多元复杂的社会管理万象（有组织的社会犯罪也是一种替代性的社会管理）。

科层制：科层制或官僚制是近代科技、工业社会产生出来的社会管理体系。但它显然是不能完全适应后工业社会和公民社会的社会结构和运行特点的，更不可能适用于自然灾害后的社会管理。因为，科层制本身的主要弊端是：分工过细、部门环节过多、运作时间长、成本高；管理过程自上而下，缺乏自主性和主动性；组织机构臃肿、助长官僚作风、效率低下；官员能力单一，适应性差；体系缺乏灵活性，刻板僵化等。这些制度性的缺陷在管理自然灾害后的社会时会被放大，并添加更多的困局和变数，主要表现在：各级部门不敢或难以独立担当责任，只能等待上级指示，从而延误救灾赈灾的宝贵时间；各部门习惯于处理日常例行事务，对自然灾害突发事件反应迟钝或无力反应；相关部门间责任不明，相互推诿责任和工作，问题得不到及时解决；官员习惯于按章办事，缺乏灵活性；严苛的管理制度和职业规范使官员在灾难面前仍缺乏人性和同情心，等等。

社会分层：自然灾害对经济、社会和体制的冲击破坏，自然会造成灾区短时间或长期的社会再分层的形成。灾后社会再分层的主要动因是六个：基于性别、种族、宗教、家庭等的先赋性优劣势，家庭和家族成员的变故，财产受损、失业破产、职业变换和灾难移民。

先赋性优劣势指灾民因性别、种族、宗教、家庭出身、生理特征和地域差异等与生俱来的个人特征，而在灾后的社会资源再分配过程中受到优待或歧视偏见，造成相对获取或剥夺，从而引起这类人群的社会分层地位因此上升或下降。

家庭和家族成员的变故指家庭、家族成员中主要的劳动力即经济来源创造者死亡或因伤残丧失劳动能力或经营能力造成收入来源的枯竭；或有家人和家族成员因伤残疾病需要支付大量难以获得补贴的医药费；或因照顾家中病患如瘫痪者、残疾人而放弃工作，从而减少了收入。这些都会使个人或整个家庭、家族出现因可支配收入的减少而导致的社会财富地位下降，从而产生向下的社会分层。

财产受损指因房产物业、店面作坊、厂房设备、生活设施以及存款期货、股票债券等个人固定资产和金融资产因灾被毁后，造成个人私有财产的损失，从而导致个人及其家庭、家族的社会分层地位发生变化。

失业破产指因灾导致失去就业岗位，从而失去收入来源，造成个人和家庭、家族的生活困境，并导致个人社会地位的变化，由工薪收入阶层变为失业贫民。此外就是企业因灾破产倒闭。

职业变换指因自然灾害的变故而更换了职业或岗位，从而引发个人的职业地位发生变化。职业、职位、职称和岗位的变动都是衡量人们社会分层地位变化的较为普遍使用的指标。

灾难移民指因灾进行异地移民的人们，会伴随着移民过程而发生社会地位的变化。如移民过程中因各种经济、社会和生理原因等所造成的对个人和家庭、家族的二次伤害或获益增加或减少会继续影响人们原有的社会地位和社会分层位置。

以上指出的主要是灾后人们社会分层地位的下降及其原因，但灾后也可能发生社会地位的上升或没有发生变异。

社会流动：按照社会流动的两种方向类型即水平流动和垂直流动分析，自然灾害发生后的社会流动首先是剧烈的水平流动，即灾区灾民趋利避害地向外流动，寻找安全的避难地。此后，随着重建工作的展开和完成，一部分人会继续留在当初的避难地或安置点，另一部份人会返回灾害发生地即自己的故乡，即返乡灾民；还有一部分人会按照规划最终搬迁到附近新的长期性安居地，实现永久性的搬迁流动；一部分人最终选择远离家乡，到"外地"寻找工作和定居；少部分人会滞留于其亲人的家里权当长期的归宿。而这些社会流动中最敏感的是流动灾民在接收地的社会适应和归属感问题。

灾后的社会垂直流动也将是相当明显的。主要是企业倒闭、生产停顿伴随而来的大规模的失业，这是某类职业群体整体性的向下流动，出现大量的失业者、贫困家庭和贫困人口。但随着重建完成和生产生活的恢复，大部分的失业者可以实现再就业，甚至出现因就业类型的变化而发生的向上社会流动。

社会制度：社会制度分为三个层次：总体社会制度，或曰社会形态，如资本主义制度、社会主义制度；社会中不同领域里的制度，如经济制度、金融制度、等级制度等；行为模式和管理程序，如考核制度、审批制度、管控制度等。自然灾害发生后，各个层面的社会制度的稳定性是维系社会结构稳定的重要依靠。但灾后对经济、社会和政体所造成的人员、物质、意志和设施的破坏会动摇甚至瓦解这些制度体系，到一定程度就会危及到社会和国家的社会秩序和正常运行。因此，灾后可能要采取强有力的临时性或创新措施稳定和维系这些社会制度，如实施紧急状态法、执行宵禁、稳定货币政策等。但一些社会制度在灾后执行过程中也会遭遇不灵活和不适应的窘况，甚至会影响灾后社会的非常态化运行。

制度化：这是被个人、社会群体或社会组织承认和普遍接受的对行为准则的有序化、规范化、固定化、法制化。在灾后，制度化的社会体系往往又会成为在发生重大社会变化甚至裂变后显得僵化的社会羁绊。这表现在人类各种制度化的管理体系在突发的重大自然灾害面前的迟钝、无力和无助。这些长期形成的、法规化的、为人们所遵循和习惯的制度化体系也许是不适用、不适应于自然灾害下的社会管理的。而且，人类有针对性地建立的所谓应急响应体系往往也是固化的、僵硬的主观臆想，在实践中难以对自然灾害和突发危机事件进行及时有效的灵活处置，并取得社会效益。

社会变迁：社会变迁是社会发展、进步、停滞、倒退等一切社会现象和过程的综合。社会变迁既包含社会的进步和衰退，又包括社会的整合和解体。一般来说，发生自然灾害后，自然灾害对人口、经济、社会、文化、价值观、科技等都会产生破坏性的影响，从而会暂时性地对正常的社会发展进程产生负面的影响，甚至产生停滞和倒退的作用。但同时，自然灾害对灾区社会变迁的作用伴随着灾后重建和经济结构、社会结构、文化结构等的调整，会出现积极的变化，乃至引发新的、更高层次的、甚至是递进性的社会变迁。

社会现代化：不同的社会形态都在自然和人为地持续性地进行着社会现代化的进程，由最早的工业社会开始，通过科技、管理和制度等的持续创新，在趋同论和全球化的背景下，使人类社会继续进入到所谓的城市社会、后工业社会、信息社会、风险社会和后现代化社会。人类社会的发展还将在未来拓展出新的社会类型。但自然灾害这一恒古至今都存在于人类社会现代化进程中的客观事实，会不断地打断甚至滞后这一进程，但仅仅是打断或滞后，而不会彻底地逆转人类的现代化进程。但应注意的是，自然灾害可以成为一些国家历史进程中一些重要的拐点，从而影响一些国家的国运，从而间接地影响着人类发展的历史。

社会问题：社会学传统的具体社会问题包括人口问题、环境问题、劳工问题、贫困问题、教育问题、家庭问题、交通问题、犯罪问题、生态问题等。中国新型社会问题包括："城市病"问题、社会公平问题、住房问题、医疗问题、教育问题、伦理问题、道德问题、移民问题、腐败问题、"三农"问题等。这些社会问题有的是政治性的、有的是社会性的、有的是文化性的、有的是生态性的，都会影响着常态社会的结构稳定。在自然灾害发生后，这些问题仍然存在，甚至会被凸显。

自然灾害环境下，除了以上社会问题会被不同程度地激化外，还会出现特定的与社会失序有关的社会问题。具体的如：抢劫偷窃、有组织犯罪、私刑、乞讨、性越轨、性犯罪等社会越轨犯罪问题；失业、破产等就业和经济问题；精神病、伤残、失独、孤儿、鳏寡等人口社会问题；流浪、逃荒、难民等社会流动问题；贪污、囤积、克扣等白领经济犯罪和国家犯罪问题；骚乱、动乱、群体事件等社会政治问题等。

社会解组：这是社会规范和制度对社会成员的约束力减弱、社会凝聚力降低时的社会状态。当社会发生剧变时，旧的规范不适用，新的规范又未建立起来，或某些规范功能作用受到阻碍，或几种规范体系互相冲突，人们失去社会行为准则，于是发生社会解组。社会解组区别于社会解体。

重大自然灾害发生后，普遍发生的是社会解组现象。其主因不是社会秩序或规范不适用，而是社会秩序和社会规范以及社会道德因维护其存在和控制的社会体系和结构发生破裂而被灾区一些民众所蔑视、轻视，即社会秩序和法律、道德失去了效力和威严。同时，一些所谓的违规违法社会行为是出自于人的求生本能和需要，不可能再遵循常规的法律秩序被约束和认定，如灾区群体性的抢劫食品和救灾物资是求生本能下的生物性行为，而不是有意识、有计划、有目的的蓄意犯罪行为。但灾区的社会解组必须得到控制，否则，其长期化和影响范围的外溢则具有社会风险，甚至会引发社会解体，威胁国家安全。

越轨行为：越轨行为具有以下五个基本特点：具有相对性，即它总是在特定的时间、地点和条件下才成为越轨行为；越轨行为必须是违反了重要的社会规范的行为；越轨行为是多数人所不赞成的行为；越轨行为不完全等同于社会问题。只有当某种越轨行为频繁地发生且对社会造成危害，使相当数量的人受到威胁时，才会转化为社会问题；行为越轨的程度以及此种行为受到惩罚的程度取决于该种行为所触犯的规范的重要性，即取决于该规范在维系社会与群体上所处的地位。

因此，当发生自然灾害这样的特殊事件并形成灾后恶劣的社会环境这样的条件下，基于社会秩序、制度和规范的分崩瓦解，灾区的越轨行为必将大面积、大范围发生。但许多越轨行为只是超越了正常状态下的社会行为规范，并不会对灾区社会造成严重的影响，如典型性的露宿街头、拦抢物资、小偷小摸、随地便溺、行为狂躁、小型示威、野外性爱等。

灾后越轨行为的类型主要有：

不适当行为。指违反特定场合的特定管理规则，但对社会并无重要损害的行为。如灾后，由于私人居住空间被破坏，灾民们必须在临时集中安置点共同生活，一些平时的隐私行为会影响到成为公共空间的安置点中的其他人的舒适感，会造成他人的厌恶、恶心、反感。

异常行为。多指因精神疾病、心理变态导致的违反社会规范的行为。这也是灾后最常见的异常社会心理和社会行为反应，自然灾害会刺激一些人罹患精神病。这样的疾病和行为只要通过药物、家人和有关机构的控制，则不会造成社会不良后果，但如果对其他人、群体和社会发生侵犯性影响则是违规甚至犯罪行为。

自毁行为。即违反社会规范的自我毁坏或自我毁灭的行为，诸如吸毒、酗酒、自残、自虐、自杀等。这样的行为是一些灾民的极端心理和行为反应。这样的行为在可控范围下是害己不害人，但却会对其所存在的初级社会群体如家庭和家族产生不良后果，害己不利他。

不道德行为。指违反人们共同生活及行为准则的行为，行为通常受到道德舆论的谴责，但不触及违法犯罪，法律上难以对其进行约束和制裁。如在公共集体安置点吸烟、便溺、停尸、喧闹、性爱、斗殴等。

反社会行为。指对他人与社会造成损害以至造成严重破坏的行为。在灾区中可能指恶意传播谣言和不良信息，大规模的掠夺物资，执行严酷的私刑，系统性地偷盗死者财务等。

犯罪行为。指违反刑事法规而应受刑事处罚的行为，它与反社会行为同属最严重的越轨行为，但并不是所有的反社会行为都构成犯罪行为，只有那些触犯刑法的反社会行为才是犯罪。灾区中最严重的犯罪行为主要是严重的偷窃、抢夺、诈骗、勒索、贪污等财产犯罪和杀人、强奸、绑架、虐待、伤害等人身侵害犯罪。倘若这些犯罪行为在灾区蔓延和持续，将可视为社会失控，需要采取社会控制。

社会控制：社会控制是社会组织利用社会规范对其成员的社会行为实施约束的过程。广义的社会控制指对一切社会行为的控制；狭义的社会控制指对偏离行为或越轨行为的控制。社会控制的手段基本上有制度、法律、规范、纪律等他律的强制性手段，还有伦理、道德、教化、习俗、习惯和意识形态等内在的自律的社会化手段。面对灾后灾区的社会解组、社会失控和越轨犯罪行为，社会控制是灾后救灾、赈灾和灾后重建的必要的法律和社会保障过程。这一过程会产生社会成本和社会反弹，但却是维护国体和社会安全的必要途径。

社会整合：是与社会失衡、社会解体、社会失控、社会解组、社会动乱等相对应的概念。社会整合的条件是基于人们共同的利益以及对人们发挥控制、制约、调适和社会化作用的文化、制度、宗教、价值观念、伦理道德、意识形态和各种社会规范乃至法律。灾区作为除了战区外发生社会失衡、社会解体、社会失控、社会解组、社会动乱等社会崩溃状态最多的区域，社会控制和社会整合是必要的。其中，作为对社会稳定具有长期性作用和可持续性价值的社会整合进程具有决定性的意义。人权、人性、共济、平等、生存权等共同的人类价值观可以形成世界范围的对于灾区支持和整合的基本文化价值要素。国家和民族的共同体意识、民族意识、集体精神和同胞认同可以使国家与灾区民众实现整合，并提供无偿的支援。而社会规范和法律法规则是灾区社区整合最有效的制度性保障，此外还包括强力部门（如司法、执法机关）的强势介入。

社会安全阀：自然灾害下的社会安全阀概念有四层意涵。第一，自然灾害后，因政府管理机制的长期缺失或不公正，民怨积聚，使得部分灾民会因灾后偶发事件讨伐抨击甚至攻击政府管理部门，这可以让统治者和管理者们借此了解到民众平时难以表达的诉求，从而有机会采取解决措施。第二，自然灾害后的社会秩序瓦解和社会控制真空，会诱使一些犯罪分子和犯罪群体行动。这为社会管理和社会安全体系给予了甄别、遏制、清除的机会。第三，政府部门和社会管理部门在遭遇自然灾害后，会被迫瞬时转换管理行为模式，这会暴露出日常管理程序中所难以显现的管理上的漏洞、落后和不合理之处，从而帮助排除日常管理上的缺陷和不足。第四，社会安全阀的含义还包括自然灾害对于支持人类社会日常运转的各种公共基础设施和公共产品的运行能力和质量效益来说，是最有效的试金石，能通过自然灾害的破坏力将不堪重负的或老旧设施设备予以发现筛除。

社会态度：个体对外界的较为稳定的心理定式和行为倾向。社会态度一般是在正常社会的长期教育、社会化和经验积累下，基于价值观和世界观所形成的对外界社会的总体看法。社会态度会影响指导人的社会行为。灾后，面对巨大的社会变化或个人及家庭、家族的变故，个人的社会态度有可能发生一定的、不同程度的变化，甚至发生扭曲和逆转。一些灾民可能因受外界刺激而发生社会态度的剧变，由原来的"顺民"和公民出现严重的社会不适，变为违规者和叛逆者甚至"暴民"。

社会秩序：社会秩序是建立在历史、制度、法律、组织、文化、规范、伦理、教化、价值观等基础上的稳定而动态化的社会管理体系。灾后，社会秩序可能受到不同程度的破坏，但秩序内在的强制性、调适能力和修正能力可以遏制失序状态的蔓延。

社区：社区是具有共同目标、有一定组织、具有一定规范、文化和社会行为的聚居在一定地域范围内的人们所组成的社会生活共同体。灾区是非常态化下的人类社区。在灾区这样的特殊社区里，社区的一般功能如居住功能、网络功能①、经济功能、政治功能、教育功能、卫生功能、福利功能、服务功能、娱乐功能和宗教功能可能会部分地丧失。这些基本功能的丧失会影响到灾民的生产生活乃至社会安全，需要及时重构和运行。灾后社区的重建不仅是社区基础设施和经济体系的重建，还包括秩序的重建、社会的重建、管理的重建、文化的重建和生态的重建。社区是灾民的稳定归宿。

城市化：社会学意义下的城市化是乡村人口转变为城市人口的过程，这种转变包括自然环境结构、人口社会结构、产业结构、就业结构、文化结构和生活方式等方面的结构性变迁。人类社会社区的两种基本形态农村社区和城市社区中，其总的发展趋势是城市社区的发展，几成人类文明的终结点。但自然灾害会打断城市化的进程。可灾后重建后的社区形态，却往往以城镇化的形态表现出来，为此，进入其中的灾民需要适应城市化的进程，成为真正的城市市民和社会公民。

---

① 网络功能包括交通物流、管道服务和电讯网络服务三个部分。

# 第二十二章　自然灾害社会

本书试图效仿 K. 马克思的发展理论、A. 丹尼尔·贝克的后工业社会理论和乌尔里希·贝克的风险社会理论等，将现时的人类社会描述为自然灾害社会。

即人类社会存在于永恒的、无时无处不在的自然灾害环境中，任何社会中的政治制度、经济体系、文化结构、社会组织、科技进步、社会心理等实际上都受着自然现象和自然灾害存在和发生的影响和制约。

## 第一节　人类社会存在于自然中

相比自然界的其他生物、动物和微生物，人类这种所谓的高级动物是最受自然制约和限制的动物：人所需要的食物链高级精致却复杂有限，人本身没有御寒的毛发，人不善游泳，人不善攀爬，人不能飞翔，人的嗅觉听觉等感应器官弱于一些动物；人这样一种貌似庞大聪敏的哺乳动物，在没有任何辅助工具的支持下，实则愚钝、笨拙、无助。在大自然里、在自然灾害的环境中，人类的生存能力是有限的，甚至弱于其他一些动物和微生物。人类是靠着自己超群的大脑和勤奋，通过所谓的人工科技、人造设备和人工智能，去部分地了解自然、克服自然、融入自然。没有这些科技和设备，人类在大自然和自然灾害面前不堪一击。

此外，无论人类建立了多么恢弘伟大和复杂多变的人工环境，所有的这些人工环境都是建立在大自然的原始环境基础上的；任何人工环境的建造材料都是来自于自然；任何人工环境都依附于自然环境；而任何人工环境都不可能抵御巨大自然灾害的破坏，没有一个人工环境可以超越、独立于和征服大自然和自然灾害而存在，将来也不可能。相反，由于人类对大自然的滥用，已经不断地受到来自大自然的惩罚，从宏观的环境污染到微观的转基因工程。

## 第二节　个体经历自然和自然灾害的绝对性

生活在和平的、没有战争这一最野蛮残酷的人类暴行中的人类社会的任何一个人，终其一生，却难以避免一次自然灾害。只要是地球人，只要地球上还存在多样化的自然灾害，就肯定会亲身经历某次某类自然灾害，并留下深刻印象，甚至被造成伤害。一个生活在平原的人，可能从未经历过地震，但他的一生中可能经历过水灾或台风；一个在本国没有经历过任何自然灾害的人，可能到其他国家时遇到了自然灾害；一个人也许自身没有经历过自然灾害，但自己亲人朋友的自然灾害经历可能对其造成间接的伤害，等等。从这个意义上来说，人的一生总会经历和遭遇自然灾害的，只是在时间地点、情景、程度上有所不同。

而寒冷、酷热、暴雨、风雪、狂风……，这些都是人类天天经历、经受的大自然和自然现象。

## 第三节　生态文明是对自然和自然灾害的臣服

目前全人类都在提倡生态文明，主张减排、主张环境保护，这些都是人类社会在经过了工业化和后工业化发展而遭受了自然的惩罚后，得出的忏悔性总结。提倡生态文明实际上是人类对自然的尊重和臣服，从"人类中心主义"再次真正回归到"自然中心主义"。包括中国在内的所有国家，无论政治制度如何差异、经济利益如何角逐、地缘政治如何争霸、意识形态如何斗争、文化冲突如何狭隘、资源争夺如何激烈，在尊重自然、保护自然、持续发展这一基本的理念上，却可以达到高度的一致。

## 第四节　不可避免和不可遏制的自然灾害

乌尔里希·贝克风险社会中的政治风险、社会风险、科技风险、环境风险、战争风险等都可以通过人类不断增长的智慧、改进的法律和日益强大的能力予以规避和克服。但唯有自然灾害风险是人类社会难以避免、难以遏制的，甚至难以预见的。

因为，大自然和自然环境及其所内生的自然现象，虽然存在和发生于人类社会，但却是独立于人类社会中的另外一个范畴体系—大自然。大自然既是人类社会的共存体，也是人类社会的相对独立的对立物。

## 第五节　自然灾害是社会互动与发展的动因

一个国家，一个制度，一类社会，一种文化，是相对稳定的人类生存实体。因为要生存，或者某些经济政治利益集团要生存，必然要求国体、政体和经济、文化的相对稳定和巩固，为此，国家以法律和道德的形式进行统治和管理。在此基础上，国家社会是相对稳定甚至恒定的人类生存实体。在今天的社会，基于人类的经验、智慧和能力，要通过人类自身的驱动力如战争、政变、改革、贸易、外交、颠覆等手段想使得国家社稷和经济文化发生重大的变化和转变，已是相当不易。因为，制衡的力量和利益的博弈会使得任何变化都变得更加复杂和不可控制；人类也不希望自己的行为是搬起石头砸自己的脚，为自己敲响最后的丧钟。每个国家体系、民族文化、意识形态和经济实体，都有维护自身利益的、长期以来就行之有效且不断成熟的制度、法律、文化、传统、价值和伦理。

因此，除了战争外，唯一能摧毁一个国家、一个制度、一类社会、一种文化的，就是巨大的自然灾害。因为如上述，自然灾害是人类社会中唯一不可避免和不可遏制的独立存在形态。

## 第六节　人类与自然和自然灾害的共存共生性

人类与自然和自然灾害的共存共生性可以从三个维度进行简单解释。

首先是，自然现象和自然灾害随时随地都存在着，平时大多数的人们之所以没有感觉到其存在，主要是这些自然现象乃至自然灾害在大部分的时空里都是被人类牢牢地控制住了。如通过大坝拦截了洪水，通过灌溉抵御了干旱，通过下水道排解了城市内涝。虽然自然现象和自然灾害在被人类的能力所束缚时，我们是感觉不到意识不到的，但它们的确存在着，自然灾害就在那里。

其次，说我们与自然灾害共存共生，是每个人一出生就会和母体外的这个世界、自然世界从此发生勾连，并依仗其而存在。同时，虽然我们不可能总是遭遇显性的、具有即时破坏力的自然灾害，但诸如全球变暖、"厄尔尼诺"现象等确实地围绕在我们身边，只等它们随时爆发出我们的感官所能感受到的自然灾害。

最使人类兴奋和好奇的是，每个人在送走、目睹或遭遇了上一次自然灾害后，总在冥冥中等待着下一场自然灾害的降临，无论在何时、无论在何地，无论这次自然灾害距离我们多么遥远，但它—自然灾害—就在那里。这是人类与他们所居住的这个星球所达成的宿命式的契约：甲方是地球，乙方是人类，甲方掌握所有的对此"不平等单边条约"的解释权。更可怕的是，他们中间，没有仲裁人。

第四部

---

# 自然灾害社会学的研究方法建构

# 第一章　自然灾害所造成的人口、社会、政治、经济、文化损失的评估体系

## 第一节　作为评估范畴的人口、社会、政治、经济和文化概览

　　自然灾害可以对人类社会的人口、社会、政治、经济、文化造成损失，但如何评价这些损失？从什么角度评价？以什么标准评价？这需要建立一个三级指标体系。这一评价体系目前还没有，但却很重要。为此，笔者尝试对其进行研究和建立。以下五个表分别概括了评估灾后人口、社会、政治、经济、文化五方面损失的基本的三级指标体系的主要范畴，见表4-1，表4-2，表4-3，表4-4，表4-5。

表4-1　自然灾害所造成的人口损失的评估体系

| 人口 | | |
|---|---|---|
| 一级指标 | 二级指标 | 三级指标 |
| 人口 | 人口损失 | 死亡人数 |
| | | 受伤人数 |
| | | 伤残人数 |
| | | 失踪人数（永久性） |
| | | 精神失常人数 |
| | | 新生婴儿死亡数 |
| | | 死亡孕妇人数 |
| | | 死亡的育龄妇女数量 |
| | 人口流动 | 因灾移民数量 |
| | | 因灾流入灾区的人口（永久性） |
| | | 因灾职业向下流动的人数 |
| | | 因灾职业向上流动的人数 |

| 一级指标 | 二级指标 | 三级指标 |
|---|---|---|
| | 家庭结构 | 有人员死亡的家庭数 |
| | | 有人员伤残的家庭数 |
| | | 死亡的妻子数量 |
| | | 死亡的丈夫数量 |
| | | 死亡的青少年数量 |
| | | 死亡的独生子女数量 |
| | | 失独家庭数量 |
| | | 孤儿人数 |
| | | 希望再生育的家庭数量 |
| | 就业结构 | 长期失业人数 |
| | | 短期失业人数 |
| | | 灾后转换工作人数 |
| | | 灾后减少的就业岗位类型/数量 |
| | | 灾后新增的就业岗位类型/数量 |
| | | 灾后就业类型与灾前就业类型比较 |

**表 4-2　自然灾害所造成的社会损失的评估体系**

| 社会 | | |
|---|---|---|
| 一级指标 | 二级指标 | 三级指标 |
| 社会 | 社会解体 | 灾区个人社会关系网络的断裂（死亡的亲属、挚友、亲密邻里的数量） |
| | | 社区公共关系设施（市民广场、市政厅、宗教设施、公园绿地、游乐场等）的损毁数量 |
| | | 社会群体动乱次数 |
| | | 参与社会动乱的人数 |
| | | 参与社会动乱者的主要职业阶层 |
| | | 参与社会动乱者的主要年龄段 |

（续表）

| 社会 | | |
|---|---|---|
| 一级指标 | 二级指标 | 三级指标 |
| 社会 | 社会管理系统破坏 | 警察机构被毁数量 |
| | | 警察死亡人数 |
| | | 民事冲突类型 |
| | | 民事冲突数量 |
| | | 犯罪类型 |
| | | 犯罪增长率 |
| | | 报警次数 |
| | | 因灾越狱人数 |
| | | 民政民事部门因灾被毁的设施类型和数量 |
| | 公共基础设施损毁 | 铁路损毁里程 |
| | | 公路损毁里程 |
| | | 被毁的交通枢纽（桥梁、隧道、立交桥等）数量和长度 |
| | | 被毁的发电厂装机容量 |
| | | 被毁的供水厂个数 |
| | | 被毁的邮政设施数量 |
| | | 被毁的排气排水管长度 |
| | | 被毁的医院数量 |
| | | 被毁的卫星电视系统容量 |
| | | 被中断的网络通讯系统的容量 |
| | | 车站被毁面积 |
| | | 医院被毁面积 |
| | | 学校被毁面积 |
| | | 完全摧毁的住房数 |
| | 个人设施 | 严重损毁住房数 |
| | | 一般损毁住房数 |
| | | 不能居住住房数 |
| | | 被毁的家庭财物 |
| | 社会质量体系被毁 | 灾后志愿者死伤人数 |
| | | 灾后非政府组织解体数量 |
| | | 社会慈善捐助金减少额 |

表 4－3　自然灾害所造成的政治损失的评估体系

| 政治 | | |
|---|---|---|
| 一级指标 | 二级指标 | 三级指标 |
| 政治 | 行政人员的损失 | 死亡的行政管理人员数量 |
| | | 死亡的主要负责人数量 |
| | | 死亡的相关主管部门人员数量 |
| | | 伤残的行政人员数量 |
| | | 渎职者和逃避者数量 |
| | | 缺乏应对知识和经验的人员数量 |
| | | 失联和失踪的行政人员数量 |
| | 行政体制的破坏 | 停止运行的部门单位数量 |
| | | 联系中断的部门单位数量 |
| | | 未能发挥作用的部门单位数量（不作为） |
| | | 作出错误决策造成新的损失的部门单位数量（乱作为） |
| | 行政设施的破坏 | 被摧毁的行政机关建筑面积 |
| | | 被摧毁的行政机关通讯系统容量 |
| | | 被摧毁的行政机关办公设施价值 |
| | | 被摧毁的行政机关交通工具数量 |
| | 行政效能的破坏 | 有多少行政部门是名存实亡的 |
| | | 被灾民、救灾者、志愿者和学者投诉的次数 |
| | | 有多少较为简单的事情在五天工作日内没有完成的 |
| | | 办事情让灾民、救灾者、志愿者跑三次以上的个案数 |
| | | 办一件事情需要盖三个以上章的个案数 |
| | 行政信誉的破坏 | 没有参与灾后工作的官员数量 |
| | | 执行错误政策或措施的官员数量 |
| | | 贪污侵吞救灾物资的官员数量 |
| | | 隐瞒灾情的官员数量 |
| | | 未完成其所承诺的工作任务的官员数量 |
| | | 引发官民冲突乃至群体事件的官员数量 |
| | | 引发官民冲突乃至群体事件的原因类型 |
| | | 资金和物质发放不到位的事件数量 |

表4-4　自然灾害所造成的经济损失的评估体系

| 经济 | | |
|---|---|---|
| 一级指标 | 二级指标 | 三级指标 |
| 经济 | 宏观经济 | 灾后 GDP 经济损失值 |
| | | 灾后人均产值减少额 |
| | | 税收减少额 |
| | | 政府灾后补贴额 |
| | | 政府救灾赈灾的资金投入额 |
| | | 国有固定资产损失额 |
| | 微观经济 | 被彻底摧毁的大型骨干企业 |
| | | 被彻底摧毁的中小型企业 |
| | | 被彻底摧毁的小微型企业 |
| | | 企业固定资产损失额 |
| | | 损失的企业设备价值额 |
| | | 因灾倒闭和停产的企业数量 |
| | | 企业失业人数 |
| | | 企业削减的职工福利类型 |
| | | 企业削减的职工福利金额 |

表4-5　自然灾害所造成的文化损失的评估体系

| 文化 | | |
|---|---|---|
| 一级指标 | 二级指标 | 三级指标 |
| 文化 | 文化遗址的损失 | 国家、省（州）、市级文化遗址被损毁的数量 |
| | | 文物损失的经济价值 |
| | | 非物质文化传承者的损失人数 |
| | | 文物损毁数量 |
| | | 文物被盗数量 |
| | | 修复文化遗址的费用 |
| | | 修复文物的费用 |
| | 教育资产的损失 | 被摧毁的大学资产 |
| | | 被摧毁的中小学资产 |
| | | 死亡的教师人数 |
| | | 死亡的学生人数 |
| | | 伤残的学生人数 |
| | 文化资产的损毁 | 博物馆、音乐厅、美术馆等被损毁的数量 |
| | | 其他文化设施被损毁数量 |
| | | 体育设施被损毁数量 |
| | | 被损毁的文化设施的总价值 |
| | | 修复上述设施所需的费用 |
| | | 死亡的艺术家和艺术管理者数量 |

## 第二节　地方政府应对自然灾害的绩效评估体系

地方政府应对处理自然灾害是政府工作的一个重要部分，但对其工作绩效的评估却一直是一个研究空白。为此，本节根据中国基本国情，制定了城乡地方政府应对处理自然灾害的绩效评估体系，设计了三级指标和各指标的权重分值。

一般情况下，地方政府处理自然灾害的主要部门如下：政府办公室、公安分局（包括 110 报警中心）、武警特警部队、卫生局（包括公立医院和 120 急救中心）、消防队、卫生局、交通局、环保局、地震局、气象局、水利局、国土局、劳动局和当地驻军等。在常规情况下，针对不同类型灾害及其严重性，各归口单位可以根据危机的性质各尽其责。但在发生突发性巨大灾害时必须把相关的机构和部门在一个统一的体系下，以最优的组合、用最短的时间重新组合起来应对。

正常情况下，地方政府已有自己的应对自然灾害的总体应急方案，各主要职能部门也制定了自己相应的更具体和细化的应急预案和应对措施。而且在日常工作中，都有自己的应急处理体系和运作流程。原则上具备了 24 小时轮值的应对突发危机的监控、响应、处置系统；而且应对的准备能力和资源储备较强。

本研究实际上是一个预设性的工作，即在发生自然灾害后，对政府的应对措施和执行效果进行绩效评估，以帮助政府、专家和公众对政府的工作提出科学、客观和有效的评价、意见和建议。

地方政府处理自然灾害绩效评估指标体系如下：

1. 地方政府处理自然灾害绩效评估指标体系的基本内容

本研究中，笔者的评估指标体系将以地方政府处理自然灾害的基础条件、管理能力和体系、执行能力、执行效果、社会反应、修正能力 6 个一级指标为基础，设计出相关的 18 个二级指标和 139 个三级指标。以此评估地方政府应对自然灾害从基础条件到修正能力范畴的内容。

地方政府处理自然灾害绩效的分值评估方法中的分值分配可采用指标权重法。指标权重法是指在指标体系中各个指标所占的比重，这是对指标所含内容的重要性的评价方法。要根据指标所指内容在地方政府处理自然灾害绩效评估指标体系中的重要性和主导性给每项一级指标、二级指标和三级指标确定分值。

2. 地方政府处理自然灾害绩效评估指标体系的基本指标

各个一级指标下分别有 3 个二级指标：

一级指标：基础条件——包含现有的处理自然灾害的基础设施、基本组织结构和基本规章 3 项二级指标。

一级指标：管理能力和体系——包含处理自然灾害的管理协调能力、整合体系和人员专业化程度 3 项二级指标。

一级指标：执行能力——包含处理自然灾害时的参与者的工作能力、反应（及应变）能力和行动效率 3 项二级指标。

一级指标：执行效果——包含处理自然灾害期间和其后的实际效果、善后效果和避免次生危机的效果 3 项二级指标。

一级指标：社会反应——包含处理自然灾害期间和其后的公众舆论评价、专家评价和长期的社会集体记忆 3 项二级指标。

一级指标：修正能力——包含处理自然灾害后对过失的检讨、对体制和行为的改进及制定新体制的能力 3 项二级指标。

3. 地方政府处理自然灾害绩效评估的指标体系（应用体系）

为此，地方政府处理自然灾害绩效评估的应用性指标体系如下。为便于划分和计算，评估指标体系总分为 1000 分。

一级指标有基础条件、管理能力和体系、执行能力、执行效果、社会反应和修正能力六大类。其中执行能力、执行效果和修正能力具有相对重要的意义，因此分值较高。一级指标各分值如下：

一级指标的分值分配：

| | |
|---|---|
| 基础条件 | 100 分 |
| 管理能力和体系 | 100 分 |
| 执行能力 | 300 分 |
| 执行效果 | 200 分 |
| 社会反应 | 100 分 |
| 修正能力 | 200 分 |
| 总分 | 1000 分 |

二级指标的分值分配：

二级指标的量化是对一级指标体系各项指标的具体化，评估已经落实到中观层面，共 18 项。

| | |
|---|---|
| 基础条件 | （100 分） |

基础条件指地方政府处理自然灾害所必备的物质、政治和法律条件，这是对抗危机的基础前提。具体指基础设施、组织结构和法律规章制度。各分值是：

| | |
|---|---|
| 基础设施 | 60 分 |
| 基本组织结构 | 20 分 |
| 基本规章 | 20 分 |
| 管理能力和体系 | （100 分） |

管理能力和体系指政府有关部门和相关人员对危机实施管控的行政与专业技术能力，这是考核部门和人员在危机状态下的综合施政能力。具体包括各相关管

理部门的协调能力、各部门和团队的整合机制和人员的专业水平。各分值是：

| | |
|---|---|
| 管理协调能力 | 30 分 |
| 整合体系 | 40 分 |
| 人员专业程度 | 30 分 |
| 执行能力 | （300 分） |

执行能力指在具备必要条件和专业人员的前提下，政府有关部门和行动者在应对自然灾害时的实际运作能力。有了基础设施、组织架构、规章制度和协调机制及合格的专业人员后，这些有效因素能否迅速调动、运作和快速产生效果，才是导致良好绩效的根本路径和关键保证。具体包括参与部门和人员的实际工作能力、快速反应能力和行动效率。各分值是：

| | |
|---|---|
| 参与者的工作能力 | 100 分 |
| 反应（及应变）能力 | 100 分 |
| 行动效率 | 100 分 |
| 执行效果 | （200 分） |

执行效果指政府战胜克服灾害的实际收效，这是衡量自然灾害处理结果是否成功的最终性和唯一性的指标，如挽救了多少生命和财产，减少了多少基础设施和经济领域的损失，遏制了怎样的社会和政治危机等等。具体包括实际达到的经济、社会和行政管治效果、对灾害造成的既成损失的善后处理的效果和避免发生次生衍生灾难和危机的效果。各分值是：

| | |
|---|---|
| 实际效果 | 100 分 |
| 善后效果 | 50 分 |
| 避免次生危机的效果 | 50 分 |
| 社会反应 | （100 分） |

社会反应指社会公众、媒体舆论和专业人员对政府处理自然灾害的工作具代表性、普遍性、客观性的公开评价。这是从灾害处理绩效的受众的角度评判灾害处理的客观绩效，具有独立的评判价值。具体包括公众和舆论媒体的客观评价、专家学者的科学评价和社会对政府处理灾害的具长期性和历史性的定论以及日后集体记忆中的优劣记录。各分值是：

| | |
|---|---|
| 公众舆论评价 | 30 分 |
| 专家评价 | 30 分 |
| 长期的社会集体记忆 | 40 分 |
| 修正能力 | （200 分） |

修正能力指每次处理完灾害后，政府针对灾害处理过程中出现的失败、过失、错误和问题进行分析，对灾害管控处理工作进行检讨和修正，以进一步提高灾害处理绩效的主观意愿和操作能力。这决定了灾害处理机制和体系是否能不断完善和有效，是政府问责制的表现。具体包括对过失的主动检讨和批判、对体制和行动的大胆修正以及制定新的体制。各分值是：

对过失的检讨　　　　　50 分
对体制和行为的改进　　50 分
制定新体制的能力　　　100 分

三级指标的分值分配：

三级指标的量化是对二级指标体系各项指标的最终细化，评估已落实到具体的部门、个人和设施，共 139 项。

基础条件

基础设施　　　　　　　（60 分）

医院 120 急救车数量 5 分、ICU 预急病床数 5 分、急救中心医护人员数 5 分、预急病房数 5 分、心理专家数量 5 分、当地和外来灾民收容地选址 5 分、灾民收容地的生活保障基础 5 分、消防车数量和配置人员数量 5 分、备用电力的储蓄和输送 5 分、主要公路疏通预案 5 分、清障机械设备数量 5 分、应急饮用水设施 5 分。

基本组织结构　　　　　（20 分）

地方政府是否有应急体系 6 分、是否有民政机构 4 分、公安派出所是否有应急预案或体系 5 分、消防队在区内的分布 3 分、街道居委会是否有应急体系 2 分。

基本规章　　　　　　　（20 分）

地方政府是否有危机处理的政策法规 10 分、主要公路疏通预案 5 分、灾害地区居民疏散预案 5 分。

管理能力和体系

管理协调能力　　　　　（30 分）

相关部门的协商频数 8 分、相关部门间是否有联合应急 10 分、有关部门内部的协调能力 8 分、相关部门间通讯效率 4 分。

整合体系　　　　　　　（40 分）

相关部门间联席会议频数 10 分、应急联合指挥各方参与人员数量与来源是否合理 8 分、是否有联合快速决策的程序 8 分、决策最终决定权的有效归属 6 分、联合行动中各部门之协调程度 4 分、执行中信息通讯畅通与否 4 分。

人员专业程度　　　　　（30 分）

应急人员的高等教育水平 5 分、有无受过应急专业训练 5 分、人员与技术设备的整合程度 5 分、心理承受力水平 5 分、人员的组织纪律性 5 分、人员的耐力与顽强度 5 分。

执行能力

参与者的工作能力　　　（100 分）

相关人员的工作责任感 12 分、主动性 12 分、创造性 12 分、有关领导亲临现场的时间 10 分、制定措施的有效性 10 分、参与者使用技术工具的熟练程度 10 分、完成某具体工作所用时间 9 分、与受众的沟通能力 9 分、参与者自救能力 8 分、团队精神 8 分。

反应（及应变）能力　　　（100 分）

组成联合指挥体系的时间 14 分、联合指挥体系展开运作的时间 14 分、第一应急梯队抵达危机现场所用时间 12 分、第一应急梯队展开有效救援启动时间 12 分、团队的机动性 12 分、是否具备三套以上预案 12 分、是否具备多种有效技术设备 12 分、不同人员应对不同危机状况的组合时间 12 分。

行动效率　　　（100 分）

参与者全员整装到达现场时间 14 分、遏制危机蔓延时效 14 分、排除最重要险情所用时间 12 分、现场封锁与保护时效 12 分、撤离伤员所用时间 14 分、疏散居民的时间 12 分、疏散居民的数量 12 分、财产物资抢救时效 10 分。

执行效果

实际效果　　　（100 分）

72 小时内伤亡人数 10 分、救活伤员人数 10 分、缉捕要犯人数 10 分、抢救物资财产数额 10 分、遏制危机后被挽救的区域面积 10 分、人口数 10 分、交通疏通所用时间 8 分、伤员运抵第一急救站所用时间 8 分、灾害区域内被救人口数 8 分、被保护的牲畜与农作物数量 8 分，被保护的生态环境面积 8 分。

善后效果　　　（50 分）

伤员救护存活数 6 分、出院率 6 分、恢复基本社会正常生活所用时间 8 分、被损基础设施恢复运转后使用效果 6 分、民众基本生活物资保障 6 分、民众生活自理能力的恢复 6 分、民众情绪安定程度 6 分、社会安定的恢复 6 分。

避免次生危机的效果　　（50 分）

无次生灾害发生 8 分、次生灾害发生的范围 5 分、时间 5 分、影响的人口 5 分、次生灾害种类 5 分、危机期间社会犯罪数量 6 分、遏制次生危机所用的时间 6 分、对次生灾害的预案 5 分、是否发生人道主义危机 5 分。

社会反应

公众舆论评价　　　　　（30分）

有无对媒体发布相关信息5分、发布的速度5分、透明度5分、进入现场的媒体的种类4分、数量3分、是否直观直接报道4分、群众对政府处理危机的满意度4分。

专家评价　　　　　　　（30分）

省、市级专家对灾难的公开评价10分、独立专家的评价10分、国际专家评判5分，国际媒体评价5分。

长期的社会集体记忆　　（40分）

公众对灾害的定位和记忆6分、舆论媒体的定位和记忆6分、是否有可界定社会价值观的新道德体系的建立6分、是否有建立永久性标志5分、是否有文字和图像记录5分、当事人对后人关于灾害的积极肯定6分、6个月后社会对灾害的记忆6分。

修正能力

对过失的检讨　　　　　（50分）

地方政府是否有客观的工作总结6分、各相关参与部门是否有客观的工作总结6分、是否接受社会和民众的意见反馈6分、是否允许专家对灾害进行客观的调查和评估6分、是否接受和开放媒体监督4分、是否发现了问题6分、发现的问题是否全面6分、发现的问题是否深入4分和发现的问题是否关键6分。

对体制和行为的改进　　（50分）

是否对相关部门和人员进行整改6分、必须撤职、处分、量刑的人次和人数6分、对失职部门的集体问责6分、法律和政纪的介入效力6分、对阻碍应急效力的体制进行删除6分、对相关设施设备的改进5分、对先进经验的总结5分、对新方法的引入5分、对旧行为模式的删除5分。

制定新体制的能力　　　（100分）

是否有新的相关法规政策9分、是否根据经验教训制定应对自然灾害的新体系8分、新措施8分和新组织8分、是否全面提高相关部门和人员的能力8分、是否引进先进的技术设备6分、相关领域是否接受了专家和社会相关部门参与论证和设计8分、新体系是否具备普遍性6分、灵活性6分、实用性6分和可操作性6分、新体系是否有有效的监督推动机制9分、新体系的可变更性和灵活性6分、新体制中人员素质的保证6分。

4. 地方政府处理自然灾害绩效的分值评估方法

地方政府处理自然灾害绩效的评估方法中，由于各个标准作为影响因素时的重要性不同，对具体指标的分值可采用指标权重法来确定。指标权重法这一评价方法是指在指标体系中各个指标所占的比重，这是对指标所含内容的重要性的评价方法，通过赋予各项指标不同的权值，能够反映其所指内容在重要性上的区别。

地方政府处理自然灾害绩效的分值评估方法可采用指标权重法。根据指标所指内容在政府处理自然灾害绩效评估指标体系中的重要性和主导性给每项一级指标、二级指标和三级指标确定分值。

下文根据指标所指内容在政府处理自然灾害绩效评估指标体系中的重要性和主导性，为每项一级指标、二级指标和三级指标确定了权重。权重的确定方法主要是专家咨询法（德尔菲法）。

专家在判别权重时，对单一指标，很难直接确定其在总体中所占百分比，往往是借助指标体系的层次结构，确定某项指标在上一层级指标中的权重，最后经过迭乘求得具体指标对评估的综合权重。

上文所述的评估指标体系包含一级指标 6 项，二级指标 18 项，三级指标共 139 项。设一级指标占总评的权重为 $Q_i$，二级指标占其上一级指标的权重为 $q_{ij}$，三级指标占其所在二级指标的权重为 $p_{jk}$。其中 $1 \leqslant i \leqslant 6$，$1 \leqslant j \leqslant 18$，$1 \leqslant k \leqslant 139$。则三级指标占总评的综合权重 $W_k$ 可由下式计算得到：

$$W_k = Q_i \times q_{ij} \times p_{jk} \qquad\qquad 公式（1）$$

由于一些评估指标不易于量化评分，本文采用 5 分制对每项三级指标评判。5 分制是与人类心理量化分级能力相应的一种评分方式。各得分对应下述情况，具体描述可根据实际评判标准修改。

0 分——极差，完全不具备；

1 分——很差，不具备；

2 分——较差，未达到标准；

3 分——一般，刚符合标准；

4 分——较好，较为完善；

5 分——极好，完备合理，值得借鉴。

总评成绩 S 可由三级指标得分以三级指标综合权重计算得到，设上式中所有权重值都以百分数来表示，$g_k$ 为五分制，S（满分 100 分）的计算公式如下：

$$S = \frac{\sum_{k=1}^{139} g_k \times W_k}{5} \times 100 \qquad\qquad 公式（2）$$

表 4—6 列出了各级指标权重值及计算得到的三级指标的综合权重，表格内

的分值与上文千分制的分值分配是等价的。

**表 4-6 地方政府处理自然灾害的绩效评估体系权重分值表**

| 地方政府处理自然灾害的绩效评估体系 权重分配表 | | | | | | |
|---|---|---|---|---|---|---|
| 一级指标权重 Q | | 二级指标占一级权重 q | | 三级指标占二级权重 p | | 三级指标综合权重 W |
| 一级指标 | 基础条件 10% | 二级指标 | 基础设施 60% | 三级指标 | 医院 120 急救车数量 | 8.33% | 0.50% |
| | | | | | ICU 预急病床数 | 8.33% | 0.50% |
| | | | | | 急救中心医护人员数 | 8.33% | 0.50% |
| | | | | | 急救中心预急病房数 | 8.33% | 0.50% |
| | | | | | 心理专家数量 | 8.33% | 0.50% |
| | | | | | 当地和外来难民收容地选址 | 8.33% | 0.50% |
| | | | | | 灾民收容地的生活保障基础 | 8.33% | 0.50% |
| | | | | | 消防车数量和配置人员数量 | 8.33% | 0.50% |
| | | | | | 备用电的储蓄和输送 | 8.33% | 0.50% |
| | | | | | 主要公路疏通预案 | 8.33% | 0.50% |
| | | | | | 清障机械设备数量 | 8.33% | 0.50% |
| | | | | | 应急饮用水设施 | 8.33% | 0.50% |
| | | 基本组织结构 20% | | | 地方政府是否有应急体系 | 30.00% | 0.60% |
| | | | | | 地方政府是否有民政机构 | 20.00% | 0.40% |
| | | | | | 公安派出所是否有应急预案 | 25.00% | 0.50% |
| | | | | | 消防队在区内的分布 | 15.00% | 0.30% |
| | | | | | 街道居委会是否有应急体系 | 10.00% | 0.20% |
| | | 基本规章 20% | | | 地方政府是否有灾害处理的政策法规 | 50.00% | 1.00% |
| | | | | | 主要公路疏通预案 | 25.00% | 0.50% |
| | | | | | 危机地区居民疏散预案 | 25.00% | 0.50% |
| 管理能力和体系 10% | | 管理协调能力 30% | | | 相关部门的协商频数 | 26.67% | 0.80% |
| | | | | | 相关部门间是否有联合应急演习 | 33.33% | 1.00% |
| | | | | | 有关部门内部的协调能力 | 26.67% | 0.80% |
| | | | | | 相关部门间通讯效率 | 13.33% | 0.40% |
| | | 整合体系 40% | | | 相关部门间联席会议频数 | 25.00% | 1.00% |
| | | | | | 应急联合指挥各方参与人员数量与是否合理 | 20.00% | 0.80% |
| | | | | | 是否有联合快速决策的程序 | 20.00% | 0.80% |
| | | | | | 决策最终决定权的有效归属 | 15.00% | 0.60% |
| | | | | | 联合行动中各部门之协调程度 | 10.00% | 0.40% |
| | | | | | 执行中信息通讯畅通与否 | 10.00% | 0.40% |
| | | 人员专业程度 30% | | | 应急人员的高等教育水平 | 16.67% | 0.50% |
| | | | | | 有无受过应急专业训练 | 16.67% | 0.50% |
| | | | | | 人员与技术设备的整合程度 | 16.67% | 0.50% |
| | | | | | 心理承受力水平 | 16.67% | 0.50% |
| | | | | | 人员的组织纪律性 | 16.67% | 0.50% |
| | | | | | 人员的耐力与顽强度 | 16.67% | 0.50% |

（续表）

| 一级指标 | Q | 二级指标 | q | 三级指标 | p | W |
|---|---|---|---|---|---|---|
| 执行能力 | 30% | 参与者的工作能力 | 33% | 相关人员的工作责任心 | 12.00% | 1.20% |
| | | | | 相关人员的工作主动性 | 12.00% | 1.20% |
| | | | | 相关人员的工作创造性 | 12.00% | 1.20% |
| | | | | 有关领导亲临现场的时间 | 10.00% | 1.00% |
| | | | | 制定措施的有效性 | 10.00% | 1.00% |
| | | | | 参与者使用技术工具的熟练程度 | 10.00% | 1.00% |
| | | | | 完成某具体工作所用时间 | 9.00% | 0.90% |
| | | | | 参与者与受众的沟通能力 | 9.00% | 0.90% |
| | | | | 参与者自救能力 | 8.00% | 0.80% |
| | | | | 团队精神 | 8.00% | 0.80% |
| | | 反应（及应变）能力 | 33% | 组成联合指挥体系的时间 | 14.00% | 1.40% |
| | | | | 联合指挥体系展开运作的时间 | 14.00% | 1.40% |
| | | | | 第一应急梯队抵达危机现场所用时间 | 12.00% | 1.20% |
| | | | | 第一应急梯队展开有效救援启动时间 | 12.00% | 1.20% |
| | | | | 团队的机动性 | 12.00% | 1.20% |
| | | | | 是否具备三套以上预案 | 12.00% | 1.20% |
| | | | | 是否具备多种技术设备 | 12.00% | 1.20% |
| | | | | 不同人员应对不同危机状况的组合时间 | 12.00% | 1.20% |
| | | 行动效率 | 33% | 参与者全员整装到达现场时间 | 14.00% | 1.40% |
| | | | | 遏制灾害蔓延时效 | 14.00% | 1.40% |
| | | | | 排除最重要险情所用时间 | 12.00% | 1.20% |
| | | | | 现场封锁与保护时效 | 12.00% | 1.20% |
| | | | | 撤离伤员所用时间 | 14.00% | 1.40% |
| | | | | 疏散居民的时间 | 12.00% | 1.20% |
| | | | | 疏散居民的数量 | 12.00% | 1.20% |
| | | | | 财产物资抢救时效 | 10.00% | 1.00% |
| 执行效果 | 20% | 实际效果 | 50% | 72小时内伤亡人数 | 10.00% | 1.00% |
| | | | | 救活伤员人数 | 10.00% | 1.00% |
| | | | | 缉捕要犯人数 | 10.00% | 1.00% |
| | | | | 抢救物资财产数额 | 10.00% | 1.00% |
| | | | | 遏制危机后被挽救的区域面积 | 10.00% | 1.00% |
| | | | | 遏制灾害后被挽救的人口数 | 10.00% | 1.00% |
| | | | | 交通疏通所用时间 | 8.00% | 0.80% |
| | | | | 伤员运抵第一急救站所用时间 | 8.00% | 0.80% |
| | | | | 灾害区域内被救人口数 | 8.00% | 0.80% |
| | | | | 被保护的牲畜与农作物数量 | 8.00% | 0.80% |
| | | | | 被保护的生态环境面积 | 8.00% | 0.80% |
| | | 善后效果 | 25% | 伤员救护存活数 | 12.00% | 0.60% |
| | | | | 伤员出院率 | 12.00% | 0.60% |
| | | | | 恢复基本社会正常生活所用时间 | 16.00% | 0.80% |
| | | | | 被损基础设施恢复运转后使用效果 | 12.00% | 0.60% |
| | | | | 民众基本生活保障 | 12.00% | 0.60% |
| | | | | 民众生活自理能力的恢复 | 12.00% | 0.60% |
| | | | | 民众情绪安定程度 | 12.00% | 0.60% |
| | | | | 社会安定的恢复 | 12.00% | 0.60% |

| 一级指标权重 Q | | 二级指标占一级权重 q | | 三级指标占二级权重 p | | 三级指标综合权重 W |
|---|---|---|---|---|---|---|
| 社会反应 | 10% | 避免次生灾害的效果 | 25% | 无次生灾害发生 | 16.00% | 0.80% |
| | | | | 次生灾害发生的范围 | 10.00% | 0.50% |
| | | | | 次生灾害发生的时间 | 10.00% | 0.50% |
| | | | | 次生灾害影响的人口 | 10.00% | 0.50% |
| | | | | 次生灾害种类 | 10.00% | 0.50% |
| | | | | 灾害期间社会犯罪数量 | 12.00% | 0.60% |
| | | | | 遏制次生灾害所用的时间 | 12.00% | 0.60% |
| | | | | 对次生灾害的预案 | 10.00% | 0.50% |
| | | | | 是否发生人道危机 | 10.00% | 0.50% |
| | | 公众舆论评价 | 30% | 有无对媒体发布相关信息 | 16.67% | 0.50% |
| | | | | 发布的速度 | 16.67% | 0.50% |
| | | | | 发布的透明度 | 16.67% | 0.50% |
| | | | | 进入现场的媒体的种类 | 13.33% | 0.40% |
| | | | | 进入现场的媒体的数量 | 10.00% | 0.30% |
| | | | | 是否直观直接报道 | 13.33% | 0.40% |
| | | | | 群众对政府处理危机的满意度 | 13.33% | 0.40% |
| | | 专家评价 | 30% | 省市级专家对事件的公开评价 | 33.33% | 1.00% |
| | | | | 独立专家的评价 | 33.33% | 1.00% |
| | | | | 国际评判 | 33.33% | 1.00% |
| | | 长期的社会集体记忆 | 40% | 群众对灾害的定位和记忆 | 15.00% | 0.60% |
| | | | | 舆论媒体的定位和记忆 | 15.00% | 0.60% |
| | | | | 是否有可界定社会价值观的新道德体系的建立 | 15.00% | 0.60% |
| | | | | 是否有建立永久性标志 | 12.50% | 0.50% |
| | | | | 是否有文字和图像记录 | 12.50% | 0.50% |
| | | | | 当事人对后人关于灾害的积极肯定 | 15.00% | 0.60% |
| | | | | 3 个月后社会对灾害的记忆 | 15.00% | 0.60% |
| 修正能力 | 20% | 对过失的检讨 | 25% | 地方政府是否有客观的工作总结 | 12.00% | 0.60% |
| | | | | 各个相关参与部门是否有客观的工作总结 | 12.00% | 0.60% |
| | | | | 是否接受社会和民众的意见反馈 | 12.00% | 0.60% |
| | | | | 是否允许专家对灾害进行客观的调查和评估 | 12.00% | 0.60% |
| | | | | 是否接受和开放媒体的监督 | 8.00% | 0.40% |
| | | | | 是否发现了问题 | 12.00% | 0.60% |
| | | | | 发现的问题是否全面 | 12.00% | 0.60% |
| | | | | 发现的问题是否深入 | 8.00% | 0.40% |
| | | | | 发现的问题是否关键 | 12.00% | 0.60% |
| | | 对体制和行为的改进 | 25% | 是否对相关部门和人员进行整改 | 12.00% | 0.60% |
| | | | | 必要撤职和处分的人次和人数 | 12.00% | 0.60% |
| | | | | 对失职部门的集体问责 | 12.00% | 0.60% |
| | | | | 法律和政纪的介入效力 | 12.00% | 0.60% |
| | | | | 对阻碍应急效力的体制进行删除 | 12.00% | 0.60% |
| | | | | 对相关设施设备的改进 | 10.00% | 0.50% |
| | | | | 对先进经验的总结 | 10.00% | 0.50% |
| | | | | 对新方法的引入 | 10.00% | 0.50% |
| | | | | 对旧行为模式的删除 | 10.00% | 0.50% |

（续表）

| 一级指标权重 Q | 二级指标占一级权重 q | | 三级指标占二级权重 p | | 三级指标综合权重 W |
|---|---|---|---|---|---|
| | 制定新体制的能力 | 50% | 是否根据经验教训制定新的应对自然灾害的体系 | 8.00% | 0.80% |
| | | | 是否根据经验教训制定新的应对自然灾害的措施 | 8.00% | 0.80% |
| | | | 是否根据经验教训制定新的应对自然灾害的组织 | 8.00% | 0.80% |
| | | | 是否有新的相关法规政策 | 9.00% | 0.90% |
| | | | 是否全面提高相关部门和人员的能力 | 8.00% | 0.80% |
| | | | 是否引进先进的技术设备 | 6.00% | 0.60% |
| | | | 相关领域是否接受了专家和社会相关部门参与论证和设计 | 8.00% | 0.80% |
| | | | 新体系是否具备普遍性 | 6.00% | 0.60% |
| | | | 新体系是否具备灵活性 | 6.00% | 0.60% |
| | | | 新体系是否具备实用性 | 6.00% | 0.60% |
| | | | 新体系是否具备可操作性 | 6.00% | 0.60% |
| | | | 新体系是否有有效的监督推动机制 | 9.00% | 0.90% |
| | | | 新体系的可变性和灵活性 | 6.00% | 0.60% |
| | | | 新体制中人员素质的保证 | 6.00% | 0.60% |

5. 地方政府处理自然灾害绩效的评估结果应用

该评估体系可以通过对政府在处理自然灾害期间和其后的相关指标内容做记录和测评，依据德尔菲法对政府应对自然灾害的能力和效果进行评估，找出缺失和不足的领域，探究其影响因素，发现问题，据此提出解决改进的方案。结合应用体系部分，为方便实际运用，根据评价得分可把处理自然灾害的绩效结果分为 5 个等级：

A 级：0—400 分之间

地方政府处理自然灾害绩效极差，没有基本能力，没有体系，不可靠，基本崩溃，问题严重。

AA 级：401—600 分之间

地方政府处理自然灾害绩效较差，有基本能力，但效率和能力较低、整合与发挥不充分，功能不全。

AAA 级：601—700 分之间

地方政府处理自然灾害绩效一般，有基本能力和必要体系，能应对部分危机，但实力弱，没有独立机制。

AAAA 级：701—850 分之间

地方政府处理自然灾害绩效较好，体系完备，能应对大部分危机，有一定的独立处置能力，效果较显著。

AAAAA 级：851—1000 分之间

地方政府处理自然灾害绩效优秀，有完善的功能体系，能有效对抗各种危机，处理效果良好，潜力巨大。

在实际运用中，还可采用360度法，运用这些指标体系对政府工作绩效进行评估。360度法对绩效的检验可有以下六个基本维度：首先是上级对下级的打分评估，第二是专家或研究人员的打分评估，第三是社会公众的打分评估，第四是同级"同行"之间的打分评估，第五是媒体的打分评估，第六是自我打分评估。

6. 地方政府处理自然灾害绩效评估指标体系的特点

第一，本评估体系是一个预设性的工作，即在万一发生自然灾害后，对政府的应对措施和执行效果进行绩效评估，以帮助政府和公众对政府的工作提出科学、有益的评价、意见和建议。

第二，本评估体系可以通过对政府在处理自然灾害期间和其后的相关指标内容的记录和测评，对政府处理自然灾害的能力和效果进行评估，找出缺失和不足的领域，以此探究其影响因素，发现问题，据此提出解决改进的方案。

第三，该评估体系实际上由三大部分组成：地方政府处理自然灾害的绩效评估体系的基础部分；公安武警、消防、卫生和媒体四大关键部门处理自然灾害的绩效评估体系；公共避难场所，水力和电力、粮食食品供应和交通枢纽以及驻军部队三大体统六大重要部门应对自然灾害的绩效评估体系。在实际操作过程中，地方政府可以根据需要从各个体系的指标中抽取需要的部分构建出对某政府部门的绩效评估体系。

7. 影响地方政府处理自然灾害绩效的评估的主观因素

由于评估的主体不同，本评估体系在实际使用过程中会有不同程度的偏差，影响该评估体系使用的主观因素主要有：

第一，目前制定的评估指标体系还有不足和偏差，并不一定适合各地发展的实际需要，有待改进。

第二，指标体系的制定还有人为主观因素影响。本研究为笔者的个人研究判断，有不少主观和片面的因素存在，会影响到指标适用的普遍性和科学性。

第三，政府部门本身人为主观因素的影响。在指标体系的使用过程中，会受到政府部门在自评过程中非客观和非理性的影响，甚至有虚假和夸大的成分，从而影响评估的客观科学性。

8. 研究地方政府处理自然灾害绩效管理与评估指标机制对灾区经济、社会和政治的影响

第一，对经济的影响。在后续研究中，可以通过对政府处理自然灾害的成效所间接赢得的经济效益与没有实施有效的危机处理机制所引起的经济损失进行对

比分析。灾害处理对减少经济损失和保障经济稳定安全发展的作用的评估。实施政府自然灾害处理绩效评估所带来的经济增长的评估。

第二，对社会的影响。分析政府自然灾害处理绩效评估所能带来的社会效益有哪些。假设中的社会效益范畴有：

* 对社区内潜在的自然灾害的感知和预防。
* 认知了解区内各社会群体的状态、诉求和希望。
* 提高社会的安全与稳定程度。
* 给区内公民以社会安全感。
* 更安全的社区对外来投资、技术和人流、物流的吸引作用。
* 社区的稳定与和谐（人与自然、人与社会、人与环境的和谐）。
* 对社区内应对自然灾害的多元化社会资源的了解与整合等。

第三，对政治的影响。良好的绩效评估在促进经济和社会稳定发展的基础上，即可对政治的稳定做出贡献。政府应对自然灾害的良好绩效可确保政府职能的发挥和政治的稳定，维护执政地位：

* 政府发现和改进在应对自然灾害中出现的错误和缺点。
* 积累行政管理和处置自然灾害方面的经验，完善应急预案。
* 对人员的能力和素质获得客观的评价。
* 政府公共行政功能的保障。
* 政府的社会公信力。
* 政府社会管理能力的改进和提高。
* 有助政局的稳定和社会的向心力。
* 实现保一方平安，防止在该地区发生的危机蔓延到其他地区。

在调研和分析的基础上，笔者在做了适用于区内各部门的总的绩效评估体系（基本部分）后，认为公安武警、消防、卫生和媒体是四个在自然灾害中起关键作用的部门，因而为这四个部门分别建立了独立的绩效评估体系。既是对总评估体系（基本部分）的补充，也是对评估体系的全面化、细致化和实用化。

在完成了以上两个基本任务的后，经过笔者的思考，认为还必须对一些重要的和必不可少的部门在自然灾害中的政绩进行评估并建立有效的评估体系。因为这些部门关系到社会面对自然灾害时是否有效地应对了危机。这三类部门是：公共避难场所，水力和电力、粮食食品供应和交通枢纽，驻军部队的作用。

因此，最终研究成果应由三大部分组成：

* 地方政府处理自然灾害的绩效评估指标体系的基础部分；

＊ 公安武警、消防、卫生和媒体四大关键部门处理自然灾害的绩效评估指标体系；

＊ 公共避难场所、水力和电力、粮食食品供应和交通枢纽以及驻军部队三大体统六大重要部门应对自然灾害的绩效评估体系。

从范围看，基础部分是给政府有关部门一个总的基本评估系统，关键部门的评估体系要精确化和具体化，而重要部门的评估体系是必要的补充和完善。

从时间看，评估的基础部分是总体的和长效的评估，对关键部门评估主要是对灾害发生期间和发生后短期内政府相关部门绩效的评估，对重要部门的评估是对灾害发生后较长一段时期内对政府相关部门的绩效评估。

最后，必须指出的是，这三大体系中的各级指标和具体的分值都具有模块化的能力。即可以根据危机发生的类型、严重程度和持续的时间进行三个体系间的动态的相互临时组合。换句话说，可以根据需要从各个体系的指标中抽取需要的部分构建出对某个新的政府部门的绩效评估体系。当然，在这个新的构建过程中，需要做一定的修改和补充。笔者力图使现有的这套评估体系模块化，以努力适用于其他危机情况。

## 第三节　主要领域的绩效评估体系

1. 警察系统应对自然灾害引发的公共安全危机的绩效评估体系

警察系统是应对自然灾害最直接、最重要、最有效的政府强力部门，其工作的好坏，直接关系到政府对自然灾害的处理绩效。该评估体系可涉及和适用到的警力包括以下四个主要警种：普通警察部队、武装警察部队、武警防暴部队、武警特种部队。即在指标选项的重新模块化组合的基础上分别适用于不同警种，对各个警种进行绩效评估。

以下绩效评估指标体系共有 8 个一级指标，20 个二级指标，106 个三级指标。

满分为总分 100 分，另有负分值计算，即该指标选项是在总分中被扣除分值（倒扣分），说明该指标没有达标。

绩效评分标准使用最简单的百分制，以方便各级部门和各类机构、组织与人士在评估时统一使用。即：

90—100 分为优秀

80—89 分为优良

70—79 分为良好

60—69 分为及格

60 分以下为不及格

一级指标：对潜在自然灾害的侦查评估和预测预警（10 分）

二级指标：公安武警系统对潜在自然灾害的侦查评估（5 分）

三级指标：

* 公安武警系统平时有对潜在的自然灾害进行严密侦查。（1 分）

* 对一些重点目标进行了动态的跟踪、侦查和评估。（1 分）

* 侦查中注意到了潜在灾害爆发为显性灾害的征兆苗头。（2 分）

* 由一线侦查人员、部门主管和科研人员暨科研部门等共同采

取"头脑风暴法"等方式研讨安全形势，每周定期进行情况分析评估。（1 分）

二级指标：公安武警系统对潜在自然灾害的预测预警（5 分）

三级指标：

* 在对大量客观准确的信息进行分析的基础上，每周对可能发生的自然灾害事件进行相应的内部预警。（1 分）

* 对此制定部门内部灵活机动的动态应对方案。（1 分）

* 灾害升级后，对公安武警各级领导部门发出内部预警。（1 分）

* 对各公安武警一线部门和人员发出内部预警，并动态布置足够和必要的警力。（1 分）

* 向系统外的上级和同级相关部门做了汇报或知会。（0.5 分）

* 对情报系统和情报人员（包括民间线人）进行了有效的保护，并使之持续运作。（0.5 分）

一级指标：出警和布置警力的时效和控制面（15 分）

对突发自然灾害的初期处理，最重要的一个要素是出警时间，只要出警时间迅速，警员在场，对社会动乱和公众情绪就是一个巨大的震慑和稳定作用。

二级指标：出警的时间（5 分）

三级指标：

* 先期到达现场的是公安武警系统人员。（1 分）如否，扣除 3 分。

* 相关警力是在灾害发生（不以报警时间开始算）的 30 分钟内抵达灾难现场，并展开行动。（1 分）

* 相关警力是在灾害发生（以报警时间开始算）的 15 分钟内抵达灾难现场，并展开行动。（1 分）

* 如灾难发生点在多处，相关警力可在 15 分钟内全部到位，并展开行动。（1 分）

* 在任何情况下，到达灾难现场后，警力可以在 3 分钟内展开有效行动。（1 分）

二级指标：警力布置是否到位（5 分）

三级指标：

* 警力及时准确地布置在灾区的各个关键点上，无死角。（1 分）

* 在抵达灾难现场后圈划、设立范围合理的警戒线。（0.5 分）

* 对灾难现场和周围灾区建立了有效隔离线或警戒线。（0.5 分）

* 严格按警戒线控制了人员的进出，即控制有效。（1 分）

* 对重要的建筑物和高处进行了布控，如建立观察点。（1 分）

* 在重要的交通要道进行了布控，如在主要的道路出入口建立检查拦截点。（1 分）

二级指标：处理自然灾害时对动乱范围的控制面（5 分）

控制面在这里有两个概念，一个是指在区内是否可以把灾害范围控制在源头；二是在本地区的灾害危机是否影响和波及到了其他城区、城市和省份。

三级指标：

* 可以有效地控制并缩小灾害原发范围。（0.5）

* 可以把灾区潜在的越轨犯罪人员就地控制并防止其扩散。（0.5 分）

* 可以对外围继续参与违法犯罪行为的人员进行有效的隔离和阻绝。（0.5 分）

* 在灾区发生的危机事件未因警力布置不当而蔓延到了其他社区。（1 分）如否，扣除 5 分。

* 在灾区发生的危机事件未因处置不当而波及到了其他城市和省份。（2 分）如否，扣除 10 分。

* 执行了必要的交通管制和灾害现场附近的疏导。（0.5 分）

一级指标：处理自然灾害中的伤亡数量（20 分）

二级指标：处理自然灾害中的平民的死亡数量（5 分）

三级指标：

* 如发生自然灾害时的在场人数是 1000 人以下，在执勤过程中每死亡一人从总分中扣除 10 分。无死亡为正分。（1 分）

* 如发生自然灾害时的在场人数是 10000 人，在执勤过程中每死亡一人从总分中扣除 5 分。无死亡为正分。（1.5 分）

* 如发生自然灾害时的在场人数是 100000 人以上，在执勤过程中每死亡一人从总分中扣除 3 分。无死亡为正分。（2 分）

* 死者中老人（仅指男性）、妇女（所有 15 岁以上的女性）和儿童（男女，14 岁以下）的死亡人数，每死亡一人从总分中再加扣 1 分。无死亡为正分。（0.5 分）

二级指标：处理自然灾害中的平民的伤残数量（5 分）

三级指标：

* 如发生自然灾害时的在场人数是 1000 人以下，在执勤过程中每伤残一人扣除 5 分。无伤残为正分。（1 分）

* 如发生自然灾害时的在场人数是 10000 人，在执勤过程中每伤残一人扣除 3 分。无伤残为正分。（1.5 分）

* 如发生自然灾害时的在场人数是 100000 人以上，在执勤过程中每伤残一人扣除 2 分。无伤残为正分。（2 分）

* 死者中老人（仅指男性）、妇女（所有 15 岁以上的女性）和儿童（男女，14 岁以下）的伤残人数，每伤残一人从总分中再扣除 1 分。无伤残为正分。（0.5）

二级指标：处理自然灾害中敌对和暴力犯罪分子的伤亡数量（5 分）

在灾区维护社会稳定的过程中，应该尽量减少犯罪分子的伤亡数量，但对极端暴力分子必须严惩。

因为，以暴制暴解决不了问题，致死致残致伤的犯罪分子也是人，也有家庭和亲人，他们的死亡伤残会带来更多的人道主义问题，也会被敌对组织和敌对分子及其舆论所利用，煽动更大的社会矛盾和社会冲突。

三级指标：

* 击毙击伤持有枪械和冷兵器，带有明显激烈攻击行为的违法分子。（2 分）

* 击毙击伤持有枪械和冷兵器，带有明显攻击行为的违法分子。（1 分）

* 击毙击伤持有枪械和冷兵器的但没有明显攻击行为的非法分子。（0.5 分）

* 击毙击伤无枪械和冷兵器，却带有明显攻击行为的非法分子。（0.25 分）

* 击毙击伤有一定攻击行为的非法分子。（0.25 分）

* 打死打伤旁观者、无辜群众，扣除 5 分。

* 在被击毙击伤的违法分子中有明显过激危险攻击行为的占 80% 以上。（1 分）

二级指标：处理自然灾害中军警公安的伤亡数量（5 分）

军警公安在自然灾害中的伤亡有两种类型，一种是在非敌对性冲突中的伤亡，另一种是在敌对冲突中的伤亡。前者如执行任务中的车祸、事故、误伤、疾病、自杀等；后者是在与敌对分子发生直接和间接冲突时造成的伤亡。

这因此有以下两种计量方法：

三级指标：

* 非敌对性的冲突中的伤亡。每死亡一人，应扣除 10 分。无死亡为正分。（1 分）

* 敌对冲突中的伤亡。每死亡一人，扣除 10 分。无死亡为正分。（2 分）

* 非敌对性的冲突中，每伤残一人，应扣除 5 分。无伤残为正分。（1 分）

* 敌对冲突中，每伤残一人，扣除 5 分。无伤残为正分。（1 分）

原因是，非敌对性的冲突中的无为伤亡，在一定程度上反应了部队能力、纪律、组织、制度、心理和装备上的缺陷，是内部的问题；或是不应该发生的问题。无为的非战斗性减员比战斗性减员所反映的问题要大。因此扣分相同。

一级指标：处理自然灾害中敌对和暴力犯罪的种类和破案率（15 分）

二级指标：自然灾害中次生犯罪的种类（3 分）

三级指标：

* 在发生自然灾害时，是否发生了严重次生犯罪。这些典型的次生犯罪类型是指抢劫、纵火、抢银行、损毁公共和私人设施、杀人、强奸、偷盗和拐骗等。每出现一种次生犯罪类型扣 3 分。如没有出现，即得正分。（1 分）

* 在发生自然灾害时，虽发生了严重次生犯罪，但被遏制在萌芽状态，或没有造成大的损失。（2 分）

二级指标：破案率（12 分）

三级指标：

* 现场取证效率，以可以满足破案需求计。（0.5 分）

* 调查过的犯罪，即每个立案都进行了认真有效的调查。（0.5 分）

* 对犯罪嫌疑人位置的确定和定位锁定效率。（1 分）

* 一周内严重犯罪的破案率超过 50%。（1 分）

* 一个月内严重犯罪的破案率超过 70%。（1 分）

* 三个月内严重犯罪的破案率超过 90%。（1 分）

* 三个月抓获的犯罪人数的比率达到 80%。（1 分）

* 投案自首的比率达到 30%。（0.5 分）

* 抓获了最主要的犯罪人。（1 分）

* 抓获其他全部犯罪人员。（1 分）

* 消灭犯罪团伙和犯罪组织。（2 分）

* 在执行中发现并粉碎新的犯罪团伙和组织。（1 分）

* 在执行中防止遏制了新的犯罪的发生。（0.5 分）

* 消灭一次犯罪的成本：耗费的人员、时间和设施设备及交通工具。如都

出现了成本，而没有破案的，扣除 2 分。

＊ 24 小时内是案发后惩治犯罪的最佳时机，如在这段时间没有收获，扣除 3 分。

一级指标：对违法犯罪武器和工具的收缴（0 分）

二级指标：对违法犯罪武器和工具的收缴

三级指标：

＊ 每收缴到一枚爆炸装置在总分中增加 6 分。

＊ 每收缴到一件制式正规武器在总分中增加 4 分。

＊ 每收缴到一件自制武器在总分中增加 2 分。

＊ 每收缴到一件冷兵器在总分中增加 1 分。

二级指标：对违法犯罪武器和工具来源的追查（0 分）

三级指标：

＊ 每追查到一枚爆炸装置的来源在总分中增加 4 分。

＊ 每追查到一件制式正规武器的来源在总分中增加 3 分。

＊ 每追查到一件自制武器来源在总分中增加 2 分。

＊ 每追查到一件冷兵器在总分中增加 1 分。

一级指标：自然灾害期间公共设施的损失程度（15 分）

二级指标：需要公安武警保卫的一类公共设施的损毁度（10 分）

三级指标：

＊ 政府机关虽受到攻击但能正常运作。（2 分）

＊ 医院和 120 急救中心受到保护并维持正常工作。（2 分）

＊ 联通外地的车站、机场、长途汽车站和码头能持续正常工作。（1 分）

＊ 高速公路和火车线路能正常运作。（1 分）如有一天以上不能运营，扣除 3 分。

＊ 公交系统（地铁、公交线路和轮渡等）能正常运作。（0.5 分）如三天以上不能营运，扣除 2 分。

＊ 水厂、电厂等水电供应设施能正常运作。（1 分）

＊ 新闻媒体机构尤其是电视媒体虽受攻击但能正常工作。（1 分）

＊ 大中小学和重要的科研文化设施得到有效保护。（0.5 分）

＊ 邮政、银行和银行自动取款机受到良好保护并维持基本运作。（1 分）

＊ 在出动警力后，仍有因危机延续或次生衍生危机造成重大财产损失的，扣除 3 分。

二级指标：需要公安武警保卫的二类公共设施的损失程度（5 分）

三级指标：

* 各种自然生态环境如水体、空气和土壤受到有效保护。（1分）

* 餐厅、公共娱乐设施（如城市广场、城市公园等）、大型超市、菜市场受到良好保护并维持基本运作。（1分）

* 各类重要居民区受到有效保护。（1分）

* 城市中心地带如有文化历史意义的老城区和步行街等未受到严重的人为破坏。（1分）

* 各类博物馆、图书馆和文化设施受到有效保护。（1分）

一级指标：自然灾害期间私人财产的损失程度（10分）

二级指标：房屋和产业等不动产的损毁（6分）

三级指标：

* 在出警后未出现公民的私人不动产如住房、店铺（尤其是超市）和其他设施受到严重的人为损坏和盗抢的现象。（3分）

* 居民小区的生活能保持基本的正常秩序。（2分）

* 私人的公司、厂区和准公共物品内的设施设备和财物未受到严重的损毁。（1分）

二级指标：钱财、汽车、物品等动产的损毁（4分）

三级指标：

* 在出警后未出现公民的私人动产如钱财、汽车和其他设施及物品受到人为损坏和盗抢的现象。（2分）

* 未出现大范围的抢劫事件。（1分）

* 未出现大规模的对私人汽车的抢砸烧事件。（1分）

一级指标：警力和武器的使用（15分）

二级指标：对自然灾害事件中行为人的心理疏导（5分）

三级指标：

* 有专业的心理分析、心理疏导专家或谈判专家亲临灾难现场工作。（2分）

* 其他公安武警人员也有参与积极有效的心理疏导，以化解危机爆发的力度，乃至化解之。（0.5分）

* 心理疏导工作在公共群体事件中起到了先期的和决定性的作用（达到不战而屈人之兵）。（0.5分）

* 心理疏导减少了人员的伤亡。（0.5分）

* 心理疏导控制了危机的扩大。（1分）

\* 对受害人进行了灾害期间和灾害后的有效心理疏导或治疗。（0.5分）

二级指标：执勤和执行任务时是否规范（4分）

三级指标：

\* 警员是否克制自己的言行。（1分）

\* 无主动挑衅和不必要的主动攻击行为发生。（2分）

\* 慎用强制措施，有再三警告的过程。（0.5分）

\* 慎用了武力和警械，即在必要的情况下才致使犯罪嫌疑人死亡或伤残。（0.5分）

二级指标：对警械枪支的使用是否得当（6分）

三级指标：

根据需要，

\* 警员配备了盾牌（作为保守性被动防御的手段）、警棍（作为初步的自卫性近身防卫工具）、催泪瓦斯和橡皮子弹发射枪弹（作为升级性的主动性防卫工具）和制式警用手枪、步枪暨阻击步枪（作为主动型攻击性防卫工具）等这四类基本防卫警械。（2分）

以上四类主要警械每样0.5分。

根据需要，

\* 在警械中，装备了足够的通讯设备、红外探测仪、GPS系统、拆弹系统、开门锤、攀登工具、指南针、夜视装备、枪支消声器和镣铐（包括捆绑用的尼龙带）等主要特种警械。（2分）

以上10类主要特种警械每样0.2分。

\* 以上这九类警械在实际使用中有效。（1分）

\* 在使用以上警械时是有循序渐进，逐步升级的过程。（1分）

在实际运用中，可采用德尔菲法和360度法，运用这些指标体系对政府工作绩效进行评估。其中360度法对绩效的检验可有以下六个基本维度：首先是上级对下级的打分评估，第二是专家或研究人员的打分评估，第三是社会公众的打分评估，第四是同级"同行"之间的打分评估，第五是媒体的打分评估，第六是自我打分评估。

2. 消防系统处理自然灾害的绩效评估体系

在爆发大规模的自然灾害时，有自然灾害、人为灾害和衍生次生性的灾害，如公共、私人建筑物和设施设备被焚、被毁、被淹，人员被困、人员伤亡、基础设施被损毁、交通阻断阻塞、供水供电停顿、建筑物倒塌等等。

在灾区，主要的问题除上述方面外，还有在暴雨时道路被淹、河流和湖泊的水位上升，风暴时大树倾倒，地震时房屋的倒塌，包括高层楼宇的结构性损毁、电梯失控、特种设备故障、飞机坠毁、地铁和各民用机场和军用机场突发事故等问题。

这就要求具有专业能力的消防官兵的大规模及时有效的介入，以减少公众的生命财产损失。为评价其工作绩效的好坏，特制定以下绩效评估体系。

该指标体系共有 5 个一级指标，17 个二级指标和 91 个三级指标，采用百分制，满分一百分或以上。

满分为总分 100 分，另有负分值计算，即该指标选项是在总分中被扣除分值（倒扣分），说明该指标没有达标。

绩效评分标准使用最简单的百分制，以方便各级部门和各类机构、组织与人士在评估时统一使用。即：

90—100 分为优秀

80—89 分为优良

70—79 分为良好

60—69 分为及格

60 分以下为不及格

一级指标：消防系统出动时间（20 分）

二级指标：消防官兵的在出发点（营区）的就位准备时间（6 分）

三级指标：

＊ 通过实时监控及时发现和跟踪了灾情险情。（1 分）

＊ 对灾情险情的发生有具体的预警方案并做了必要的提前预警。（1 分）

如没有，扣除 6 分。

＊ 及时发布了行动命令。（1 分）

＊ 应到的消防官兵在部队指定的时间内在出发点（营区）集结完毕。（0.5 分）

＊ 应到的消防官兵在部队在要求的时间内完成设备的始发状态。（0.5 分）

＊ 消防官兵在部队指定时间内完成与消防设备的整合并可随时出发。（0.5 分）

＊ 全员全装及时出发。（1 分）

＊ 其他消防单位、预备队和民间消防自愿者也接到了待命的指令。（0.5 分）

二级指标：消防系统在自然灾害现场到位时间（8 分）

三级指标：

＊ 消防系统在 15 分钟内抵达灾难现场。（3 分）每延长 5 分钟将扣 3 分。

＊ 消防系统到达灾难现场后，从设备展开到开始实施抢救所用的时间不超过 5 分钟。（3 分）

＊ 在灾难现场发现意外情况致使施救难以展开时（如道路狭窄、云梯高度不够、设施工具不合适等），启动实施应急预案不超过 10 分钟。（2 分）

二级指标：完成任务的时间（排险、灭火、废墟挖掘、被困人员搜救、供水、清除路障）（6 分）

三级指标：

＊ 在 30 分钟内完成重大险情的排除，从而防止灾难的扩大。（0.5 分）

＊ 在 2 小时内完成基本灭火工作，即扑灭明火。（0.5 分）

＊ 废墟的抢救性挖掘工作在 48 小时内完成。（0.5 分）

＊ 在 48 小时内解救所有有生命迹象的被困人员。（0.5 分）

＊ 在 24 小时内恢复饮用水供应（往往是通过消防车流动供水）。（0.5 分）

＊ 在 24 小时内完成对险区灾区民众的必要疏散。（0.5 分）

＊ 在 3 小时内恢复基本和重要设施的供电供应。（0.5 分）

＊ 在 48 小时内完成清除路障和公共场地杂物的工作。（0.5 分）

＊ 地表上的人员尸体收集转移工作在 24 小时内完成。（0.5 分）

＊ 废墟内的人员尸体挖掘工作在 72 小时内完成。（0.5 分）

＊ 在 48 小时内完成对尸体残骸、器官和遗物清理、消毒和转移工作。（0.5 分）

＊ 在一周内与其他部门完成了对废墟的基本处理清除工作。（0.5 分）

一级指标：重要消防和抢救设施设备是否满足了抢救需要（20 分）

二级指标：对现有自备设施设备的配备和使用是否熟练（10 分）

三级指标：

＊ 自备设施设备基本可以胜任和满足需要。（2 分）

＊ 可以迅速展开自备设施设备，并展开有效的救援工作。（1 分）

＊ 设备可以在狭小空间（如村镇和城市的居民区）推进并有效展开救援。（0.5 分）

＊ 在救援期间设施设备没有发生意外的故障和事故。（0.5 分）

＊ 没有因携带工具不当而影响抢救进度和效果。（0.5 分）如有，扣除 6 分。

＊ 设备可以完成高空（如城市高楼、塔楼、电视塔和山崖）作业。（1 分）

＊ 如地面设施不能完成以上高空作业，可以及时调运直升飞机等设备。（1 分）

＊ 消防部队具备防化学、防毒、防辐射和防生物有害体的自我防护设备。（0.5 分）

＊ 消防部队具备防化学、防毒、防辐射和防生物的基本能力和知识。（0.5 分）

＊ 有足够的适宜的挖掘设备。（0.5 分）

* 消防喷洒粉剂足够。（0.5 分）

* 防止水灾水淹的沙袋、编织袋足够。（1 分）

* 有足够的搜救犬。（0.5 分）

二级指标：对临时引入的新设施设备是否快速熟练掌握（5 分）

三级指标：

在一些情况下，需要临时调运其他设施设备，以满足自备器械功能和效能上的不足，这要检验消防人员是否可熟练掌握并使其功能效能有效发挥。

* 消防人员在日常训练中对自备设备以外的设施设备有足够的了解和一定的使用训练。（1 分）

* 消防人员可以在专家的指导配合下在 5 到 10 分钟内开始使用这些新设备展开施救。（2 分）

* 自备设施设备和新加入的设施设备可以有效整合。（1 分）

* 消防人员对新设备的领悟力和使用能力较好。（1 分）

二级指标：在紧急情况下，是否可调运到紧缺但有效的设施设备（5 分）

三级指标：

2008 年 5 月 26 日在汶川处理唐家山堰塞湖时，由于国内重型货运直升机的运力和功能有限，中国不得不向俄国寻求米－26 重型直升机的援助，调运大型机械设备到堰塞湖坝体上。

* 在必要的情况下，消防人员可以迅速判定需要紧急调运的特种、大型或关键的救援设备。（1 分）

* 设备可在 24 小时内运达（包括来自国外的设备）。（1 分）

* 调运的设备可有效发挥其功能和效能。（2 分）

* 在当地消防部队不具备防化学、防毒、防辐射和防生物的基本能力时，可及时从外地调配这些能力。（1 分）

一级指标：消防系统挽救的人员生命和财产（20 分）

二级指标：在施救期间的人员伤亡（6 分）

三级指标：

* 在施救期间无大量的人员伤亡。（3 分）如有，每死亡一人扣 3 分。

* 施救期间消防系统无自身人员的伤亡。（2 分）

如有，每死亡一人扣 6 分，每伤残一人扣 3 分，每受伤一人扣除 1 分。

* 施救期间的次生衍生灾难（如火灾中的大楼倒塌、气体中毒等）未引起伤亡。（1 分）如有，每死亡一人扣除 3 分，没伤一人扣除 1 分。

二级指标：消防系统在灾区和危机地区抢救出来的人员数量（8分）

三级指标：

* 抢救出来的生还者占受灾人数的100％，为全优。（4分）

* 抢救出来的生还者占受灾人数的90－99％，为优良。（2分）

* 抢救出来的生还者占受灾人数的80－89％，为良好。（1.5分）

* 抢救出来的生还者占受灾人数的70－79％，为及格。（0.5分）

* 抢救出来的生还者占受灾人数的70％以下，为不及格。（0分）

* 抢救出来的生还者占受灾人数的50％以下，为失败。扣3分。

* 在24小时内每抢救出一名生还者，加3分。

* 在48小时内每抢救出一名生还者，加6分。

* 在72小时后每抢救出一名生还者，加9分。

二级指标：对财产的抢救（6分）

三级指标：

* 消防部门在出勤时对首批公共重点单位进行了及时的救助，这些首批公共重点单位是：各类学校、医院、交通系统、公共服务系统（如供水、供电）、通讯系统和主要的居民区。（4分）

* 在消防系统出动后，未因自然灾害的延续和次生衍生危机的发生而造成了新的财产损失。（2分）如有，应扣除3分。

* 通过消防系统的工作，在危机和灾难中被挽回的财产价值。每增加1万元可以在总分中增加6分。

一级指标：消防系统对灾区基础设施恢复的援助工作（20分）

二级指标：对水供应的恢复（5分）

三级指标：

* 有协助供水部门清理修复设备。（0.5分）

* 与供水部门合作在6小时内全面恢复供水。（3分）

* 对边远或特殊灾区派遣必要的消防车送水。（1分）

* 协助安装铺设新的供水设备和供水管道以恢复供水。（0.5分）

二级指标：对电力供应的恢复（5分）

三级指标：

* 有协助供电部门清理修复设备。（0.5分）

* 与供电部门合作在6小时内全面恢复供电。（3分）

* 对边远或特殊灾区协助架设必要的临时供电设施供电。（1分）

* 协助架设新的必要的电网，以恢复供电。（0.5 分）

二级指标：对交通系统的恢复（5 分）

三级指标：

* 有协助交通部门清理修复设备。（0.5 分）

* 与交通部门合作在 48 小时内恢复灾区内公共交通运行。（1 分）

* 有能力保障区内地铁和高架铁线路的恢复和畅通。（1 分）

* 有能力保障经过区内的重要交通干线（如京沪高速铁路线）恢复运行和畅通。（2 分）

* 保障港口的安全和运输恢复。（0.25 分）

* 协助有关部门，保障内河航道设备设施的运行和航运的回复。（0.25 分）

二级指标：对生活环境的恢复（5 分）

三级指标：

* 协助清理危机发生后的灾区生活环境。（2 分）

* 协助恢复生活设施，如市场、马路、路基人行道等。（0.5 分）

* 对灾区内民众做必要的消防宣传和安全教育工作。（0.5 分）

* 保证在三周内使事发地区恢复正常的社区生活秩序。（2 分）

一级指标：消防系统和其他部门的配合度（20 分）

二级指标：和公安、法医和武警的配合度（5 分）

三级指标：

* 未和公安、武警的同事发生过矛盾和不协调。（1 分）如有，扣 3 分。

* 未因这些不协调延误了抢险救灾的进程。（1 分）如有，扣 6 分。

* 未因延误了抢险救灾的进程而造成了人员伤亡。（1 分）如有，扣 8 分。

* 与鉴定尸体身份的法医配合得当。（1 分）

* 与在灾难现场进行防疫消毒工作的防化部队配合得当。（1 分）

二级指标：与专业搜救队伍的配合度（5 分）

三级指标：

* 未和专业搜救队伍发生过矛盾和不协调。（0.5 分）如有，扣 3 分。

* 未因这些不协调延误了抢险救灾的进程。（1.5 分）如有，扣 6 分

* 未因延误了抢险救灾的进程而造成了人员伤亡。（3 分）如有，扣 10 分。

二级指标：与医院、120 急救中心和医护人员的配合度（5 分）

三级指标：

* 从把伤病员抢救出来到将转交给医院、120 和医护人员，期间的交接工作

顺畅。（2分）如不顺畅，而原因出自消防系统的，扣3分。

＊　为医护人员的救援开辟了安全通道。（2分）

＊　保护了医护人员在抢救过程中的安全。（1分）如其中有人伤亡，扣6分。

二级指标：和外籍抢救队伍的配合度（5分）

三级指标：

＊　无语言沟通上的障碍。（0.5分）如有，扣3分。

＊　无抢救器械整合上的障碍。（3分）如有，扣4分。

＊　无组织管理理念上的障碍。（1.5分）如有，扣2分。

在实际运用中，可采用德尔菲法和360度法，运用这些指标体系对政府工作绩效进行评估。其中360度法对绩效的检验可有以下六个基本维度：首先是上级对下级的打分评估，第二是专家或研究人员的打分评估，第三是社会公众的打分评估，第四是同级"同行"之间的打分评估，第五是媒体的打分评估，第六是自我打分评估。

3. 卫生医疗系统应对自然灾害的绩效评估体系

在发生重大自然灾害时，会造成重大的人员伤亡，因此，卫生医疗系统在抢救生命和卫生防疫等方面的工作也至关重要。其工作的好坏，直接关系到公众的切身利益，而公众切身利益是否得到保障和维护，则关系到社会的稳定和政府的威信。

在自然灾害爆发时，灾区内各级政府卫生主管部门、医院和医护人员都有义务参与工作，但地方政府属下的中心医院（包括部队医院）则应承担最重要最关键的工作，并对整个救援抢救和防疫工作起着领导和指导性作用，这就对其工作绩效有更高和更标准的要求。

其次，自然灾害中的次生衍生灾害具有类型多、蔓延快、控制难、危害大等特点，也需要上述部门参与工作，并取得有效成绩。

以下绩效评估指标体系共有5个一级指标，14个二级指标，103个三级指标。

满分为总分100分，另有负分值计算，即该指标选项是在总分中被扣除分值（倒扣分），说明该指标没有达标。

绩效评分标准使用最简单的百分制，以方便各级部门和各种教育水平的机构、组织与人士在评估时统一使用。即：

90—100分为优秀

80—89分为优良

70—79分为良好

60—69分为及格

60 分以下为不及格

因此，政府卫生主管部门和属下的中心医院（包括部队医院）在自然灾害的应对过程中应努力达到以下的绩效评估指标中所规定的要求。

一级指标：反应速度（20 分）

二级指标：应到的医护人员是否全部到位，并进入工作状态（5 分）

三级指标：

＊ 医院的主要领导在自然灾害爆发后 1 小时内抵达岗位。（2 分）

＊ 主要部门的主治医生和护士长在自然灾害爆发后 3 小时内到达岗位。（2 分）

＊ 主要医护人员在自然灾害爆发后 6 小时内在岗位就位。（0.5 分）

＊ 区内 120 急救中心暨全体人员在自然灾害爆发时即时待命。（0.5 分）

二级指标：120 急救中心到达抢救位置的时间（15 分）

三级指标：

＊ 120 急救中心的车辆和主要医护人员在自然灾害爆发后的 30 分钟内抵达事发现场待命。（2.5 分）

＊ 抢救人员做到在事发现场 24 小时待命。（2.5 分）

＊ 120 急救中心距离自然灾害的事发现场可保证随时发现和接送伤病员，即可目测到事发现场。（1 分）

＊ 120 急救中心车辆人员在事发接报后的 5 分钟内抵达抢救现场。（5 分）

如超过 5 分钟，每延时 5 分钟，扣 3 分。

＊ 到达抢救位置的医护人员可即使展开正常的抢救工作。（3 分）

＊ 在正常情况下，伤病员由受伤地点专业地送入急救车的时间是不超过 5 分钟。（1 分）

一级指标：抢救的专业性（20 分）

大规模自然灾害的伤病员主要类型是：骨折、脑外伤、身体各部分的外伤（如刀伤、枪伤和打击伤等）、神经伤、烧伤、窒息和身体中毒性等。因此，这类的医护人员是否足够和富有专业性就很重要。

二级指标：中心医院是否在危机时可提供以上这类医护人员（6 分）

三级指标：

＊ 灾区内中心医院在危机时各类相关医护人员配置整齐。（2 分）

＊ 这类专业人员按上述时间要求准时在 120 急救中心或各个医院到位。（1 分）

＊ 120 急救车中医护人员的配置可根据自然灾害中事件的不同性质（如火灾、地震、溺水、中毒、暴力事件等）而进行临时的专业组合。（2 分）

* 可即使进行区内所需医护人员的整合调度。（1 分）

二级指标：现场抢救的专业能力（14 分）

三级指标：

* 有专业人员实施机械呼吸。（1 分）

* 有专业人员进行人工呼吸。（2 分）

* 有现场心电图测试设备（1 分）

* 有专业的输氧设备。（0.5 分）

* 有现场紧急输血能力。（3 分）

* 有现场的滴吊设备。（0.5 分）

* 有心脏起搏器和强心剂。（3 分）

* 有吗啡供应。（0.5 分）

* 医护人员可以熟练迅速地使用以上设备。（0.5 分）

* 抢救的程序科学、准确、规范。（2 分）

如有因医护人员判断和能力造成医疗事故的，扣 6 分。

一级指标：抢救的效果（0 分）

二级指标：死者数量

三级指标：

* 如发生自然灾害时的在场人数是 500 人以下，在抢救过程中每死亡一人扣除 20 分。

* 如发生自然灾害时的在场人数是 1000 人以下，在抢救过程中每死亡一人扣 15 分。

* 如发生自然灾害时的在场人数是 10000 人，在抢救过程中每死亡一人扣 10 分。

* 如发生自然灾害时的在场人数是 100000 人以上，在抢救过程中每死亡一人扣 5 分。

二级指标：伤残数量

三级指标：

* 如发生自然灾害时的在场人数是 500 人以下，在抢救过程中每死亡一人扣 10 分。

* 如发生自然灾害时的在场人数是 1000 人以下，在抢救过程中每伤残一人扣 5 分。

* 如发生自然灾害时的在场人数是 10000 人，在抢救过程中每伤残一人扣

3分。

* 如发生自然灾害时的在场人数是100000人以上，在抢救过程中每伤残一人扣1分。

一级指标：在自然灾害期间医疗系统的资源储备和调配（30分）

二级指标：相关医疗设施的储备和调配（12分）

三级指标：

* 医院等医疗机构的设施有应急机制。（1分）

* 医院等医疗机构的设施有及时转换为应急机制。（2分）

* 120急救车足够。（1分）

* 手术台手术床、麻醉机、高频电刀、超声清创仪等急救用手术设备具备和足够。（2分）

* 病床（包括备用病床）够用。（1分）

* 手术室是否可在10分钟内展开抢救手术。（2分）

* CT、MIR、X光机、彩色B超光机等设施免费为伤病员提供及时的诊断。（1分）

* 滴吊设施能满足需要。（1分）

* 制式担架足够。（1分）

二级指标：药品、生物用品的配备（12分）

三级指标：

* 各类消炎、止痛镇痛等相关重要药品到位。（1分）

* 止血药品足够。（1分）

* 盘尼西林、阿司匹林和吗啡有足够的储备（包括在本区医院不够的情况下能及时调运进来）。（1分）

* 麻醉剂有足够的储备（包括在本区医院不够的情况下能及时调运进来）。（1分）

* 绷带、纱布足够（包括在本地医院不够的情况下能及时调运进来。）（1分）

* 各种血型的血浆足够（包括在本地医院不够的情况下能及时调运进来）。（2分）

* 可及时采取大规模的献血采血活动。（1分）

* 新采集的血浆够用（包括在本地医院不够的情况下能及时调运进来）。（1分）

\* 特种血型的储备到位（包括在本区医院不够的情况下能及时调运进来）。（1分）

\* 其他相应的抗病毒药品足够（包括在本地医院不够的情况下能及时调运进来）。（1分）

\* 应对特殊病毒的特殊药品可尽快调运进来。（1分）

二级指标：伤病员的流转外运工作（6分）

三级指标：

\* 有伤员外运的应急机制。（1分）

\* 伤员外运遵循就近原则。（0.5分）

\* 伤员外运中是往同级或更高级医院的外运。（0.5分）

\* 外运过程中伤病员的死亡率（外运伤病员死亡率/外运伤病员总数 x 100％＝外运伤病员的死亡率）低于90％。（1分）

\* 在流转外运过程中对伤病员进行详细检查，补充填写医疗文书，仔细核准伤员信息，装入医疗后送文件袋内随行。（1分）

\* 需要流转外运的伤病员都实现了流转外运。（1分）

\* 大规模转运中可及时提供经过改装的适宜的飞机、汽车和轮船等远程运输工具。（1分）

一级指标：医政、疾控防疫、监督、检验、医学院的绩效评估（30分）

二级指标：医政（6分）

三级指标：

\* 在重大自然灾害时可在24小时内全面正常运转。（1分）

\* 及时启动了各类各级应急机制。（0.5分）

\* 在应对自然灾害时起到了领导、指导和监督的作用。（0.5分）

\* 可以即时制定有效而创新性的临时应对措施。（1分）

\* 对医疗器械和药品的管理有效。（0.5分）

\* 对供血系统的监管有效。（1分）

\* 对救灾过程中系统人员的纪律和素养起到了监督指导作用。（0.5分）

\* 主要领导人到一线，准确客观地回复公众和媒体问询。（0.5分）

\* 进行了有效的卫生宣传工作。（0.5分）

二级指标：疾控防疫（15分）

三级指标：

\* 对疫区或废墟进行化学消毒喷洒。（2分）

* 对疫区或废墟进行隔离。（1分）

* 对疫区或废墟的进出人员（包括工作人员）进行检验。（1分）

* 对患者进行采血、快速化验。（1分）

* 在一定范围内为公众注射疫苗。（1分）

* 对疾病和流行性疾病（包括新病种）、中毒、卫生污染、救灾防病等重大公共卫生事件提供了及时的情报。（0.5分）

* 情报准确科学。（0.5分）

* 能向有关部门对新的疫苗品种等新药品提供有效的情报咨询。（0.5分）

* 派遣专业人员在12小时内到位对灾情进行调研。（0.5分）

* 派遣专业人员在12小时内到位对灾情进行有效的初步控制。（0.5分）

* 在灾害发生后的6小时内向上级和有关部门反映真相。（0.5分）

* 有能力面对公众媒体的咨询，并客观、科学地回答。（0.5分）

* 未因其工作的失误引起了大规模的社会恐慌。（1分）如有，在总分中扣除6分。

* 台风、水灾等灾害过后，对伤寒、副伤寒、细菌性痢疾、霍乱、甲型肝炎等8种肠道传染病是否有即时的监控。（1分）

* 对毒源实施的打压和堵漏奏效。（1分）

* 疾控防疫中心启动了24小时监测程序，并与各级医院门诊观测点整合。（1分）

* 全体人员手机24小时开机并能随时沟通。（0.5分）

* 对食品卫生，饮水卫生（包括污染水源）的现场监测和控制有效。（1分）

* 每发生一例在展开防疫工作后死亡的案例，扣3分。

二级指标：监督（3分）

三级指标：

* 监督及时。（0.5分）

* 监督公正。（1分）

* 监督严格。（0.5分）

* 对监督中出现的问题和错误甚至重大事故责任到人，并确定事故责任人和单位。（0.5分）

* 可以向相关部门提出改进意见。（0.5分）

二级指标：检验（3分）

三级指标：

* 检验及时。（0.5分）

* 检验公正。（1分）

* 检验严格。（0.5分）

* 确定了检验的标准、程式和规范。（0.5分）

* 检验结果可以向相关部门提出改进意见。（0.5分）

二级指标：医学院和医疗研究部门（3分）

三级指标：

* 医学研究性部门及时赶往病源地进行了调查和分析。（0.5分）

* 采集了病毒等生物、化学和物理样本。（0.5分）

* 及时进行了分析并得出结论。（0.5分）

* 提出了应对的医疗和防范措施。（0.5分）

* 提出了有效的可供选择的，抗药性低的药品。（0.5分）

* 可以提供专业人员服务，并对医疗系统的工作人员进行了有效及时的培训。（0.5分）

在实际运用中，可采用德尔菲法和360度法，运用这些指标体系对政府工作绩效进行评估。其中360度法对绩效的检验可有以下六个基本维度：首先是上级对下级的打分评估，第二是专家或研究人员的打分评估，第三是社会公众的打分评估，第四是同级"同行"之间的打分评估，第五是媒体的打分评估，第六是自我打分评估。

4. 自然灾害中公共避难场所的绩效评估体系

公共避难场所是政府在应对自然灾害时的一个重要的公共物品，是应对自然灾害、救灾减灾和灾后重建的重要基础，这样的公共避难场所可以分为三级：国家级的、省市一级的和区县一级的。

按照经验和实际需要，区县一级的避难场所一般可以这样设置：在平时，对各个小区和街道周边的地理地貌和经济社会环境进行缜密的勘察，然后划出一定范围的紧急避难场所。这样的避难场所可以设置在开阔地、有水源草地、周围无高大建筑物的平坦（但不低洼）地带。因此，这样的预设避难场所可以是：公园、广场、湖边绿地和大面积的草坪。

在设定这些指定的紧急避难所后，就要对避难所所在区域内进行进一步的勘察和功能布置，即设定避难所内指挥中心、救护站暨医院、配电房、供水处、食品物资发放处、厕所、帐篷区、尸体处置区、直升机停降坪等基本功能区所在的位置。

平时，这些公园、广场、湖边绿地和大面积的草坪仍然是属于全体公民的公共用地和休闲场所；一旦发生重大自然灾害时，可由政府紧急划为避难所，调入人员设备进行迅速的建构，并让灾民进入避难，以维持基本的生活。

对政府公共避难场所工作的绩效评估指标体系共有 3 个一级指标，8 个二级指标，64 个三级指标。

满分为总分 100 分，另有负分值计算，即该指标选项是在总分中被扣除分值（倒扣分），说明该指标没有达标。

绩效评分标准使用最简单的百分制，以方便各级部门和各种教育水平的机构、组织与人士在评估时统一使用。即：

90－100 分为优秀

80－89 分为优良

70－79 分为良好

60－69 分为及格

60 分以下为不及格

一级指标：公共避难场所的准备（40 分）

二级指标：公共避难场所的预留配置（10 分）

三级指标：

＊ 灾区目前公共避难场所已经具备。（3 分）

＊ 公共避难场所的区位配置合理，即每个主要的居民小区、街道和厂区的公民在 30 分钟内可步行达到公共避难所。（2 分）

＊ 现有的公园、绿地、草地有条件在自然灾害发生时壳作为临时的公共避难所。（2 分）

＊ 现有预设的公共避难所中有可供灾民避难的合适的居住环境（如地形适中的高地、平坦、面积大）。（1 分）

＊ 公众知道公共避难所的位置和前往路线。（1 分）

＊ 公众前往避难所的道路便捷、通畅有保障。（1 分）

二级指标：自然灾害和灾难发生后，公共避难场所设施的功能配置（20 分）

三级指标：

＊ 公共避难所内有高效的应急指挥中心。（2 分）

＊ 公共避难所内有自行应急发电设备，如发电机。（2 分）

＊ 公共避难所内有独立的供水设备，如小型水塔和供水管道。（2 分）

＊ 公共避难所内有较完备的临时医疗机构，如做外科手术的设施和治病、

防疫能力。（2分）

　　＊ 公共避难所内有安全的食物集散地和应急日用品发放点。（2分）

　　＊ 公共避难所内有公共厕所和基本的盥洗设施。（2分）

　　＊ 公共避难所内有适宜的帐篷区，即地面干燥的平地。（2分）

　　＊ 公共避难所内有公安保卫系统的存在。（2分）

　　＊ 公共避难所内或附近有尸体临时处理区。（1分）

　　＊ 公共避难所内或附近有直升机临时停降坪。（1分）

　　＊ 微型广播站可有效广播重要信息。（1分）

　　＊ 避难所的主要入口处有各个功能区在所内分布的指示牌，方便公众寻找。（1分）

　　二级指标：公共避难场所工作单位和工作人员的预设配置（10分）

　　三级指标：

　　＊ 即针对以上公共避难所中各个功能区的配置，政府已经预设指定了相关的负责单位，如某医院、某食品供应集团、粮食局、公安派出所等。以便在紧急状态下可随时调动。（2分）

　　＊ 针对以上公共避难所中各个功能区的配置，被政府预设指定了的负责单位应提前预设好要配置的最好的人员，如预设的医护人员、粮食局干部、公安派出所民警等。以便在紧急状态下可随时调派。（2分）

　　＊ 以上功能部门和人员在接到紧急调集后，可在1小时内赶往指定的避难所展开工作。（2分）

　　＊ 抵达避难所的相关功能部门人员全员到齐。（2分）

　　＊ 灾难期间，在避难所工作的人员的直系家属和主要旁系亲属得到政府的妥善保护和安置，以便被调集的人员集中精力工作。（2分）

　　一级指标：公共避难场所的使用（40分）

　　二级指标：初期救助（20分）

　　三级指标：

　　＊ 应急指挥中心的调度指挥得当。（3分）

　　＊ 避难所内的救护医疗功能可迅速启动，对送来的伤病员展开初步救治。（3分）

　　＊ 可展开基本的创伤手术和伤口处理。（2分）

　　＊ 救护医疗中的止血、输血、防感染、麻醉、镇痛和清创处理能力具备。（1分）

* 对死者和尸体进行紧急处理并送离避难所。（1分）

* 直升机临时停降坪可有效地高速运转。（1分）

* 可有条不紊地把灾民安置在帐篷区临时居住。（2分）

* 建立公共寻人启示栏和广播服务。（1分）

* 发放基本的食品和饮水。（2分）

* 在冬天，发放必要的御寒设施，如睡袋、棉被、衣物等。（1分）

* 需要控制每个避难所的容量，防止次生、衍生灾难发生。（0.5分）

* 避难所内保持公共卫生和环境生态的良好。（0.5分）

* 避难所内有足够的心理辅导人员。（1分）

* 避难所内有足够震慑力的警力。（1分）

二级指标：对基本生活的维持（10分）

三级指标：

* 在公共避难场所的人员有足够的食物和饮用水供应。（2分）

* 在最大限度地吸纳避难人员的前提下，保证场所内最基本的生存需要。（1分）

* 对食物、饮水和基本用品的发放有一个限制制度，以便应对长期的危机和场所的可持续性使用。（2分）

* 避难所内没有挨饿的现象发生。（1分）

* 避难所内的厕所有效运转，粪便得到高标准的清除。（1分）

* 有基本的沐浴卫生系统。（1分）

* 避难场所内没有重大疫情和传染病的流行。（1分）

* 避难所内没有因病死亡的形象发生。（1分）

二级指标：对避难场所功能的扩容（10分）

三级指标：

* 根据需要，在灾害持续发生或加重时，可有足够的预留空间扩充避难所的面积。（2分）

* 需要时，加大各个功能区的工作能力。（2分）

* 可调集新的专业人员进入避难所增援。（2分）

* 可从灾民或避难的公众中选拔专业的志愿人员参加避难所的各项工作。（2分）

* 有能力迅速选定和建构新的避难所。（1分）

* 食品、饮水等生存必需品足够并增调及时。（1分）

一级指标：公共避难场所使用中的突发事件应对（20分）

二级指标：对基本治安稳定的维持（10分）

三级指标：

* 所内有足够的警力进行24小时巡逻值班。（2分）

* 防止谣言和歪曲性报道的传播。（1分）

* 遏制杀人、抢劫、强奸、贩毒、投毒等典型性的犯罪行为。（2分）

* 防止拐卖儿童、卖淫和诈骗等特种犯罪的发生。（2分）

* 通过广播、布告、传单等进行有效的治安和局势信息宣传，以稳定公众情绪。（1分）

* 对区内哄抬物价和严重的损害消费者权益的行为进行坚决的打击。（1分）

* 在夜间，避难所内有足够的照明和安全感。（1分）

二级指标：对重大治安隐患和危机的处置（10分）

三级指标：

* 注意对避难所内不稳定甚至敌对言行的侦查和了解。（2分）

* 对不稳定及敌对言行进行及时有效的劝阻、解释，以缓解矛盾。（2分）

* 对场所内的违法和动乱活动在爆发前就予以制止。（2分）

* 对避难所和附近的动乱进行有效的制止和镇压，保卫区域的安全稳定。（2分）

* 防止所内发生重大火灾发生。（1分）

* 防止帐篷和其他设施的坍塌。（1分）

在实际运用中，可采用德尔菲法和360度法，运用这些指标体系对政府工作绩效进行评估。其中360度法对绩效的检验可有以下六个基本维度：首先是上级对下级的打分评估，第二是专家或研究人员的打分评估，第三是社会公众的打分评估，第四是同级"同行"之间的打分评估，第五是媒体的打分评估，第六是自我打分评估。

5. 自然灾害中水、电、粮食食品基本供应和交通处置的绩效评估体系

在发生自然灾害时，水电是比较容易受到破坏，但又极为影响民众生活和社会稳定的两项日常生活中的基本资源配给。

同时，食品供应的安全也关系到公众的基本生活需求和社会稳定需要。

而交通枢纽和线路的畅通是应对自然灾害的一个重要的命脉性环节。

对政府以上三方面工作的绩效评估指标体系共有3个一级指标，10个二级指标，58个三级指标。

满分为总分 100 分，另有负分值计算，即该指标选项是在总分中被扣除分值（倒扣分），说明该指标没有达标。

绩效评分标准使用最简单的百分制，以方便各级部门和各类机构、组织与人士在评估时统一使用。即：

90—100 分为优秀

80—89 分为优良

70—79 分为良好

60—69 分为及格

60 分以下为不及格

一级指标：水电等能源供应设施及时得到维修并恢复正常工作（35 分）

二级指标：水供应（10 分）

三级指标：

* 首先是医院用水供应保持不断。（3 分）

* 其他重要部门供水保持不断。（1 分）

* 水质保证不受污染。（3 分）

* 在 24 小时内恢复供水（包括非常规性供水）。（1 分）

* 政府有紧急蓄水预案。（2 分）

二级指标：电供应（10 分）

三级指标：

* 首先是医院用电供应保持不断。（3 分）

* 保证车站、机场等重要交通枢纽的供电。（3 分）

* 其他重要部门供电保持不断。（1 分）

* 协助恢复灾区内因断电受阻的电梯的供电恢复。（2 分）

* 在 24 小时内恢复供电。（1 分）

二级指标：煤气供应（10 分）

三级指标：

* 首先是医院用煤气供应保持不断。（3 分）

* 其他重要部门供煤气保持不断。（1 分）

* 及时修复出现故障的煤气管道。（2 分）

* 没有因自然灾害事件而引发的重大煤气安全事故。（3 分）

* 在 24 小时内恢复供应煤气。（1 分）

二级指标：暖气供应（5 分）

三级指标：

* 首先是医院暖气供应保持不断。（2分）

* 保证对中小学校、老人院、孤儿院的供暖。（2分）

* 其他重要部门供煤气保持不断。（1分）

一级指标：粮食食品等物品的供应（35分）

二级指标：满足基本的粮食供应（15分）

三级指标：

* 地方粮油局等相关部门有应对自然灾害下的粮食供应方案。（2分）

* 灾区内有自己的储备粮仓，以应对短中期的粮食紧张甚至饥荒危机。（3分）

* 如果灾区内包括战略储备在内的粮食供应不足，可及时从区外调入粮食。（2分）

* 粮食可及时运往各居民点或避难中心。（2分）

* 在灾难期间，严禁粮食价格的提高。（1分）

* 在灾难期间，防止粮食的浪费。（1分）

* 没有出现大范围的饥荒。（2分）

* 如确实出现粮食短缺，有足够的替代品食物供应。（2分）

二级指标：满足基本的营养食品的供应（10分）

三级指标：

* 对基本的蔬菜供应应得到保障。（2分）

* 对重要的维持人体维生素的蔬菜和果品要得到保障。（2分）

* 灌装维生素饮料供应充足。（1分）

* 药店的各类基本药品的供应充足。（2分）

* 特殊病人的营养品得以持续供应。（1分）

* 婴儿和儿童类营养品如奶粉等供应充足。（1分）

* 以上基本食品药品的价格稳定不涨价。（1分）

二级指标：满足基本生活的日用品的供应（10分）

三级指标：

* 帐篷供应充足。（3分）

* 手电筒、蜡烛和火柴等特殊照明物资供应充足。（2分）

* 牙膏、牙刷、毛巾等主要洗刷用品供应足够。（1分）

* 香波、洗澡液、手纸等卫生用品供应足够。（1分）

* 卫生巾、卫生棉签、妇洗液、避孕套等妇女卫生用品供应足够。(1分)

* 公众的手机有充电的服务点。(0.5分)

* 公众的手机有充值的可能，并控制住价格。(0.5分)

* 防蚊防虫防蛇等野外防害虫的器械和药品供应充足。(1分)

一级指标：交通疏通（30分）

灾区内的各级交通线、交通枢纽的畅通对缓解危机造成的混乱和灾难至关重要。这不仅是疏导民众的主要交通枢纽，也是紧急状态下输送救灾人员和物资的重要命脉。

二级指标：灾区内地铁、高架铁和公交线的畅通（10分）

三级指标：

* 灾区内的地铁、高架铁和公共交通线可持续疏导民众。(3分)

* 在紧急状态下可输送救灾人员和物资前往需要的地区。(1分)

* 在各上车点有专人维护乘车秩序，防止践踏超载等事故和违规行为的发生。(1分)

* 被损毁的交通线可在最快的时间内修复并恢复运行。(2分)

* 没有次生灾难发生。(1分)

* 对因损毁等原因停运的地铁、公交线有停运后的替代措施，以保持基本的运输畅通。(2分)

二级指标：高速公路和主要公路的畅通（10分）

三级指标：

* 保持进出灾区主要高速公路和主要道路的畅通。(2分)

* 保障救护车、120急救车和排障车以及抢险救灾车辆的畅通。(2分)

* 对交通线上的事故及时处理、清理、排障，在最快时间内恢复运行。(1分)

* 有足够的排障机械进行有效的工作。(1分)

* 交警和巡警在灾难期间可有效地控制路况，处置危险人员和车辆。(2分)

* 有应对灾难时大量外逃人员和危机难民堵塞高速公路和主要道路的预案。(2分)

二级指标：保护高速铁路和机场交通畅通（10分）

三级指标：

* 灾区有义务协助有关部门维护临近高速铁路的安全。(2分)

* 高速铁路路段发生事故时给予积极支援和抢救。(2分)

\* 协助民航部门参与机场的管制和疏通。（2分）

\* 协助保障通过机场进入市区和其他区域的人流物流的畅通。（2分）

\* 防止机场发生大规模的外逃灾民造成的拥堵和秩序混乱现象，以维持机场航空港的正常旅客货运进出业务。（2分）

在实际运用中，可采用德尔菲法和360度法，运用这些指标体系对政府工作绩效进行评估。其中360度法对绩效的检验可有以下六个基本维度：首先是上级对下级的打分评估、第二是专家或研究人员的打分评估、第三是社会公众的打分评估、第四是同级"同行"之间的打分评估、第五是媒体的打分评估、第六是自我打分评估。

6. 新闻传媒应对报道自然灾害的绩效评估体系

灾区有自己的电视台等大众媒体，但收视率不一定很高。因此，灾区的宣传部门和有关媒体应该和省市及国家的新闻媒体建立共同的媒体应急机制。

从"3·14事件"的报道、"5·12汶川地震"的报道和"7·5事件"的报道看，我国新闻媒体对突发事件和自然灾害的报道出现了以下三个基本的变革。与以往的报道相比，这是一个巨大的进步，有效扭转了以往官方报道中迟缓、片面和回避的被动局面。这三个基本变革是：报道迅速、报道公开、报道客观。

在这样的变革形势下，要对政府主管的新闻传媒在自然灾害中和过后的工作进行有效的评估。

政府在自然灾害中运用媒体绩效的好坏有以下3个一级指标，11个二级指标和73个三级指标。

满分为总分100分，另有负分值计算，即该指标选项是在总分中被扣除分值（倒扣分），说明该指标没有达标。

绩效评分标准使用最简单的百分制，以方便各级部门和各种教育水平的机构、组织与人士在评估时统一使用。即：

90—100分为优秀

80—89分为优良

70—79分为良好

60—69分为及格

60分以下为不及格

一级指标：政府自身的新闻公关绩效（30分）

二级指标：针对自然灾害和危机事件的新闻发言人（5分）

三级指标：

＊ 政府有专门的新闻发言人。（0.5 分）

＊ 有网络信息发言人（负责网上信息、手机信息的发送）。（1 分）

＊ 新闻发言人和网络信息发言人受过专业训练、职业训练和应对危机的特种训练。（1 分）

＊ 发言人的个人形象。（0.5 分）

＊ 发言时对灾害的了解程度高（如在职责范围内无出现"无可奉告"、"不清楚"、"请问相关部门"等托词）。（1 分）

＊ 发言人亲自去过灾难现场并可以在现场发表适当的讲话。（1 分）

二级指标：新闻发布会的场地符合规范和有可信性（5 分）

三级指标：

＊ 发言时有相关的最高领导在场。（0.5 分）

＊ 有技术专家在场（技术专家指相关的学者、科学家、各部门专业人员如公安局的警察等）。（1 分）

＊ 在做新闻发布时有可支持论点论据的证物（如实物、证人、照片、录像、录音、图表数据等）。（1 分）

＊ 可以说明所列证物的出处来源。（0.5 分）

＊ 使用了多媒体（如 PPT、视频等）作为辅助设施。（0.5 分）

＊ 新闻发布会场地布置既庄重又有自由度。（0.25 分）

＊ 新闻发布会准时开始准时结束。（0.25 分）

＊ 允许合法到场的中外媒体自由提问。（1 分）

二级指标：政府新闻公关的效果（10 分）

三级指标：

＊ 政府新闻发布工作使自然灾害事态基本平息。（2 分）

＊ 能让公众信服、能让公众的情绪稳定。（2 分）

＊ 有助于社会生活运作的恢复。（1 分）

＊ 达到长期的宣传效果（即在未来三周内不会再发生类似事件）。（0.5 分）

＊ 对带有偏见、恶意和歪曲的传闻谣言进行了有效澄清。（0.5 分）

＊ 受众的信任程度，即公众不再相信外媒和谣传的报道。（2 分）

＊ 通过有效的解释，平息了公众对政府工作的不满。（2 分）

二级指标：对新闻媒体机构、设施和人员的保护（10 分）

三级指标：

＊ 平常有专业人员驻守在重要的新闻机构附近和重要进出口处。（0.25 分）

 ＊ 有监控媒体机构的 24 小时值班的监控录像。（0.25 分）

 ＊ 在处理突发自然灾害时派驻有足够和有效力的武警警力守卫新闻机构。（1 分）

 ＊ 对进入新闻媒体机构设施的人员进行严格有效的盘查（0.5 分）

 ＊ 媒体在进行灾难现场报道时受到被访地区单位和人员的尊重和保护（记者的个人感知）。（2 分）

 ＊ 未发生公众对媒体、新闻工作者和设施的袭击事件。（1 分）

 ＊ 在媒体、新闻工作者和设施受到袭击时，它们受到了有效的保护。（2 分）

 ＊ 在自然灾害的过程中，无新闻媒体的设施遭到破坏。（1 分）

 ＊ 在报道自然灾害的过程中，无记者因袭击事件而非正常性地死亡或受伤。（2 分）

 一级指标：政府媒体与主流新闻媒体和公众的互动关系（20 分）

 二级指标：政府与主流电视、报刊和电台等传统媒体的互动绩效（10 分）

 三级指标：

 ＊ 政府有关部门愿意主动与主流媒体接触并回答反馈有关自然灾害中的各种问题。（2 分）

 ＊ 对媒体的"追问"不回避并如实回答。（2 分）

 ＊ 事件内容和真相完全公开和透明化。（2 分）

 ＊ 遇到不能马上回答或不清楚的问题，承诺在以后回答。（1 分）

 ＊ 在较短的时间内回答了在前次新闻发布会上未能回答的问题。（1 分）

 ＊ 在权衡全局的情况下、在情况未明和更上一级部门对事件的判定未果的情况下可有效控制信息的发布。（1 分）

 ＊ 作了有理、有利、有节的新闻评论。（1 分）

 二级指标：政府媒体与公众的互动关系（10 分）

 三级指标：

 ＊ 政府媒体直接报道灾害中公众的实际工作和生活情况。（3 分）

 ＊ 政府媒体直接对灾害中的公众进行现场采访。（3 分）

 ＊ 在采访中允许公众提出批评、意见和建议，即允许公众通过媒体对政府的直接监督。（2 分）

 ＊ 公众通过媒体对政府在灾害中的工作进行评判和评论。（1 分）

 ＊ 主流媒体可进行公众舆情调查，如政府信息网上的问卷调查。（0.5 分）

 ＊ 政府官员直接通过官方媒体，包括互联网回答公众的问题、质疑和建议。

（0.5分）

一级指标：政府对非主流媒体的影响和控制（50分）

二级指标：政府对其他公共和部门新闻载体的运用绩效（5分）

这里的公共和部门新闻载体是指在公共场所的大屏幕、展示板、广告牌、阅报栏等，以及各单位部门自己的电子屏幕、展示板等。

三级指标：

＊ 政府媒体准确、客观和全面的报道出现在这些公共和部门新闻载体上。（2分）

＊ 非政府部门的媒体在这些载体上发布的信息和政府媒体的信息的内容基本一致。（2分）

＊ 公共和部门新闻载体的设施在自然灾害期间得到了有效的保护并正常运作。（1分）

二级指标：对外媒的了解、分析与互动（10分）

三级指标：

＊ 了解世界主要电视和纸质及网络媒体对事件的报道。（1分）

＊ 了解和明晰国内外媒体对事件报道的异同。（1分）

＊ 对境外媒体敌对性、歪曲性和片面性的报道采取了有针对性的澄清和批驳。（3分）

＊ 能比 CNN、BBC、NHK 和台湾、香港的媒体更早或同步地报道相关信息，即掌握着新闻报道时间和导向的主动权。（3分）

＊ 外媒和民间媒体以及"敌对性的"媒体也引用了政府媒体和主流媒体对事件的客观报道。（2分）

二级指标：对国内其他媒体的了解和分析（5分）

三级指标：

＊ 本区主流媒体报道与国内其他媒体的报道无大偏差。（0.5分）

＊ 无出现不同版本的报道（不同版本的报道是不允许的，因为会出现更多的猜测和混淆视听，在自然灾害期间引起更大的混乱，甚至引发衍生和次生危机）。（2分）

＊ 如出现不同版本的报道，主流媒体有及时有效地澄清。（2分）

＊ 新闻的来源是主流媒体提供而不是其他媒体提供。（0.5分）

二级指标：对媒体使用和控制中民主和自由度的控制（10分）

三级指标：

\* 无媒体对政府限制报道提出抗议。（1分）

\* 无媒体工作者遭到政府方面人员的阻拦、谩骂或殴打。（1分）

\* 媒体工作者对政府有关人员的报道评价总体正面。（1分）

\* 允许包括国外主流媒体在内的传统的批判性媒体进入采访、报道和评论。（1分）

\* 但对重新流入境内的国外主流媒体的报道做了必要的检查和筛选。（3分）

\* 国外主流媒体的报道评论未对国内局势产生负面影响。（3分）

二级指标：对"新型非主流民间媒体"的了解和控制（20分）

"新型非主流民间媒体"指：手机短信、互联网博客、社交网络、网站的传播、视频网络、民间口头传谣等。

由于长期以来，政府的诚信度下降或不高，造成了目前公众对政府官方媒体的一种普遍的不信任的心态：即不相信政府官方媒体的报道，而宁愿听信网上甚至手机上这类"新型非主流的民间媒体"传播的信息。

其原因是三点：一是长期以来我国官方媒体的宣传性功能；二是官方媒体信息不公开、不客观和不公正；三是官方媒体报道时间的滞后和不同步。这三点使信息时代中的网民自然相信没有官方色彩的、更中立、传播速度更快、信息量更大的各类"新型非主流民间媒体"。

但现实中，这样的媒体往往也存在不客观，乃至以偏概全的问题；甚至有歪曲、偏激、诱导和映射的倾向。更有的被敌对分子、敌对势力甚至敌对组织和敌对当局利用，以达到制造事端、挑起矛盾、引发和扩大冲突和动乱的目的。

这是政府有关部门必须予以禁止的。

因此，政府媒体必须通过长期的努力改变这种状况。

三级指标：

政府在处理危机的实际工作中，要做到以下方面：

\* 在外媒、民间媒体和非主流媒体前先行报道自然灾害事件。（在这里，政府媒体与外媒、民间媒体和"新型非主流民间媒体"在新闻报道侧重点方面的一大区别是：政府媒体重事件的结果和定性；而外媒、民间媒体和"新型非主流民间媒体"是重事件的过程，这往往使政府媒体反应相对迟钝、滞后和死板。）（2分）

\* 对手机短信、网络、博客和口头传谣中的不实和敌对信息通过相应的渠道进行澄清。（2分）

\* 对其中被歪曲的部分以有说服力的证据说明真相。（2分）

* 对散布不实和敌对信息的源头及人员及时追查、封堵并惩处。（2分）

* 对不实和敌对信息的传播进行了有效堵截和封闭。（1分）

* 在堵截封闭不实和敌对信息传播时有有效的屏蔽技术。（1分）

* 有技术和人员防止黑客的攻击。（1分）

* 有即时了解"新型非主流的民间媒体"的报道，尤其是不实报道。（1分）

* 对不实报道造成的后果是否采取了补救措施。（1分）

* 不出动流动宣传车，这样一方面会加重非常态的局势，对公众反而造成恐惧心理，二是这种传统的做法不为公众所接受，被认为是政府强制宣传。宣传车甚至会在动乱中成为暴徒的袭击重点。（2分）

* 对在自然灾害期间出现的敌对性的地下电台和网站进行了有效的阻截很查封。（3分）

* 对地下违法电台、网站的组织者进行侦查并依法逮捕。（2分）

在实际运用中，可采用德尔菲法和360度法，运用这些指标体系对政府工作绩效进行评估。其中360度法对绩效的检验可有以下六个基本维度：首先是上级对下级的打分评估，第二是专家或研究人员的打分评估，第三是社会公众的打分评估，第四是同级"同行"之间的打分评估，第五是媒体的打分评估，第六是自我打分评估。

7. 军队应对自然灾害的绩效评估体系

在发生自然灾害时，驻扎在灾区的驻军部队不可能置身度外。一方面，军队本身要应对危机对自己造成的威胁和损毁；另一方面，部队要主动、积极、有效地支援地方的救灾抢险工作。

灾区驻军配合支援灾地方政府应对处理自然灾害的绩效评估指标体系共有 N 个一级指标，N 个二级指标，N 个三级指标。

满分为总分 100 分，另有负分值计算，即该指标选项是在总分中被扣除分值（倒扣分），说明该指标没有达标。

绩效评分标准使用最简单的百分制，以方便军内外各级部门和各种教育水平的机构、组织与人士在评估时统一使用。即：

90—100 分为优秀

80—89 分为优良

70—79 分为良好

60—69 分为及格

60 分以下为不及格

一级指标：驻军部队在自然灾害中的任务想定评估

二级指标：政策制定和应急响应机制

三级指标：

＊ 驻当地部队有统一的应急自然灾害的两套方案，一套是自我保护方案；另一套是参与区内应对危机的行动方案。

＊ 有逐级升级的响应机制。

二级指标：指挥体系建构

三级指标：

＊ 在上级军民机关的领导下，有自己的统一的指挥系统。

＊ 战时指挥机制可转换为应对各种重大自然灾害。

＊ 在发生重大突发事件，人民生命财产收到严重威胁和损失而通讯联络不畅或指挥机制反应迟缓时，驻军部队应根据应急预案自主率先投入工作。

二级指标：与上级军政系统和灾区地方政府的协同

三级指标：

＊ 驻军应急系统虽是听命于军队系统的领导，但必须与当地政府及各部门有一定的战时协调机制。

＊ 必要时应该与政府建立联合应急指挥部，而不是单独行事。

＊ 在部队采取行动前，应征询政府有关部门和专家学者的意见。

一级指标：对驻军部队在自然灾害中的任务展开评估

二级指标：反应速度评估

三级指标：

＊ 是否在获得命令后迅即奔赴灾难现场。

＊ 是否在抵达现场后立即展开了工作。

＊ 部队从作战态势转为民政应急事件处置态势的转换是否顺畅，即部队是否有必要的行动工具和装备。

二级指标：执行能力评估

三级指标：

＊ 驻军的直升机部队有能力参与重大自然灾害的救援抢险工作。

＊ 在参与救援抢险的同时，部队可以保证正常的战备值班力量，有能力同时应对其他的突发事件。

一级指标：对驻军部队在自然灾害中的任务达成评估

二级指标：对人民生命财产抢救的绩效

三级指标：

* 有效地保护了人民的生命安全，解救了大量的群众。

* 可协助公安武警和消防部队完成各项救援抢险任务。

二级指标：部队自身保护

三级指标：

* 在执行任务中，部队自身没有人员伤亡。

* 没有重大的装备损毁事故。

* 部队官兵的心理承受力稳定。

* 在应对危机的过程中与当地民众的关系融洽。

* 部队未发生骚扰当地民众的不良事件。

在实际运用中，可采用德尔菲法和360度法，运用这些指标体系对政府工作绩效进行评估。其中360度法对绩效的检验可有以下六个基本维度：首先是上级对下级的打分评估，第二是专家或研究人员的打分评估，第三是社会公众的打分评估，第四是同级"同行"之间的打分评估，第五是媒体的打分评估，第六是自我打分评估。

# 第二章　地球信息学，GeoDa 地球空间地理分析软件

地球信息学 GIS 和 GeoDa 软件之于自然灾害社会学在研究方法上具有重要的应用意义

自然灾害社会学可采纳城市规划学和交通学中关于空间分析方法的软件即GIS 软件、GeoDa 软件进行分析。以本书的研究看，研究自然灾害的社会学理论可以以社会学的各宏观理论为主要范畴和引导，但对自然地理和自然灾害中的地理空间所负载的较为中观、微观的地理、社会、经济数据的分析是不可能的。而借用这两个研究工具，可尝试在研究方法上有一定的突破。传统的社会学数据分析常借用于 SPSS 分析软件，在地理空间数据上研究不足，GIS 和 GeoDa 软件作为空间数据分析方法实现了空间理论与数据分析的结合。

这两个软件在一定程度上为自然灾害社会学在空间计量研究分析中提供了一种研究方法的参考。

首先，可以将自然灾害所造成的社会影响与空间结构结合起来考察，这种新的方法提供了这一研究的思路，地理空间地图的直观以一种更加清晰可见的方式呈现出来，可读性大大提高。其次，自然灾害社会学中的空间政治经济学得以在整个灾害区域甚至国家以及全球的层面展开论述，而这一空间计量经济学的方法可以将研究对象缩小到区域的层次，并且用一系列的变量和相应的数据来展示灾区地域空间中的各种发展变化。即以这两个软件将灾区放置在一个鸟瞰的地位上进行全面而系统的观察，可以防止以点代面，以偏概全。

其次，GIS 和 GeoDa 软件虽然是以城市规划和交通设施建设而设计的软件，但对于研究自然灾害社会学、城市社会学和环境社会学的社会学学者来说，其数据收集和分析能力不失为一种参考工具。因为，这三个社会学应用学科专业都涉及到地理、地形地势和空间等概念范畴，而传统的社会学研究方法是难以有效涉及到这些范畴领域的。如 SPSS 分析软件主要是针对社会中的个人、社会群体和社会组织等进行研究，也始终脱离不开其最基本而较单一的数据收集手段——问卷调查。为此，自然灾害社会学等需要有新的研究手段加以补充。

最后，在使用这两个软件的过程中，如果再配以城市规划学者常用的激光测

距仪和影像式地理地图等工具，可以起到更好的效果，等等。学科交叉，多学科联合研究，不仅是多学科理论上的相互借鉴，更可以是研究方法上的相互利用。这样，可以弥补各种研究方法上的不足，从而填补研究中的空白区。[①]

　　当然，GIS 和 GeoDa 软件也不是可以轻易掌握的，需要获得其软件和说明书，并通过上课或专家讲解的方式，才能真正独立运用。

---

① 何志宁：《中国城市文化产业园的社会与经济功能》，南京：东南大学出版社，2015 年。

# 第三章　解决问题的政策建议路径

笔者曾应邀参加过中国民政部减灾委下属部门召开的一次研讨会，谈灾后社会重建问题。会上，只有包括笔者在内的三位受邀的人文社会科学学者与会，其中一位也并非专事研究自然灾害的。而其他的参与者都是减灾委的年轻干部，且全部都是地理学、地质学等工科专业毕业的。会议仅进行了一个上午就结束，问题并没有得到透彻地研究讨论，也很难达成交流的成果，更不知道可以达到怎样的实际效果。对此，我感到非常遗憾！

笔者的德国导师 E·K·Scheuch 教授曾对笔者说过：社会学只有在两种情况下会得到政府的重视：一种是官员们不懂的时候，另一种是官员们遇到问题的时候。

面对自然灾害，具有社会责任感和人道主义精神的社会学者可以在自然灾害以下的三个发展阶段强势介入，为各级政府部门提供客观科学有效的咨询建议。

第一个阶段是灾后阶段。这一阶段一般持续三个月到半年时间。

自然灾害刚过，灾区满目疮痍，如世界末日。社会学领域中的社会心理学家可以首先投入工作，其他可以介入进行现场实际工作的社会学学者还可以包括以下专业领域：人口学、家庭社会学、组织社会学、风险社会学、自然灾害社会学、越轨与犯罪社会学、社会工作、地理社会学、环境社会学、农村社会学以及民族社会学、宗教社会学和伦理社会学的学者和学生。在这一阶段，社会心理的安抚、家庭稳定的扶持和防止犯罪、稳定灾区社会等是社会学者们最需关注的社会问题。有实践经验的社会工作者的大规模实践投入也是必不可少的。这时的社会学者们，更多的是与灾民感同身受的救灾、赈灾的责任参与者和解决问题的积极骨干，应与灾民、救援者和当地政府、军警部门休戚与共，共度时艰，而绝不是旁观者和抽象理论的研究者。更必须严格遵守研究中的伦理道德和研究规范。

第二个阶段是灾后安置阶段和规划重建阶段。这一阶段一般持续三年到五年时间，这是重大自然灾害后恢复重建工作一般所需要的时间。

在这一阶段，主要的工作是灾后重建和灾民的就业创业、社会回归正常。政府主要的工作任务是保持灾区社会稳定、恢复经济、创造就业岗位、培养创业创新环境、建设长期住房、复建基础设施和实施社会保障。对此，社会学者主要的实践和研究领域是：社会组织的重组、管理体制的重建、产业结构的调整、招商引资政策、促进就业创业的措施、移民迁居工作、城乡建设规划、宜居安居建设、社区功能恢复、弱势群体救济、社会福利实施和家庭重建等等。

因此，除第一阶段所涉及的社会学专业领域的学者学生们依然可以贡献其智慧、能力和实际工作外，城市社会学和城市规划学者、经济社会学者、社会政策学者、劳动社会学者、发展社会学者和工业社会学者在第二阶段的投入是必不可少的。这一阶段，社会工作者、社区工作者、城市规划学者、城市社会学者和环境社会学者可以在很大程度上直接地参与到建设实践中去。

第三阶段是灾后重建完成后，一般是灾后的第五周年或第六周年的时间点。这一阶段，具体的重建工作已基本结束，灾区的社区结构已经基本稳定和定型。社会学者们的主要任务是三个：对政府执行的政策措施的社会经济效益进行评估和修正；对灾后重建社区进行系统的社会调查和科学研究，总结重建中的经验教训，完善灾后重建的社会政策和发展战略；从自然灾害社会学、越轨与犯罪社会学、组织社会学、社会政策学、社会工作、人口学、经济社会学等社会学学科专业角度，进行自然灾害社会学的微观和中观学术研究和理论总结，丰富社会学的微观、中观和宏观理论体系。

面对自然灾害，任何有良心、有社会责任感、有能力的社会学者都愿意奉献自己的才智和经验。对此，灾区的地方政府应当尊重社会学者们的参与和建议。不应把社会学者拒之门外，也不能把他们当做民主议政的门面，更不能把他们当做御用文人和政治傀儡。根据笔者以往的调研经验，建议灾区地方政府有关部门应做到以下的方面。

第一，接受有关的社会学者在灾后积极介入到灾区的社会实践和调研工作中去。不设障碍、不设门槛。为其提供基本的生活、工作和科研条件。尤其应关心支持非上级政府委派的社会学界的独立自愿者，如高校社会学专业的社会学教师和学生，充分发挥他们的才智、能力和批判精神。

第二，将抵达灾区的社会学者按其专业和研究领域分配于灾区当地政府的各有关部门，如地方发改委、民政部门、公安部门、司法部门、国土资源部门、财政部门、宣传部门、住建部门、环保部门、妇联部门等，让他们直接参与这些部门的工作和研究，与官员共同研究局势、规划方案、实施政策。各部门应持尊重、理解与合作的理念。

第三，政府应理解调研和科研以及据此制定政府政策的重要意义。从而在保证国家机密安全的前提下，允许社会学者们获取政府各部门和统计部门的有关统计数据和资料图纸等。为社会学者参与实践、科研和研究制定政策提供客观、真实和有效的参考资料文献。

第四，在制定政策前，灾区地方政府应邀请科学家和包括社会学者在内的社会科学工作者以及灾民代表和经济界代表、援助方代表和非政府组织及志愿者代表等，共同举行多次圆桌会议，听取各方意见建议，在民主、公开、平等的氛围和条件下研究制定灾后的各项经济、社会措施，以免出现政策失误和工作损失。

第五，因为包括社会学者在内的参与灾后工作的知识分子和科学家们不属于当地政府的人事管理配置，因此，他们应有越级向政府上级部门乃至中央政府反映情况、提出申述和直接谏言的权力，尤其是在当地政府不接纳他们至关重要、关系整体大局和长远发展利益的正确政策建议和尖锐批评意见时，以保证正确意见的通达性。这既是彰显对知识和知识分子的尊重，也是对当地政府官员的除法规和新闻媒体外的又一个制约和监督机制。

第六，因此，对于来自包括社会学者在内的知识分子的积极谏言和建议，灾区政府部门必须认真听取和了解分析，并给予及时的回复。采纳的有效建议要积极推行。不适合采纳的建议也要说明缘由。总之，在积极推行多元协商民主政治的今天，在触及灾区民众福祉和灾区未来发展的大事上，政府部门、经济领域、学术界、非政府组织、志愿者和广大灾民和域外民众，都应形成智慧和能力的共同体，共商国是，同赴国难。

要把自然灾害社会学的学术研究成果转化为"生产力"，直接为国家和各级政府提供有效可行的政策咨询。通过研究成果的积累和档案归类，制定出一系列在面对重大自然灾害时行之有效的预设的社会政策，一旦灾害发生时予以实施。并对实施过程实施跟踪调研，以及时修正。

应用研究要注重对国家灾后重建计划提供咨询和帮助。即在每次灾害发生后，在经过严密、科学、客观的调研后，能及时提出步骤性的、动态的和有效的政策建议。以便灾后重建工作不失误、高效益。

最后，通过严谨和专业的教研工作，打造出一支应对重大自然灾害的国家级的研究－评估－咨询－政策队伍。这一队伍由社会学、建筑学、经济学和政治学乃至心理学的、受过专门训练的学者、教师和硕士生、本科生组成。其任务是：一旦发生重大自然灾害，可以迅速动员起来，组成应急研究小组。一部分人要立即亲赴灾区进行实地介入工作和现场调研，另一部分人留在相关研究中心开展即时研究并协调各方部门。两个部分的人员要在很快查明灾情和灾区局势后，对信息和各方工作进行有效的整合，迅速为国家提供政策咨询和建议，即强调研究成果的及时转化和时效性，使研究进程与事件发展进程同步，使政策咨询的时效性和效益性最大化。

自然灾害社会学的研究者还要与中国国家地震局、国家气象局、国家海洋局、国家航天局、国家测绘局，国家环境保护部、国家民政部、国家住房和城乡建设部、国务院发展研究中心和国家应急部门指挥中心及美国国家地质勘探局和美国航天局、欧洲航天局等建立有关信息的共享机制和链接，为研究提供客观科学的资料来源。

在应用研究队伍建设和人才培养等方面要达到以下三个具体目标：

第一，建立中国第一个研究自然灾害社会学的硕士点。

第二，为高校社会学本科生开设"自然灾害社会学"课程。

第三，通过办培训班、进修班和在各级党校授课的方式，为在职国家公务员和有关部门人员（如民政部干部、消防部队官兵、武警部队、专业抢险救灾队伍、医院和急救中心以及红十字会暨有关民间组织人员和志愿者）讲授自然灾害社会学方面的专业知识。要在民众中普及自然灾害社会学的基本知识。

# 余论　自然灾害社会学——社会学边缘学科或新社会学理论范式？

自然灾害社会学一直在应用社会学领域里不被认可和重视的根本原因是学者们对自然灾害所造成的社会问题的了解始终不够深入。自然灾害的社会学研究被边缘化的原因是观念性的。

首先，和社会分层、社会贫困、社会流动、社会冲突、社会变迁乃至环境污染等社会问题相比，自然灾害所造成的社会问题并不明确，即研究对象不清晰或较为宽泛。始终难以研判自然灾害都会引发哪些特殊的社会问题。

第二，即使社会学者们发现或建构出自然灾害社会问题的范畴，诸如家庭解体、社会贫困、社会互动、社会解组、社会冲突、社会控制等角度。但会认为，这些社会问题已经可以在社会学普遍的研究体系和视角范畴中找到现成的答案、观点和理论，而无须再另作解释和特殊性研究。

第三，即使自然灾害所造成的典型性社会问题被建构和显性化，但这些社会问题在全球范围的更大场域下，或许没有很高的代表性和紧迫性。因为，全世界不是任何国家都有自然灾害，或自然灾害在大多数国家并不是一种常态存在，其所引发的社会问题也并非具有普遍性和广泛性。

第四，因为在大部分国家，包括自然灾害多发的国家，其最具紧迫性、普遍性和广泛性的社会问题可能仍是那些传统意义上和教科书式的社会问题分类，如失业、贫困、犯罪、分层、流动、教育、冲突、污染、种族等领域的社会问题是最主要和最优先要解决的社会问题。

第五，自然灾害作为社会问题的引发点，不像其他的社会问题的触发点和形成机制，如经济运行、就业市场、公平正义、社会管理、教育分层、社会政策、种族矛盾和文化冲突等动因机制那样，在人类社会中具有与生俱来的结构性存在、制度性影响和历史性延续，而是一种在时空上有所限制的、暂时性的社会问题的成因机制体。因此，自然灾害所引发的社会问题不具有持续性和广泛性，甚至被一些学者认为是没有历史脉络的偶发性单独事件，不会对社会变迁和历史进程产生决定性的影响。因此无需认真系统地研究。

第六，社会学者自身的组成结构和研究习惯也影响着自然灾害社会学的研究水平。社会学者的组成结构和研究习惯基本上分成理论思辨和应用分析两种类型。理论思辨型秉承哲学思辨、传统社会学理论和抽象思维方法，强调社会学研究中的理论分析和宏观理论建构。应用分析着重研究具体的社会现象和社会现实，并构建中观和微观社会学理论，甚至按需要提出政策建议。但社会学中的理论家们一般是不屑于研究自然灾害的社会问题这样形而下的具体问题的；而应用社会学研究者则始终关注于社会分层、社会公平、社会变迁等所谓的"重大社会问题"和"宏观历史叙事"。这种粗放概览、大而全和所谓宏大问题的研究习惯往往又是脱离实际、不求精细的。这就使得对自然灾害社会问题的研究始终被置于边缘化的地位，仅仅在发生了重大自然灾害后，才会受到短期的重视。

但以上所谓的冠冕堂皇的原因或理由，是否都在拷问着社会学者们的良心？自然灾害是值得而且需要社会学者们去认真地研究的，理由如下。

历史证明，除生产力、政治体制、科学技术、重大事件和历史人物等因素外，自然灾害曾经作为或然性因素或偶发性因素作用于人类历史发展的进程。从两千年前的维苏威火山爆发到 2011 年的日本地震海啸，概莫能外。甚至可以对人类社会的历史进程产生转折性的影响，诚如旱灾对中国明王朝和民国政府的破坏性历史作用，以及第二次世界大战期间莫斯科战役和斯大林格勒战役中严寒对逆转苏德战场战局，从而扭转二战发展进程、改写人类文明历史所彰显的那样。

在人类历史上，自然灾害是除战争和冲突外，足以对人类生命财产造成巨大损失的外在客观因素。而且，这一大自然所造成的灾难不同于战争等人为灾难，是人类不可避免、难以逃避的，属于自然规律和自然法则的一部分，是人类在这个蓝色星球上的宿命。因此，对于足以对人类造成毁灭性破坏的自然灾害的研究，就其灾难性的社会后果来说，本身就具有重要意义。

巨大自然灾害的破坏力，足以对正常的、甚至最强大、最成熟、最具历史性的人类社会结构产生解体性的影响，从而对人类的生存和人类文明造成严重的威胁。没有任何一个人类社会的类型可以完全规避自然灾害，但不同的社会结构可以减缓自然灾害所带来的人为灾难。这就是自然灾害社会学所要关注的重点，即研究社会结构对于自然灾害的承受力，研究灾后社会结构的重构，研究社会结构对灾后重建的功能作用，等等。

自然灾害造成的巨大伤亡意味着对作为社会最小细胞的大量家庭的结构性破坏。家庭结构的破坏会造成新的弱势社会群体，给国家社会造成新的社会成本支出，也是社会的长期不稳定因素。这本身就是一个连锁性的严重社会问题。家庭社会学的既有理论不可能完全解释灾后家庭结构裂变的各种问题，而灾后的家庭重建却是社会重建的最基础。

同时，自然灾害对人类赖以存在和发展的经济结构和经济制度同样会产生最直接的破坏性影响，造成产值下降、利润锐减、固定资产被毁、产业链断裂、业态解体、商业凋零等。经济萧条所带来的是社会的衰败，随之而来的是国库、财政收入的减少，公共开支的缩减和相反的——非盈利性的社会保障和社会保险开支的增加，从而引发整个灾区和国家的经济社会危机，最终导致投资的停止和退出，形成长期投资不足、经济低迷、失业剧增、社会动荡的倒退发展局面。灾后经济重建也可能带来重大的经济结构调整和产业业态变化。这都是值得宏观经济学、微观经济学和自然灾害经济学所关注的。

自然灾害对经济结构和经济制度的破坏意味着大量就业岗位的丧失。企业的毁坏或倒闭造成工人失业、城市基础设施被毁造成职工失业、城市公共和私人服务设施损毁造成职员失业、农业耕地和渔业设施等农牧渔林业生产资料被毁造成农牧渔林从业者失业、小微企业主因生产资料的损失造成业主破产和低端就业危机、文教系统设施被摧毁造成文教科研人员失业，等等。在经济全球化背景下，自然灾害造成的产业链的中断，也会造成其他非灾难地区和国家的相关产业链上的从业者失业。大量人口失业造成的系列社会问题和如何再就业难题，虽是经济学、劳动社会学、经济社会学和社会政策学所要考虑的问题，但自然灾害所造成的瞬间大范围结构性失业也是自然灾害社会学要面对的重要研究课题，这是由其成因的特殊性所决定了的。

社会结构的瓦解、大量失业和无业游民的增加，会造成社会不稳定群体的增加，社会越轨和犯罪必然增加，社会秩序失控，对社会安全形成新的压力。灾区进入较为危机的社会状态。而且，与其他社会危机所不同的是，自然灾害引起的社会危机有可能迅速来临，甚至没有任何预兆和铺垫，社会控制的反应力和维持力显得仓促有限。一般的所谓的政府应急措施亦显得脆弱无效。自然灾害社会学需运用社会越轨研究、犯罪社会学研究和社会冲突、社会控制、社会整合中的既有成果，对自然灾害条件下突发的社会失控、社会解组和社会犯罪问题做特殊性分析。

因此，任何一次自然灾害所造成的社会结构变化都是激烈而迅猛的，这足以使这一局势成为宏大社会变迁的一次次预演。这为社会学者研究巨大变化下的社会结构和社会变迁提供了既现实又安全的研究实验基地。据此，自然灾害社会学研究理应得到重视，尤其在中国、美国、日本和印度等自然灾害频繁严重的国家尤其需要。

美国和日本的研究已有丰硕理论成果并转化为了丰富的实践经验和有效的政策实施。但美国和日本以其有限的人口、广袤的国土（日本除外）、创新的科技、厚实的经济、健全的法律、稳定的社会、多元的政体、完善的福利、丰厚的资源（日本除外）、高质的教育和扎实的研究，经过长期踏实的有效努力，已经把本国的自然灾害所造成的经济、社会和文化后果控制在国家社会可承受的范围内，有着成熟的应对措施。在理论研究上也形成了具有国家特色的观点和理念。但可以肯定的是，其理论研究成果不能完全适用于其他国家。

自然灾害对国家社会所造成的破坏和影响巨大和不可预测。而这恰恰需要包括自然灾害社会学在内的各学科对自然灾害进行认真深入的研究，并形成适合本国国情的理论体系、应对政策和行为准则。自然灾害社会学的研究在发展中国家具有更重要的国家社会意义甚至历史性意义，理应成为应用社会学一门独立的学科或专业，而不能以美国和西方社会学界对学科专业的裁定标准和体系安排马首是瞻。

但要想使非主流的自然灾害社会学或其中的不成熟的理论成为社会学研究的新范式，按目前现状看也是不可能，没有必要的。U·贝克的"风险社会"已经包括了自然灾害风险；所有的社会学宏观理论、微观理论和部分中观理论都能解释自然灾害中的社会问题；社会学的许多分支学科也可以直接介入到对自然灾害社会问题的研究。更关键的是，作为研究范式，自然灾害社会学还不可能解释分析所有的社会现象和社会问题，其分析理据不具有普遍的规律性和广泛性。

但是，自然灾害社会学作为一门独立的、具有重要学科地位的应用社会学学科，还是极有必要的。这是由自然灾害的现实、其所造成的社会现状和人类社会未来的发展趋势所决定的。

# 参考文献

## 一、著作

[1] 雷蒙德.J. 伯比. 与自然谐存 [M]. 武汉：湖北人民出版社，2008.

[2] 丹尼斯.S. 米勒蒂. 人为的灾害 [M]. 武汉：湖北人民出版社，2008.

[3] 李小云，赵旭东. 灾后社会评估：框架·方法 [M]. 北京：社会科学文献出版社，2008.

[4] 北京日本学研究中心，神户大学. 日本阪神大地震研究 [M]. 北京：北京大学出版社，2009.

[5] 范柏乃. 政府绩效评估理论与实务 [M]. 北京：人民出版社，2005.

[6] 邓淑莲等译. 政府绩效评估之路 [M]. 上海：复旦大学出版社，2007.

[7] 范柏乃. 政府绩效评估与管理 [M]. 上海：复旦大学出版社，2007.

[8] 周凯. 政府绩效评估导论 [M]. 北京：中国人民大学出版社，2006.

[9] 孟华. 政府绩效评估：美国的经验与中国的实践 [M]. 上海：上海人民出版社，2006.

[10] 杨洪. 政府绩效评估200问 [M]. 北京：人民出版社，2007.

[11] 抗震救灾专家组. 汶川地震灾害综合分析与评估 [M]. 北京：科学出版社，2008.

[12] 凯文·林奇. 城市形态 [M]. 北京：华夏出版社，2001.

[13] [德] 齐美尔. 大都市与精神生活 [M]. 1903.

[14] 哈贝马斯. 公共领域的结构转型 [M]. 上海：学林出版社，2002.

[15] 吴寒光. 社会发展与社会指标 [M]. 北京：中国社会出版社，1991.

[16] 王建民. 城市管理学 [M]. 上海：上海人民出版社，1987.

[17] 哈特利·迪安. 社会政策学十讲 [M]. 上海：格致出版社，上海人民出版社，2009.

[18] 何志宁. 华人族群及与德国社会的整合 [M]. 北京：人民出版社，2012.

[19] 谭徐明. 人为的灾害 [M]. 武汉：湖北人民出版社，2008.

[20] 郑积源. 科技新知词典 [M]. 北京：京华出版社，2001.

[21] 沈金瑞. 自然灾害学 [M]. 长春：吉林大学出版社，2009.

[22] 环境保护部污染防治司，巴塞尔公约亚太地区协调中心. 灾害废墟管理——各国灾害废墟管理指南与实践 [M]. 北京：化学工业出版社，2009.

[23] 奥·普·钱尼. 朱可夫 [M]. 北京：生活·读书·新知三联出版社，1976.

[24] 迪特尔·拉夫. 德意志史：从古老帝国到第二共和国 [M]. 慕尼黑：Max Hueber 出版社，1985.

[25] 宋致新. 1942：河南大饥荒 [M]. 武汉：湖北人民出版社，2012.

[26] 恩格斯．反杜林论［M］．北京：人民出版社，1963.

[27] 王子平，陈非比，王绍玉．地震社会学初探［M］．北京：地震出版社，1989.

[28] 何肇发，黎熙元．社区概论［M］．广州：中山大学出版社，1991.

[29] 紫式部．源氏物语［M］．呼和浩特：远方出版社，1996.

[30] 戴维·哥伦斯基．社会分层［M］．北京：华夏出版社，2005.

[31] 勒·柯布西埃．明日的城市［M］.1922年，后来的阳光城》，1933.

[32] 刘易斯·芒福德．城市发展史——起源、演变和前景［M］．北京：中国建筑工业出版社，2005.

[33] 钱刚．唐山大地震［M］．北京：当代中国出版社；"唐山大地震——黑色的1976"，中国档案报》.

[34] 何志宁．中国城市文化产业园的社会与经济功能，南京：东南大学出版社，2015.

[35] 何志宁．世纪之灾与人类社会：1900－2015年重大自然灾害的历史与研究，北京：人民出版社，2015.

## 二、期刊

[1] 乔海曙：自然灾害经济学理论研究述评［J］．择自于光远，灾害经济学，北京：经济出版社，1986.

[2] 陈英方，陈长林，崔秋文．美国自然灾害的社会学研究［J］．防灾博览，2006年第4期.

[3] 和田章，李大寅，吴东航．日本建筑的抗震结构与免震、制震结构［J］．环境保护，2008年第11期.

[4] 何志宁．城市失用地的实证性研究［J］．南京社会科学，2013年第4期.

[5] 马成立．开展灾害社会学研究的构想［J］．社会学研究，1992年第1期.

[6] 曲彦斌．自然灾害研究的人文社会科学探索视点，"灾难文化与人文关怀"专题，一组关于"人文社会科学应对自然灾害的视野与职责"的学术文章．［J］文化学刊，2008年第4期.

[7] 苏幼坡，马亚杰，刘瑞兴．日本防灾公园的类型、作用与配置原则［J］．世界地震工程，2004年第4期.

[8] 赵延东．社会资本与灾后恢复——一项自然灾害的社会学研究［J］．社会学研究，2007年第5期.

[9] 童小溪，战洋．脆弱性、有备程度和组织失效：灾害的社会科学研究［J］．国外理论动态，2008年第12期.

[10] 张业成，张春山，张立海．自然变异与灾害过程的社会学研究［J］．地学前缘，2003年8月第10卷特刊.

[11] 金磊．中国城市灾害及其减灾对策［J］．烟台大学学报．（自然科学与工程版），1992

年第 1、2 期.

[12] 高庆华，马宗晋，苏桂武. 环境、灾害与地学［J］. 地学前缘，2001 年 3 月，第 8 卷第 1 期.

[13] 陆沉海升威胁三角洲［J］. 科学大众：中学生，2009 年第 12 期.

[14] 阿曼达·里普利：为什么灾难越来越严重？［J］. 时代，2008 年 9 月 5 日.

[15] 平凡：从印度洋大海啸谈起［J］. 民防苑，2005 年第 2 期.

[16] 田福胜，高琳：日本建筑抗震标准的变迁和现行的抗震标准［J］. 建筑结构，2012 年第 3 期.

[17] 劳拔·伊文作，魏明编译：无夏之年［J］. 大自然探索，2003 年第 3 期.

[18] 李伯重：道光萧条与癸未大水、经济衰退、气候剧变及 19 世纪的危机在松江［J］. 社会科学，2006 年第 6 期.

[19] 侯建盛：日本新潟地震救灾行动及对我国地震应急工作的启示［J］. 防灾技术高等专科学校学报，2005 年 9 月第 7 卷第 3 期.

[20] 苏伟忠，王发曾，杨英宝：城市开放空间的空间结构与功能分析［J］. 地域研究与开发，2004 年第 5 期.

[21] 陈淀国：感受日本防灾教育［J］. 防灾博览，2006 年第 6 期.

[22] 王晨：面对灾难，我们学到了什么——通过日本大地震看日本怎样与灾难共存［J］. 中州建设，2011 年第 7 期.

[23] 高峰：日本何以处"震"不惊？［J］. 湖南安全与防灾，2011 年第 3 期.

[24] 宋益民. 试论战后日本政治体制及其演变［J］. 日本学刊，1990 年第 2 期.

[25] 梁忠义. 战后日本教育与经济发展的关系［J］. 世界经济，1980 年第 8 期.

[26] 袁成亮. 试论明治维新后日本国家发展理论与军国主义的兴起［J］. 理论月刊，2008 年第 2 期.

[27] 蒋纯秋. 世界地震工程 100 年（1891—1991）编年简史（一）［J］. 世界地震工程，1992 年第 1 期.

[28] 秦鹏. 一场"利己"的传播战——对 2004 年印度洋海啸引发的助人行为传播的意义解析［D］. 厦门大学硕士论文，2008.

[29] 杰佛瑞·萨克斯. 解决缺水是对贫困国家最好帮助［J］. 经济导报.，2009 年第 17 期.

[30] 郑长德. 汶川大地震对全国及地区经济增长的影响分析及对策研究［J］. 西南民族大学学报.（人文社科版），2008 年 7 月第 203 期.

[31] 杨中旭，蒋明倬，严冬雪. 悲痛中，汲取成长的力量［J］. 中国新闻周刊，2008 年底 18 期.

[32] 沈茂英. 汶川地震火区受灾人口迁移问题研究［J］. 社会科学研究，2009 年第 4 期.

[33] "气候难民"远超"战争难民"［J］. 山西老年，2009 年 11 期.

[34] 赵蔚，赵民. 从居住区规划到社区规划［J］. 城市规划汇刊，2002 年第 6 期.

[35] 邱建，蒋蓉．关于构建地震灾后恢复重建规划体系的探讨——以汶川地震为例［J］．城市规划，2009 年第 33 卷第 7 期．

[36] 崔开昌．都江堰灾后重建的特殊保障措施研究［D］．上海工程技术大学硕士论文，2010.

[37] 坚持城乡统筹，推进科学重建——关于彭州市灾后重建情况的调查研究［J］．成都发展改革研究，2010 年第 2 期．

[38] 何京．日本的防灾公园［J］．防灾博览，2007 年第 6 期．

[39] 方一平．试论汶川地震灾后重建的 9 大关系［J］．山地学报，2008 年 7 月，第 26 卷第 4 期．

[40] 苏桂武，马宗晋，王若嘉，王悦，代博洋，张书维，甯乾文，张少松．汶川地震灾区民众认知与响应地震灾害的特点及其减灾宣教意义——以四川省德阳市为例［J］．地震地质，2008 年 12 月，第 30 卷第 4 期．

[41] 邓奕．灾后区域复兴的一种途径："社区营造"——访规划师小林郁雄［J］．国际城市规划，2008 年第 4 期．

[42] 汪明修，王雅筑．台湾九二一地震重建政策与地方居民认同之研究——以新社客家地区为例［J］．源自第四届两岸三地人文社科论坛－灾害与公共管理论文集，南京：2009.

[43] 陈定铭，温婉如．非营利组织灾后重建政策扮演功能之研究［J］．源自第四届两岸三地人文社科论坛——灾害与公共管理论文集，南京：2009.

[44] 林闽钢，战建华．灾害救助中的 NGO 参与及其管理——以四川汶川地震和台湾 9.21 大地震违例［J］．源自第四届两岸三地人文社科论坛——灾害与公共管理论文集，南京：2009. [45] 陈健民，朱健刚．从非典到汶川地震——中国公民社会对灾难的响应［J］．源自第四届两岸三地人文社科论坛——灾害与公共管理论文集，南京：2009.

[46] 桑志芹．地震灾区心理援助的思考［J］．源自第四届两岸三地人文社科论坛——灾害与公共管理论文集，南京：2009.

[47] 周沛．论灾害救助中的社会救助网络构建与社会工作介入［J］．源自第四届两岸三地人文社科论坛——灾害与公共管理论文集，南京：2009.

[48] 孙凯，黄蕾，毕军．公众参与在环境灾害管理中的问题及对策研究［J］．源自第四届两岸三地人文社科论坛——灾害与公共管理论文集，南京：2009.

[49] 彭林．对口支援、动员与国家调适能力——以邢台、唐山和汶川三次抗震救灾时间为例［J］．源自第四届两岸三地人文社科论坛——灾害与公共管理论文集，南京：2009.

[50] 汪泓，崔开昌，罗娟．灾后重建基本公共服务需求的研究——基于都江堰的实证分析［J］．源自第四届两岸三地人文社科论坛——灾害与公共管理论文集，南京：2009.

[51] 刘说安．空间资讯于 5·12 川震之应用［J］．源自第四届两岸三地人文社科论坛——灾害与公共管理论文集，南京：2009.

[52] 张海波，童星．高风险社会中的公共政策［J］．第四届两岸三地人文社科论坛——灾害

与公共管理论文集：政府灾害管理制度研究，南京：2009.

[53] 曹景钧．"灾害管理的比较"[J]．第四届两岸三地人文社科论坛——灾害与公共管理论
文集：政府灾害管理制度研究，南京：2009.

[54] 李世晖．"危机处理后的危机管理思维：从日本关东大地震到昭和金融危机"[J]．第四
届两岸三地人文社科论坛——灾害与公共管理论文集：灾害重建与恢复．南京：2009.

[55] 陈定铭，温婉如．非营利组织灾后重建政策扮演功能之研究 [J]．援引自第四届两岸三
地人文社科论坛灾害与公共管理论文集，南京：2009.

[56] 汪明修，王雅筑．台湾九二一地震重建政策与地方居民认同之研究——以新社客家地区
为例 [J]．援引自第四届两岸三地人文社科论坛灾害与公共管理论文集，南京，2009.

[57] 张海波，童星．"应急能力评估的理论框架"[J]．第四届两岸三地人文社科论坛——灾
害与公共管理论文集：灾害重建与恢复，南京：2009.

[58] 室崎益辉论文．文中引述日本学者论文均出自北京日本学研究中心、神户大学编，日本
阪神大地震研究，北京：北京大学出版社，2009.

[59] 平三洋介论文．文中引述日本学者论文均出自北京日本学研究中心、神户大学编，日本
阪神大地震研究，北京：北京大学出版社，2009.

[60] 新庄浩二论文．文中引述日本学者论文均出自北京日本学研究中心、神户大学编，日本
阪神大地震研究，北京：北京大学出版社，2009.

[61] 傲地连一论文．文中引述日本学者论文均出自北京日本学研究中心、神户大学编，日本
阪神大地震研究，北京：北京大学出版社，2009.

[62] 西村康男论文．文中引述日本学者论文均出自北京日本学研究中心、神户大学编，日本
阪神大地震研究．北京：北京大学出版社，2009.

[63] 施秀芬：全球用水九大难题——解读联合国教科文组织世界水资源开发报告 [J]．科学
生活，2006 年第 4 期．

[64] 王学栋．论中国政府对自然灾害的应急管理 [J]．软科学，2004 年第 3 期．

[65] 王德迅．日本危机管理体制的演进及其特点 [J]．国际经济评论，2007 年第 2 期．

[66] 姚国章．典型国家突发公共事件应急管理体系及其借鉴 [J]．南京审计学院学报，2006
年第 2 期．

[67] 郭小鹏．关东大地震后的日本治安政策，外国问题研究 [J]．2014 年第 1 期．

[68] 刘火雄．1923 年关东大地震：日本走上军国主义道路，文史参考 [J]．2011 年第 7 期．

[69] Kecskes, Robert 2003：Eine kurze Geschichte der Migration. Unveröffentliches Manuskript,
Forschungsinstitut für Soziologie, Universität zu Koeln.

[70] Treibel, Annette 1999：Migration in modernen Gesellschaften：Soziale Folgen von Einwan-
derung, Gastarbeit und Flucht. Weinheim und München：Juventa Verlag.

[71] Esser, Hartmut 1980：Aspekte der Wanderungssoziologie：Assimilation und Integration
von wandernden ethnischen Gruppen und Minderheiten；Darmstadt und Neuwied：Luchter-

hand Verlag.

[72] Kecskes, Robert 2003：Ethnische Homogenität in sozialen Netzwerken türkischer Jugendlicher. Zeitschrift für Soziologie der Erziehung und Sozialisation，23. Jg. , H. 1.

[73] Kecskes, Robert 2003：Was ist Integration von Migranten aus der Fremde? In：Hoehn, Charlotte und Rein, Detlev B. （Hg. ）：Ausländer in der Bundesrepublik Deutschland Deutsche Gesellschaft für Bevölkerungswissenschaft. 24. Arbeitstagung. Ort：Boldt－Verlag.

[74] Joachim, Hans und Nowotny, Hoffmann, 1990：Integration, Assimilation und „ plurale Gesellschaft ". Konzeptuelle, theoretische und praktische Überlegungen. In：Hoehn, Charlotte und Rein, Detlev B. （Hg. ）：Ausländer in der BRD. Bundesinstitut für Bevölkerungsforschung.

[75] Friedrichs, Jürgen 1990：Interethnische Beziehungen und statistische Strukturen von Generation und Identität：Theoretische und empirische Beiträge zur Migrationssoziologie. In：Esser, Hartmut und Friedrichs, Jürgen（Hg. ）：Studien zur Sozialwissenschaft，Bd. 97. Opladen/Wiesbaden：Westdeutscher Verlag GmbH.

## 三、报刊

[1] 马宗晋，郑功成. 中国灾害研究丛书. 内容简介 ［N］. 光明日报. ，1999 年 4 月 5 日.

[2] 陆益龙：灾害社会学建设与防减灾意识构建 ［N］. 光明日报，2008 年 10 月 22 日.

[3] 谁下令趴地闻尸臭？台军：自发仿效韩国搜救队 ［N］. 环球时报，2009 年 8 月 20 日.

[4] 新奥尔良不死：城市会变得更小却发展得更好 ［N］. 东方早报，2008 年 6 月 2 日，第 B02 版.

[5] 菲奥娜·谭. 深圳军事基地让孩子们远离喧嚣，得以休息 ［N］. 南华早报，2008 年月 12 日.

[6] 董爱波. 俄罗斯：紧急情况部发挥大作用，何德功：日本：依法行事集合力量 ［N］. 摘自国外如何整合救灾力量，参考消息，2008 年 6 月 12 日，第 14 版.

[7] 付敬，张琰. 青海省民政厅解释藏族遇难者集体火葬原因 ［N］. 中国日报，2010 年 4 月 23 日.

[8] 比尔·格茨. 马伦的警告 ［N］. 华盛顿邮报，2011 年 12 月 24 日.

[9] 杨舒怡. 海地称已埋葬逾 15 万遇难者 ［N］. 大连日报社，2010 年 1 月 26 日.

[10] 杨万国. 汶川地震重灾区地质灾害集中暴发，面临二次重建 ［N］. 新京报，2010 年 8 月 23 日，第 A16 版.

[11] 卡勒姆·麦克劳德. 中国地震公园将悲痛转变为利润 ［N］. 今日美国报，2009 年月 12 日.

[12] 何德功. 日本——依法行事集合力量 ［N］. 参考消息，2008 年 6 月 12 日.

[13] 王丹. 四川省地质专家：灾后重建选址没有问题，是科学的 ［N］. 华西都市报，2010

年 8 月 21 日.

[14] 张寒. 玉树州称灾民安置对本地人外地人一视同仁 ［N］. 新京报, 2010 年 4 月 17 日, 第 A01 版.

[15] 郑永年. 中国的灾难与重生 ［N］. 联合早报, 2008 年 5 月 27 日.

[16] 日本蝉联全球最大海外净资产国 ［N］. 深圳特区报, 2014 年 5 月 28 日.

[17] 王战龙, 马静. 北川震后首个重组家庭: 真正"交往"仅一个月 ［N］. 郑州晚报, 2009 年 5 月 7 日.

[18] 塔妮娅·布兰尼根. 地震一年后, 真爱在四川的废墟中绽放 ［N］. 卫报, 2009 年 5 月 13 日.

[19] 公方彬. 从抗震救灾看我军的核心价值观 ［N］. 光明日报, 2008 年 5 月 29 日.

[20] 王建芬. 遭飓风重创, 美国新奥尔良出现强奸暴力事件 ［N］. 中国日报, 2005 年 9 月 2 日.

[21] 伦少斌, 廖杰华. 缅甸灾后重建举步维艰: 个别城镇出现抢夺风波 ［N］. 广州日报, 2008 年 5 月 11 日.

[22] 德雷克·贝内特. 灾害刺激经济增长吗? ［N］. 国际先驱论坛报, 2008 年 7 月 14 日.

[23] 商汉. 警惕自然恐怖主义 ［N］. 国际先驱导报, 2004 年 12 月 30 日.

## 四、其他

[1] 赵浩. 绵竹调查报告 (2010 年 3 月 26 日).

[2] 许汉泽. 研究文稿, 2010.

[3] 尤颖婷. 2012 年文稿.

[4] 郑锴. 2010 年关于汶川地震的理论研究报告.

[5] 郑楷. 困境中的行动——关于海地地震的思考, 研究文稿, 2010 年 4 月 11 日.

[6] 徐泽国. 2010 年 12 月 23 日文稿.

[7] 国家自然灾害救助应急预案, 中华人民共和国国务院公报 ［R］. 2011 年 第 32 期.

[8] 国际减灾十年活动论坛情况的报告 ［R］. 中国减灾, 1999 年第 4 期.

[9] 兰德公司. 可怕的海峡——两岸对峙的军事层面与美国的政策选择 ［R］. 2001 年 11 月 18 日.

# 后 记

本书的后记简单而庄重，仅书以下五句肺腑之言：

谨以此书，

献给我在天的严父何肇发、慈母莫东菊！

献给我尊敬的给予我理解、宽容和帮助的东南大学人文学院老院长樊和平教授！

献给为我做出牺牲和支持的爱妻马晓东女士和她的家人！

献给收留了我的第二故乡南京和东南大学！

献给世界各地正在与自然灾害抗争并顽强地工作和生活着的人们！

感谢人文在线范继义编辑。

感谢中国言实出版社张国旗编辑、郭江妮编辑、曹庆臻编辑、冯世平编辑等。

需要说明的是，本书第三部"自然灾害社会学的理论建构"部分内容由孙菲执笔，共5万多字。

何志宁

2015 年 7 月 28 日　于南京九龙湖